普通高等教育"十一五"国家级规划教材 计算机系列教材

王震江 马 宏 编著

XML基础与Ajax实践教程
（第2版）

清华大学出版社

北京

内 容 简 介

本书共 13 章,介绍了 XML 1.0 语法、XML Schema 2.0、XPath 3.0、XDM 3.0、XQuery Functions 与 Operators 3.0、CSS 2.0、XSL 2.0、XML DOM Level 3、XML 数据库技术、JavaScript 基础等,最后结合书中的各种技术给出了一个 Ajax 开发实例。本书实例丰富,且各章都提供了习题与实验,用来复习本章知识点。

本书适合作为大专院校计算机、软件工程、电子商务、网络工程等相关专业的教材,也可作为各类 IT 技术培训的教材和 IT 从业人员的参考书。

图书在版编目(CIP)数据

XML 基础与 Ajax 实践教程/王震江等编著. —2 版. —北京:清华大学出版社,2016(2016.9 重印)

计算机系列教材

ISBN 978-7-302-42022-4

Ⅰ. ①X…　Ⅱ. ①王…　Ⅲ. ①可扩充语言-程序设计-高等学校-教材 ②计算机网络-程序设计-高等学校-教材　Ⅳ. ①TP312 ②TP393.09

中国版本图书馆 CIP 数据核字(2015)第 263220 号

责任编辑:付弘宇　李　晔
封面设计:常雪影
责任校对:梁　毅
责任印制:王静怡

出版发行:清华大学出版社
　　　　网　　　址:http://www.tup.com.cn,http://www.wqbook.com
　　　　地　　　址:北京清华大学学研大厦 A 座　　　　邮　　编:100084
　　　　社 总 机:010-62770175　　　　　　　　　　　邮　　购:010-62786544
　　　　投稿与读者服务:010-62776969,c-service@tup.tsinghua.edu.cn
　　　　质 量 反 馈:010-62772015,zhiliang@tup.tsinghua.edu.cn
　　　　课 件 下 载:http://www.tup.com.cn,010-62795954
印 装 者:三河市少明印务有限公司
经　　销:全国新华书店
开　　本:185mm×260mm　　　印　张:26.5　　　字　数:659 千字
版　　次:2011 年 9 月第 1 版　2016 年 1 月第 2 版　印　次:2016 年 9 月第 2 次印刷
印　　数:2001~4000
定　　价:49.00 元

产品编号:066719-01

第 2 版前言

XML(eXtensible Markup Language) 1.0 技术规范从 1998 年 2 月 10 日问世以来,在 XML 应用技术方面已经发生了翻天覆地的变化,XML 作为新一代的数据交换标准和交换文本已经成为今天网络数据交换的新标准,基本取代了上一代的电子数据交换标准 EDI(Electronic Data Interchange)。2004 年 10 月 28 日发布的 XML Schema 2.0 技术已经在应用方面日趋成熟,现在在 W3C 发布的新的 XML 各种规范中,出现了大量以 XML Schema 数据模型为基础的描述,标志着 XML 半结构数据库技术日趋成熟。XML 的应用层出不穷,已经在计算机信息处理、非结构化数据表示、异种平台数据交换与传输、Web 编程、网络应用编程、跨平台编程技术等方面得到十分广泛的应用。作为一类文本文件,XML 文档和数据可以在 Internet 上不受任何阻挡,作为各种应用的数据基础承载各种应用。以 XML 为内核的半结构数据库技术,在 Web 和网络应用程序中提供了互操作性好、数据表现灵活、数据类型丰富等特点,并因此受到业界的广泛支持,使得支撑 XML 的各种技术规范和应用(如 Ajax)不断推进和完善,并受到行业的大力支持和软件编程人员的欢迎。

此次改版的主要改动如下:XML 1.0 以第 5 版为基础,第 2、3 章的内容有所增改。XPath 部分有了很大的改动,XPath 采用 3.0 版本,还增加了 XQuery 和 XPath Data Model (XDM) 3.0、XPath 和 XQuery Functions 与 Operators 3.0。XSLT 和 XML DOM Level 3 部分则更改了部分错误。从核心技术上讲,Ajax 不是什么新技术,而是基于 XML 技术的综合应用技术,目前应用已经十分普遍。

本书共分 13 章。第 1 章概述 XML 的基础知识、编辑工具、相关技术及发展。第 2 章讲述 XML 1.0 规范的基本技术要求和规定,对 XML 的元素、属性、实体等重要概念进行描述。第 3 章讲述 XML 文档的元素、元素类型及其定义、XML 1.0 提供的内容模型定义等。第 4 章讲述 XML Schema 2.0,包括定义完整的 XML 数据类型,XML Schema 结构,设计 XML Schema 文档等内容,是 XML 数据库的基础部分。第 5 章讲述用于 XML 文档的查询规范 XPath 3.0、XDM 3.0、XPath 和 XQuery Functions 与 Operators 3.0。第 6 章简要介绍 HTML 4.0 的制表、表单、框架、超级链接、字符控制与多媒体等,为后续的章节提供基础。第 7 章讲述 CSS 2.0 技术规范和要求,用 CSS 转换 XML 文档的方法和技巧。第 8 章讲述专门用于 XML 转换的技术 XSL 2.0,包括样式表、模板规则、样式表设计技术和实现等。第 9 章讲述 XML DOM Level 3,包括 DOM 内核,以及 XML DOM 应用和编程。第 10 章讲述用 ASP 和 ADO 实现 XML 数据库的连接,XML 数据库技术简介。第 11 章,讨论 JavaScript 的数据类型、程序控制(分支、循环)、函数等基础。第 12 章讨论 XML HTTPRequest 对象,如何建立 Web 连接,通过 HTTPRequest 访问 XML 文档。第 13 章给出一个实例,解决如何在 .NET

平台利用 XML、JavaScript、HTTPRequest 进行 Ajax 实例设计和编程问题。

为了方便读者学习，第 1 章～第 12 章附有习题，通过练习和实验，可以帮助读者理解 XML 技术及其应用的各个方面。

全书由王震江和马宏编著，由王震江审核。王震江编著第 1～第 12 章，马宏编著第 13 章。本书的实例全部通过上机调试。参与本书研究工作和资料整理的人员有彭嘉凤、方刚、俞锐刚、王玉见、欧晓明、李燕，在此向他们表示感谢。由于编者水平有限，错误和疏漏之处在所难免，衷心希望广大读者给予批评指正。

本书的配套电子课件等资源可以从清华大学出版社网站 www.tup.com.cn 下载，本书及课件的相关问题请联系 fuhy@tup.tsinghua.edu.cn。

编　者

2015 年 6 月

于昆明学院

第1版前言

XML(eXtensible Markup Language) 1.0 技术规范已经问世 13 年。伴随 XML 1.0 的问世，相继出现了支持 XML 数据定义、表示、格式化的各种技术规范，从早期的只有简单数据类型的 DTD(Documents Type Definition) 发展到可以表示 44 种数据类型的 XML Schema，现在 XML 数据可以表示所有传统关系数据库能表示的数据类型，使得 XML 具有更广泛的应用领域。从使用 CSS 到使用 XLST 技术对 XML 进行格式化，为 XML 数据的前台表示奠定了坚实的基础，这样对于不考虑数据表现而仅考虑数据定义的 XML 而言，在 Web 应用和网络编程方面就得到快速的发展和广泛的应用。XML 作为新一代的数据交换标准，已经在计算机信息处理、非结构化数据表示、异种平台数据交换与传输、Web 编程、网络应用编程、跨平台编程技术等方面得到广泛应用。作为一类文本文件，XML 文档和数据可以在 Internet 上不受任何阻挡，作为各种应用的数据基础承载各种应用，因而，以 XML 为内核的半结构数据库技术在 Web 和网络应用程序中因为互操作性好、数据表现灵活、数据类型丰富等特点而受到业界的广泛支持，使得支撑 XML 的各种技术规范和应用(如 Ajax)不断推进和完善，并受到行业的大力支持和软件编程人员的欢迎。

本书共分 13 章。第 1 章概述 XML 的基础知识、编辑工具、相关技术及其发展、Ajax 技术简介。第 2 章讲述 XML 1.0 规范的基本技术要求和规定，对 XML 的元素、属性、实体等重要概念进行描述。第 3 章讲述 XML 文档的元素、元素类型及其属性定义、XML 1.0 提供的内容模型定义等。第 4 章讲述 XML Schema 2.0，包括定义完整的 XML 数据类型、XML Schema 结构、设计 XML Schema 文档等内容，是 XML 数据库的基础部分。第 5 章讲述用于 XML 文档的查询规范 XPath 2.0。第 6 章简要介绍 HTML 4.0 的制表、表单、框架、超链接、字符控制与多媒体等，为后续的章节提供基础。第 7 章讲述 CSS 2.0 技术规范和要求，用 CSS 转换 XML 文档的方法和技巧。第 8 章讲述专门用于 XML 转换的技术 XSL 2.0，包括样式表、模板规则、样式表设计技术和实现等。第 9 章讲述 XML DOM Level 3，包括 DOM 内核，以及 XML DOM 应用和编程。第 10 章讲述用 ASP、ADO 技术实现 XML 与数据库连接，以及 XML 数据库技术。第 11 章讨论 JavaScript 的数据类型、程序控制(分支，循环)、函数等基础，为 Ajax 编程做准备。第 12 章讨论 XML HttpRequest 对象，如何建立 Web 连接，通过 HttpRequest 访问 XML 文档。第 13 章给出一个实例，解决如何在.NET 平台下利用 XML、JavaScript、HttpRequest 进行 Ajax 实例设计和编程问题。

为了方便读者学习，每章都附有习题，通过练习和实验，可以帮助读者理解 XML 技术及其应用的各个方面。

本书第 1 章~第 12 章由王震江编著，第 13 章由马宏编著。本书的实例全部通过上机调试。全书由王震江统稿和审核。参与本书研究工作和资料整理的人员有彭嘉凤、王武、方刚、俞锐刚、马宏、王玉见、欧晓明、李燕，在此向他们表示感谢。由于编者水平有限，错误和疏漏之处在所难免，衷心希望广大读者给予批评指正。

本书的课件及书中提到的网络资源可以从清华大学出版社网站（www. tup. com. cn）下载，本书和课件等资源的使用中如有问题，请联系 fuhy@tup. tsinghua. edu. cn。

编　者

2011 年 8 月

目　录

CONTENTS

第1章 概 述

1.1 XML 技术简介

XML 技术是在 Internet 的广泛应用之后,传统的 Web 技术 HTML 的可扩展性、结构化和灵活性已经不能满足应用需要,并已经影响到 Internet 应用的发展的背景下提出的。1998年 2 月,W3C 提出了 XML 技术的第一个规范 XML 1.0,目标是创建一种标记语言,并同时具备定义严格、语法明确、表示方便、结构良好、适用于所有行业的新的标记定义等。用来彻底解决在 Internet 应用中存在的问题。XML 技术源自 SGML,它既具备 SGML 的核心特征,又有HTML 的简单性。目前,XML 技术已经开始在 Web、新型数据库系统中广泛应用,在计算机网络应用、网络编程、跨平台编程、移动互联网、物联网技术中发挥越来越重要的作用。

1.1.1 XML 的历史

1. SGML

1979 年美国国家标准化组织 ISO,设立了一个文本处理小组,开始开发一种基于 GML(Generalized Markup Language)的文本描述语言。1980 年,这项工作导致了第一个 SGML工作草案的出版,1983 年,这个文本描述语言最终演化成 SGML(Standard GML),这是一个标准化的信息结构化技术,后来 SGML 扩展和修改成为一种全面适应工业范围的信息标准。1986 年,国际标准化组织 ISO 采纳了 SGML。

SGML 语言庞大,功能强,体系严密,同时技术比较复杂,价格昂贵,需要大量的软件来支持它,导致运营成本较高。20 世纪 80 年代主要用于电子产品交易、科技文献分类等方面。

2. HTML

HTML(HyperText Markup Language),意为超文本标记语言。1989 年,在欧洲核子物理实验室问世,这个技术采用超文本传输协议(HyperText Transfer Protocol,HTTP)。

HTML 的出现给 Internet 的爆炸性发展产生了积极的作用,WWW 成了人类了解信息,了解世界的一种全新的概念和模式。HTML 的巨大成功,使 HTML 迅速从 1.0 发展到 4.0。在发展的过程中,给 HTML 赋予了比最初设想要复杂得多的功能,目的是使 HTML 完成所有来自于商业应用、科学研究、信息发布的任务,使得 HTML 的语言失去了最初的简单性。并且在使用 HTML 时出现随意性、不规范和不严格等问题。

另一方面,HTML 的专用词表有限,用户无法自由增加新标记并进行有效性验证,用HTML 来完成不同行业内的数据定义、数据表示,以及行业之间的数据交换很不方便,随着Internet 的广泛应用,这种交换又是必需的、大量的、十分广泛的,这使得 HTML 捉襟见肘,无法满足这种要求。

3. XML

为了解决 HTML 在 Internet 应用中的局限性,1996 年,W3C(World Wide Web

Consortium)开始寻找在 Web 中使用 SGML 的方法。因为，SGML 具备 HTML 所没有的三种优势：可扩展性、结构化和灵活性。其目标是创建一种标记语言，这种语言既要具备 SGML 的核心特征，又要有 HTML 的简单性。同时具备许多新的特征，如定义严格，语法明确，表示方便，结构良好，适用于所有行业的新的标记定义等。1998 年 2 月 10 日，W3C 发布了 XML 1.0 规范。这就是 XML(Extensible Markup Language)，可扩展标记语言。

XML 是 Web 发展到一定阶段的必然产物。W3C 在 XML 1.0 规范中是这样定义 XML 的："可扩展标记语言（缩写为 XML）是用来描述一种称为 XML 的文件的数据对象，同时也部分地描述了处理这些数据对象的计算机程序的行为。XML 是 SGML 在应用上的一个子集，或为 SGML 的某种限制形式。根据指定规格的定义，XML 文件是符合规格的 SGML 文件。"

根据 XML 1.0(第 5 版)规范[①]，XML 的设计目标是：

(1) XML 应能直接用于 Internet；

(2) XML 应支持广泛的应用；

(3) XML 应与 SGML 兼容；

(4) 处理 XML 文档的程序应该容易编写；

(5) XML 的可选择性特征保持绝对小，理想情况下为零；

(6) XML 文档应该是人易读的且合理清晰的；

(7) XML 设计应该是可很快准备好的；

(8) XML 文档的设计应该正规和简洁；

(9) XML 文档应容易创建；

(10) 在 XML 标记(markup)中简洁性可以忽略不计。

在 XML 1.0 规范中，包含三个主要的部分，分别是 XML 文档内容、文档的逻辑结构、文档的物理结构。

XML 文档是由被称为实体的存储单元组成的。实体或者是解析的，或者是不可解析的。解析的数据由字符组成，其中一部分形成字符数据，一部分形成标记(markup)。标记对描述 XML 文档的存储布局和逻辑结构进行编码。XML 提供了把各种约束强加在该存储布局和逻辑结构上的机制。

XML 文档内容中，包括结构良好性、字符集、通用语法结构、字符数据与标记、注释、处理指令、CDATA 节、序言及文档类型定义、文档的独立性声明、空白符处理、行结束控制和语言标识等十余项内容。对书写 XML 文档的数据给出了详细的规定。

在 XML 文档的逻辑结构部分，定义了 XML 文档的标记书写的规则、元素类型声明、属性表声明和条件节等内容。从而规定了 XML 元素和属性的定义规范。

在 XML 文档的物理结构中，对字符和实体参考、实体声明、实体解析、XML 处理器对实体和参考的处理、构造内部实体替代文本、预定义实体、表示法声明和文档实体等内容。对 XML 文档中实体的定义、引用、内部和外部实体进行了统一规定。

1.1.2　XML 与 HTML 的比较

对于 XML 的语法，将在后续章节中详细讨论。为了便于理解 XML 的语法、标记、文件格

---

① 　Tim Bray, et al. Extensible Markup Language (XML) 1.0 (Fifth Edition) [EB/OL]. http://www.w3.org/TR/2008/REC-xml-20081126/.

式,把 HTML 与 XML 进行简单比较讨论,是一件有意义的事情,可以帮助我们理解 XML。

1. HTML 文档

HTML 文件,是一系列用"<"和">"符号,把具有特定含义的英文字符串括起来,构造成称为标记的元素来描述语法的。一个简单网页的 HTML 程序如下:

例 1.1 一个简单的网页文件。

```
<html>
  <head><title>我的第一个网页</title></head>
  <body bgcolor="#c0c0c0">
  <h1 align="center">学习 HTML,设计自己的网页!</h1>
  <p align="center">这是用 HTML 语言编写的第一个主页。</p>
  <p align="center">
  <img src=" chery.jpg " width="200" height="150" alt=" chery.jpg ">
  </p>
  </body>
</html>
```

在 HTML 文件中出现的标记都是由 HTML 规范规定的,如<html>、<head>、<body>、<p>、<h1>等,每个标记应该有一个结束标记,结束标记由"</"和">"包括标记名构成,如</body>、</p>。一个 HTML 文件必须在第一行写上<html>,最后一行写上</html>来包含所有的内容。浏览器判断一个文件是否是 HTML 文件,则根据文件是否包含在<html>和</html>这一对标记中。但是也有几个元素没有结束标记,如<img>、
、<hr>等。目前使用的是 W3C 在 1998 年 4 月 24 日推出的 HTML 4.0 规范。

2. XML 文档

一个 XML 文档是由用户自行定义的标记组成,这些标记与 HMTL 一样,都使用"<>"来包含标记名。下面来考查一组数据的表示,如表 1.1 所示。

表 1.1 学生成绩表

学号	姓名	性别	专业	成 绩		
				高等数学	程序设计	电路基础
200811010201	于丹	女	软件工程	89	73	92
…	…	…	…	…	…	…

表 1.1 中数据的 XML 文档表示如下。

例 1.2 根据表 1.1 建立 XML 文档。

```
<?xml version="1.0" encoding="GB2312"?>
<studentlist>
<student id="200811010201">
  <name>于丹</name>
  <sex>女</sex>
  <major>软件工程</major>
  <score>
    <mathematics>89</mathematics>
    <programming>73</ programming>
    <circuit>92</circuit>
  </ score>
</student>
```

```
<!--more students information here-->
</studentlist>
```

与 HTML 文件的一个最重要的差别是，在每一个 XML 文档的第一行必须写上<?xml version="1.0"? >命令，用来标识该文件是一个 XML 文档，也方便 XML 处理器识别哪些是 XML 文档，哪些不是。接下来的内容是用户自己定义的根元素标记，根元素必须有一个结束标记，所有用户定义的其他元素都被包含在根元素中，如<studentlist></studentlist>之间的内容是其他元素标记的定义。每一个标记必须有一个结束标记与之对应。一对标记之间包含的对象称为一个元素。标记的表示与 HTML 的标记表示一样，都是把标记名放在"<"和">"中间构成，结束标记是把标记名放在"</"和">"之间。如<name></name>、<sex></sex>等。但是，XML 的标记与 HTML 的标记名不一样。XML 的标记名定义的含义、合法性和有效性，由用户自己专门在 DTD（文档类型定义）或者 XML Schema（XML 模式）中定义。而 HTML 的标记名由 HTML 规范确定。

一般说来，在设计一个标记名时，应该使标记名具有特定的含义，以表示元素的意义。虽然，XML 规范没有对哪种语言可以用作标记名做特别的限定，为了使用方便，建议使用英文字符作为标记名为宜，最好使用与元素名具有相同或相近含义的英文单词作为标记名。如学生名单<studentlist>、学生<student>、姓名<name>、性别<sex>等。另外，使用中文字符作为元素名称，也是可行的。如<成绩>、<高等数学>、<程序设计>、<街道>等。

在例 1.2 中，有一个根元素<studentlist>，根元素下有若干个<student>元素，每个<student>元素下都有<name>、<sex>、<major>和<score>，在< score>标记中还嵌套了下一级子元素<mathematics>、<programming>、<circuit>，这样的元素嵌套，根据需要可以有许多层次。

1.1.3　XML 的编辑工具

XML 文档是文本文件，任何一种纯文本文件编辑工具都可以用于 XML 文档的编辑。如记事本、XML Writer、XML SPY 等。下面是 XML 文档编辑器的一个简介。

1. 记事本

Windows 2007/2010 中的记事本，是一个文本文件编辑器，也是 XML 文档最常见的编辑工具。当读者手中一时没有更好的编辑工具时，可以使用这个记事本来编辑 XML 文档。Windows 98 的记事本没有引入处理 Unicode 字符集的功能。Windows 2000 及其以后的记事本提供了处理 Unicode 字符集的功能。

2. MS XML Notepad

MS XML Notepad 是微软公司为 XML 文档编辑特意设计的编辑工具。其界面如图 1.1 所示。这是一个简单的 XML 文档编辑器。

3. Amaya

Amaya 是 W3C 专门为 XML 设计的开发工具。这是一个比较全面完整的 XML 开发工具。其界面如图 1.2 所示。读者可以在 http://www.w3.org/下载该软件。

4. XML SPY

XML SPY 是 Altova 公司开发设计的专用 XML 编辑管理工具，一共有三个版本：XMLSpy Enterprise Edition、Professional Edition、Home Edition。用户可以获得一款三个月免费使用的试用版，可以在 http://www.altova.com/中获得。

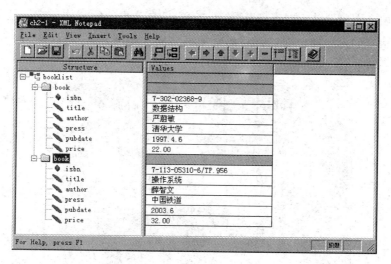

图 1.1　MS XML Notepad

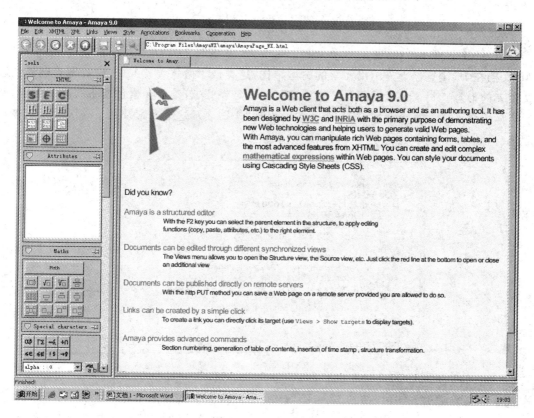

图 1.2　W3C Amaya

1.1.4　浏览 XML 文档

作为 Internet 上的主要浏览器,一个是微软的 Internet Explorer,另一个是网景公司的 Navigator。微软的浏览器 IE 5.5 及其以后的版本均支持 XML。随着 XML 的发展,网景公司的浏览器,也开始支持 XML。

除了上述两个浏览器外，支持 XML 的还有 W3C 自己推荐的 Awaya 和 Opera。

作为 HTML 文件在浏览器上显示，这就是众所周知的网页。1.1.3 节中的 HTML 文件在 IE 浏览器上显示效果如图 1.3 所示。这是一个包含了标题、段落和图形的简单网页。

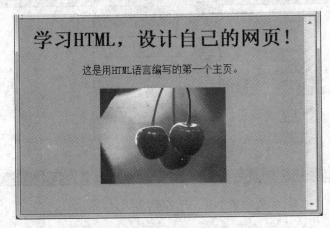

图 1.3　HTML 程序的浏览效果

对于 XML 文档，在 IE 浏览器上直接显示的效果如图 1.4 所示。从图 1.4 可以看出，XML 文档在 IE 浏览器上显示出元素的树型结构，这类似于微软 Windows 中资源管理器左边的文件夹的形态。每个元素前的"－"表示该元素已经展开，若某个元素包含下一级子元素，展开后将显示该元素的下级元素，若某个元素前出现"＋"，表示这个元素及其下一级子元素被封闭起来。

```xml
<?xml version="1.0" encoding="GB2312"?>
- <studentlist>
  - <student id="200811010201">
      <name>于丹</name>
      <sex>女</sex>
      <major>软件工程</major>
    - <score>
        <mathematics>89</mathematics>
        <programming>73</programming>
        <circuit>92</circuit>
      </score>
    </student>
    <!--more students information here-->
</studentlist>
```

图 1.4　XML 文档的浏览器显示

这个效果可能出人意料，但是，这就是 XML 文档应该出现在浏览器上的样子。读者不禁要问：不是要把 XML 文档作为新一代的 Web 应用标准来设计吗？不是要让 XML 代替 HTML 成为 Internet 上的主要技术标准吗？怎么用 IE 浏览器来显示 XML 文档会变成这个样子？这样的 XML 能够实现 W3C 的良好愿望吗？

为了使 XML 文档在浏览器上显示人们期望得到的效果，可以采用几种技术。图 1.5 是使用 XSL(eXtensible Stylesheet Language)对上面的 XML 文档进行转换后的显示效果。显然，图中表现的 XML 文档已经可以满足 Internet 上的一般应用需求了。

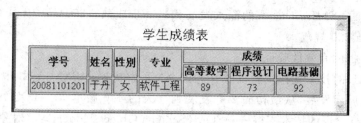

图 1.5　经过 XSL 转换的文档的显示

1.1.5　XML 的相关技术及其发展

从 1998 年到现在,XML 技术规范从 1.0 第一版本发展到 1.0 第五版本。XML 不仅在 Internet 领域,而且在各种行业的数据描述和表示方面展现出良好的行为和品质,在电子商务领域的表现十分出色,XML 得到了广泛应用。现在,在 W3C 和业界的大力支持下,XML 逐渐向广泛的应用领域迅速发展,开始成为 Web 技术中的核心。同时 XML 的相关技术也快速出现,基于 XML 技术核心的软件体系正在逐渐形成。

1. XML 数据类型定义

XML 文档数据的类型和有效性定义,可以保证 XML 文档数据的正确性和完整性。在 XML 技术规范中,通过 DTD 和 XML Schema 来定义数据类型。DTD 是 W3C 建议的 XML 有效性检验的标准,但是其可以使用的数据类型十分有限。XML Schema 最开始是微软公司推荐并且在微软产品中通用的 XML 文档有效性标准,在 2001 年 5 月成了 W3C 的建议规范,2004 年 10 月 28 日,W3C 发布了 XML Schema 2.0 规范。XML Schema 2.0 提供的丰富的数据类型,足以满足 XML 的各类应用。

1) DTD

DTD(Documents Type Definition 即文档类型定义)是 W3C 建议的 XML 有效性检验的标准。使用时先定义根元素,然后分别定义各级子元素以及元素的属性的方式对 XML 元素(ELEMENT)和属性(ATTLIST)进行定义。DTD 提供十分有限的元素类型来定义元素和属性。

2) XML Schema

W3C 一直在致力于适合描述 XML 内容模型的规范的开发工作。2001 年 5 月 3 日,W3C 发布了 XML Schema 1.0 规范的推荐版本,并声明这个规范是稳定的,有助于 Web 互操作性,并且被 W3C 的成员修订,这些成员来自学术界、业界和研究团体,他们赞成采用这个规范。XML Schema 1.0 定义了公用标记词表、使用这些词表的 XML 文档的结构,以及提供了与这些词表和结构相关的联系。W3C 认为:XML Schema 1.0 为 XML 发挥其全部潜力提供了一个实质构件。在开发过程中,参与标准制定的各方都一致认为 XML Schema 1.0 标准的制定将是 XML 发展历史上意义重大、影响深远的事件。

XML Schema 1.0 包含三个模块:结构、数据类型和初级读物(Primer)。结构描述了 XML 文档的结构和内容模型的约束和规则来操纵文档元素的有效性。数据类型为确定 XML 的元素和属性的数据类型提供了 40 多种,允许 XML 软件在操作数据、数字、时间、串等信息时表现得更好。初级读物是为了读者方便理解 XML Schema 而写的一个非标准文档,使用了大量的例子来描述 XML Schema 1.0。

XML Schema 1.0 给 XML 技术带来更大的灵活性,加速了在重要领域 XML 技术的应用,因此,也加速了 XML Schema 的深入发展和进一步成熟。2004 年 10 月 28 日,W3C 发布了 XML Schema 2.0 规范。

3) XML 文档的有效性验证

微软对 XML 的技术支持主要反映在它的 XML 解析器 MSXML.dll 中。这个解析器伴随着 XML 的发展而发展,从最初的 2.0 发展到今天的 4.0 版本,在 MSXML 4.0 中,引入对 XML Schma 进行验证的技术支持——SOM(Schema Object Model)。该对象对 XML Schema 文档进行加载、分析和检验,以确定 XML 元素定义的有效性。

2. XML 文档数据显示和转换技术

XML 文档直接在 Web 浏览器上显示时的形态,上面已经讨论过,这一点与 HTML 文档的显示不一样。为了解决 XML 文档的显示问题,需要借助其他技术,下面对这些技术分别进行简单讨论,详细内容可以参考本书的后续章节。

1) CSS

CSS(Cascading StyleSheet)原本是为了 HTML 文档的格式化提出的。1998 年 XML 1.0 规范提出时,还没有相应的 XML 转换语言,所以使用了人们熟悉的 CSS 1.0,对 XML 文档进行格式化。但是 CSS 1.0 只提供了一些简单的格式标记,除了这些用于格式化 HTML 的样式元素外,没法满足 XML 元素进行格式化的要求,如不能为 XML 很好地工作,没有表格功能等。

1998 年,W3C 修订了 CSS1,扩展了 CSS1 的功能,使之成为 CSS2。CSS2 是一个样式表语言,使设计者和用户可以了解 CSS2,然后构造 HTML 文档和 XML 应用。CSS2 把文档的样式表示和文档的内容分开,简化了 Web 设计和站点维护。

2) XSLT

XSLT(eXtensible Stylesheet Language Transformation)是 W3C 推荐的 XML 文档数据的转换技术,于 1999 年 11 月提出。可以采用 XSLT 技术,实现 XML 文档数据的查询、读写操作。现在使用的是 XSLT 2.0 版本。

XSLT 技术以“模板驱动”的方式访问 XML 数据,XSLT 文件是符合 XML 规范的文件。XSLT 处理器可以安装在客户端或服务器端。微软公司的 MSXML(XML 解析)支持 XSLT,可以解析 XML 和处理 XSLT 转换。经过 XSLT 处理的 XML 数据可以 HTML 的形式显示在浏览器上。

XSLT 包含 XSL 转换和 XSL 格式化对象。XSL 文档本身是一个定义严格的 XML 文档,符合 XML 语法规范。在 XSL 格式化对象中,通过引进模板(template)来访问 XML 数据元素及其属性。

3) DOM

DOM(Document Object Model)是一组接口集合。这个集合为各种应用程序提供了标准设计接口,各个接口规定了相应的属性、方法和对象。

DOM 对 XML 文档的访问主要以结点访问为基础,从 XML 数据树型结构的根结点开始,每一个下层元素都作为结点处理。通过对结点的处理,可以实现数据检索、增加和删除等操作,从而实现了对 XML 文档数据的管理。这样,DOM 在处理时需要一次性完整地读入 XML 文档,从而获得 XML 文档的整个树型结构。

DOM 已经出现了三个版本: DOM Level 1、DOM Level 2、DOM Level 3。其中,DOM Level 3 是最新的版本,于 2004 年 7 月提出。DOM 技术在 XML 应用中扮演越来越重要的角

色,特别是在 Web 应用编程中有广泛应用,因此受到了业界的普遍重视,因此,XML DOM 迅速发展。

4) Data Island

数据岛技术是以 HTTP 协议来实现网络传输,并显示 XML 数据文件的另外一种技术。把 XML 数据文件嵌入 HTML 文本中的,作为提供数据的模块,借助 HTML 可以方便地在浏览器上浏览这个 XML 数据文件,这就是所谓的"数据岛"技术。"数据岛"技术又叫 XML 数据源。

XML 数据岛分为内部和外部两类。内部数据岛是直接在 HTML 中通过在元素＜xml＞＜/xml＞之间包含 XML 数据,其数据格式完全符合 XML 规范。外部数据岛是通过元素＜xml＞的属性 src 来引用以 XML 文档形式保存在磁盘上的 XML 数据。

5) SAX

SAX(Simple API for XML)是另外一个常用的 XML 文档处理技术。目前 SAX 还不是 W3C 的建议规范,它是由 XML-DEV 电子报的一组开发人员进行设计和发展的。在读取 XML 文档时,顺序地读入 XML 文档中的元素名和元素值、属性名和属性值。它与 DOM 的差异类似于磁带和磁盘,SAX 只能向前顺序读取 XML 数据,把 XML 文档作为一个可读取的字符流,这与磁带的读写类似;而 DOM 可以完整浏览和更新 XML 文档数据,这与磁盘的读写类似。

SAX 是一组程序设计接口。在加载 XML 文档时可以部分调入内存,使得内存使用效率比较高,同时可以提高读取速度,提高处理效率。在顺序读取 XML 文档的场合,SAX 可以大大提高 XML 文档的处理效率。但是,SAX 不能随机访问 XML,不能方便地对 XML 数据进行修改。

3. XML 的查询、链接、检索

目前 XPath、XLink、XQuery 是 W3C 推荐的用于 XML 文档的查询链接和检索的规范。

XPath 3.0 的目标是定义一种定位 XML 文档各部分的语言。XPath 规范定义了两个主要部分:允许到 XML 文档各个部分的路径说明的表达式语法,另一部分是支持这些表达式的核心库基本函数。XPath 是 XSLT 的基础。

XQuery 3.0 是 XPath 3.0 的扩展。一般情况下,任何在语法上合格和成功运行的 XQuery 3.0 和 XPath 3.0 的表达式将返回相同的结果。

XLink (XML Linking Language)称为 XML 链接语言,它使用 XML 语法创建与简单的 HTML 的单一方向超链接类似的结构。为了创建和描述资源之间的链接,XLink 允许在 XML 文档内插入元素。XLink 提供建立基本单方向链接和更复杂链接结构的框架,使 XML 文档可以:

确定两个以上资源之间的链接关系;

把元数据与一个链接联系;

表示与所链接资源相分离的内部的各种链接。

4. XML 数据库技术

XML 文档作为数据存储的载体,从开始就引起了人们对其数据库特性的研究兴趣。XML 文档与传统的关系数据库差别较大,如果把 XML 文档当作数据库处理,怎样让它具备关系数据库的安全机制、事务管理、并发操作、数据完整性和一致性等技术呢? 于是有人提出了半结构数据库的概念。几年来,关于 XML 数据库的研究发展很快,已经有了一个基本的框架。

基于 XML 的数据库系统分为 NXD（Native XML Database）和 XEDB（XML Enable Database）两类。NXD 是以 XML 文档为基础的数据库管理系统，目前是 XML 数据库研究的重要课题。XEDB 则是在传统的 RDBMS 中增加了支持 XML 技术的功能，使得传统数据库系统能够访问 XML。

1）NXD

XML 文档是一种简单的文本文件，把 XML 文档作为一种数据存储方式，可以使 XML 文档具有传统数据库存储数据的基本功能，而访问 XML 文档数据要比访问传统数据库更简单、更方便。这就是 NDX 数据库系统。这个数据库模型和概念正处于研究和探索阶段。到目前为止，这个数据库系统的初步概念是：XML 文档是数据库的数据区，DTD 和 XML Schema 是数据库的数据定义模型，XSLT、DOM、SAX 是数据库数据处理技术，XPath、XLink、XPointer 是数据库数据的查询链接工具。这些技术有机结合在一起，就形成了未来 XML 数据库的雏形。

NXD 可以方便地处理以数据为主的结构化 XML 文件，也能够方便地处理以文本为中心的 XML 文档。

2）XEDB

传统关系数据库以表作为数据存储容器，它类似于以数据为中心的 XML 文档，由 XEDB 管理的以数据为中心的结构简单的 XML 文档可以方便地存储到关系数据库中去，关系数据表也可以转换成结构简单的 XML 文档，由 XEDB 管理。

对于以数据为中心的结构复杂的 XML 文档，用 XEDB 来管理，将破坏 XML 文档的内部结构，同时也使转换时的技术复杂化。因此，用 XEDB 来管理结构复杂的 XML 文档时，还需要在传统的关系数据库中加入复杂 XML 文档转换的功能。例如，微软的 SQL Server 2000 中引进了大量的表与 XML 文档转换的技术，如带批注的 XDR 架构、FOR XML 语句等。

对于以文档为中心的 XML 文档，XEDB 表现不是很好，所以，在研究大量非结构化文本数据的 XML 文档的处理时，不采用传统数据库的方法。

5. XML 的安全技术

XML 作为网络上传输和转换的对象，作为重要的 Web 技术，其安全性十分重要。除了网络安全技术外，从 XML 技术入手的专用 XML 安全技术规范已经出台。在标准的 XML 成分中，增加了一些专用属性，可以提供检验 XML 文档安全的手段和工具。XML 安全技术包括 XML 加密、XML 签名、XML 密钥管理规范和 XML 的访问控制语言等内容。

1）XML 加密

XML 加密为需要安全地交换数据的应用程序提供端到端的安全服务。XML 文档可以整体加密。XML Encryption 规范是 W3C 推荐标准，用于 XML 文档的加密。除整体加密外，还可以部分加密。加密的数据可以是任意的数据、XML 元素、XML 内容模型等。

2）XML 签名

XML Signature 是 W3C 推荐标准。它支持数据的完整性检验、消息认证、签字者身份认证。XML Signature 适用于任何数据内容，可应用于一个或多个数据内容。XML Signature 可分为三类：被封装式签字、封装式签字和分离式签字。被封装式签字指 Signature 元素位于被签字数据块之内。封装式签字是指 Signature 元素包含了被签字的数据块。分离式签字是指 Signature 元素和签字的数据相互独立，位于不同的文档内或内容模型中。

3）XML 密钥管理规范

XML 密钥管理规范是分发和注册公钥信息的规范,它包含如下的内容：XML 关键信息服务规范和 XML 关键注册服务规范。前者支持应用程序把对与 XML Signature、XML Encryption 或其他公钥关联的密钥信息的处理任务委托给一个网络服务。后者支持密钥对持有者项信任服务系统注册密钥对,从而该密钥对随后可用于前者或更高层的信任断言服务。

4）XML 访问控制语言

XML 访问控制的目的是为 XML 文档提供一个精细的访问控制模型和访问控制规范语言。利用这一访问控制技术,访问控制策略可以控制一个 XML 文档如何显示给用户,如具有某一角色的用户可以查看该文档的某一部分,而这一部分对其他普通用户来说应该是隐藏的。

1.2 Ajax 技术简介

1.2.1 什么是 Ajax

Ajax(Asynchronous JavaScript and XML,异步 JavaScript 与 XML)是 2005 年年初由 Jesse James Garrett 提出的一种技术。从字面上看,它是随着 XML 技术的出现而出现的,而 XML 是 1998 年 2 月提出的,所以 Ajax 不是什么新的技术,而是一些老技术的综合应用。

在 Ajax 中,所谓"异步",意味着浏览器的工作与数据传输可以不同时,浏览器不必等待从服务器返回的数据,而是在后台处理数据,它既可以在数据返回时处理数据,也可以在数据返回后处理数据。如果浏览器必须等待返回的数据,则应用程序就是同步的。由于 Internet 的速度问题,同步处理显然存在问题。所以,异步是 Ajax 的核心。

JavaScript 很早就用在网络应用程序中,是一种连接服务器的技术,浏览器通过 JavaScript 连接到服务器,并处理从服务器上返回的数据。有多种技术可以实现从服务器上取回数据并对数据进行处理,如 ASP(Activex Server Page)、HPH(Hypertext PreProcessor)、ASP. NET、JSP(JavaServer Page),JavaScript 只是这类技术中的一种,但十分有效。

XML 文档是纯文本文件,对于 Internet 而言,XML 可以通行无阻地畅游在 Internet 的海洋中,所以,XML 在发布后迅速成为 Internet 上的数据交换标准,现在已经是 Web 上的通用语言。

2004 年,Google 悄然在网络中上线了 Google Suggest 测试版本,但此产品一直没有受到关注,一直到 2005 年才引起了公众的注意。Google Suggest 在用户输入部分查询参数时,Ajax 会使用异步方式查询服务器端数据,返回客户端,为客户端补全查询参数(见图 1.6)。

Google 在 Gmail、Google Map(见图 1.7)等产品中更广泛地应用了 Ajax,提供了更好的用户体验。通过这两个杰出的应用,各大网站竞相开始采用 Ajax,包括国内的百度、搜搜、淘宝等均采用了类似 Google Suggest 的方式提供搜索查询服务,同时,网络中各电子邮箱也开始广泛应用 Ajax 来提高用户体验(见图 1.8)。

1.2.2 Ajax 运行模式

Ajax 到底能为我们做什么呢？试想,如果 Google Map 每移动一次观察位置,都要使用"提交-等待-显示-再提交-再等待-再显示……"这样的方法,那么我们将会有 1/5 甚至 1/2 的

图 1.6　Google Suggest 示例

图 1.7　Google Map 上的中国国家博物馆

时间都在等待回传数据，同时每次回传数据仍然包括了诸如上方的搜索框、左侧的超链接等内容，这样，势必造成两个最主要的问题。第一，用户花了大量时间在等待白色的屏幕；第二，多次回传的数据中，有很多是相同的，造成了浪费。

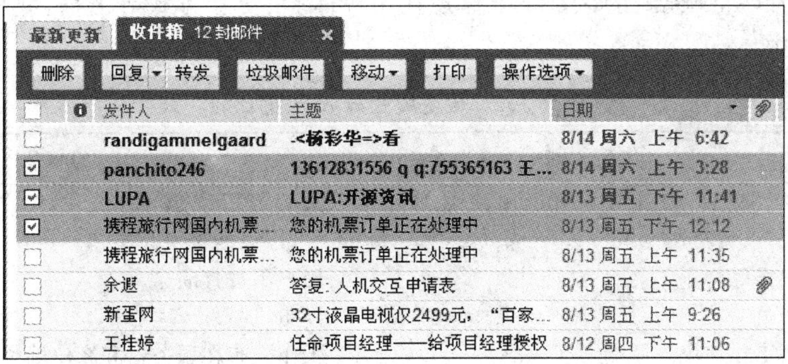

图 1.8　Yahoo 中文邮箱 Ajax 操作界面

在传统同步浏览模式中,用户浏览过程需要经历"查看-提交-等待-显示"这个过程,在"等待"过程中,用户不能进行任何操作或浏览,如果需要过多的交互,那么这个"等待"过程必将浪费太多的时间。传统同步的方式,还会在提交与等待间打断用户的操作。

我们来看一个极端的例子,在填完一个很长的用户注册表单后,提交时,提示用户名已经被注册,返回后,又需要再次填入所有数据,这是因为所有数据的提交必须是同步的,必须等到用户单击"提交"按钮后,才会将请求发送到服务器,服务器这个时候才能判断用户名是否重名。当然,我们能看到有些很长的表单,被设计成了多个页面或其他形式,允许用户填入部分数据后,单击"下一步"按钮进入下一个页面或区域,这样做的目的是,将用户的输入以更小的时间段作为分割,即使用户当前表单数据有误,也不至于需要重新填入所有数据(见图 1.9)。

但这仍然不是一个好办法,因为这样总的等待时间仍然存在,同时用户被更多的中断打断了操作。使用 Ajax,可以使用户在填入每一项数据的时候,浏览器即以异步的形式将填入的数据提交到服务器,在用户填入下面项目的同时,服务器将反馈以异步的形式反馈回客户端,那么用户不必等到最后提交时才知道填入的数据是否符合要求。这样做的好处除了以上几点外,还可以使服务器负载更加均衡,减轻服务器负担,但是这样做也会导致客户端代码增加,客户端数据处理量增大等问题。随着网络和应将更加快速,硬件价格更加低廉,这样异步处理的方式将会获得更高的效率和更好的用户体验(见图 1.10)。

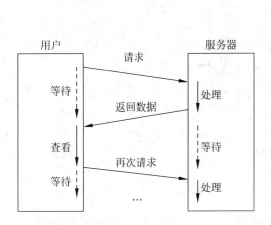

图 1.9　传统模式

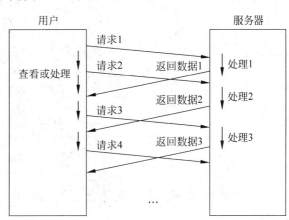

图 1.10　Ajax 模式

传统模式和 Ajax 模式的区别主要体现在用户体验、交互方式等方面，我们把主要区别归纳到了表 1.2 中。

表 1.2　传统模式与 Ajax 的比较

	传统 Web	Ajax
Web 表现	一次提交后，等待服务器返回整个 HTML 代码，以页交换为主	页面 HTML 基本不变化，仅改变提交的数据部分，以数据交换为主
用户体验	用户需等待	用户不被打断
交互方式	同步	异步
负载	主要工作在服务器端	工作分布在服务器和客户端

1.2.3　Ajax 所使用的技术

以 Google 为首的软件企业，正在寻求一种"浏览器即操作系统"的解决方案，而 Ajax 或许是这个方向的开拓者。

Ajax 本身并不能完全算是一种技术，它是多种技术间的协作。Ajax 是使用 JavaScript 将 XHTML、DOM、CSS、XSLT、XMLHttpRequest 和后台程序技术整合而得到的产物，可以说，Ajax 是使用了老技术、新思想而获得成功的典型。

Ajax 的核心是 XMLHttpRequest 对象，这个对象一直到 1999 年 IE5 的发布才出现，而随着各浏览器的发展，IE 系列和 Firefox 类（Mozilla 的 Firefox、Netscape 的 Navigator、Opera、Safari 等）逐渐分成两大阵营，两个系列的浏览器所创建 XMLHttpRequest 的方法不尽相同，随着 IE 更多的支持 W3C 标准，在 IE7 推出后，对于 XMLHttpRequest 的创建方式，已经可以和 Firefox 类一样了，这对开发者来说是一件好事。

XMLHttpRequest 提供了一种类似"代理"的机制来异步传送数据，这区别于传统的方式。通过这样的方式，客户端和服务器间仅仅传送需要变化的数据部分即可，而对于页面格式部分不用再次传送，这样做的一个明显好处就是页面不刷新即可实现数据由客户端到服务器间的双向传送。

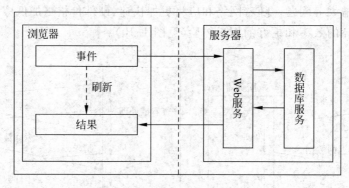

图 1.11　传统交互模式

1.2.4　使用 Ajax 可以干什么

使用 Ajax 可以做很多事情，如创建 Ajax 实时搜索、实现聊天程序、处理电子表格、登录、下载图像、玩游戏、动态修改网页等。

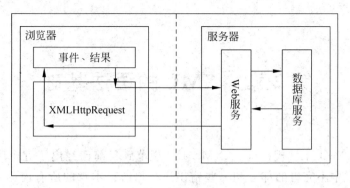

图 1.12　Ajax 交互模式

习题 1

1. 什么是 SGML？
2. 什么是 XML？为什么要用 XML？
3. XML 与 HTML 相似的地方是什么？差别的地方是什么？
4. XML 数据的转换技术有哪些？
5. 请叙述 XML 数据库的基本构成。
6. 什么是 Ajax？有哪些技术构成？

第 2 章　XML 的语法基础

XML 语法由 XML 1.0 规范确定，XML 1.0 规范到目前已经出了五个版本，每一个新版本只是对原来版本中不完善的部分和一些错误进行修改。本章的所有内容来源于 XML 1.0 规范第五版本[①]。

2.1　XML 的语法基础

为了便于讨论，先给出一个 XML 文档的样本，通过分析，逐渐展开。

例 2.1　一个 XML 文档示例。

```
<?xml version="1.0" encoding="GB2312"?>
<booklist>
  <book isbn="978-7-04-008653-0">
    <name>数据通信与计算机网络</name>
    <author>王震江</author>
    <press>高等教育</press>
    <pubdate>2000.7</pubdate>
    <price>23.9</price>
  </book>
  <book isbn="978-7-81112-527-6">
    <name>数据结构</name>
    <author>王震江</author>
    <press>云南大学</press>
    <pubdate>2008.3</pubdate>
    <price>30.00</price>
  </book>
  <book isbn="978-7-302-25904-6">
    <name>XML 基础与实践教程</name>
    <author>王震江</author>
    <press>清华大学</press>
    <pubdate>2011.10</pubdate>
    <price>43.00</price>
  </book>
  <book isbn="978-7-302-34028-7">
    <name>数据结构(第 2 版)</name>
    <author>王震江</author>
    <press>清华大学</press>
    <pubdate>2013.10</pubdate>
    <price>34.5</price>
  </book>
</booklist>
```

---

① Tim Bray, et al. Extensible Markup Language (XML) 1.0 (Fifth Edition) [EB/OL]. http://www.w3.org/TR/2008/REC-xml-20081126/.

这是一个描述图书信息的 XML 文档。根元素是 booklist，下面有若干个子元素 book，在 book 中有表示具体数据的子元素 name、author、press、pubdate、price 五个元素。另外，book 元素还包含一个附属于它的属性 isbn。

2.1.1　结构良好性

结构良好性（well-formedness）是 XML 规范中特别强调的重要概念，XML 文档的书写必须满足"结构良好（well-formed）"的原则。所谓的结构良好的必要条件是：

（1）它总体是一个 XML 文档。

（2）它满足所有在 XML 1.0 规范中提出的关于结构良好性的约束。

（3）在 XML 文档中被直接或间接引用的每一个解析实体（parsed entity）也是结构良好的。

其中关于 XML 文档的定义如下：

- 它包含至少一个元素。
- 有一个叫做根或文档（document）的元素，它不能作为任何其他元素的内容出现。对于所有其他元素，如果开始标签出现在另一个元素的内容中，则结束标签也要在同一个元素中。简言之，由开始标签和结束标签界定的元素应完好地相互嵌套。

是什么原因使 W3C 对结构良好性受到如此重视，以至于在 XML 1.0 规范的开篇之处就讨论结构良好的问题？这是因为，过去几年来，WWW 在 Internet 上取得了巨大成就，但是，用于描写 WWW 的基本编程语言是 HTML。相当数量的人在书写 HTML 时的不规范性和随意性，使得 HTML 文件的可读性大大降低，甚至出现混乱的局面，如写标签时不写结束标签，写属性值时不用引号("或')，不区分大小写等。尽管浏览器非常宽宏大量，几乎所有的不规范都可以勉强通过解析并显示出来，这使得一部分编程人员可以继续这种不规范行为和随意性，客观上更加剧了这种不规范和随意性的泛滥。W3C 的专家们期望 XML 规范是下一代的 WWW 的主要编程语言和标准，他们不希望几年后，XML 的使用也像 HTML 一样出现任何问题。所以，把结构良好性写在了 XML 1.0 规范的重要位置，用以强调 XML 文档中的所有词素和语法必须是定义明确的、结构良好的。

2.1.2　XML 声明

在例 2.1 中的第一行出现的<? xml version＝"1.0"? >是 XML 规范规定的所有 XML 文件必须具有的一行，称为 XML 声明，并规定，这个声明必须写在每一个 XML 文档的第一行，以声明和标注这是一个 XML 文档，否则它就不是一个 XML 文档，并依此来区别于其他类型的文档。

1. XML 声明

XML 声明的格式为：

```
<?xml version＝"1.0" encoding＝"" standalone＝""?>
```

一般情况下，上面的格式中可以省去 encoding 和 standalone，但不能省略 version（版本）声明。如下面的程序：

例 2.2 不带 encoding 和 standalone 的 XML 文档。

```
<?xml version="1.0"?>
<hello>Good morning!</hello>
```

XML 的解析程序可以得到上面文本的正确结果，因为使用的是 ASCII 码字符集，对于其他的字符集合，必须事先声明。

2. XML 的版本号

尽管 XML 文档的版本号可以取"1.x"，其中 x 可以是 0～9 的数字，但 XML 1.0 文档只用"1.0"作为版本声明的数字。当 XML 1.0 处理器遇到"1.x"而不是"1.0"的版本数字时，它将把其当做"1.0"文档处理。所以不管 XML 1.0 出到第几个版本（现在是第五版本），约定 version 声明为"1.0"（即 version="1.0"）。

3. XML 的字符选择

XML 文档的默认字符系统是 UTF-8，与传统的 ACSII 字符集一致，如果处理的是英文字符，这已经满足了需要。此时 XML 文档可以使用英文字符。

如果使用其他国家的代码，如拉丁文字、中文、朝鲜文、日文，则必须使用 Unicode 字符集来定义 XML 文档将要使用的特定字符。

为了解决不同语言标准互不兼容的问题，Unicode 为每一个字符提供一个唯一的编号。Unicode 用 16 位二进制代码对字符进行编码，这样可以产生 65 536 个可能的不同字符。ASCII 字符集在 Unicode 中只占很少的一部分。目前常见的字符集有 UTF-8、UTF-16、ISO-10646-UCS-2、ISO-10646-UCS-4、ISO-8859-n。下面是用几种不同的字符集对例 2.2 XML 文档进行定义和改写后的代码。

例 2.3 字符集为 ISO-8859-1 的 XML 文档。

```
<?xml version="1.0" encoding="ISO-8859-1"?>
<hello>Good morning!</hello>
```

例 2.4 字符集为 ISO-8859-1 的 XML 文档。

```
<?xml version="1.0" encoding="ISO-8859-1"?>
<hello>早上好!</hello>
```

要想使用其他字符集，可以如法炮制。读者可以编辑这些程序，然后用 IE 浏览器浏览，查看其结果如何，以理解 XML 的代码集合的正确用法。如果要使用中文字符集，必须有 encoding = "GB2312"声明，因为 GB2312 是汉字交换的中国国家标准。

例 2.5 字符集为 GB2312 的 XML 文档。

```
<?xml version="1.0" encoding="GB2312"?>
<hello>你好,世界!</hello>
```

请读者用浏览器浏览，看看结果怎样。如果删除 encoding = "GB2312"，情况又会怎样？读者可以自己试一试。

4. standalone 属性

独立文档声明（standalone）以 XML 声明的成分出现，告诉文档是否存在一个外部的文档实体或参数实体。即，在 XML 声明中的 standalone 属性用来定义是否存在外部的标记声明。如果不存在外部标记声明（该声明影响信息从 XML 处理器到应用程序的传输），standalone 取值为"yes"。如果可能存在这类外部标记声明,则取值为"no"。如果不存在外部标记声明,standalone 声明没有意义。如果存在外部标记声明而又没有写明 standalone 的取值,则系统假定该值为"no"。

注意,外部标记声明仅只表示外部声明的存在。在一个文档中,存在对外部实体的引用,而这些实体又在文档内部进行了声明,此时文档的 standalone 状态不会改变。

任何有 standalone="no"声明的 XML 文档,可以在算法上转变成独立文档,这种文档对某些网络发布应用可能是需要的。

下面是 standalone 声明的示例:

＜?xml version＝"1.0" standalone＝"yes"?＞

2.1.3 XML 的元素

元素(element)是 XML 中最为重要的组成部分。如果一个 XML 文档中没有元素,则该文档就不是一个 XML 文档。按照 XML 的结构良好性要求,一个 XML 文档至少有一个叫根元素的元素存在。在 XML 文档的根元素下可以有若干级子元素,各级子元素形成树型结构。关于 XML 文档的树型结构,我们在第 9 章中还要讨论。

1. 元素标签与元素名

元素标签(tag)由两个定界符"＜"和"＞"(即角括号"＜ ＞")括起来的有限制字符串组成,如例 2.1 中的＜book＞,＜name＞,在"＜"和"＞"中的有限制字符串叫做元素名,所谓"有限制",是指元素名要满足一定的命名规则。XML 的元素标签与 HTML 中的元素标签形式一样,所不同的是 HTML 的元素标签由 HTML 规范规定,XML 的元素标签由用户自己规定。元素标签简称标签(tag)。

在 XML 中,元素标签分为开始标签和结束标签。开始标签由左角括号"＜"和右角括号"＞"把元素名括起来。结束标签是在开始标签的左角括号"＜"和元素名之间插入符号"/"。如上例中的＜book＞和＜name＞是开始标签,它们的结束标签分别是＜/book＞和＜/name＞。

在开始标签和结束标签中包含的任意字符串称为元素值。除了包含元素值以外,在开始标签和结束标签还可以包含下一级子元素。如＜name＞数据通信与计算机网络＜/name＞定义了一个图书书名的元素,元素值是"数据通信与计算机网络"。而＜book＞…＜/book＞包含的就是多个下一级子元素。

元素名的一般命名规则要求具有确切含义,建议用户在给元素命名时使用自然语言中有一定意义的单词或者单词的组合作为元素名。例如 booklist 定义了图书列表,author 定义了作者元素,press 定义了出版社元素等。除此之外,还有如下规则:

(1) 首字符是英文、汉字字符或其他字符,后跟数字或其他符号;首字符不能用数字、语音符号、英文句号"."和连字符"-"开头,但可以使用英文冒号":"和下划线"_";

(2) 严格区分英文字母的大小写;

(3) 不能使用"X"、"M"、"L"三个字母的任意大小写搭配的字符串:XML、xml、xMl、Xml 等作为元素名称,或作为元素名的开头;

(4) 不能独立使用数字作为元素名;

(5) 元素名中可以使用英文"_"、"."、":"、"-"等符号,但避免使用空格符,除用于名称空间描述外,最好不用冒号作为元素名,因为 XML 名称空间赋予冒号":"特殊的用途;

(6) 不能使用英文＜、＞、?、/、&、＋、* 等符号作为元素名。

为了便于理解上述定义，下面是一些合法和非法的标记名示例。

不合法的元素标签：

```
<3ab></3ab>                          首字符数字开头
<123></123>                          数字串
<Name></name>                        首字母大小写不匹配
<person></PERSON>                    大小写不匹配
<xml-author></xml-author>            使用保留字符串 xml 开头
<STUDENT?NO></STUDENT?NO>            使用非法字符"?"
<press> <press>                      没有结束标签"/"
<.student> </.student>               用"."作首字符
<-teacher> </-teacher>               用"-"作首字符
<aut hor> </aut hor>                 元素名含空格符
```

合法的元素标签：

```
<x123></x123>
<Name></Name>
<person></person>
<STUDENT_NO></STUDENT_NO>
<press> </press>
<student> </student>
<teacher> </teacher>
<author> </author>
<学生></学生>
<工人></工人>
```

使用汉字作为 XML 元素标签是合法的，如最后两个标记。

另外还要注意，因为要用来作为 XML 名称的定界符，ACSII 码中（除英文字母和数字外）的符号和标点符号，还有 Unicode 中相当大的一组符号在 XML 的名称中不能使用，使用这组字符不能保证给出的上下文是 XML 名称的组成部分。分号";"会标准化为逗号","，有可能改变实体引用的意义，也不用于 XML 名称。

2. 元素嵌套

每个 XML 文档必须有一个且只能有一个称之为"根"（root）的元素，如例 2.1 中的 <booklist>。其他元素必须写在一对根元素 <booklist> 和 </booklist> 之间。

元素可以包含值，可以为空值，还可以有下层子元素。

某元素的子元素写在该元素的开始标签之后和结束标签之前，如每一个 <book> 元素下的所有子元素写在 <book> 之后和 </book> 之前，这种结构称为元素嵌套。元素嵌套子元素，子元素可以嵌套下一级子元素。这种嵌套必须严格。图 2.1 是几种嵌套情况，在图 2.1(a)中的 <a> 元素有两个平级子元素 <b>、<c>，<b>、<c> 元素书写正确。图 2.1(b)中 <a> 元素有两级子元素 <b>、<c>，其中 <c> 又是 <b> 的子元素，<c> 元素书写正确。图 2.1(c)中 <a> 元素有 <b>、<c>，但 <b>、<c> 元素交叉嵌套，因此错误。图 2.1(d)中 <a> 和 <b> 是同级元素，但交叉嵌套，因此错误。

3. 空元素

当元素标签之间没有元素值时，这样的元素叫空元素。如图 2.1(a)中的元素 <b>、<c> 是空元素，但是 <a> 不是空元素，因为它包含了两个子元素，虽然其子元素为空。

当元素为空值时，其表示可以简化成用 "<" 和 "/>" 包括元素名。如 <name></name> 简化成 <name/>，<phone></phone> 可以简写成 <phone/>。

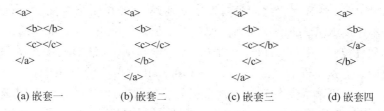

图 2.1　上述嵌套中(a)(b)正确,(c)(d)错误

对于在 XML 转换文档中出现的某些无结束标签的 HTML 元素,如<img>、
、<hr>,为了满足结构良好性,在 XML 转换程序中使用时应该写成<img/>、
、<hr/>。这样就保证既可以满足 XML 的结构良好性要求,又可以在 XML 应用中使用 HMTL 中的既定元素。

2.1.4　属性

与 HTML 一样,XML 元素也有属性(attribute)。为了便于理解 XML 中的属性,我们先看几个 HTML 中几个元素的属性。如<font color="" face="" size="">、<img src="" width="" height="" alt="">。

对于熟悉 HTML 语法的读者,很容易理解上面两个标签的含义和用法。前者是定义字符的标签,其中 color、face、size 都是属性,分别定义颜色、字体、字大小。后者定义图形,其中 src、width、height、alt 也是属性。这说明在 HTML 中大量使用了属性。

1. 属性的定义

在 XML 文档中,属性是用来与元素联系起来的一对“名字-值”,属性的定义不能出现在元素的开始标签和空元素标签之外。元素的属性可以是一个,也可以是多个。当出现多个属性时,每个属性之间用空格分隔。多个属性又叫属性列表,对于一个给定的元素,属性列表是附属于这个元素的属性集合,可以确定这些属性的类型约束,可以为属性提供默认的属性值。

属性和属性值之间用“=”号连接,属性值必须用英文的符号("或')括起来。在例 2.1 中,每个<book>元素中定义了一个 isbn 的属性,其取值是每本书的 isbn 号,其形式是 isbn="字符串"。如第一个<book>元素中 isbn="978-7-04-008653-0",第二个<book>元素中 isbn="978-7-81112-527-6",等等。

例 2.6 是关于服装中衬衫的 XML 文档,在该文档中为元素<price>定义了 currency 和 unit 两个属性,currency 定义了衬衫价格的货币种类是人民币(RMB),unit 定义了衬衫价格的货币单位是元(Yuan)。这样的定义容易使人把 price 元素与货币种类 currency 和货币单位 unit 这两个属性关联起来,使之成为一个整体。

例 2.6　关于服装的 XML 文档(文件名:ch2-6.xml)。

```
<?xml version="1.0" encoding="GB2312"?>
<clothes>
  <shirt>
    <name>金利来</name>
    <size>170/92A</size>
    <price currency="RMB" unit="Yuan">420.00</price>
  </ shirt>
</clothes>
```

在 XML 文档中，属性和元素之间没有本质差别，例 2.6 中价格的属性可以分别设计成独立的元素，这并不违反 XML 的语法规则。如例 2.7 所示。此时 currency 和 unit 这两个原来是 price 元素的属性，现在成为＜shirt＞的子元素，与 price 元素形成平级关系，这并不违反 XML 的语法规则。但是这样做割断了 currency 和 unit 这两个元素跟 price 元素之间的直接关联关系，可以把它们理解成是与其他元素平级的元素，这与原来的设计意图是矛盾的。另外作为独立元素的 unit 到底是想表示价格的单位还是衬衫的单位，意义就不明确。所以在设计元素和元素属性时，事先应该仔细考虑。

例 2.7 把例 2.6 中 price 元素的属性写成元素（文件名：ch2-7. xml）。

```
<?xml version="1.0" encoding="GB2312"?>
<clothes>
    <shirt>
        <name>金利来</name>
        <size>170/92A</size>
        <price>420.00</price>
        <currency>RMB</currency>
        <unit>Yuan</unit>
    </shirt>
</clothes>
```

2. 属性类型

XML 属性类型有三种：字符串类型、标记化类型和枚举类型。字符串类型可以取任意的文字串作为值。标记化类型有不同的词法和语义约束。有关属性的定义、使用和说明将在第 3 章和第 4 章中介绍。

2.1.5 标记与字符数据

1. 标记

标记（makeup）包含下列内容：开始标签（tag）、结束标签、空元素标签、实体引用、字符参考、注释、CDATA 节定界符、文档类型声明、处理指令、XML 声明、文本声明。

2. 字符数据

所有不是标记的文本构成了文档的字符数据，所谓文本，则是指包含字符数据、标记以及任意位于文档实体顶层（即文档元素之外且不在任何其他标记内）的空白符的混合。

英文 and 符号"＆"和左角括号"＜"不能以其自身的字符形式出现，除非用于标记的定界符，或者出现在注释、处理指令、CDATA 节中。如果确实需要使用它们，必须用转义字符串"&"和"<"的形式来表示。当需要使用串"]]＞"而不是标记 CDATA 节的结束符时，右角括号"＞"必须表示成">"。

在元素内容中，字符数据是任意的字符串，但它不包含任何标记（markup）开始定界符和 CDATA 节结束定界符"]]＞"。在 CDATA 节中，字符数据是不包含 CDTATA 节结束定界符"]]＞"的任意字符串。

当属性值中需要使用单引号"'"和双引号""作为值的内容时，须用转义字符"'"和"""。

2.1.6 实体

1. 实体概念

XML 文档可以包含一个以上的存储单元，这些存储单元叫实体（entity），它们全部都有内容且由实体名称来标识(除了文档实体和外部 DTD 子集外)。每个 XML 文档有一个叫文档实体的实体,用来作为 XML 处理器的起始位置,并可以包含整个 XML 文档。

实体可以是解析的和不可解析的。所谓解析实体,是指包含一个字符序列的文本,它可以用来表示标记(markup)和字符数据。所谓不解析实体,其内容可以是或者不是文本(text),如果是文本,那么不是 XML。每一个不可解析的实体与一个表示法(notation)联系,由名称来标识。除了要求 XML 处理器把这些用于实体和表示法的标识符应用于应用程序外,XML 对不可解析实体的内容没有约束。

解析实体用实体引用的名称调用,不可解析实体用给定 ENTITY 或者 ENTITIES 属性值来调用。关于 ENTITY 或者 ENTITIES 的讨论,请参考 3.3.2 节的第 2 部分。

2. 引入实体的原因

在 XML 文档中,由于规定使用"<、>、'、"、&"等符号作为 XML 文本的标记和内容声明的组成部分,我们通常把这些符号叫做 XML 的保留字。当需要在 XML 文档数据中写入上述这些字符时,如果不进行转换,解析器将会把它们理解成 XML 规范所定义的含义,而无法实现把这些符号作为元素数据的目的。如:

```
x<y>z              表示 x 小于 y,y 大于 z
x&y                表示 x 与 y 的连接运算,或表示 x 和 y 的逻辑与
x>y?x=0:x=y        C 程序表达式
```

在 XML 文档中表示上述表达式时,由于使用了 XML 规范规定的保留字符<、>、&,在系统解析时就会产生错误,得到错误的信息和字符。为了解决这个问题,XML 提供了五种预定义实体,在文档中需要表示这些字符数据时,使用这些预定义实体对这几个保留字进行转义,如表 2.1 所示。

表 2.1 XML 规范的预定义实体

字 符	符 号	实 体 引 用	实 例	用 法
&	amp	&amp;	x&y	x&y
<	lt	&lt;	x<y	x<y
>	gt	&gt;	x>y	x>y
'	apos	&apos;	'name'	'name'
"	quot	&quot;	"name"	"name"

需要实体的另外一个原因是,可以通过实体引用来调用事先定义好的内部或者外部实体,使多个 XML 文档可以访问和调用同一个实体。关于实体调用请参考例 2.9。

3. 实体声明

实体类别可以按照引用方式和所处位置这两种方式来分类。按引用方式可以分为普通实体和参数实体,按实体所处的位置可以分为内部实体和外部实体。内部实体和外部实体的具体内容由普通实体和参数实体定义。

无论是哪类实体,在使用之前都必须先声明,没有声明的实体的引用被认为是错误的。如果在 XML 文档中多次声明了同一个实体,则 XML 处理器可能发布一个警告。

实体的声明因为其类型不同,方法各有差异,下面分别予以介绍。

1) 预定义实体

XML 处理器必须识别预定义实体,无论它们是否被声明。由于互操作性的原因,一个合

法的 XML 文档，与其他实体一样，在使用前应该声明它们。声明时，实体"＜"（lt）和"＆"（amp）用双转义字符，实体"＞"（gt）、"'"（apos）①、"""（quot）用单转义字符，声明如下：

```
<!ENTITY lt      "&#38;#60;">
<!ENTITY gt      "&#62;">
<!ENTITY amp     "&#38;#38;">
<!ENTITY apos    "&#39;">
<!ENTITY quot    "&#34;">
```

其中，♯34、♯38、♯39、♯60 和 ♯62 分别是 quot、amp、apos、lt、gt 符号的 ASCII 码。

2）普通实体

普通实体是那些用在 XML 文档内容中的实体。普通实体的声明格式为：

> ＜!ENTITY 实体名 实体定义＞

其中，前面的"!"和关键词"ENTITY"不能缺少，实体名是将要被定义的实体名称，实体定义是指实体所取的值，通常是一个字符串，例如：

```
<!ENTITY qhpress "清华大学出版社">
<!ENTITY hepress "高等教育出版社">
```

上面的两行实体声明中，分别声明了 qhpress 和 hepress 的实体，它们的值是"清华大学出版社"和"高等教育出版社"。实体值用一对双引号"""来界定，且实体值本身不包含双引号，此处的双引号是英文符号（不能使用汉字中的双引号），否则系统在解析时将报错。

注意：实体值中避免使用"＜"符号，因为任何对显式包含"＜"符号的实体的引用将导致结构良好性错误，如＜! ENTITY exampleEntity "＜"＞。

3）参数实体

参数实体是在 DTD 内使用的解析实体。参数实体的声明格式为：

> ＜!ENTITY ％ 实体名 参数实体＞

其中，"!"和关键词"ENTITY"意义同前。参数实体定义必须使用"％"。参数实体是指实体定义中可以被引用的一种实体类型，例如：

```
<!ENTITY % datatype "(#PCDATA)">
```

这个实体定义了 datatype 为参数实体，取值为"♯PCDATA"。也可以为实体定义多个可以选择的值。例如下面的参数实体 type 可以取三种数据类型 STRING、INTEGER 和 DATE。

```
<!ENTITY % type " (STRING | INTEGER | DATE) ">
```

下面例子定义了一个外部实体文件的 URL，名为 X 的参数实体。

```
<!--声明外部参数实体-->
<!ENTITY % X SYSTEM "http://www.kmu.edu.cn/xml/x.dtd" >
```

---

① 这是英文中的省略符号"'"，不是单引号。如"I can't do it"中 can't 实际是 can not 的省略写法。

注意：普通实体和参数实体使用不同的方式引用，被识别为不同的上下文。更进一步说，它们占据不同的名称空间。同名的普通实体和参数实体是两个不同的实体。

4）内部实体

在 XML 文档中定义的实体，称为内部实体。普通实体和参数实体均可以作为内部实体或外部实体的内容使用，所以，内部实体也分为普通实体和参数实体。内部实体的定义方法就是普通实体和参数实体的定义方法。例如：

例 2.8　内部实体定义。

```
<?xml version="1.0" encoding="GB2312"?>
<!DOCTYPE books[
  <!ENTITY hepress "高等教育出版社">
  <!ENTITY ydpress "云南大学出版社">
  <!ENTITY qhpress "清华大学出版社">
]>
<booklist>
  <book isbn="978-7-04-008653-0">
    <name>数据通信与计算机网络</name>
    <author>王震江</author>
    <press>&hepress;</press>
    <pubdate>2000.7</pubdate>
    <price>23.9</price>
  </book>
  <!--more books information here-->
<booklist>
```

上面的程序中声明了三个实体 qhpress、ydpress 和 hepress，因为它们位于 XML 文档的内部，所以是内部实体。程序中出现的 DOCTYPE 声明是用于引用外部或内部的文件或实体的专用命令，其含义和用法将在第 3 章中详细讨论。

5）外部实体

在 XML 文档外部，也可以定义实体。这个实体是与 XML 文档分离的独立文件，这种实体定义就是外部实体。其定义格式是：

> <!ENTITY　实体名 SYSTEM/ PUBLIC 外部实体文件 URI　NDATA 类型名>

其中，标示符 SYSTEM 和 PUBLIC 是不能缺少的，它们是定义外部实体的不可缺少的部分；外部实体文件 URI 是指外部实体的参考源，其内容是实体的替换文本，它可能与文档实体、包含外部 DTD 子集的实体或某些其他的外部参数实体有关系。如果在外部实体定义中出现 NDATA 部分，则表示的"实体名"是一个不可解析的实体，否则是一个可解析的实体。例如：

```
<!ENTITY fact SYSTEM "http://www.kmu.edu.cn/xml/fact.xml">
<!ENTITY source SYSTEM "Conoff.gif" NDATA GIF>
```

在最后一个实体定义中，由于出现了 NDATA 部分，表明 source 是一个不可解析的实体。这里是把图形文件作为不可解析实体进行处理的。

4. 实体引用

实体引用（reference）是 XML 规范中正规使用的词汇，通俗地讲，所谓实体引用，就是实体的引用或实体的调用，这与程序设计语言中的函数和过程调用十分类似。

实体引用的方法，根据实体定义的不同而不同。

> 对于普通实体,其引用方法为: & 实体名;
> 对于参数实体,其引用方法为: %实体名;

普通实体定义后的引用实例。

例 2.9 实体引用示例。

```
<?xml version="1.0" encoding="GB2312"?>
<!DOCTYPE books[
  <!ENTITY hepress "高等教育出版社">
  <!ENTITY ydpress "云南大学出版社">
  <!ENTITY qhpress "清华大学出版社">
]>
<booklist>
  <book isbn="978-7-04-008653-0">
    <name>数据通信与计算机网络</name>
    <author>王震江</author>
    <press>高等教育</press>
    <pubdate>2000.7</pubdate>
    <price>23.9</price>
  </book>
  <book isbn="978-7-81112-527-6">
    <name>数据结构</name>
    <author>王震江</author>
    <press>&ydpress;</press>
    <pubdate>2008.3</pubdate>
    <price>30.00</price>
  </book>
  <book isbn="978-7-302-25904-6">
    <name>XML 基础与实践教程</name>
    <author>王震江</author>
    <press>&qhpress;</press>
    <pubdate>2011.10</pubdate>
    <price>43.00</price>
  </book>
  <book>
    <name>XML 精要:语法详解与编程指南</name>
    <author>[美]Sandra E. Eddy &amp; B.K.DeLong</author>
    <press>&qhpress;</press>
    <price>68.00</price>
  </book>
</booklist>
```

在除了自己定义的普通实体 hepress、ydpress 和 qhpress 的引用外,上述程序中还使用了符号实体"&"的引用"&"。上面程序的显示效果如图 2.2 所示。

关于参数实体的定义和引用,可以从下面的 DTD 定义中得到说明。

```
<!ENTITY % datatype " (#PCDATA)">
<!ELEMENT name %datatype;>
<!ELEMENT author %datatype;>
```

在元素 name 和 author 中定义了它的类型是 PCDATA(解析字符数据),但是这个类型的定义是通过了引用参数实体 datatype 来实现的。有关 PCDATA 的详细讲解请参考第 5 章。

参数实体的多值引用是实体引用中常见的,下面讨论多值参数实体的定义和引用。对于

```
<?xml version="1.0" encoding="GB2312" ?>
<!DOCTYPE books (View Source for full doctype...)>
- <booklist>
  - <book isbn="978-7-04-008653-0">
      <name>数据通信与计算机网络</name>
      <author>王震江</author>
      <press>高等教育</press>
      <pubdate>2000.7</pubdate>
      <price>23.9</price>
    </book>
  - <book isbn="978-7-81112-527-6">
      <name>数据结构</name>
      <author>王震江</author>
      <press>云南大学</press>
      <pubdate>2008.3</pubdate>
      <price>30.00</price>
    </book>
  - <book isbn="978-7-302-25904-6">
      <name>XML基础与实践教程</name>
      <author>王震江</author>
      <press>青华大学</press>
      <pubdate>2011.10</pubdate>
      <price>43.00</price>
    </book>
  - <book>
      <name>XML精要:语法详解与编程指南</name>
      <author>[美]Sandra E. Eddy & B.K.DeLong</author>
      <press>青华大学出版社</press>
      <price>68.00</price>
    </book>
  </booklist>
```

图 2.2　实体引用示例

下面这种情况的元素定义,可以使用多值参数实体来实现:

<!ELEMENT desk (Small ∣ Middle ∣ Large)>
<!ELEMENT house (Small ∣ Middle ∣ Large)>
<!ELEMENT shirt (Small ∣ Middle ∣ Large)>

这样的元素类型定义可以使用参数实体来实现:

<!ENTITY % SIZE "(Small∣Middle∣Large)">
<!ELEMENT desk %SIZE;>
<!ELEMENT house %SIZE;>
<!ELEMENT shirt %SIZE;>

5. 注意事项

实体声明、定义和引用使 XML 文档变得结构良好,容易阅读和理解。但是使用实体应该注意:

(1) 在引用实体之前必须先定义实体。

(2) 内部实体位于 XML 文档内部,外部实体独立于 XML 文档,是一个结构良好的 XML 格式文件。

(3) 实体引用不能出现递归引用,即不能出现 A 引用 B、B 又引用 A 的情形。

(4) 实体引用时,引用符"&"和"%"与实体名之间不能有空格,最后不能缺少英文符号";"。

2.1.7　处理指令

处理指令(Processing Instruction)允许 XML 文档包含用于应用程序的指令,简称 PI。其格式如下：

> ＜?指令名属性＝"属性值"?＞

处理指令用"＜?"和"? ＞"包括起来。从形式上说，＜? xml version＝"1.0"? ＞就是处理指令，它的作用就是对 XML 文档进行标识。如下面的样式表转换引用的说明也是处理指令。

```
<?xml-stylesheet type="text/css" href="book.css"?>
<?xml-stylesheet type="text/xsl" href="clothes.xsl"?>
```

前者是在样式表转换中引入了 CSS 文档对 XML 文档进行转换，后者是用 XSL 对 XML 文档进行格式转换。

XML 的表示法（Notation）机制可以用于 PI 的正式声明中，在处理指令中不识别参数实体引用。

2.1.8 CDATA 节

CDATA 节可以出现在字符数据允许出现的地方。

在 XML 中出现的字符分为可解析的字符数据和不可解析的字符数据。如下面的程序片段是一段 C 程序，其功能用来实现在给定字符串的指定位置插入字符。

```
insert(int y[10],k,a)
{
int l;
if (k<0 ‖ k>10) printf("Error!");
else
  {for(l=10;l>=k;l--)
     y[l]=y[l-1];
   y[k]=a;
}
```

其中出现了 XML 规范不允许出现的字符实体，如＜、"、＞等符号，按照 XML 规范，这类数据必须经过实体引用转换，才能正确表示出来。如果不使用实体引用，在系统解析时，将出现错误。为了解决这类数据在 XML 中的表示问题，在 XML 规范中引入了 CDATA 类型的数据，用来处理这种表示。

CDATA 节的定义格式为：

> ＜![CDATA[字符数据]]＞

在 CDATA 节中，只有"]]＞"被识别为标记，所以"＜"、"＞"和"&"可以出现在 CDATA 的文字中，它们不需要使用"<"、">"和"&"来换码。

这样在 XML 中表示上述程序作为一个代码段，可以写成下面的形式：

```
<?xml version="1.0"?>
<function>
  <![CDATA[
    insert(int y[10],k,a)
    {
```

```
      int l;
      if (k<0 ‖ k>10) printf("Error!");
      else
        {for(l=10;l>=k;l--)
        y[l]=y[l-1];
        y[k]=a;
        }
  ]]>
</function>
```

如果要在文本中表示 XML 文档的片段,也可以用这个方法来实现。如要表示例 2.1 的某个部分,可以表示成:

```
<?xml version="1.0" encoding="gb2312"?>
<book>
<![CDATA[
<book isbn="7-302-02368-9">
  <title>数据结构</title>
  <author>严蔚敏</author>
  <press>清华大学</press>
  <date>1997.4.6</date>
  <price>22.00</price>
</book>
]]>
</book>
```

这样,在系统解析时,那些包含<、>符号的成分不会作为元素识别,而是作为 CDATA 数据原样显示出来。

把 CDATA 写进 XML 文档时,要为其设计一个包含 CDATA 节内容的根元素,否则解析器将报告错误。参考图 2.3 和图 2.4。

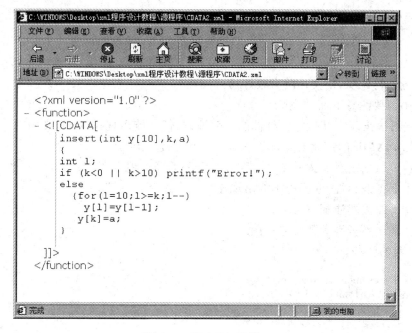

图 2.3　CDATA 示例 1

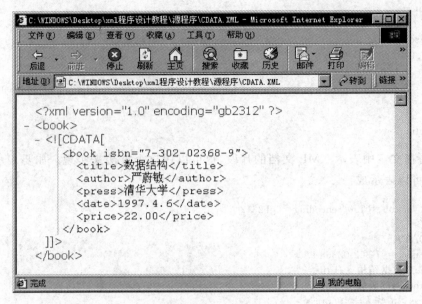

图 2.4　CDATA 示例 2

另外，CDATA 节中不允许嵌套。即 CDATA 节中不允许出现在 CDATA 节中，换句话说，CDATA 的定义只能是单层结构。

注意：在 IE 9.0 之后的版本中，CDATA 节的显示效果不是图 2.3 和图 2.4 的样子。

2.1.9　注释

与其他所有的程序设计语言一样，XML 文档中也可以使用注释。系统在解析注释的时候，不把它当作可解析数据处理，并默认其正确性。注释的格式为：

```
<!--注释文字-->
```

如例 2.11 中的第二行出现的＜！--例 2.11--＞就是一个注释。注释的作用是对 XML 文档的某些部分进行说明，使文档具有较好的可读性。

注释的书写要注意下面的规则：

（1）注释可以出现在其他标记外部的任何地方，但不能出现在 XML 文档的第一行。因为 XML 规范要求，XML 的声明必须位于 XML 文档的第一行。

（2）注释可以出现在元素标签（"＜"与"＞"）外的任何地方。

（3）为了保持兼容性，注释中不能出现连续两个连字符"--"。

（4）注释不能嵌套注释。

（5）在注释中不识别参数实体引用。

例如，正确的注释。

```
<!--This is a example of comment-->
<book isbn="7-04-008653-0">
    <!--The following element is a name of book .-->
    <name>数据通信与计算机网络</name>
    ...
</book>
```

错误的注释：

```
<!--This is a example of embedded comment<!--embeded comment-->-->
```

因为使用嵌套，这是一个错误的注释。

```
<book <!--The following element is a name of book .-->isbn="7-04-008653-0">
  <name>数据通信与计算机网络</name>
  <author>王震江</author>
...
</book>
```

因为注释出现在元素标签内部，这个注释是错误的。

注意：不允许使用串“--->”作为注释的结束符。

2.2 XML 的文档结构

XML 规范规定：XML 文档由序言(prolog)、文档数据和其他三部分构成，如图 2.5 所示。其中，序言部分以 XML 声明<? xml version="1.0"? >开始，然后是注释、处理指令、DTD 声明、名称空间声明、调用转换文本语句行、注释等构成。XML 的数据部分以一个根元素包含的数据文档为主体，根元素内包含所有数据元素、属性、字符串。其他部分是可选项，包含注释和其他非元素标签的组合。

图 2.5　XML 文档结构

2.2.1 XML 的序言

一个典型的 XML 序言包含如下的语句成分：

```
<?xml version="1.0"?>
<!--This is a document for discribing books.-->
<!DOCTYPE books SYSTEM "books.dtd">
<?xml-stylesheet type="text/xsl" href="books.xsl"?>
<xsl:stylesheet version="2.0" xmlns:xsl="http://www.w3.org/1999/XSL/Transform">
```

上面的语句构成了 XML 文档的序言。除第一行外，还有注释、DTD 声明、XSL 样式表转换、样式表转换的版本声明和样式表名称空间声明共四行。注释的语法和作用前面讲过。DTD 是专门定义 XML 文档中元素、属性和数据的有效性文档，它指出了与一个 XML 文档相关的用于定义其元素、属性和数据类型的存储单元。用 XSL 对 XML 进行格式转换叫做 XSL 样式表转换。样式表版本声明指出当前使用的版本，而样式表的名称空间(namespace)声明是为了扩大 XML 应用范围和消除元素歧义而引入的。

1. DTD

以例 2.2 为例进行说明。在该程序中，虽然具有 XML 声明，但它不是一个有效的 XML 文档，因为在文档中没有对元素<hello>类型进行说明，从而无法验证此文档元素<hello>的有效性，所以说它不是一个有效的 XML 文档。

关于 XML 元素有效性的问题，类似于传统数据库中各种数据类型的定义以及对该数据类型值的约束和限定等一套完整的机制。如在数据库的某个表中定义了“单价”字段的类型是 currency，如果赋给该字段的数据值为字符或字符串时会出错，这是数据库系统为了保证数据的有效性而采取的措施,这就叫数据的有效性检验,即所谓的数据有效性问题。

为了定义文档元素的有效性,在 XML 1.0 规范中,引入了文档类型声明 DTD。DTD 必须出现在文档中根元素的前面。DTD 分为内部和外部 DTD。有关内部和外部 DTD 的内容请参考 3.4 节。

2. XML 表单

浏览器在解析和显示 XML 文档时没有附加任何格式信息,所以只要是结构良好的 XML 文档,浏览器均以根元素的树型结构形式显示出来。这种显示方法无法满足 Web 应用,需要引入专门的转换技术对 XML 文档进行转换,目前主要使用 CSS 和 XSL 两种技术。用这两种技术编写的文档称为 XML 表单文件,简称 XML 表单。关于 XML 表单,我们将在第 7 章和第 8 章进行详细讨论。

3. 名称空间

名称空间本身不是 XML 规范包含的内容。引入名称空间的主要原因有两点:在文本中出现不同的对象使用相同元素标签的情况下,可以消除同名带来的命名冲突,解决浏览器解析时产生名称歧义的问题。另外,在应用程序调用 XML 文档数据时,因为有名称空间定义,可以直接使用 XML 文档中的元素,且不产生任何错误。详细内容请参考 2.3 节。

2.2.2 XML 数据

数据是 XML 文档的主体部分,必须有一个根元素开头,所有的数据都包含在这个根元素中。如果 XML 文档不包含任何内容,这个根元素也必须存在,否则文件就是非法的 XML 文档,也就是说,一个 XML 文档必须包含一个顶级元素,哪怕它是空的,也必须存在,否则该文档将被视为非法的 XML 文档,这个顶级元素就是根元素。

例如:

```
<?xml version="1.0" encoding="gb2312"?>
<book/>
```

尽管这个 XML 文档除声明外没有任何内容,根元素是空元素,但它是一个合格的 XML 文档。

从处理数据的形式上看,XML 数据大体分为以数据为中心和以文本为中心两大类。

1. 数据为中心

以数据为中心的 XML 文档,一般具有可以转化为表格形式的数据形态,如例 2.1 可以用表 2.2 表示。因此在如何判断 XML 文档是否以数据为中心,只要看它的数据大体上能否与一个表格相对应。

表 2.2 表示例 2.1 的表格

书　　名	作者	出版社	出版日期	单价	ISBN
数据通信与计算机网络	王震江	高等教育	2000.7	23.9	978-7-04-008653-0
数据结构	王震江	云南大学	2008.3	30.00	978-7-81112-527-6
XML 基础与实践教程	王震江	清华大学	2011.10	43.00	978-7-302-25904-6
数据结构(第 2 版)	王震江	清华大学	2013.10	34.50	978-7-302-34028-7

　　对于以数据为中心的 XML 文档,可以把它作为关系数据库中的表使用,每个元素对应数据表的列元素(字段),每一个包含下一级子元素的元素可以看成是一条记录(如 book),而根元素可以当作数据库的表名使用(如 booklist)。这样的转换,使人容易想到把 XML 文档作为数据库的表格看待。如何把 XML 文档作为数据库使用,问题并不像上面这个例子这么简单,对于结构复杂的、多层嵌套且嵌套无规则的,转换就存在问题,因此 XML 的数据库研究成了近年来的研究热点,并把 XML 数据库称为半结构数据库。这个内容超出了本书讨论的范围,感兴趣的读者可以参考有关半结构数据库方面的研究文献和书籍。

2. 文本为中心

　　下面是一个以文本为中心的 XML 文档。其中,数据主要是文本,各个文本长短不一,没有结构。

　　例 2.10　以文本为主的 XML 文档。

```
<?xml version="1.0" encoding="gb2312" standalone="no"?>
<Weblanguage>
<html>
    The basic language for building a Web page is HTML (Hyper Text Markup Language), now at
    version 4.0. It provides a standard format for Web pages to create a link, provide the refresh period
    for a page to change, embed audio files, embed Javascript, lay out the combo box, and form pages
    into different frame. HTML is a tag language. There are a lot of editors available that help in
    putting the tags to create the page you want without having to know how the pages are created.
</html>
<java>
    Java and Javascript is one of the latest buzzwords to hit the Internet world.
    It evolved for the browser and provides more flexibility to the web application. Javascript is a
    scripting language (a program written in a scripting language remains in text form and is interpreted
    at run time). The script is embedded in the HTML page. It is the browser that understands the
    script, interprets it and produces the desired result, for example a pop-up box asking for input. Java
    is very C++ like and is compiled into class extensions and also interpreted by the browser.
</java>
<xml>
    XML looks like HTML, and the syntax functions in a similar way, but it has the flexibility to allow
    you to create and use your own set of tags and attributes to identify the structural elements and
    content of a document. But XML isn't just another markup language: it's a way of defining the
    content of a document, similar to the way that HTML defines a document's appearance on the
    Web. With HTML, a Web designer marks text, images and other content on a Web page with a set
    of tags that say nothing about the meaning of the content; they just suggest how to display the
    content through a Web browser. XML doesn't just deal with a document's appearance, but rather
    with its content.
</xml>
</Weblanguage>
```

　　上面的文本在浏览器中出现的形态没有以数据为主的那样结构严谨,层次不清楚,而是显得杂乱无章(参考图 2.6)。以文本为主是今天 Web 应用中的主要形式之一,所以,研究文本为主的 XML 文档与研究以数据为主的 XML 文档一样的重要。由于结构松散,文本为主的 XML 文档直接转换成传统数据库的表格不是人们研究的重点。

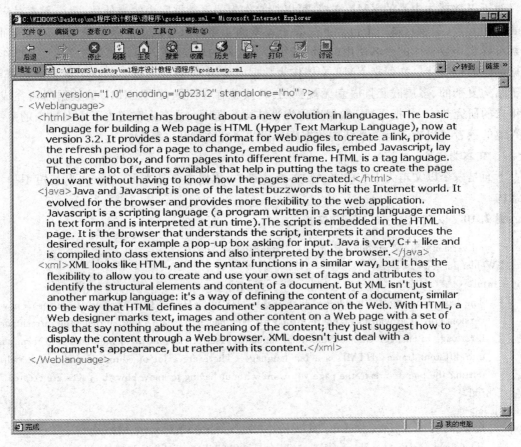

图 2.6   文本为主的 XML 数据显示

2.3   名称空间

2.3.1   名称空间的概念

为了说明名称空间，先考查下面的例子。

例 2.11   一个关于商品的 XML 文档。

```
<?xml version="1.0" encoding="gb2312" standalone="no"?>
<!--例 2.11-->
<goods>
    <clothes>
      <shirt>
        <name>金利来</name>
        <size>170/92A</size>
        <price>22.00</price>
        <date>2004-02-21</date>
      </shirt>
      <trousers>
        <name>李宁</name>
        <size>MID</size>
        <price>120.00</price>
```

```
            <date>2003-10-02</date>
        </trousers>
    </clothes>
    <e_appliances>
        <television>
            <name>海尔</name>
            <unit>台</unit>
            <size>34 英寸</size>
            <price>4220.00</price>
        </television>
    </e_appliances>
</goods>
```

在例 2.11 中,有 clothes 和 e_appliances 两大类商品,每一种商品都有 name、size、price 等名称相同的元素。在使用不同商品的名称相同的元素时,如何区分它们,如裤子的 name 与衬衫的 name 如何区别,clothes 大类中的 shirt 中的 name 和 e_appliances 大类中 TV 的 name 又如何区分? 它们是完全不同的对象名称,却具有相同的元素名。这种区分在 XML 文档的转换、查询、应用程序调用 XML 文档中是十分重要的。这就是为什么引入名称空间的主要原因。

使用名称空间,你可以定义元素名和属性名,把元素限定在特定的名称空间中,从而消除元素名称的不确定性,并允许支持名称空间的程序正确处理该文档。

名称空间是 XML 名称的集合。它允许 XML 文档中的每个元素和属性放在与特定 URI 的不同名称空间中。这个 URI 不必指向任何特定的文件,甚至没有必要指向任何内容,特别是不能保证名称空间 URI 中的文档描述在文档中使用语法的正确性,或者保证任何文档在 URI 中存在。简单地说,名称空间引用的文档实际上可以不存在。这就是说,名称空间 URI 只是一个逻辑概念,可以不把它与实际的物理路径联系起来。

这个 URI 必须是合法的,如 http://www.w3c.org/xml/REC。如果存在不同的元素对象,可以使用不同的 URI。如为了说明 goods 中的 clothes 类,它的 URI 可以写成 http://www.kmu.edu.cn/xml/clothes,而把 e_appliances 类的 URI 写成 http://www.kmu.edu.cn/xml/e_appliances。

注意,这里使用了 URI 作为名称空间的作用域,只要它是合法的 URI,不论它是否存在,都会起作用。这一点很重要。

2.3.2 声明名称空间

XML 允许文档设计者和开发者使用自己命名的元素,并以各种方式扩展这些元素。这就是 XML 的名称空间。

在 XML 文档中用名称空间声明来声明名称空间,语法如下:

```
xmlns:prefix="URI"
```

其中,xmlns 是关键字,用它来表示从这里开始是 XML 的名称空间声明。prefix 可以根据需要选择单个字符或者是字符串。如 s 或 shirt、t 或 trouser、TV 或 Television 等,都可以作为 prefix 使用。如例 2.11 的名称空间可以在根元素 goods 中声明如下:

```
<goods xmlns:s="http://www.kmu.edu.cn/xml/clothes/shirts"
```

```
xmlns:t="http://www.kmu.edu.cn/xml/clothes/trouser"
xmlns:TV=" http://www.kmu.edu.cn/xml/e_appliances/TV">
```

这样，例 2.11 可以重新写成例 2.12 的形式：

例 2.12 在根元素中声明所有需要的名称空间。

```xml
<?xml version="1.0" encoding="gb2312" standalone="no"?>
<goods xmlns:s="http://www.kmu.edu.cn/xml/clothes/shirts"
       xmlns:t="http://www.kmu.edu.cn/xml/clothes/trouser"
       xmlns:TV="http://www.kmu.edu.cn/xml/e_appliances/TV">
   <clothes>
     <s:shirt>
        <s:name>金利来</s:name>
         <s:size>170/92A</s:size>
         <s:price>23.9</s:price>
         <s:date>2004-02-21</s:date>
     </s:shirt>
     <t:trousers>
         <t:name>李宁</t:name>
         <t:size>MID</t:size>
         <t:price>120.00</t:price>
         <t:date>2003-10-02</t:date>
     </t:trousers>
   </clothes>
   <e_appliances>
     <TV:television>
         <TV:name>海尔</TV:name>
         <TV:unit>台</TV:unit>
         <TV:size>34 英寸</TV:size>
         <TV:price>4220.00</TV:price>
     </TV:television>
   </e_appliances>
</goods>
```

把名称空间声明写在根元素中，还是写在需要进行名称空间声明的每个具体的元素中，这要看开发人员的爱好，两种形式都是可行的。下面是把名称空间声明放在每个元素中的情形。

例 2.13 分别在每个小类别的元素中声明元素的名称空间。

```xml
<?xml version="1.0" encoding="gb2312" standalone="no"?>
<goods>
  <clothes>
    <s:shirt xmlns:s="http://www.kmu.edu.cn/xml/clothes/shirts">
        <s:name>金利来</s:name>
        ...
    </s:shirt>
    <t:trousers xmlns:t="http://www.kmu.edu.cn/xml/clothes/trouser">
        <t:name>李宁</t:name>
        ...
    </t:trousers>
  </clothes>
  <e_appliances>
    <TV:television xmlns:TV="http://www.kmu.edu.cn/xml/e_appliances/TV">
        <TV:name>海尔</TV:name>
        ...
    </TV:television>
```

```
        </e_appliances>
</goods>
```

上述名称空间的声明,使用了简化字符 s、t、TV,使用完整字符作为名称空间声明,可以得到相同的效果。

例 2.14 用完整字符串替换简写符号作为名称空间的前缀使用。

```
<?xml version="1.0" encoding="gb2312" standalone="no"?>
<goods>
    <clothes>
        <shirt:shirt xmlns:shirt="http://www.kmu.edu.cn/xml/clothes/shirts">
            <shirt:name>金利来</shirt:name>
            ...
        </shirt:shirt>
        <trouser:trousers xmlns:trouser="http://www.kmu.edu.cn/xml/clothes/trouser">
            <trouser:name>李宁</trouser:name>
            ...
        </trouser:trousers>
    </clothes>
    <e_appliances>
    <television:television xmlns:television="http://www.kmu.edu.cn/xml/e_appliances/tv">
            <television:name>海尔</television:name>
            ...
        </television:television>
    </e_appliances>
</goods>
```

2.4 语言标识

在文档处理中,确定书写文档内容的自然语言通常是很有用的。可以在 XML 文档中插入一个 xml:lang 的特殊属性,来规定书写元素的内容和属性值所使用的语言。该属性的值具有 CDATA、NMTOKEN 或 Enumeration 等特性。一个合法的 XML 文档中,只要使用了某种特殊的语言,就必须事先声明 xml:lang 这个属性,这个属性的值由 IETF RFC 3066 提供。这个值的集合可以在 http://www.ietf.org/rfc/rfc3066.txt 找到。

2.4.1 国家代码和语言代码

下面的例子给出了简单的说明,其中第一本书的描述使用英文,第二本书的书写使用中文,分别在 book 元素中规定了 xml:lang 属性。

例 2.15 一个用英文和中文书写的混合 XML 文档,用 xml:lang 标识语言代码。

```
<?xml version="1.0" encoding="GB2312"?>
<booklist>
    <book isbn="978-0-07-212648-5" xml:lang="en">
        <name>XML Develper's Guide</name>
        <author>Fabio Arciniegas</author>
        <press>The McGraw-Hill Companies, Inc.</press>
    </book>
    <book isbn="978-7-302-25904-6" xml:lang="zh">
        <name>XML 基础与实践教程</name>
        <author>王震江</author>
```

```
<press>清华大学出版社</press>
  </book>
</booklist>
```

例 2.16 使用不同语言的 XML 文档。

```
<?xml version="1.0"?>
<p xml:lang="en"> A complete computer set is a system .</p>
<p xml:lang="en-US"> The memory is the computer's work area.</p>
```

在上面的两个示例中出现的国家代码,由 ISO3166 指定,可以在 http://www.isi.edu/ in-notes/iana/assignments/country-code 中找到。xml:lang 中出现的连字符"-"把语言代码和国家代码分开。习惯上,语言代码用小写字母,国家代码用大写字母,如表 2.3 所示。这是 XML 中不区分大小写的一个例外。如 en-GB、en-US 分别表示英式英语和美式英语。

表 2.3 ISO3166 语言代码

代 码	语 言
en	英语
en-US	美式英语
en-GB	英式英语
de	德语
zh	中文
zh-CN	中国大陆简体中文
zh-HK	中国香港行政区使用的中文
zh-TW	中国台湾地区使用的中文
zh-SG	新加坡使用的中文

如果在 ISO 中没有需要的主语言,还可以使用 IANA(Internet Assigned Numbers Authority)代码,在 http://www.isi.edu/in-notes/iana/assignments/languages/tags 中找到 IANA 代码。在表 2.4 中给出了几个 IANA 代码的参考。

表 2.4 IANA 语言代码

代 码	语 言
no-bok	挪威语"书面语言"
no-nyn	挪威语"新挪威语"
i-navajo	纳瓦霍语,美国印第安部落(纳瓦霍部落)的语言
i-tsu	Tsou,中国台湾地区的非汉语土著语言
i-hak	客家话,中国方言
zh	普通话,中国官方语言
zh-min	闽南话,中国方言
zh-wuu	无锡话,中国方言
zh-xiang	湖南话,中国方言
zh-yue	广东话,中国方言
zh-gan	江西话,中国方言

以 i-开头的 IANA 代码代表了 ISO-639 中的新语言,以两字母开头的 IANA 代码,代表主语言的方言,zh 是汉语 ISO-639 代码,如 zh 是中国普通话的 IANA 代码,zh-min 是中国闽南

话的 IANA 代码。

如果在 ISO 和 IANA 中还没有找到所需的语言代码,则可以用 x-定义新的语言,x-开头
的代码是用户定义的专用语言代码。

例 2.17　用云南省永胜县域方言编写的 XML 文档。

```
<?xml version="1.0" encoding="GB2312"?>
<p xml:lang="x-ysh">哦大个石头哦大个洞,前心打来后心痛?</p>
<p xml:lang="zh">你听得懂云南永胜方言吗?</p>
```

2.4.2　覆盖

在一个带有 xml:lang="" 属性声明的特定元素中,所声明的语言可以适用于该元素的所
有内容和属性,除非这种声明被另外一个带有 xml:lang 声明的元素所覆盖,即在该元素的内
容中还有另外一个带有 xml:lang 声明的元素存在。如在例 2.18 中,是中英文翻译的 XML
文档,英文段落的书写语言标记为英语,在中文翻译中特别指定了使用中文,那么,在中文的部
分,系统自然识别该内容使用中文书写而不是英文。中文翻译之后的英文仍然使用英文。也
就是说中文声明的部分只适用于翻译的部分,对于英文书写的部分不起作用。

例 2.18　覆盖示例。

```
<?xml version="1.0" encoding="GB2312"?>
<translation>
  <para xml:lang="en">
        The basic language for building a Web page is HTML (Hyper Text Markup Language),
        now at version 4.0. It provides a standard format for Web pages to create a link, provide the
        refresh period for a page to change, embed audio files, embed Javascript, lay out the combo
        box, and form pages into different frame.
    <trans1 xml:lang="zh">
          编写 Web 页面的基本语言是 HTML(超文本标记语言),现在是 4.0 版本。它为多个
        Web 页面建立超链接提供了标准格式,为网页的改变提供了刷新周期,在网页中加载声音文
        件、嵌入 Java 脚本、对话框布局,以及在不同的框架中安排网页等。
    </trans1>
        Java and Javascript is one of the latest buzzwords to hit the Internet world.
  </para>
</translation>
```

当一个带有空值的 xml:lang 的元素 B,覆盖了一个没有定义其他语言的 xml:lang 属性
值的封闭元素 A 时,可以认为在 B 元素中没有有效的语言信息,就好像在元素 B 或它的任何
祖先上没有规定 xml:lang 一样。

注意:语言信息也可以由外部传输协议(如 HTTP 或 MINE)提供。当它有效时,XML
应用程序可以使用这个信息,但是这个信息可能被 xml:lang 提供的本地信息覆盖。

简单的 xml:lang 声明形式如下:

```
xml:lang CDATA #IMPLIED
xml:lang NMTOKEN #IMPLIED
xml:lang ENUMERATION #IMPLIED
```

如果需要,可以给定特定的默认值。例如,在一本为英国学生提供的法国诗歌集中,评注和注
解使用英文,其 xml:lang 属性可作如下的声明:

```
<!ATTLIST poem xml:lang CDATA 'fr'>
```

```
<!ATTLIST gloss xml:lang CDATA 'en'>
<!ATTLIST note xml:lang CDATA 'en'>
```

习题 2

1. 简述结构良好的概念。
2. 简述组成元素的要素是什么？
3. 简述什么是属性？为什么需要属性？
4. 简述实体的概念。
5. 处理指令在 XML 文档中扮演的角色。
6. 简述 CDATA 节的用途。
7. 简述 XML 文档的结构。
8. 什么是以数据为中心的 XML 文档？
9. 什么是以文本为中心的 XML 文档？
10. 名称空间是什么？为什么需要名称空间？
11. 根据下表，设计 XML 文档。

学号	姓名	性别	民族	籍贯	专业
20040112	王凌	男	汉	云南姚安	英语
20040201	刘雯	女	白族	云南大理	中文
20031514	张艳丽	女	汉	江苏南京	计算机

12. 根据下面的文本设计 XML 文档。

> XML 文档的默认字符系统是 UTF-8，与传统的 ACSII 字符集一致，如果处理的是英文字符，这已经满足了需要。此时 XML 文档可以使用英文字符。
>
> 如果使用其他国家的代码，如拉丁文字、朝鲜文、日文和中文，则必须使用 Unicode 字符集来定义 XML 文档将要使用的特定字符。
>
> 为了解决不同语言标准互不兼容的问题，Unicode 为每一个字符提供一个唯一的编号。Unicode 用 16 位二进制代码对字符进行编码，这样可以产生 65 536 个可能的不同字符。

第 3 章　文档类型定义

3.1　概述

XML 是 SGML 的子集,在 XML 文档的元素、属性、实体等内容的声明和定义方面,沿用 SGML 的 DTD(Document Type Definition,文档类型定义)来描述和定义 XML 文档内容成了顺理成章的事情。SGML 采用把文档结构描述与文档内容本身分离开来的语言规范,它通过一个独立的描述性文本文件来定义 SGML 中出现的所有元素、类型、元素属性、字符集、实体、PCDATA 和 CDATA 等,SGML 文档中的这些内容结构及其组合称为模式。这个描述性文本文件称为 DTD,DTD 明确地说明了 SGML 文档的元素、元素类型、内容模型,还为它们的结构和它们与其他元素的关系定义了规则。

虽然,使用 DTD 定义 XML 是可行的,但却不是理想的,因为它本身不是 XML 规范的文本。W3C 提出符合 XML 规范的 XML Schema。这样在 XML 模式定义中,是使用 DTD,还是使用 XML Schema 一直在争论。从发展来看,使用 DTD 只是一个过渡,采用 XML Schema 来定义 XML 的模式将成为必然。不过,不管今后的发展结果如何,这些争论必定促进 XML 模式定义技术的进步和发展。本章讨论 XML 1.0 第五版规范中定义的 DTD[①]。

为了便于讨论 DTD,下面的例子给出了例 2.1 的 DTD 文档。

例 3.1　例 2.1XML 文档的 DTD 定义。

```
1   <!ELEMENT booklist (book*)>
2   <!ELEMENT book (name,author,press,pubdate,price)>
3   <!ATTLIST book isbn CDATA #REQUIRED>
4   <!ELEMENT name (#PCDATA)>
5   <!ELEMENT author (#PCDATA)>
6   <!ELEMENT press (#PCDATA)>
7   <!ELEMENT pubdate (#PCDATA)>
8   <!ELEMENT price (#PCDATA)>
```

说明:

第 1 行:因为 booklist 是根元素,可能包含多个子元素或者不包含任何子元素;子元素可以是 book,也可以是其他元素,所以对根元素 booklist 的声明使用了"book*"号。量词"*"表示 booklist 下的子元素 book 可以出现 0 次或无限多次。

第 2 行:对 book 元素进行声明,该元素包括子元素 name、author、press、pubdate、price,所以使用括号把它们括起来,同时规定上述元素只出现一次(没有使用量词时的默认值),并规定了元素在 XML 的文档中出现的顺序,name 后出现 author,author 后是 press,press 后是

---

①　Tim Bray, et al. Extensible Markup Language (XML) 1.0 (Fifth Edition) [EB/OL]. http://www.w3.org/ TR/ 2008/REC-xml-20081126/.

pubdate，最后是 price。参考例 2.1。

第 3 行：book 元素包含属性 isbn，该属性是图书的唯一编号，是关键词，每一本正式出版的图书都必须有此编号，所以使用 ATTLIST 定义属性，名为 isbn，取值为 REQUIRED（必需的），类型应该是 ID（因为 isbn 的全球唯一性），但在声明中没有定义为 ID，而是定义为 CDATA，原因参考 3.3.2 节的介绍。另外要说明的是，因为 isbn 是 book 元素的属性，要求在 DTD 中紧跟在 isbn 所隶属的那个元素后面声明，所以第 3 行紧跟在声明 book 元素的第 2 行后面书写。

第 4 行~第 8 行：对 book 的子元素 name、author、press、pubdate、price 分别进行定义，它们有确定的取值，不含子元素，定义它们的取值类型是可解析字符数据 PCDATA。

另外出现在例 3.1 中的概念，如 ATTLIST、♯REQUIRED、♯PCDATA 等还没有讨论，这些将在本章的后续内容中详细介绍。

读者通过此段的描述，可以对 DTD 有一个大体的理解，但还是感觉难以理解。通过本章的学习，将逐一消除读者的疑问。

3.2 元素

3.2.1 元素声明

1. 元素声明

考虑到元素的有效性，用元素类型和属性表声明来限制 XML 文档的元素结构。元素类型声明限制该元素的内容。

元素类型声明（Element Type Declaration）通常限制哪一种元素类型可以作为该元素的孩子出现。从用户的观点看，当提及某个元素类型而又没有提供声明时，XML 处理器可能发布一个警告，但不是一个错误。

在 XML 文档中元素的定义，元素与元素之间的关系，元素的属性，实体定义等的有效性说明，需要在 DTD 文档中进行定义。在 DTD 文档中定义元素类型的语法格式为：

```
<!ELEMENT 元素名 内容说明（量词）>
```

其中：

（1）元素声明由符号"<!"和">"括起来。

（2）ELEMENT 是元素声明的关键词。不能写错，被忽略。习惯上要求大写。

（3）元素名确定被声明的元素（应与 XML 文档中的元素同名），并具有唯一性。其命名规则参考 2.1.3 节。

（4）内容说明包括 EMPTY、ANY、Mixed、Children。

（5）当内容说明包括子元素时，可以用量词 *、+、? 限定元素在 XML 文档中出现的次数。

- *：表示元素可能出现在 XML 文档中 0 到无限多次。
- +：表示元素可以出现 1 次到无限多次。
- ?：表示元素可以是 0 个或 1 个，即最多只能一个。

例如，下面是元素类型声明的示例。

声明 img 是空元素：

```
<!ELEMENT img EMPTY>
```

声明 para 是字符数据(♯PCDATA)和子元素 subpara 的混合,可以出现多次:

```
<!ELEMENT para (♯PCDATA |subpara) * >
```

其中的竖线"|"表示选择,即♯PCDATA 和 subpara 可以选择一个。

声明参数实体 shirt.name 为另一个参数实体 book.name:

```
<!ELEMENT %book.name; %shirt.name; >
```

声明 student 是任意 ANY 类型的元素:

```
<!ELEMENT student ANY>
```

注意:在同一个 DTD 中,元素声明只能有一次,这称为唯一性要求。元素声明必须满足唯一性要求。

2. 内容模型

元素的内容模型建立在内容粒子(particles)上,它包括元素名、内容粒子选择表、内容粒子顺序表。

一个元素可以有若干个子元素,子元素的上级元素叫父元素。元素的内容模型规定了一个父元素的子元素在 XML 文档中出现的形式、顺序、选择性等。

1) 量词

元素出现的次数,应该在 DTD 中定义。元素出现的次数通常由量词 * 、+、? 来规定。

• +:当元素至少出现一次,也可以出现多次时,使用"+"来限定,如:

```
<!ELEMENT a (y+)>
```

y 元素可以多次出现在父元素 a 中,其 XML 文档形如:

```
<a>                     <a>                     <a>
    <y>a</y>                <y>a</y>                </a>
</a>                        ...
                        <y>c</y>
                        </a>

    (a)                     (b)                     (c)
```

(a)(b)是合法的,(c)是不合法的

• *:当元素可以多次出现,也可以不出现时,使用" * "来限定,如:

```
<!ELEMENT a (y * )>
```

y 元素可以出现多次,也可以一次不出现,其 XML 文档形如:

```
<a>                     <a>                     <a>
    <y>a</y>                <y>a</y>                </a>
</a>                        ...
                        <y>c</y>
                        </a>

    (a)                     (b)                     (c)
```

(a)(b)(c)都是合法的

- ?：当元素可以出现 0 次或 1 次，最多一次时，使用"?"来限定。如：

＜!ELEMENT a (y?)＞

y 元素可以出现 0 次，也可以一次不出现，其 XML 文档形如：

＜a＞	＜a＞	＜a＞
＜y＞a＜/y＞	＜y＞a＜/y＞	＜/a＞
＜/a＞	...	
	＜y＞c＜/y＞	
	＜/a＞	
(a)	(b)	(c)

(a)(c)都是合法的。(b)是错误的

注意：缺少量词操作符时，该元素或内容成分仅能出现一次。

2）顺序表

一个父元素的子元素可以按照给定的顺序出现，称为顺序表(list)。顺序表中以逗号分隔各个子元素，子元素按照顺序表中的顺序出现在 XML 文档中。如：

＜!ELEMENT x (x1, x2, x3)＞

其相应的实例为：

```
＜x＞
  ＜x1/＞
  ＜x2/＞
  ＜x3/＞
＜/x＞
```

3）选择表

一个父元素的若干个子元素只有一个出现，这就是选择表。选择表中用竖线"|"把元素分隔开来，子元素按照选择表规则，一次只在 XML 文档中出现一个。如：

＜!ELEMENT x (x1| x2| x3)＞

这种内容模型叫选择表。出现在选择表中的元素，在 XML 文档中只有一个出现。下面三种情况都符合上述的选择定义。

```
＜x＞＜x1/＞＜/x＞
＜x＞＜x2/＞＜/x＞
＜x＞＜x3/＞＜/x＞
```

4）顺序表和选择表的组合

在内容模型中可以使用圆括号对元素分组，元素声明中的顺序表和选择表可以组合成多种格式。下面讨论几种形式。

(1) ＜! ELEMENT book (name, author, press, pubdate, price)＞

这种形式定义了 book 的子元素 name、author、press、pubdate、price 顺序地出现在 XML 文档中，而且每个元素仅出现一次，因为没有定义元素的量词。这就是例 3.1 第 2 行的定义。

(2) ＜! ELEMENT book (name, (author | press | pubdate) * , price *)＞

这是一个顺序表和选择表组合的内容模型，此时，元素 book 可以有如下的合法组合：

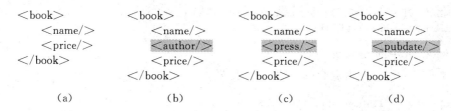

(a)满足 book 元素定义中圆括号内部的元素可以出现 0 次或多次,这里是不出现的情形。(b)(c)(d)中反映了 book 元素定义中圆括号的内容选择性出现,一次只有一个的情形,我们用阴影字符串表示。

3.2.2　元素类型

元素的四种类型:EMPTY(空元素)、ANY(任意)、Mixed(混合型元素)和 Children(子元素)。

1. EMPTY

EMPTY 是指不包含字符数据、实体参考、注释、处理指令、空格符号、子元素等,但可以具有属性的元素。如果在 DTD 中定义了空元素,则在 XML 文档中的元素必须写成空元素的形式,否则就不满足有效性的原则。

在 HTML 中图形标签<img>是一个只有属性而没有值的元素标签,如例 1.1 中的<img src="chery.jpg" width="200" height="150" alt=" chery.jpg ">。这样的元素在 DTD 应该定义成:

```
<!ELEMENT img EMPTY>
```

这样,在 XML 文档中,为了满足结构良好性要求,上面的<img>元素应该写成:

```
<img src="chery.jpg" width="200" height="150" alt="chery.jpg"></img>
```

进一步可以简写成空元素的形式:

```
<img src="chery.jpg" width="200" height="150" alt="chery.jpg "/>
```

2. ANY

ANY 元素包含任何 DTD 允许的元素。即可以是子元素,字符数据,实体参考。下面的定义可以代替例 3.1 中的第 1、2 行,其效果是一样的。

```
<!ELEMENT booklist ANY>
<!ELEMENT book ANY>
```

ANY 类型很有用,但是,ANY 类型产生了不确定性,这一点恰恰是 XML 规范努力避免的,所以,在实际的 XML 应用中,我们应该尽量避免使用产生这种不确定性的定义方式,以免造成 XML 应用中出现的不可预知的错误。在调试程序时,可以使用 ANY 来简化调试过程,但在调试完成后,应该给元素确定的 DTD 定义。换句话说,DTD 中应该永远不出现 ANY 元素。

3. Mixed

Mixed 元素可以是子元素、字符数据或实体的任意组合。混合型元素的定义使用"|"分隔各个内容成员。下面定义的 para 元素是混合型元素,它由两个字符数据和一个子元素 trans1 组成:

```
<!ELEMENT para（#PCDATA| trans1|#PCDATA）*>
<!ELEMENT trans1（#PCDATA)>
```

其实例是例 2.18 中的 para 元素。

例 3.2 字符和子元素混合的 XML 示例。

```
<?xml version="1.0" encoding="gb2312"?>
<cd>
    <music>
        <name>在那桃花盛开的地方</name>
        <singer>蒋大为</singer>
        这是一首流行了 20 多年的歌!
    </music>
    <music>
        <name>在希望的田野上</name>
        <singer>李谷一</singer>
        这首歌 1984 年开始流行,直到现在。
    </music>
</cd>
```

这个 XML 文档中 music 元素符合下面的定义:

```
<!ELEMENT music (name, singer, #PCDATA)>
```

music 是两个子元素 name、singer 和字符数据 #PCDATA 的组合。

4. Children

Children 是下一级元素,子元素符合所有关于元素内容定义的规则,如字符数据、空格、注释、处理指令、子元素等。

3.2.3 元素取值

当元素没有下一级子元素并且有确定取值时,XML 规定用 #PCDATA(Parsed Character Data)定义所有 XML 元素的值,格式为:

> <!ELEMENT 元素名(#PCDATA)(量词)>

这是一个笼统的定义,它没有区分和规定元素的类型,如整数型、实数型、字符串型等,这是 DTD 对所有 XML 的元素取值的合法定义。这样,在 XML 元素的 DTD 定义中实际上就忽略了 XML 元素的类型,从而无法检查 XML 数据是否是整数型、实数型、字符串型,也就无法检查 XML 元素的有效性问题。这个问题是 DTD 的缺陷,DTD 没有办法解决 XML 数据的有效性检验问题,因而决定了 DTD 无法满足 XML 的需要。XML 数据的有效性定义和检验在 XML Schema 中得到了很好的解决。问题是使用 DTD,还是使用 XML Schema 来定义 XML 元素,仍然是一个正在争论的事情。迄今为止,DTD 在 XML 的类型定义中还在大量使用。所以,还必须学习 DTD 的内容,第 4 章将详细讨论 XML 数据元素的类型。

3.3 属性

3.3.1 基本概念

属性是 XML 文档元素中经常使用的,与元素值一同来描述元素的特性。我们可以通过一些讨论来说明使用元素和属性的区别以及属性的必要性。

问题 1,图书的国际标准书号 isbn 是图书的全球唯一标识符,在例 2.1 中,是作为 book 的 ID 属性使用的。如果作为元素使用,可以书写成例 3.3 的形式。

例 3.3　把例 2.1 中的 isbn 写成元素。

```
<?xml version="1.0" encoding="GB2312"?>
<booklist>
   <book>
      <name>数据通信与计算机网络</name>
      <author>王震江</author>
      <press>高等教育</press>
      <pubdate>2000.7</pubdate>
      <price>23.9</price>
      <isbn>978-7-04-008653-0</isbn>
   </book>
   ...
</booklist>
```

这种文档结构也能够反映图书的全部关键信息。把 isbn 作为元素或属性都是可以的,把 isbn 作为属性并非是必需的。两者都符合 XML 规范的要求。

问题 2,考查例 2.6 和例 2.7。例 2.6 中属于<price>的属性 currency 和 unit 在例 2.7 中变成了独立的元素。通过 2.1.4 节的讨论,发现这样的改动是不妥的。因为 unit 变成了元素,那么它到底是衬衫的单位"件"还是价格的单位"元",就不容易区分了,这就出现了二义性。

问题 3,考查 HTML 4.0 中的<body>元素,因为 body 元素在表现 XML 文档转换的 HTML 文档中经常使用,所以讨论它,对我们理解属性会有帮助。body 有许多属性,这些属性规定了 HTML 显示内容的若干特性。如果把这些属性都作为元素使用,会产生许多问题,如不能实现<body>元素的一些特定功能,需要重新定义这些属性变成元素后的意义,并正确地在浏览器上解析和显示出来。如例 3.4 所示,这是一个借助 HTML 来转换例 2.6 的 XSL 文件。

例 3.4　例 2.6 的 XML 文档的 XSL 转换文件片段。

```
<?xml version="1.0" encoding="GB2312"?>
<xsl:stylesheet xmlns:xsl="http://www.w3.org/TR/WD-xsl">
<xsl:template match="/">
   <html>
      <head><title>销售商品</title></head>
      <body bgcolor="#e0e0e0">
         <center>
            <h2>销售商品</h2>
            ...
         </center>
      </body>
   </html>
</xsl:template>
</xsl:stylesheet>
```

如果在上述的 body 元素中把属性 bgcolor 写成元素,独立出来,浏览器在翻译时必定出错。

通过上述分析,为了使 XML 能够广泛应用于各个领域,为元素规定一些属性是十分必要的,元素属性可以使元素的特性变得丰富多彩。

3.3.2 属性

在 DTD 中,属性声明规定了属性的名字、数据类型和默认值,它们与一个给定的元素相联系;还规定了属性是可选择的还是必需的、是否具有默认值等。属性和元素的关系是隶属关系,属性隶属于元素。所以在书写属性实例时,把属性写在元素标签">"之前,不能把属性写在开始标签和空元素标签之外。

1. 属性表声明

属性表声明(attribute-list declaration)用于定义附属于给定元素类型的属性集合,建立对这些属性的类型约束,为属性提供默认值。属性声明的一般格式为:

```
<!ATTLIST 元素名 属性名 类型 默认值>
```

其中:(1) 属性表声明由符号"<!"和">"括起来。

(2) ATTLIST 是属性声明中的关键词,不能缺少。

(3) 元素名是与要定义属性的相关联的那个元素名称。命名规则参考 2.1.3 节。

(4) 属性名是标识和使用属性的记号,具有与 XML 元素名相同的命名规则。

(5) 类型包括三类:字符串类型、标记化类型和枚举类型。每种类型又有不同的成员。

(6) 默认值规定属性在没有具体赋值时的替代值。如果规定了默认值,那么当用户在 XML 文档中没有对元素的属性赋值时,解析器自动用默认值代替该属性。

如果声明属性前还没有声明元素,XML 处理器将发布一个警告,但不认为是一个错误。

当一个给定的元素有多个 ATTLIST 声明时,它们的内容会合并。当一个给定元素的一个属性有多个声明时,第一个声明会绑定给该属性,后面的声明被忽略。

另外,由于互操作性的原因,书写 DTD 的原则是:可以选择为一个元素最多提供一个属性表声明,在一个属性表声明中对于一个属性名最多定义一个属性,并且,在每个属性表声明中至少定义一个属性。当对一个给定的元素类型提供多个属性表声明,或者对一个给定属性提供多个属性定义时,XML 处理器将发生一个警告,但不认为这是一个错误。下面是一个 DTD 属性定义的一个示例。

```
<!ATTLIST student
          no      ID       #REQUIRED
          name    CDATA    # REQUIRED >
<!ATTLIST movie   type (drama | comedy | adventure) "drama">
<!ATTLIST book    isbn  CDATA    #REQUIRED >
```

对应第 1 行的元素 student 形式为:

```
<student  no="20081101324"  name="李小波"/>
```

因为 no 和 name 被定义成了 student 的属性,且必须赋值(♯REQUIRED)。

对应第 2 行的元素 movie 具有如下的形式:

```
<movie  type="comedy">摩登时代</movie>
```

或

<movie　type＝"adventure">汤姆历险记</movie>

或

<movie　type＝"drama">智取威虎山</movie>

因为 type 可以取 drama、comedy、adventure 中的一个,如果括号中的值一个也不取,则用 drama 作为 type 的默认值。

对应第 3 行的 book 的 isbn 属性类型是 CDATA,且必须赋值(♯REQUIRED)。其具体表现形式参考例 2.1。

2. 属性类型

属性类型包含三种类型:字符串类型、一组标记化类型和枚举类型。字符串类型可以取任意的文本串作为值,主要指字符数据(CDATA);标记化类型包括 ID、IDREF、IDREFS、ENTITY、ENTITIES、NMTOKEN、NMTOKENS 等;枚举类型分为符号类型(NotationType)和枚举。

1) CDATA

CDATA(Character DATA,字符数据)是属性中最简单的数据类型。可以使用除"＜"和"&"外的所有其他字符。下面的 DTD 是例 2.1 的 DTD 片段,显示了元素 book 的属性 isbn 定义。

<!ELEMENT book (name,author,press,pubdate,price)>
<!ATTLIST book isbn CDATA ♯REQUIRED>

其实例可以参考例 2.1。

注意:请区别 2.1.8 节的 CDATA 与本部分的属性类型 CDATA。

2) ID、IDREF、IDREFS

如果要为某个元素设置唯一性标识,ID(Identification)就是一个很好的选择。元素中被指定为 ID 的属性,只能出现一次,且必须是唯一的。ID 属性值必须是一个 XML 名称。ID 值唯一地标识了它附属的那个元素。由于其唯一性,每个元素只能有一个确定为 ID 的属性。ID 属性的默认值必须是♯IMPLIED 或♯REQUIRED。

注意:ID 属性值必须是一个 XML 名称,这句话的含义是它不能以一个数字作为开头。如例 2.1 中的 isbn＝"978-7-302-02368-9"就不能作为 ID 来定义。从唯一性上看,把 isbn 定义成 ID 类型是理所当然的,但是,ID 类型不能用数字开头,如果非要用 ID 来表示 isbn,可以在数字之前加上下划线"_",如 isbn＝"_978-7-302-02368-9",这显得有些麻烦。为了避免这种麻烦,可以把 isbn 设置成 CDATA 类型,因为 CDATA 允许以数字开头,但是这又不能保证其唯一性。这是一个"二难"问题,如何取舍? 读者可以自行决定。

IDREF(Identification Reference)必须与一个指定为另外一个元素的 ID 属性的名称匹配。被定义成 IDREF 类型的属性值取自另外一个元素的 ID 属性值。

为了便于理解 ID、IDREF,可以参考下面的文档。

<!ELEMENT cd (music, review) * >
<!ELEMENT music (name, singer)>
<!ATTLIST music id ID ♯REQUIRED>
<!ELEMENT name (♯PCDATA)>
<!ELEMENT singer (♯PCDATA)>

```
<!ELEMENT review (＃PCDATA)>
<!ATTLIST review ref IDREF ＃REQUIRED>
```

这个 DTD 中定义了 review 元素，用来对歌曲进行评论，在 review 中定义了具有 IDREF 类型的属性 ref。这个 DTD 适用于下面的文档。

例 3.5　ID 和 IDREF 应用举例。

```
<?xml version＝"1.0" encoding＝"gb2312" standalone＝"no"?>
<cd>
    <music id＝"cd_1_no01">
     <name>在那桃花盛开的地方</name>
     <singer>蒋大为</singer>
    </music>
    <music id＝"cd_2_no05">
     <name>在希望的田野上</name>
     <singer>李谷一</singer>
    </music>
    <music id＝"cd_9_no03">
     <name>好汉歌</name>
     <singer>刘欢</singer>
    </music>
    <review ref＝" cd_1_no01">
        蒋大为，我国著名的男高音歌唱家。这一首歌流行了 30 多年！
    </review>
    <review ref＝" cd_2_no05">
        李谷一，我国著名的歌唱家。这首歌 1984 年开始流行，直到现在。
    </review>
</cd>
```

在例 3.5 中，review 使用了 ref 属性来引用每首歌曲元素 music 的 id 属性，这样在 ID 和 IDREF 之间建立了内链接。图 3.1 给出了例 3.5 中 ref 和 id 关系的图示。

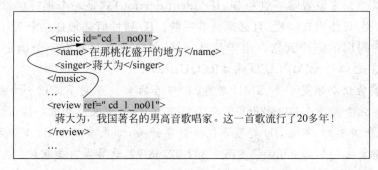

图 3.1　ref 引用 id 示例

又如：

例 3.6　通过 ID 和 IDREF 建立 NO 和 leader1 与 leader2 之间的连接。

```
<?xml version＝"1.0" encoding＝"gb2312"?>
<!DOCTYPE company[
   <!ELEMENT company (manager＊, staff＊)>
   <!ELEMENT manager (＃PCDATA)>
   <!ATTLIST manager  No ID ＃REQUIRED>
   <!ELEMENT staff (＃PCDATA)>
   <!ATTLIST staff  Num ID ＃REQUIRED>
```

```
    <!ATTLIST staff   leader1 IDREF ♯IMPLIED>
    <!ATTLIST staff   leader2 IDREF ♯IMPLIED>
]>
<company>
    <manager No="A001">李云朋</manager>
    <manager No="A002">王书闽</manager>
    <manager No="A003">曾阅</manager>
    <staff Num="a101" leader1="A001" leader2="A002">张跃</staff>
    <staff Num="a102" leader1="A001" leader2="A003">郭佳慧</staff>
    <staff Num="a111" leader1="A002" leader2="A003">蒲明</staff>
    <staff Num="a112" leader1="A001" leader2="A002">江宁</staff>
    <staff Num="a109" leader1="A001" leader2="A003">陈娟</staff>
</company>
```

注意：例 3.6 中的<!DOCTYPE company[…]>是专用的 DTD 定义的代码段,关键字 DOCTYPE 是系统保留字。

在例 3.6 中,每个员工隶属于不同的部门管理,每个部门有一个经理,每个员工可能被一个或两个经理领导,所以表示员工(staff 元素)的 leader1 和 leader2 属性引用了所属经理的 No 属性(此属性是该经理的 ID 属性)。图 3.2 的员工"陈娟"既属于"李云朋"领导,也属于"王书闽"领导。

```
    …
    <manager No="A001">李云朋</manager>
    <manager No="A002">王书闽</manager>
    …
    <staff Num="a109" leader1="A001" leader2="A003">陈娟</staff>
    …
```

图 3.2　IDREF 引用 ID 示例

IDREFS 则与多个这样的 ID 类型的属性相关联,是多个属性的一个列表。如把属性 leaders 定义成了 IDREFS 类型。把例 3.6 改写如下:

例 3.7　ID 和 IDREFS 属性之间的联系示例。

```
<?xml version="1.0" encoding="gb2312"?>
<!DOCTYPE company[
    <!ELEMENT company (manager* , staff* )>
    <!ELEMENT manager (♯PCDATA)>
    <!ATTLIST manager No ID ♯REQUIRED>
    <!ELEMENT staff (♯PCDATA)>
    <!ATTLIST staff Num ID ♯REQUIRED>
    <!ATTLIST staff   leaders IDREFS ♯IMPLIED>
]>
<company>
    <manager No="A001">李云朋</manager>
    <manager No="A002">王书闽</manager>
    <manager No="A003">曾阅</manager>
    <staff Num="a101" leaders="A001 A002">张跃</staff>
    <staff Num="a102" leaders=" A001 A003">郭佳慧</staff>
    <staff Num="a111" leaders=" A002 A003">蒲明</staff>
    <staff Num="a112" leaders=" A001 A002 ">江宁</staff>
    <staff Num="a109" leaders=" A001 A003">陈娟</staff>
</company>
```

　　每个员工隶属于不同的经理，但每个经理的引用可以使用 IDREFS 数据类型的属性来实现。在 IDREFS 中每个 ID 类型的属性值用空格符分隔。图 3.3 中的员工"陈娟"既属于"李云朋"领导也属于"王书闽"领导的 IDREFS 引用。

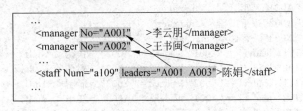

图 3.3　IDREFS 引用 ID 示例

3）ENTITY 和 ENTITIES

　　当需要建立 XML 文档到外部的非 XML 数据的指针时，ENTITY 是很有用的。ENTITY 的值必须是一个 XML 的名称，每一个 XML 的名称必须与一个在 DTD 中声明的不可解析实体匹配。

　　开发人员必须首先声明该实体，声明后的实体可以作为属性使用。

　　对于一个解析实体的定义和使用，读者可以参考 2.1.6 节的内容。下面讨论对于外部非解析实体的定义和使用。

　　定义一个外部非解析实体（如图形文件）的格式需要在实体名后加 SYSTEM 关键词。格式如下：

```
<!ENTITY 外部实体名 SYSTEM 引用文件名>
```

　　例如，如果想引用图形文件 conoff.gif 作为外部实体使用，可以在 DTD 中进行实体声明，然后用实体引用的方法在 XML 文档中引用，但是这时会出现解析错误。如下面的例子。

例 3.8　实体引用举例。

```
<?xml version="1.0"?>
<!DOCTYPE picture[
 <!ELEMENT picture ANY>
 <!ENTITY image SYSTEM "Conoff.gif">
]>
<picture>
  &image;
</picture>
```

　　为了引用图形文件这样的二进制实体（非解析实体），除了上述办法外，还可以定义一个图形元素，然后使用 ENTITY 类型对图形进行定义，把这个图形作为元素的属性使用，如例 3.9。

例 3.9　改写例 3.8。

```
<?xml version="1.0"?>
<!DOCTYPE picture[
 <!ELEMENT picture (image)>
 <!ELEMENT image EMPTY>
 <!ATTLIST image SRC ENTITY #REQUIRED>
 <!ENTITY SOURCE SYSTEM "Conoff.gif">
```

```
]>
<picture>
  <image SRC="SOURCE"/>
</picture>
```

ENTITIES 是多个 ENTITY 名称的集合,用空格分隔。如下面是引用多幅图形的实体定义。

```
<!ELEMENT pictures EMPTY>
<!ATTLIST pictures SRCS ENTITIES #REQUIRED>
<!ENTITY    p1      SYSTEM "conoff.gif">
<!ENTITY    p2      SYSTEM "conani.gif">
<!ENTITY    p3      SYSTEM "dialoff.gif">
<!ENTITY    p4      SYSTEM "dialani.gif">
```

当需要使用这些图形时,可以使用下面的语句插入该元素:

```
<picture SRCS="p1 p2 p3 p4"/>
```

注意:不可解析实体不是所有 XML 浏览器都能理解的格式。只是在文档中可以嵌入非 XML 数据的一种技术。

例 3.9 定义的实体,在某些浏览器上还会出现问题。这些问题的解决要结合下述的 NOTATION 部分。

4) NMTOKEN 和 NMTOKENS

NMTOKEN(名称记号)类型的数据与 CDATA 属性类型类似。它对字符串的开始没有限制,可以是字母、数字、下划线、连字符、冒号等,因此可以使用这种类型的属性定义以数字开头的字符串,如日期、时间、图书的 isbn 等。下面的例子说明这个类型的定义。

```
<!ELEMENT person ANY>
<!ATTLIST    person        bornyear        NMTOKEN    #REQUIRED>
                           bornmonth       NMTOKEN    #REQUIRED>
                           bornday         NMTOKEN    #REQUIRED>
```

其实例为:

```
<person bornyear="1981" bornmonth="12" bornday="15">
  <name>和微</name>
  <sex>男</sex>
  <address>丽江大研镇福惠路 36</address>
  <telephone>0888-5155555</telephone>
</person>
```

NMTOKENS 可以表示多个名称标记,每个名称标记用空格分隔。如定义 address 元素的 city 属性为 NMTOKENS 类型的数据后,可以在文档中写入多个属性列表。

```
<!ELEMENT    address    (#PCDATA)>
<!ATTLIST    address        city        NMTOKENS    #REQUIRED>
```

其实例为:

```
<address city="昆明    上海    大连    深圳">
```

注意:虽然 NMTOKEN 可以取各种字符串作为它的值,但名称空间中需要使用冒号":"

作为标识，所以在这种类型的数据中避免使用冒号。

5）NOTATION

NOTATION 属性标识一个表示法（notation），在 DTD 中携带 system 或 public 标识符来声明，用来解释此属性附属的那个元素。此类型的值必须与包含在声明中的一个表示法名称匹配，所有声明内的表示法名称必须被声明。在单个表示法类型的声明中表示法名称各不相同。

XML 对文本数据定义和表示的能力很强，但是随着 XML 应用的发展，大量的非文本数据需要处理，如声音、图形、视频信息等在互联网上应用，迫使 XML 处理这些数据。为了解决这些问题，特引入一种标识非 XML 数据并提供数据处理指令的方法，这就是 NOTATION（表示法）技术。

为了在 XML 文档中包含图形文件（gif、jpg、bmp）等，需要声明一个表示法，其格式如下：

```
<!NOTATION    名称        SYSTEM/PUBLIC   标识符>
```

其中，名称是表示法类型的名称，可以使用字符串。关键词 SYSTEM/PUBLIC 是格式中必需的，标识符是系统默认的文档类型标识，常见的有 text/css、text/xsl、image/jpg、image/gif、image/bmp 等。要在 XML 文档中使用一个 gif 的图形文件，可以声明如下：

```
<!NOTATION GIF SYSTEM "image/gif">
```

例 3.9 在某些浏览器上会出现错误，加上专门的图形格式定义的表示法定义，就可以消除这种错误。

例 3.10 用 NOTATION 解决图形显示问题。

```
1   <?xml version="1.0" encoding="gb2312"?>
2   <!DOCTYPE picture[
3    <!ELEMENT picture (image)>
4    <!ELEMENT image EMPTY>
5    <!ATTLIST image SRC ENTITY #REQUIRED>
6    <!NOTATION GIF SYSTEM  "image/gif">
7    <!ENTITY SOURCE SYSTEM "Conoff.gif" NDATA GIF>
8   ]>
9   <picture>
10   <image SRC="SOURCE"/>
11  </picture>
```

注意：第 7 行中的 NDATA 表示符号数据，需要大写。NDATA 后面需要跟随一个有效的 XML 不可解析外部实体名称，此例中为 GIF 类型。NDATA 在定义不可解析外部实体时很有用。

例 3.10 文档中的第 6 行加上表示法定义，第 7 行对文件进行非 XML 数据定义，原来出错的问题就解决了。又如下例所示：

```
<!ELEMENT pictures EMPTY>
<!ATTLIST pictures SRCS ENTITIES #REQUIRED>
<!NOTATION  JPEG  SYSTEM  "image/jpg">
<!ENTITY       p1  SYSTEM  "pond1.jpg"       NDATA  JPEG>
<!ENTITY       p2  SYSTEM  "pond2.jpg"       NDATA  JPEG >
<!ENTITY       p3  SYSTEM  "pond3.jpg"       NDATA  JPEG >
<!ENTITY       p4  SYSTEM  "pond4.jpg"       NDATA  JPEG >
```

注意：每个元素只能有一个 NOTATION 类型属性声明，不能在声明为 EMPTY 的元素中声明 NOTATION 类型的数据。

6）Enumeration

当用户需要使用一组确定的有限数据集合时，可以使用 Enumeration（枚举），如工作日列表、日期列表、商品名称的有限集合等。总之，凡是可能以列表形式表示的有限数据集合都可以作为枚举类型数据定义和使用。枚举类型的列表值必须满足 NMTOKEN 类型的要求。

枚举类型的数据定义格式如下：

＜!ATTLIST 元素名 属性名（E_1｜E_2｜……｜E_n）默认值＞

其中，元素名、属性名的含义与本节前面的元素和属性声明格式中的一致。属性名后括号内的 E_1、E_2、……、E_n 是枚举类型的数据列表，数据之间用竖线"｜"分隔。当文档元素使用枚举类型数据作为属性但没有定义属性值时，XML 处理器就用默认值代替该属性。

下面是枚举类型数据使用的举例。

＜!ATTLIST course type (common｜basic｜professional｜practice) "basic"＞

在元素 course 中定义了课程类型属性，课程类型有 common、basic、professional、practice 四种，默认值是 basic。

又如关于工作日的定义：

＜!ATTLIST workday day (Mon｜Tue｜Wed｜Thu｜Fri) "Mon"＞

把工作日分成星期一、星期二、星期三、星期四、星期五，而工作日的默认值为星期一（Mon）。

下面是有关课程的 XML 文档和它的 DTD 定义。

例 3.11 枚举示例。

```
＜?xml version="1.0" encoding="gb2312"?＞
＜!DOCTYPE teachings[
  ＜!ELEMENT teachings (course)＋＞
  ＜!ELEMENT course (name, teacher, class, major)＞
  ＜!ATTLIST course type (common｜basic｜professional｜practice) "basic"＞
]＞
＜teachings＞
  ＜course type="common"＞
    ＜name＞计算机应用基础＜/name＞
    ＜teacher＞杨进＜/teacher＞
    ＜class＞2004＜/class＞
    ＜major＞汉语言文学＜/major＞
  ＜/course＞
  ＜course＞
    ＜name＞C 程序设计＜/name＞
    ＜teacher＞李云龙＜/teacher＞
    ＜class＞2003＜/class＞
    ＜major＞计算机科学与技术＜/major＞
  ＜/course＞
＜/teachings＞
```

在第二个 course 元素中，没有直接定义课程的类型，因为在 DTD 中定义了 course 的默认值，系统会自动给该课程赋予在属性定义中已经过默认值属性 basic，如图 3.4 所示。

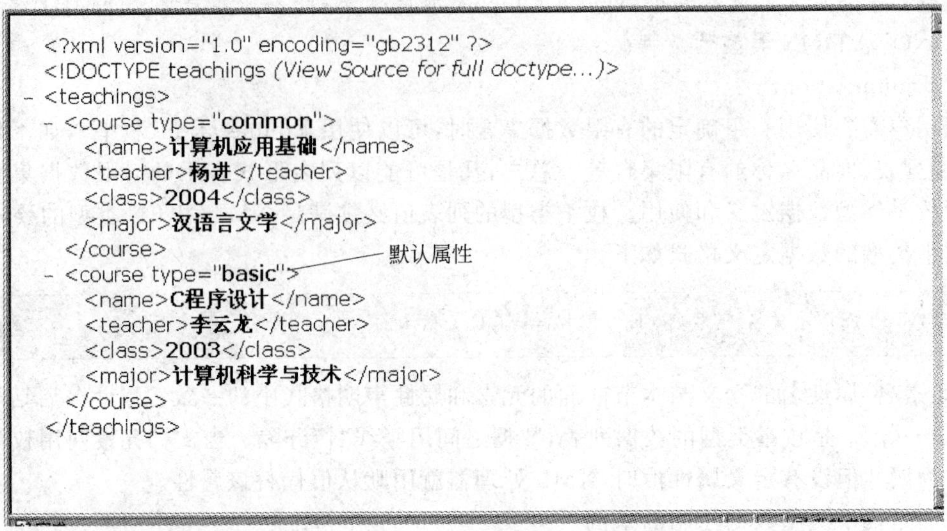

```
<?xml version="1.0" encoding="gb2312" ?>
<!DOCTYPE teachings (View Source for full doctype...)>
- <teachings>
  - <course type="common">
      <name>计算机应用基础</name>
      <teacher>杨进</teacher>
      <class>2004</class>
      <major>汉语言文学</major>
    </course>                        ——— 默认属性
  - <course type="basic">
      <name>C程序设计</name>
      <teacher>李云龙</teacher>
      <class>2003</class>
      <major>计算机科学与技术</major>
    </course>
</teachings>
```

图 3.4　枚举类型的默认属性示例

注意：每个枚举类型的值必须是具有 Nmtoken 类型的数据，并且在一个元素中，枚举类型的数据只能出现一次。

3. 默认声明

属性声明提供了属性的出现是不是必要的信息，如果在文档中声明属性时缺少这种信息，XML 处理器该如何反应？

在前面的许多例子中，已经大量使用了属性的默认值声明，现在来讨论属性定义中的默认值声明。默认值声明有三种类型：♯REQUIRED、♯IMPLIED 和 ♯FIXED。

1）REQUIRED

在属性的默认值声明中，被设置成关键字 ♯REQUIRED 的属性，每一次书写元素时必须完整地写上该属性。格式为：

<!ATTLIST 元素名 属性名 类型 ♯REQUIRED>

实例如下：

<!ATTLIST book isbn CDATA ♯REQUIRED>

当一个元素的属性被标记为 ♯REQUIRED 时，就必须写上该元素的属性值。下面的元素就是合法的：

<book isbn="7-5053-7434-6/TP.4286"> … </book>

下面的元素是错误的：

<book> … </book>

2）IMPLIED

元素属性定义中，被设置成关键字 ♯IMPLIED 的属性，每一次书写元素时属性值是任选的。格式为：

<!ATTLIST 元素名 属性名 类型 ♯IMPLIED>

实例如下：

<!ATTLIST book isbn CDATA ♯IMPLIED >

当一个元素的属性被标记为♯IMPLIED时，下面两种元素的写法都是合法的：

```
<book isbn="7-5053-7434-6/TP.4286">...</book>
<book>...</book>
```

3）FIXED

在元素属性定义中，被设置成关键字♯FIXED的属性应该包含一个默认值声明，表明该元素必须永远有这个默认的属性值，不允许更改它。当XML处理器遇到一个没有定义属性却有默认值声明的元素时，它必须把该属性和声明过的默认值一起报告给应用程序。格式为：

<!ATTLIST 元素名 属性名 类型 ♯FIXED 默认值>

实例参考例2.6中的price元素：

```
<price currency="RMB" unit="Yuan">22.00</price>
```

其元素和属性声明应该是：

```
<!ELEMENT    price    ♯PCDATA>
<!ATTLIST    price    currency  NMTOKEN   ♯FIXED   "RMB"
                      unit      NMTOKEN   ♯FIXED   "Yuan">
```

这意味着每次写元素price时，无论你是写明还是忽略它们，XML处理器会自动把属性currency和unit及其默认值赋给该元素。例3.12是例2.6的具有DTD的版本。

例3.12 使用FIXED定义元素属性。

```
<?xml version="1.0" encoding="GB2312"?>
<!DOCTYPE clothes[
    <!ELEMENT clothes (name,size,price)＊>
    <!ELEMENT   name (♯PCDATA)>
    <!ELEMENT   size  (♯PCDATA)>
    <!ELEMENT   price (♯PCDATA)>
    <!ATTLIST   price   currency  NMTOKEN   ♯FIXED   "RMB"
                        unit      NMTOKEN   ♯FIXED   "yuan">
]>
<clothes>
    <shirt>
        <name>金利来</name>
        <size>170/92A</size>
        <price currency="RMB" unit="yuan">420.00</price>
    </shirt>
    <shirt>
        <name>晴曼</name>
        <size>174/93A</size>
        <price>182.00</price>
    </shirt>
</clothes>
```

在第一件衬衫的 price 中写明了 currency 和 unit 属性，在第二件衬衫中没有写明，在浏览器上的显示结果如图 3.5 所示。

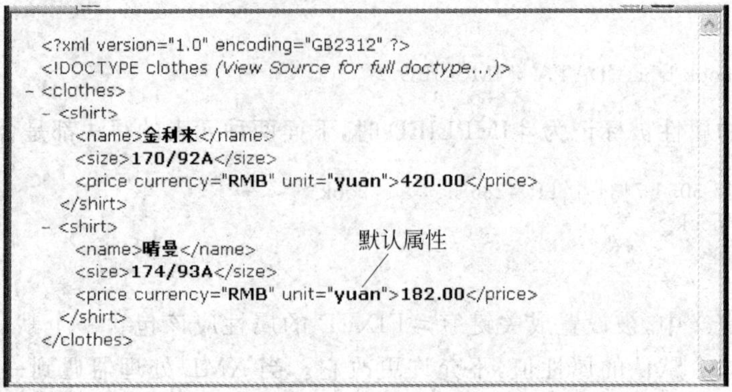

```
<?xml version="1.0" encoding="GB2312" ?>
<!DOCTYPE clothes (View Source for full doctype...)>
- <clothes>
   - <shirt>
      <name>金利米</name>
      <size>170/92A</size>
      <price currency="RMB" unit="yuan">420.00</price>
   </shirt>
   - <shirt>
      <name>晴曼</name>                    默认属性
      <size>174/93A</size>
      <price currency="RMB" unit="yuan">182.00</price>
   </shirt>
</clothes>
```

图 3.5 默认声明中的默认属性值

注意：用 FIXED 规定的默认值与枚举中的默认值，在 XML 处理器处理时，采用了类似的处理方式。但这是两个不同的概念，要引起注意。

3.3.3 条件节

条件节是外部 DTD 的一个部分，或者是外部参数实体的一部分。条件节可以包含一个以上完整声明、注释、处理指令，或条件节的嵌套，与空格符号混合等。

引入条件节，允许开发者在开发 DTD 的阶段，可以有意地加入或忽略 DTD 中的某个部分，来调试 DTD 对于 XML 文档内容的有效性限制。这对于开发人员是非常有用的。

在 DTD 中，定义和使用条件节的关键词有 INCLUDE、IGNORE。如果条件节的关键词是 INCLUDE，则条件节的内容必定是 DTD 的组成部分。如果关键词是 IGNORE，则条件节的内容不属于 DTD 的逻辑内容。

INCLUDE 的语法格式如下：

```
<![ INCLUDE [ contents here are included]]>
```

IGNORE 的语法格式如下：

```
<![ IGNORE [ contents here are ignored]]>
```

如果 INCLUDE 的条件节出现在一个 IGNORE 中，则内层的 INCLUDE 及其声明将被忽略。如果 IGNORE 出现在 INCLUDE 中，则仍然忽略 IGNORE 块内的声明。

例 3.13 把例 3.12 改写成使用 INCLUDE 的外部 DTD 形式（文件名：ch3-13.xml）。

```
<?xml version="1.0" encoding="GB2312"?>
<!DOCTYPE clothes SYSTEM "ch3-13.dtd">
<clothes>
    <!-- clothes 的内容与例 2.6 的一样，此处忽略了-->
    ...
</clothes>
```

此 XML 文档的 DTD 文件（ch3-13.dtd）如下：

```
<!ELEMENT clothes (name, size, price) * >
<!ELEMENT  name  (#PCDATA)>
<!ELEMENT  size  (#PCDATA)>
<!ELEMENT  price  (#PCDATA)>
<![ INCLUDE [
<!ATTLIST  price  currency  NMTOKEN  #FIXED  "RMB"
                   unit      NMTOKEN  #FIXED  "yuan">
]]>
```

例 3.12 和例 3.13 的表现形式略有差异,但效果是一样的。被 INCLUDE 包含的内容属于 DTD 的组成部分。当 DTD 中包含 INCLUDE 条件语句时,该 DTD 文件要写成外部的 DTD 文档。

如果使用 IGNORE 代替 INCLUDE,则相当于在 DTD 中没有定义 price 元素的属性。

例 3.14　用 IGNORE 代替例 3.13 的 INCLUDE。

```
<?xml version="1.0" encoding="GB2312"?>
<!DOCTYPE clothes SYSTEM "ch3-14.dtd">
<clothes>
    <!-- clothes 的内容与例 2.6 的一样,此处忽略-->
    ...
</clothes>
```

此 XML 文档的 DTD 文件(ch3-14.dtd)如下:

```
<!ELEMENT clothes (name, size, price) * >
<!ELEMENT  name  (#PCDATA)>
<!ELEMENT  size  (#PCDATA)>
<!ELEMENT  price  (#PCDATA)>
<![ IGNORE [
<!ATTLIST  price  currency  NMTOKEN  #FIXED  "RMB"
                   unit      NMTOKEN  #FIXED  "yuan">
]]>
```

这相当于例 3.15 表示的意义。与包含 INCLUDE 时同理,当 DTD 中包含 IGNORE 条件语句时,该 DTD 文件要写成外部的 DTD 文档。

例 3.15　与例 3.14 效果一样的 DTD 定义。

```
<?xml version="1.0" encoding="GB2312"?>
<!DOCTYPE clothes[
    <!ELEMENT clothes (name, size, price) * >
    <!ELEMENT  name  (#PCDATA)>
    <!ELEMENT  size  (#PCDATA)>
    <!ELEMENT  price  (#PCDATA)>
]>
<clothes>
    <!-- clothes 的内容与例 2.6 的一样,此处忽略-->
    ...
</clothes>
```

在例 3.14 中元素 price 的属性包含在 IGNORE 中,这与例 3.15 不定义元素 price 的属性是等效的。XML 处理器将忽略用 IGNORE 关键词包含的部分。读者可以用浏览器验证。

条件节的另外一个用法是用参数实体来引用 INCLUDE 或 IGNORE,如下所示。

```
<!ENTITY % x1 'INCLUDE' >
<!ENTITY % x2 'IGNORE' >
    <![ x1 [
        <!ATTLIST  price      currency   NMTOKEN   #FIXED   "RMB"
                              unit       NMTOKEN   #FIXED   "yuan">
    ]]>
    <![ x2 [
        <!ATTLIST  price      currency   NMTOKEN   #FIXED   "RMB"
                              unit       NMTOKEN   #FIXED   "yuan">
    ]]>
```

x1、x2 分别表示 INCLUDE 或 IGNORE 两个关键词。

上述 DTD 分别用 x1、x2 来代替 INCLUDE、IGNORE 两个关键词,其作用与直接使用 INCLUDE 和 IGNORE 这两个关键词是一样的,仅仅只是使用参数实体 x1、x2 来指代关键词 INCLUDE 和 IGNORE 而已。

3.4 内部和外部 DTD

进行 DTD 描述和定义后,怎样在 XML 文档中加载和插入 DTD? 在实际应用中,可以把 DTD 放在文档内部和文档外部,因此把 DTD 分为内部的和外部的两类。

3.4.1 内部 DTD

在 XML 文档内部加入 DTD 的内容,格式如下:

<!DOCTYPE 根元素名 [Document Type Declaration here]>

其中:

(1) DTD 由符号"<!"和">"括起来。

(2) DOCTYPE 是 DTD 声明的关键词。不能写错或忽略。习惯上要求大写。

(3) 根元素名是 XML 文档的根元素。

(4) [Document Type Declaration here]部分包括 ELEMENT、ATTLIST、ENTITY 等的声明。

对于例 3.2,由于 music 元素下既包含子元素,又包含字符串,需要把该元素设计成混合型(Mixed)元素。可以设计如下的 DTD:

```
<!DOCTYPE cd [
  <!ELEMENT cd (music*)>
  <!ELEMENT music (name, singer, #PCDATA)>
  <!ELEMENT name (#PCDATA)>
  <!ELEMENT singer (#PCDATA)>
]>
```

把这个 DTD 写到例 3.2 中,这就是内部 DTD。

例 3.16 在例 3.2 中加入内部 DTD。

```
<?xml version="1.0" encoding="gb2312"?>
<!DOCTYPE cd [
  <!ELEMENT cd (music*)>
  <!ELEMENT music (name, singer, #PCDATA)>
```

```
    <!ELEMENT name (#PCDATA)>
    <!ELEMENT singer (#PCDATA)>
]>
<cd>
    <music>
        <name>在那桃花盛开的地方</name>
        <singer>蒋大为</singer>
        这是一首流行了20多年的歌!
    </music>
    <music>
        <name>在希望的田野上</name>
        <singer>李谷一</singer>
        这首歌1984年开始流行,直到现在。
    </music>
</cd>
```

XML 文档的结构良好性,要求内部 DTD 必须放在 XML 的序言部分,不能放在文档的其他位置,否则 XML 处理器在处理文档时,将发出出错警告。如下面的文档把 DTD 定义写在 XML 文档的后面,没有位于 XML 文档的序言部分,是一个结构不好的 XML 文档,将被解析器作为错误处理。

```
<?xml version="1.0" encoding="gb2312"?>
<cd>
    <!-- cd 的内容与例 3.2 的一样,此处忽略-->
    ...
</cd>
<!DOCTYPE cd [
    <!ELEMENT cd (music*)>
    <!ELEMENT music (name, singer, #PCDATA)>
    <!ELEMENT name (#PCDATA)>
    <!ELEMENT singer (#PCDATA)>
]>
```

3.4.2 外部 DTD

外部 DTD,顾名思义,就是放在 XML 文档外部的 DTD,这种 DTD 作为文件保存在磁盘或有效的 URI 上。文件的后缀(扩展名)必须是".dtd"。把外部 DTD 加载到 XML 文档的语法格式为:

<!DOCTYPE 根元素 SYSTEM "外部 DTD 文件的 URI">

其中:

(1) 外部 DTD 由符号"<!"和">"括起来。

(2) DOCTYPE 是 DTD 声明的关键词。不能写错或忽略。习惯上要求大写。

(3) 根元素名是 XML 文档的根元素。

(4) SYSTEM 是声明外部 DTD 的关键词。

(5) 外部 DTD 的 URI 是指外部 DTD 文件的物理存储位置。

例 3.12 是一个结构良好的具有 DTD 声明的 XML 文档。把 DTD 部分独立写成文件,就成了外部的 DTD 了。因为独立的外部 DTD 文件首先必须是一个规范的 XML 文件,所以,在外部 DTD 文件的第一行加上了<?xml version="1.0"? >,这个 DTD(文件名:ch3-17.dtd)形式为：

```
<?xml version="1.0"?>
<!ELEMENT clothes (name,size,price) * >
<!ELEMENT  name   (#PCDATA)>
<!ELEMENT  size    (#PCDATA)>
<!ELEMENT  price   (#PCDATA)>
<!ATTLIST  price  currency  NMTOKEN  #FIXED  "RMB"
                  unit      NMTOKEN  #FIXED  "yuan">
```

这样，带有外部 DTD 声明的 XML 文档可以写成下面的形式。

例 3.17 例 3.12 中使用外部 DTD。

```
<?xml version="1.0" encoding="GB2312"?>
<!DOCTYPE clothes SYSTEM "ch3-17.dtd">
<clothes>
  <shirt>
    <name>金利来</name>
    <size>170/92A</size>
    <price currency="RMB" unit="yuan">420.00</price>
  </shirt>
  <shirt>
    <name>晴曼</name>
    <size>174/93A</size>
    <price>182.00</price>
  </shirt>
</clothes>
```

例 3.12 与例 3.17 是同一个文档的两种形式：一个使用了内部 DTD；另一个使用了外部 DTD。从程序的可重用性和可读性考虑，我们推荐开发者使用外部 DTD 来设计 XML 应用程序，这有助于保持 XML 文档简洁，结构明晰，方便阅读和编辑等。读者可以用浏览器显示例 3.17，将发现其效果与图 3.5 是一样的。

习题 3

1. 什么是文档类型定义？
2. 如何声明元素？
3. 元素有什么类型？列出每一种类型表示法。
4. 属性有哪些类型？分别是什么？
5. DTD 应该放在 XML 文档的什么位置？
6. 什么是外部 DTD 和内部 DTD？
7. 下面的表格是磁盘信息表，请根据该表格，写出表示该表格的 XML 文档，并定义该文档的 DTD。

品名	规格	型号	容量	尺寸	价格（元）	库存（盒）
PHILIPS	MF 2HD	SBC 7953	1.44MB	3.5"	5.00	13
MAXELL	MF2-256HD	Super RDII	1.44MB	3.5"	5.80	10
Verbatim	MF 2HD	TEFLON	1.44MB	3.5"	10.00	5
Konica	MF 2HD	135TPI	1.44MB	3.5"	5.00	15

第 4 章　XML Schema

4.1　概述

在 W3C 接受 XML Schema 之前,微软公司一直在着力推进 XML Schema 技术,它先后提出 XML-Data 和 DCD(Document Content Description)建议,并在此基础上,自己定义了 XML Schema。

W3C 一直在致力适合于 XML 内容模型描述规范的开发工作。1999 年 5 月,W3C 提出了自己的第一个 Schema 工作草案,它综合了 XML-Data 和 DCD 的思想。从这时起,直到 2000 年 9 月,W3C 连续发布了 7 个工作草案。2000 年 10 月推出了一个候选版本。在正式的规范出台之前,2001 年 3 月又发布了建议版本。

2001 年 5 月 3 日,W3C 发布了 XML Schema1.0 规范的推荐版本,并声明这个规范是稳定的,有助于 Web 互操作性,并且被 W3C 的成员修订,这些成员来自学术界、业界和研究团体,他们赞成采用这个规范。XML Schema 1.0 定义了公用标记词表、使用这些词表的 XML 文档的结构,以及提供了与这些词表和结构相关的联系。通过 2 年多开发和实践检验,XML Schema 1.0 为 XML 发挥其全部潜力提供了一个实质构件。在开发过程中,参与标准制定的各方都一致认为 XML Schema 1.0 标准的制定将是 XML 发展历史上意义重大、影响深远的事件。

XML Schema 1.0 给 XML 技术带来更大的灵活性,加速了在重要领域 XML 技术的应用。例如,可以借助以前的 DTD 模式来构造 Schema 模式,而在需要新的 Schema 时覆盖原来的 DTD 模式。XML Schema 1.0 使开发者可以决定那一部分文档是有效的,或者在标识文档的某一部分应用了一种特定的模式。XML Schema 1.0 还为电子商务系统的用户提供了一种方法,选择使用什么样的 XML Schema 1.0,在给定的名字空间中对元素进行有效性验证,因此,在电子商务事务管理中提供更好的保证,以及在防止对有效性规则的非法修改方面带来了更高的安全性。另外,因为 XML Schema 1.0 本身是 XML 文档,它们可以使用 XML 的编写工具来操作管理。

2004 年 10 月 28 日,W3C 发布了 XML Schema 2.0。W3C 做这个规范的目的是引起对该规范的注意和促进其广泛应用,增强 Web 的功能性和互操作性。XML Schema 2.0 标准包含三个部分,分别是 XML Schema 2.0 Part0:Primer、XML Schema 2.0 Part1:Structure、XML Schema 2.0 Part2:Datatype。目前,业界使用的正是 XML Schema 2.0 版本。

Primer 是一个初级读物,目的是帮助技术开发人员或客户快速理解用 XML Schema 2.0 语言如何创建 Schema,通过大量的例子来描述 XML Schema 2.0,解释 XML Schema 2.0 是什么? 与 DTD 有什么差别? 以及如何构建 XML Schema 2.0。

Structure 是确定 XML Schema 结构的定义语言。这种结构为描述 XML 结构,以及约束 XML 1.0 文档内容提供一些工具,包括那些开发 XML 名字空间的工具。Schema 语言本身用

XML 1.0 规范表示，使用名字空间，内容重建，明显地扩充了 DTD 的能力。它描述 XML 文档的结构和内容模型的约束，定义一些规则来操纵文档的模式有效性。

Datatype 定义了用于 XML Schema 及其他 XML 规范的数据类型。它本身是用 XML 1.0 表示的，提供的元素和属性的数据类型远远超过 DTD，共有 19 个内置基本数据类型和 25 个派生数据类型，已经满足了 XML 作为数据仓库所需的数据类型需求。这些数据类型与 XML 元素类型和属性联系起来，允许 XML 软件在操作数据、数字、日期、串等信息时表现得更好。

XML Schema 2.0 不是一个简单的标准，三个部分洋洋洒洒 70 多万字，可以专门成为一本大部头。本章将从这 70 多万字中选择其中主要的部分，较为详细地讨论 XML Schema 2.0 的 Structure[①] 和 Datetype[②] 两部分的内容。

4.2　一个 XML Schema 文档示例

为了对 XML Schema 有一个认识，我们先来为 XML 文档设计一个简单的 XML Schema 文档，并与该 XML 的 DTD 进行比较，从而对 XML Schema 有一个大体的理解。

例 4.1　对例 2.1 的 XML 文档进行分析，然后设计 XML Schema 文档。

分析：

(1) booklist 是根元素，下包含若干个子元素 book。

(2) book 元素包含 name、author、press、pubdate、price 五个子元素，并且包含属性 isbn。

(3) name、author、press 三个子元素的类型是字符串。pubdate 的类型是日期型、price 的类型是数字，并且有两位小数。

XML Schema 文档设计如下：

```
1    <xsd:schema xmlns:xsd="http://www.w3.org/2001/XMLSchema">
2     <xsd:element name="booklist"/>
3    <xsd:complexType>
4      <xsd:element name="book" minOccurs="0" maxOccurs="unbounded"/>
5       <xsd:complexType>
6        <xsd:sequence>
7         <xsd:element name="name" type="xsd:string"/>
8         <xsd:element name="author" type="xsd:string"/>
9         <xsd:element name="press" type="xsd:string"/>
10        <xsd:element name="pubdate" type="xsd:dateTime"/>
11        <xsd:element name="price">
12          <xsd:simpleType>
13           <xsd:restriction base="xsd:decimal">
14            <xsd:totalDigits value="7">
15            <xsd:fractionDigits value="2">
16           </xsd:restriction>
17          </xsd:simpleType>
18         </xsd:element>
19        </xsd:sequence>
```

①　Henry S. Thompson, et al. XML Schema Part 1：Structures Second Edition［EB/OL］. http://www. w3. org/TR/2004/REC-xmlschema-1，20041028/.

②　Paul V. Biron，et al. XML Schema Part 2：Datatypes Second Edition［EB/OL］. http://www. w3. org/TR/2001/REC-xmlschema-2，20041028/.

```
20          <xsd:attribute name="isbn" type="xsd:ID"/>
21        <xsd:complexType>
22      </xsd:element>
23    </xsd:complexType>
24  </xsd:element>
25 </xsd:schema>
```

说明：

（1）XML Schema 文档的主模式声明<xsd:schema></xsd:schema>，声明中使用了名称空间前缀 xmlns:xsd 定义了 xsd 所属于的名称空间。参看第 1 行和第 25 行。

（2）使用 XML Schema 的元素<xsd:element></xsd:element>定义根元素 booklist。定义时使用该元素的属性 name 定义元素的标识符号：name="booklist"。参考第 2 行和第 24 行的结构。

（3）booklist 包含若干个子元素 book，并且还包含一个隶属于它的属性 isbn，这在 XML Schema 中称为复杂类型，对于复杂类型需要用复杂类型定义的元素<xsd:complexType></xsd:complexType>来定义。参考第 3 行和第 23 行的结构。

（4）booklist 包含若干个子元素 book，可能出现 0 个、1 个或任意多个。所以使用<xsd:element></xsd:element>来定义 book 元素时，其中 name 定义元素名称，minOccurs 和 maxOccurs 来分别定义 book 出现的次数。第 4 行和第 22 行的结构就是这个定义。

（5）在 book 元素下并行出现了五个子元素，也是一个复杂类型，所以其中使用了<xsd:complexType></xsd:complexType>。第 5 行和第 21 行构成此定义。

（6）在<xsd:complexType></xsd:complexType>中，使用模型分组 sequence 来定义 book 元素下的五个子元素，然后是顺序定义这些子元素的<xsd:element>。其中 name 定义元素名称，type 定义元素类型。参考第 6 行到第 19 行。

（7）price 元素是数值类型，并且包含小数点和小数位，需要专门定义，由于 price 是一个不包含子元素和属性的简单元素，所以用简单类型定义元素<xsd:simpleType> </xsd:simpleType>来具体定义。由于有两位小数，所以使用了约束元素<xsd:restriction></xsd:restriction>，并在其中用属性 base="xsd:decimal"来定义 price 元素的基础类型为数值类型。<xsd:restriction>中包含的 totalDigits 和:fractionDigits 用来定义 price 最大位数和小数位数。参考第 11 行到第 18 行。

（8）因为 book 还包含一个属性 isbn，在 20 行定义了该属性，使用了 XML Schema 的元素<xsd:attribute></xsd:attribute>，并把它定义为 ID 类型。请参考 3.3.2 节中关于 DTD 中关于 isbn 是否选择 ID 类型的讨论，就会发现 DTD 和 XML Schema 的差异了。请注意第 6 行到第 19 行的内容作为一个整体与第 20 行并列，是平行关系。同时定义了 book 元素的子元素和属性。

例 4.1 的 XML 文档的 DTD 文档及其分析请参考例 3.1。

通过对同一 XML 文档的 XML Schema 和 DTD 的比较分析，我们发现如下的问题：

（1）XML Schema 模式文档采用与 XML 规范一致的要求书写和设计，符合 XML 技术要求。DTD 使用非 XML 规范。

（2）XML Schema 的数据类型比 DTD 丰富，足以完成对许多类型的数据进行定义的任务。还可以通过约束来扩展数据类型的定义，可以满足更广泛的应用需要。

（3）XML Schema 结构严谨、层次分明、逻辑性强；而 DTD 简单明了。

（4）XML Schema 的复杂程度要远远超过 DTD。

本章将从如何设计出这个 XML Schema 文档入手，逐渐展开讨论。

4.3　XML Schema 文档的结构

一个 XML Schema 是一组模式成分的集合。模式成分是指组成模式的抽象数据模型的建筑模块。在 XML Schema 中有 13 种成分，分成三组。第一组是基本成分，用于定义元素或属性，包括简单类型定义、复杂类型定义、属性声明、元素声明。第二组是属性组定义、标示约束定义、模型组定义、表示法声明。第三组是注解、模型组、粒子、通配符、属性使用。

XML Schema 的结构是 XML Schema 规范的主体，是 XML Schema 规范的重要内容。它们包括：模式、元素声明、简单类型声明、复杂类型声明、属性声明、属性组定义、属性使用、模型组、表示法、粒子、通配符、标识约束、注释等的定义共 13 项内容。本节将讨论它们。

为了讲解的方便，我们先给出一个 XML 文档作为参考，然后根据这个 XML 文档逐步展开讨论。

例 4.2　关于家用电器的 XML 文档。

```xml
<?xml version="1.0" encoding="GB2312"?>
<e_appliancc>
  <goods>
    <commodity>
      <product>电视机</product>
      <brand>康佳</brand>
      <size>34"</size>
      <unit>1</unit>
      <price currency="RMB" unit="Yuan">3400.00</price>
    </commodity>
    <customer>
      <name>李素薇</name>
      <sex>女</sex>
      <address>
        <province>云南</province>
        <city>昆明</city>
        <street>丹霞路 234 号</street>
        <postcode>650031</postcode>
      </address>
    </customer>
  </goods>
  <goods>
    <commodity>
      <product>微波炉</product>
      <brand>格兰仕</brand>
      <size>25liter</size>
      <unit>1</unit>
      <price currency="RMB" unit="Yuan">340.00</price>
    </commodity>
    <customer>
      <name>张绚</name>
      <sex>女</sex>
      <address>
        <province>云南</province>
        <city>昆明</city>
```

```
      <street>人民西路 382 号</street>
      <postcode>650031</postcode>
    </address>
  </customer>
 </goods>
 <goods>
   <commodity>
     <product>电冰箱</product>
     <brand>海尔</brand>
     <size>300liter</size>
     <unit>1</unit>
     <price currency="RMB" unit="Yuan">2798.00</price>
   </commodity>
   <customer>
     <name>刘云</name>
     <sex>男</sex>
     <address>
        <province>云南</province>
        <city>昆明</city>
        <street>翠湖南路 18 号</street>
        <postcode>650032</postcode>
     </address>
   </customer>
 </goods>
</e_appliance>
```

这是一个比较复杂的 XML 文档,下面是这个 XML 文档的 XML Schema 文档:

```
<?xml version="1.0"?>
<xsd:schema xmlns:xsd="http://www.w3.org/2001/XMLSchema"
          targetNamespace=" http://www.kmu.edu.cn/namespace/goods"
          xmlns:gds ="http://www.kmu.edu.cn/namespace/goods">
①<xsd:element name="e_appliance" type="e_applianceType"/>
②<xsd:complexType name="e_applianceType ">
  <xsd:sequence>
    <xsd:element name="goods" type="goodsType"/>
  </xsd:sequence>
</xsd:complexType>
③<xsd:complexType name="goodsType " minOccurs="0" maxOccurs="unbounded">
  <xsd:sequence>
    <xsd:element name="commodity" type="commodityType"/>
    <xsd:element name="customer" type="customerType"/>
  </xsd:sequence>
</xsd:complexType>
④<xsd:complexType name="commodityType">
  <xsd:sequence>
    <xsd:element name="product" type="xsd:string"/>
    <xsd:element name="brand" type="xsd:string"/>
    <xsd:element name="size" type="xsd:string"/>
    <xsd:element name="unit" type="xsd:integer"/>
    <xsd:element name="price" type="priceType"/>
  </xsd:sequence>
</xsd:complexType>
⑤<xsd:complexType name="customerType">
  <xsd:sequence>
    <xsd:element name="name" type="xsd:string"/>
    <xsd:element name="sex" type="xsd:string"/>
    <xsd:element name="address" type="addressType"/>
```

```
        </xsd:sequence>
      </xsd:complexType>
  ⑥<xsd:complexType name="priceType">
      <xsd:sequence>
        <xsd:element name="price">
          <xsd:simpleType>
            <xsd:restriction base="xsd:decimal">
              <xsd:totalDigits value="8">
              <xsd:fractionDigits value="2">
            </xsd:restriction>
          </xsd:simpleType>
        </xsd:element>
      </xsd:sequence>
      <xsd:attribute name="cuurency" type="xsd:NMTOKEN"/>
      <xsd:attribute name="unit" type="xsd:string"/>
      </xsd:complexType>
  ⑦<xsd:complexType name="addressType">
      <xsd:sequence>
        <xsd:element name="province" type="xsd:string"/>
        <xsd:element name="city" type="xsd:string"/>
        <xsd:element name="strreet" type="xsd:string"/>
        <xsd:element name="postcode">
          <xsd:simpleType name="postcodeType">
            <xsd:restriction base="xsd:string">
              <xsd:pattern value="\d{6}"/>
            </xsd:restriction>
          </xsd:simpleType>
        </xsd:element>
      </xsd:sequence>
    </xsd:complexType>
  </xsd:schema>
```

为了后续说明方便，在上面的模式文件中，用①～⑦标注出七个模式成分。

4.3.1　模式的基本概念

XML Schema 的中文含义是"XML 模式"，这里的 Schema 就是"模式"的意思，所以，根据这个英文名称，我们认为 XML Schema 就是一个专门处理模式的规范。

总体来说，一个模式本身是一个容器，包含如下的成分：类型定义、属性声明、元素声明、属性组定义、模型组定义、表示法声明和注释。

1. 主模式

在一个模式文件中，存在一个总体模式，这个总体模式由＜schema＞＜/schema＞定义，又称为主模式。主模式的基本框架是：

```
<schema  attributeFormDefault = (qualified | unqualified):unqualified
  blockDefault = (#all | List of (extension | restriction | substitution)):""
  elementFormDefault = (qualified | unqualified):unqualified
  finalDefault = (#all | List of (extension | restriction)):""
  id = ID
  targetNamespace = anyURI
  version = token
  xml:lang = language >
    Content:
</schema>
```

说明：blockDefault、finalDefault、attributeFormDefault、elementFormDefault 和 target-Namespace 属性是助手模式成分，可以提供全局信息，用于多种表示和成分。另外的成分（id 和 version）为用户提供方便。

在一个给定<schema>项中，多数成分将具有对应于 targetNamespace 属性的目标名称空间。

例 4.3　一个主模式的框架设计示例。

```
<xsd:schema xmlns:xs="http://www.w3.org/2001/XMLSchema"
            targetNamespace="http://www.kmu.edu.cn/xml">
    …
</xsd:schema>
```

其中：<xs:schema></xs:schema>构成主模式的整体结构，主模式下的各种结构定义在此结构体的内部。在 schema 中还定义了 XML 名称空间（xmlns 是 XML NameSpace 的缩写）前缀 xs，用 targetNamespace 定义了目标名称空间。关于 XML Schema 的名称空间请参考 4.5 节。

在例 4.1 给出的模式中定义了一个完全的 XML 文档，但<schema>不必是文档元素，可以出现在其他文档里。不必要求模式一定要对应一个（文本）文档，它可以对应一个随意构造的项元素。所谓的顶元素，是指<schema>下的一级子元素，这些元素又称为顶级元素。

除<include>和<import>外，每一个可能出现在<schema>内容中的顶元素，只要对应一个模式成分都必须有名字（除<annotation>外）。例如在关于例 4.2 的 XML Schema 中，①～⑦标号给出的模式成分都是顶元素，且每一个顶元素都具有 name 属性来定义模式成分的名字。

2. 模式引用

引用模式文档中的模式成分，以一种统一方式实现，不论该成分对应于同一个模式文档的顶元素，还是从外部导入的模式。所有的这类引用对象标识是一个 QName（有关 QName 的含义参考 4.4.3 节）。

现在来分析例 4.2 的 XML Schema 中对其他的模式成分的引用。在例 4.2 的<xsd:schema>中，①块的模式成分定义了根元素 e_appliance，通过 type="e_applianceType"引用了②定义的模式成分。模式成分②中定义了元素 goods，其内容模型通过 type 引用了③的复杂类型定义。模式成分③中定义的 commodity 和 customer 元素，分别通过 type 属性值引用了模式成分④和⑤。在模式成分④中定义的元素 price 通过 type="priceType"引用了模式成分⑥定义的模式，而在模式成分⑤中定义的元素 address，则通过 type="addressType"引用模式成分⑦。

这样就形成了<xsd:schema>下各个模型的引用关系。

4.3.2　复杂类型和简单类型

在 XML Schema 中，需要声明的有元素、属性，有的内容简单，有的内容复杂，对于简单内容可以使用简单类型声明，对于复杂类型可以使用复杂类型声明。所谓简单类型，是那些无子元素且没有属性的元素，以及元素的属性。所谓复杂类型，是指描述具有子元素或元素携带属性等内容的类型。

1. 简单类型声明

当需要声明有约束的字符信息项元素和属性时，使用简单类型声明。简单类型声明包括

＜simpleType＞、＜restriction＞、＜list＞、＜union＞。它们的语法格式为：

```
＜simpleType name＝NCName  id＝ID  final＝（＃all｜（list｜union｜restriction））＞
    Content
＜/simpleType＞
```

```
＜restriction  base＝QName  id＝ID＞  Content ＜/restriction＞
```

```
＜list  id＝ID itemType＝QName  ＞  Content ＜/list＞
```

```
＜union  id＝ID  memberTypes＝List of QName＞  Content ＜/union＞
```

说明：

＜simpleType＞：定义简单类型，其内容模型的约束由＜restriction＞给出。

＜restriction＞：给出简单类型定义的约束。base 属性定义派生的基础类型。

＜list＞：定义简单类型列表（list）。ItemType 中给出列表引用的数据类型。

＜union＞：定义简单类型联合（union）。MemberType 中列出联合的各个成员，用空格分隔。

例 4.4 几个简单类型声明示例。

（1）定义水的温度，最高小于 100.00℃，最低大于 0.00℃，小数位为 2。类型名是 waterTemp。其中使用了刻面 fractionDigits、minExclusive、maxExclusive。

```
＜xsd:simpleType name＝"waterTemp"＞
＜xsd:restriction base＝"xs:number"＞
＜xsd:fractionDigits value＝"2"/＞
＜xsd:minExclusive value＝"0.00"/＞
＜xsd:maxExclusive value＝"100.00"/＞
＜/xsd:restriction＞
＜/xsd:simpleType＞
```

实例：

```
＜xsd:element name＝"temperature" type＝"waterTemp"/＞
＜temperature＞36.7＜/temperature＞
```

注意：刻面 fractionDigits 描述了数值型数据的小数位的最大位数、minExclusive、maxExclusive 分别描述一个数据取值空间的排斥下届和排斥上届。所谓的排斥下届和排斥上届，是指不包含下届和上届的值，这与数学函数变量取值范围的开区间概念是一样的。关于刻面的详细讨论请参考 4.4.1 节。

（2）定义一个职工工资的简单类型 salaryType，最高不超过 10 000 元，最低是 0.00 元。

```
＜xsd:simpleType name＝"salaryType"＞
＜xsd:restriction base＝"xs:number"＞
    ＜xsd:fractionDigits value＝"2"/＞
    ＜xsd:minExclusive value＝"0.00"/＞
    ＜xsd:maxExclusive value＝"10000.00"/＞
＜/xsd:restriction＞
＜/xsd:simpleType＞
```

实例：

```
<xsd:element name="salary" type="salaryType"/>
<salary>3617.78</salary>
```

（3）定义一个描述工作日的简单类型 workDay,是枚举型的字符串。

```
<xsd:simpleType name="workDay">
  <xsd:restriction base="xs:string">
    <xsd:enumeration value="Mon"/>
    <xsd:enumeration value="Tue"/>
    <xsd:enumeration value="Wed"/>
    <xsd:enumeration value="Thu"/>
    <xsd:enumeration value="Fri"/>
  </xsd:restriction>
</xsd:simpleType>
```

（4）定义一个 list,名为 mySalary,是 salaryType 的列表。

```
<xs:simpleType name="mySalary">
  <xs:list itemType="salaryType"/>
</xs:simpleType>
```

注意：此定义中引用了此例中(2)定义的 salaryType。
实例：

```
<xsd:element name="workerPay" type="mySalary"/>
<workerPay>867.50 1350.00 4548.00 7890.00</workerPay>
```

（5）定义一个 union 类型,名为 myUnion。其 memberTypes 给出了联合类型的列表。

```
<xsd:simpleType name="myUnion">
  <xsd:union memberTypes="workDay mySalary"/>
</xsd:simpleType>
```

定义元素：

```
<element name="zips" types="myUnion"/>
```

实例：

```
<zips>Mon</zips>
<zips>1450.00 2600.00 6500.00</zips>
<zips>Fri</zips>
```

注意：因为把 zips 定义为联合类型 union,这样,zips 既可以取 workDay 类型的值,也可以取 mySalary 类型的值。

2. 复杂类型声明

复杂类型是 XML Schema 中最有用的模式定义之一。在 XML Schema 中,需要从一个内置类型、派生类型、简单类型派生一个新类型时,复杂类型定义就会起到重要的作用。一个复杂类型声明可以通过属性定义对元素进行约束;可以把字符信息项子元素约束在一个具体的简单类型定义上;还可以从另一个简单或复杂类型派生一个复杂类型;或限制从给定复杂类型派生附加类型的能力。

1）复杂类型声明

复杂类型声明：

```
<complexType    name = NCName
                id = ID
                block = ( #all | List of (extension | restriction))
                final = ( #all | List of (extension | restriction))
                mixed = boolean : false
                abstract = boolean : false>
      Content
</complexType>
```

复杂类型定义中各成分的含义与元素声明中的一致，可以参考元素声明部分（参考 4.3.3 节）。复杂类型可以是全局定义和局部定义，在全局定义时，可以在该模式范围内重用。

在复杂类型定义中，需要有一些相关的定义来实现内容模型约束和扩展，它们是简单内容 <simpleContent>、复杂内容 <complexContent>、约束 <restriction>、扩展 <extension> 等。

例 4.5 在例 4.2 的 XML 文档中的 goods 是一个包含子元素的元素，设计一个复杂类型的声明来描述。

分析：元素 goods 包含 commodity 和 customer 两个子元素，它们还包含若干子元素。goods 在 e_appliance 中可以出现多次，需要定义其出现次数 minOccurs 和 maxOccurs。例 4.2 中 XML Schema 文档内的③部分就是一个复杂类型定义。

与简单类型声明一样，一个复杂类型声明同时需要内容声明、约束声明、扩展声明来说明其内容模型。下面讨论一个复杂类型声明需要的元素组模式成分。

2）simpleContent 声明

简单内容声明用于属性的声明，带有任选的一个唯一性属性 id，为其他内容引用该内容提供依据。格式为：

```
<simpleContent id = ID >    Content    </simpleContent>
```

例 4.6 为例 2.1 的 book 元素定义具有内置数据类型 string 引用的复杂类型，该类型名为 bookNo，只带有一个属性 isbn，所以内容模型由 <simpleContent> 定义。

```
<xsd:complexType name="bookNo">
 <xsd:simpleContent>
  <xsd:extension base="xsd:string">
   <xsd:attribute name="isbn" type="xsd:string"/>
  </xsd:extension>
 </xsd:simpleContent>
</xsd:complexType>
```

实例：

```
<xsd:element name="book" type="bookNo"/>
<book isbn="7-302-02686-6/TP.1390">NT Server 4.0</book>
```

实例的元素 book 的内容模型直接用 type="bookNo" 来引用 bookNo 定义的内容模型，所以元素 book 携带属性 isbn。

3）complexContent 声明

复杂内容声明用于声明带有子元素的内容模型定义。格式为：

```
<complexContent  id = ID mixed = boolean>
   Content
</complexContent>
```

例 4.7　为例 4.2 中 commodity 定义具有内置数据类型 string、integer、decimal 的复杂类型，该类型名为 commodityType，因为该内容包含两个子元素 unit 和 size 定义，所以使用 <complexContent> 来定义该内容模型：

```
<xsd:complexType name="commodityType">
 <xsd:complexContent>
  <xsd:restriction base="xsd:anyType">
   <xsd:sequence>
    <xsd:element name="product" type="xsd:NMTOKEN "/>
    <xsd:element name="brand" type="xsd:string "/>
    <xsd:element name="size" type="xsd:string "/>
    <xsd:element name="unit" type="xsd:integer"/>
    <xsd:element name="price" type="xsd:decimal"/>
   </xsd:sequence>
  </xsd:restriction>
 </xsd:complexContent>
</xsd:complexType>
```

实例：

```
<xsd:element name="commodity" type="commodityType"/>
<commodity>
    <product>电视机</product>
    <brand>康佳</brand>
    <size>34"</size>
    <unit>1</unit>
    <price>3400.00</price>
</commodity>
```

实例中引用内容模型 commodityType 中定义的内容模型声明 commodity 元素，它的子元素为 product、brand、size、unit、price。

例 4.8　例 4.7 的简化形式。

```
<xsd:complexType name="commodityType">
 <xsd:sequence>
    <xsd:element name="product" type="xsd:NMTOKEN "/>
    <xsd:element name="brand" type="xsd:string "/>
    <xsd:element name="size" type="xsd:string "/>
    <xsd:element name="unit" type="xsd:integer"/>
    <xsd:element name="price" type="xsd:decimal"/>
  </xsd:sequence>
</xsd:complexType>
```

这个简化形式把例 4.7 中 <xsd:restriction> 省略掉了。

4）restriction 声明

用于定义复杂内容或简单内容的约束项。格式为：

```
<restriction    base = QName    id = ID>    Content    </restriction>
```

5）extension 声明

用于定义复杂内容或简单内容的扩展项。格式为：

```
<extension    base = QName    id = ID>    Content    </extension>
```

例 4.9 先定义一个人员类型 personType,包含 name、sex 和 phone 元素,然后定义扩展类型 extendedType 把 address 元素添加到 personType,使得 extendedType 最终包含 name、sex、phone 和 address 子元素,最后给出一个有效的实例。

（1）定义 person 具有三个子元素 name、sex 和 phone。

```
<xsd:complexType name="personType">
<xsd:sequence>
 <xsd:element name="name" minOccurs="1"/>
 <xsd:element name="sex" minOccurs="1"/>
 <xsd:element name="phone" minOccurs="0" maxOccurs="unbounded"/>
</xsd:sequence>
</xsd:complexType>
```

（2）从（1）的定义中扩展一个新元素 address,这个新元素是原来内容模型中没有的,需要扩展,所以使用<extension>来为内容模型追加这个元素,这样内容模型中应该有 name、sex、phone 和 address 四个元素。

```
<xsd:complexType name="extendedType">
<xsd:complexContent>
 <xsd:extension base="personType">
  <xsd:sequence>
   <xsd:element name="address" minOccurs="0" type="xsd:string"/>
  </xsd:sequence>
 </xsd:extension>
</xsd:complexContent>
</xsd:complexType>
```

（3）定义元素 worker,用 type 直接引用在原来内容模型中增加了顶元素的复杂类型名称 extendedType：

```
<xsd:element name="worker" type="extendedType"/>
```

（4）有效实例：

```
<worker>
  <name>刘小一</name>
  <sex>女</sex>
  <phone>13908711019</phone>
  <address>昆明</address>
</worker>
```

例 4.10 从例 4.9 的定义中给出的基础类型 personType,来派生另一个内容模型定义,并规定元素出现的次数,然后引用这个声明,最后给出有效实例。

（1）从 personType 基础类型派生 compType 类型

```
<xsd:complexType name="compType">
```

```
<xsd:complexContent>
 <xsd:restriction base="personType">
  <xsd:sequence>
   <xsd:element name="name" minOccurs="1" maxOccurs="1"/>
   <xsd:element name="phone"/>
  </xsd:sequence>
 </xsd:restriction>
</xsd:complexContent>
</xsd:complexType>
```

(2) 根据上述声明,引用 compType 声明定义元素 who:

```
<xsd:element name="who" type="compType"/>
```

(3) 实例:

```
<who>
 <name>林铉</name>
 <phone>010-88693824</phone>
</who>
```

6) 匿名类型定义

在上述定义中常常使用 type="…" 引用一个类型定义来定义元素,如例 4.6 的实例中 type="bookNo"、例 4.7 中的实例中 type="commodityType" 等,但这不是一个唯一的办法。对于使用频率较少的模式或很少包含约束的类型,可以使用匿名类型定义。

在模式定义中缺少 type 定义的模式称为匿名类型定义,匿名类型定义使用很普遍,如例 4.9 中(1)部分定义 person 的三个子元素 name、sex、phone 都是匿名类型定义。

4.3.3 元素声明

元素声明是 Schema 文档的核心内容。元素声明可以使用一个类型定义确定元素的局部有效性;可以给一个元素规定默认值和固定值;还可以在相关的元素和属性间建立唯一性和引用约束,或通过元素替换组机制来控制元素替换。

1. 元素声明

在 XML Schema 中,元素声明不仅要定义元素名称,还要定义内容模型、数据类型、数据行为。其完整的语法格式如下:

```
<element  name = NCName
        id = ID
        ref = QName
        type = QName
        default = string
        maxOccurs = (nonNegativeInteger | unbounded) : 1
        minOccurs = nonNegativeInteger : 1
        final = (#all | List of (extension | restriction))
        fixed = string
        form = (qualified | unqualified)
        nillable = boolean : false
        block = (#all | List of (extension | restriction | substitution))
        abstract = boolean : false
        substitutionGroup = QName>
    Content
</element>
```

注意： 其中涉及的所有数据类型可以参考 4.4 节。本章在讨论其他模式定义都采用简略格式，唯有元素声明使用了详细格式，主要是为了说明 XML Schema 的模式成分（Schema 成分都有这些模式成分）。但对于不同的声明，有不同的含义。

说明：

- ＜element＞＜/element＞对表示一个元素声明。
- name 表示元素的名字，是元素声明中唯一不能缺少的成分。
- id 表示该元素的唯一性。
- ref 表示对某个已经存在的元素的引用。
- type 表示对其他类型的引用，这些类型可以是简单类型、复杂类型。当使用该属性时，定义的元素可以直接引用该类型定义的属性和元素声明。
- default 表示元素的默认值，规定该属性后，当没有给该元素写明具体值时，系统将用这个默认值自动代替该元素的值。
- maxOccurs 表示该元素在 XML 文档中可能出现的最大次数，取值为 1 时，最多表示出现一次；取值为 unbounded 时，表示出现次数无限制。
- minOccurs 表示该元素在实例中可能出现的最小次数，取值为 1 时，表示至少出现一次；取值为 0 时，表示元素可以不出现在实例中；当取非负整数时，满足非负整数类型的约束。
- final 表示该元素不能被其他元素派生。一个复杂类型不可能被进一步派生就称为是一个 final 类型。
- fixed 规定元素取值的固定值规则。
- form 表示一个元素是否有效。
- nillable 决定元素是否可以为空。
- block 该属性控制类型定义中用派生类型进行替换。取 block ＝"restriction"时，不允许用 restriction 来派生，取 block ＝"＃all｜extension"时，不允许通过 extension 来派生。
- abstract 决定该元素是否可以出现在 XML 实例文档中。如果一个元素定义成 abstract＝"true"，那么该元素不能有实例，是一个抽象元素。
- substitutionGroup 表示元素可以有替换组。

＜element＞对应一个元素声明，允许在声明时定义引用和显式包含。如果一个＜element＞包括在一个＜schema＞声明内部，这个元素就是全局元素。如果＜element＞包括在＜group＞或＜complexType＞中，它可以是包含全局元素声明的粒子（当使用 ref 属性时），否则就是局部声明。对于顶层和局部的完全声明，可以使用 type 属性来引用内置或预声明的类型定义，否则将提供一个匿名的＜simpleType＞或＜complexType＞。

例 4.11 元素定义举例。

```
＜xsd:element name="unconstrained"/＞
```

这个例子声明一个其类型默认是 ur-type 的元素定义。

```
＜xsd:element name="student_No"＞
  ＜xsd:complexType＞
      ＜xsd:attribute name="id" type="xsd:ID"/＞
  ＜/xsd:complexType＞
＜/xsd:element＞
```

这个例子使用了嵌入时匿名的复杂类型定义,来定义一个只有属性 id 的空元素 student_No。

2. 对元素声明的约束

除了模式强加给<element>元素信息项(item)的条件外,还必须满足下列条件:

(1) default 和 fixed 不能同时出现。

(2) 如果顶元素的上级不是<schema>,那么还应该满足:

① ref 和 name 两者之一必须出现,但不同时。

② 如果 ref 出现,那么所有下列成分都不能出现:<complexType>、<simpleType>、<key>、<keyref>、<unique>、nillable、default、fixed、form、block 和 type,除 ref 外,只能允许 minOccurs、maxOccurs、id 和注释出现。

(3) type 和<simpleType>或<complexType>是互斥的。

(4) 相对应的元素声明必须满足对元素声明模式成分的约束设置的条件。

3. 元素的作用范围

元素声明可以确定元素的作用范围,分为全局和局部定义两种。

全局声明是指那些作为 schema 的直接子元素出现的声明,由这些声明所创建的元素和属性叫做全局元素和全局属性。一个全局元素或全局属性一旦被声明,就可以用 ref 属性在更多的声明中引用。一个全局声明在整个模式文档中都是有效的。全局元素的声明使元素可以出现在实例文档的顶层。

全局声明必须直接标识成简单类型和复杂类型,全局声明不能包含引用,具体来说,全局声明只能使用 type 属性,而不能使用 ref 属性。

局部声明是指出现在一个复杂类型声明中的声明。一个局部声明只能在模式文档声明该类型的这一部分有效。

例 4.12 局部元素声明。在 x1 元素中 y1 由 Type1 来约束,而 x2 中的 y1 元素由 Type2 约束,虽然两个元素名字一样,但所引用的内容模型不同,实质上是两个不同的元素。内容模型 Type1 和 Type2 应该在另外的地方定义。x1 和 x2 的另一个子元素通过引用 z1 而获得内容模型。

```
<xsd:element name="x1">
  <xsd:complexType>
    <xsd:sequence>
      <xsd:element name="y1" type="Type1"/>
      <xsd:element ref="z1"/>
    </xsd:sequence>
  </xsd:complexType>
</xsd:element>
<xsd:element name="x2">
  <xsd:complexType>
    <xsd:sequence>
    <xsd:element name="y1" type="Type2"/>
    <xsd:element ref="z1"/>
    </xsd:sequence>
  </xsd:complexType>
</xsd:element>
<xsd:element name="z1" type="xsd:string"/>
```

注意:在不同的上下文中,不同的属性声明和内容模型会应用于那些具有相同名称的元素,这种可能性超出了 XML 1.0 中 DTD 的表达能力。

例 4.13 根据下面的 XML 文档定义元素类型。

```
<?xml version="1.0" encoding="GB2312"?>
<studentlist>
<student id="2003110101">
  <name>刘艳</name>
  <sex>女</sex>
  <phone>0871-3350356</phone>
  <address>
      <province>云南</province>
      <city>昆明</city>
      <street>人民中路 258 号</street>
  </address>
</student>
<!--more students information here-->
</studentlist>
```

（1）定义一个 studentlist 元素，其内容引用（2）中定义的 student 元素。

```
<xsd:element name="studentlist"/>
  <xsd:complexType>
      <xsd:element ref="student"/>
  </xsd:complexType>
</xsd:element>
```

（2）定义 student 元素，下面有 name、sex、phone、address 等子元素。address 还包含 provice、city、street。

```
<xsd:element name="student" minOccurs="0" maxOccurs="unbounded"/>
    <xsd:sequence>
      <xsd:element name="name" type="xsd:string"/>
      <xsd:element name="sex" type="xsd:string"/>
      <xsd:element name="phone" type="xsd:string"/>
      <xsd:element name="address">
        <xsd:complexType>
          <xsd:sequence>
            <xsd:element name="provice" type="xsd:string"/>
            <xsd:element name="city" type="xsd:string"/>
            <xsd:element name="street" type="xsd:string"/>
          </xsd:sequence>
        </xsd:complexType>
      </xsd:element>
    </xsd:sequence>
    <xsd:attribute name="id" type="xsd:ID"/>
</xsd:element>
```

把（1）、（2）两部分的内容组合起来，构成 XML Schema 文档。

```
<?xml version="1.0"?>
<xsd:schema xmlns:xsd="http://www.w3.org/2001/XMLSchema"
        targetNamespace=" http://www.kmu.edu.cn/namespace/goods"
        xmlns:gds ="http://www.kmu.edu.cn/namespace/goods">
  (1)<xsd:element name="studentlist"/>
      <xsd:complexType>
          <xsd:element ref="student"/>
      </xsd:complexType>
```

```
        </xsd:element>
    (2)<xsd:element name="student" minOccurs="0" maxOccurs="unbounded"/>
        <xsd:sequence>
            <xsd:element name="name" type="xsd:string"/>
            <xsd:element name="sex" type="xsd:string"/>
            <xsd:element name="phone" type="xsd:string"/>
            <xsd:element name="address">
                <xsd:complexType>
                    <xsd:sequence>
                        <xsd:element name="provice" type="xsd:string"/>
                        <xsd:element name="city" type="xsd:string"/>
                        <xsd:element name="street" type="xsd:string"/>
                    </xsd:sequence>
                </xsd:complexType>
            </xsd:element>
        </xsd:sequence>
        <xsd:attribute name="id" type="xsd:ID"/>
    </xsd:element>
</xsd:schema>
```

4.3.4　属性声明

本章已经多次提到属性概念,现在来讨论属性声明。属性声明可以解决如何使用简单类型来定义局部有效的属性值,如何为属性确定默认值或固定值。

1. 属性声明

属性声明表示一个 attribute 元素信息项,它通过引用或显式表示,为一个属性确定一个简单类型定义,还可以提供一个默认信息。其定义如下:

```
<attribute    name = NCName
              type = QName
              id = ID
              default = string
              fixed = string
              form = (qualified | unqualified)
              ref = QName
              use = (optional | prohibited | required) : optional>
              Content: (annotation?, (simpleType?))
</attribute>
```

如果<attribute>是<schema>的顶元素,则<attribute>的模式成分中必然出现 name、type、default 或 fixed。如果 <attribute> 以复杂类型 <complexType> 或属性组 <attributeGroup>为祖先且不存在 ref,其对应的属性具有表 4.1 给出的特性。

表 4.1　属性使用的特性

特　　性	含　　义
{required}	如果 use="required",该属性必须存在,否则可以不存在
{attribute declaration}	本身是一个属性声明
{value constraint}	如果存在 default 或 fixed 成分,则该属性包含 default="值"或 fixed="值",否则该属性值约束不存在

对比属性声明和元素声明可知,属性声明中的各个成分的含义与元素声明中的成分含义基本相同。属性声明中出现了 use,该成分专门用来定义的实际值是必需的(required),还是可选的(optional)或者是禁止的(prohibited),其默认值为可选的(optional)。

属性声明可能出现在模式文档的顶层或出现在复杂类型定义中,它可以是一个完全声明,也可以引用顶层声明或属性组定义。对于完全声明、顶层声明或局部声明,可以用 type 属性来声明内置类型或预声明的简单类型定义,否则可以在行内提供匿名的<simpleType>。

一个通过顶层声明来规定的有效属性必须是与该声明中的{target namespace}性质合格的属性。决定由局部声明规定有效性的局部属性项是否必须具有类似的合格性,要看 form 属性提供的值——该属性的默认值由封闭在<schema>之间的 elementFormDefault 属性提供。

顶层属性声明的名称处于它们自己的符号空间。局部范围的属性声明的名称处于包含这些名称的局部类型定义中。

2. 属性声明的约束

除了由模式强加在<attribute>元素信息项的条件外,所有的下列条款必须为真:

(1) default 和 fixed 不能同时出现。

(2) default 和 use 都存在时,use 必须选 optional 作为实际值。

(3) 如果该属性的父元素不是<schema>,那么,下面的所有条款必须为真:

① ref 和 name 两者之一必须出现,但不同时。

② 如果 ref 出现,那么<simpleType>的所有成分以及<attribute>的 form 和 type 都不能出现。

(4) 属性 type 和内容中的 simpleType 不能同时出现。

例 4.14 分别为例 2.1 的 book 元素和例 4.2 的 price 元素定义属性。

book 元素携带 isbn,其声明如下:

```
<xsd:attribute name="isbn" type="xsd:string"/>
```

price 元素具有 currency 和 unit 属性,定义如下:

```
<xsd:attribute name="cuurency" type="xsd:NMTOKEN"/>
<xsd:attribute name="unit" type="xsd:string"/>
```

注意:把 cuurency 定义为 NMTOKEN 类型,为什么? 货币单位一般使用专有符号,如 RMB(人民币)、$(美元)、£(英镑)等,这类专用符号在 XML Schema 中就可以用名称标记 NMTOKEN 来定义。

3. 属性使用

属性使用(use)是一个有用成分,它控制了属性声明的出现和默认行为。它在属性声明中所起的作用与在复杂类型中粒子在元素声明中所起的作用一样。

属性使用对应所有允许使用属性的<attribute>。属性使用和其属性声明是彼此互相对应的(虽然,属性使用是对一个顶层属性声明的引用)。

例 4.15 涉及属性使用的 XML 表示。

```
<xsd:complexType>
    …
    <xsd:attribute ref="xml:lang" use="required"/>
    <xsd:attribute ref="xml:space" default="preserve"/>
    <xsd:attribute name="version" type="xsd:number" fixed="1.0"/>
```

```
</xsd:complexType>
```

该定义的实例恰好是 XML 文档的声明：

```
<?xml version="1.0"?>
```

4. 属性组定义

一个模式可以命名一组属性声明,使得它们可以被成组地加入到复杂类型定义中。属性组定义为 XML 的参数实体工具使用提供了一个替换方式。属性组定义最初是从对模式成分的 XML 表示的引用来提供的。

属性组声明用<attributeGroup>表示,它为属性声明的组和一个属性通配符指定名称,用于引用复杂类型定义的 XML 表示和其他属性组定义。属性组定义的语法格式为：

```
<attributeGroup  id = ID  ref = QName>  Content  </attributeGroup>
```

当<attributeGroup>作为<schema>或<redefine>的子元素出现时,它们对应了一个属性组声明。当它作为<complexType>或<attributeGroup>时,它不对应任何这种成分。

例 4.16　为例 2.6 的 price 元素定义属性组。

(1) 定义一个名为 priceAttr 属性组,包含两个属性<xsd:attribute/>定义来构造属性组成员。

```
<xsd:attributeGroup name="priceAttr">
  <xsd:attribute name="cuurency" type="xsd:NMTOKEN"/>
  <xsd:attribute name="unit" type="xsd:string"/>
</xsd:attributeGroup>
```

(2) 为复杂类型 priceType 定义一个属性组,通过属性 ref 来引用 priceAttr。

```
<xsd:complexType name="priceType">
    ...
    <xsd:attributeGroup ref="priceAttr"/>
</xsd:complexType>
```

上述模式中省略的部分请参考例 4.2 中 XML Schema 文档的第⑥段,此模式定义中通过属性组引用简化了元素 price 的属性 currency 和 unit 的声明。

4.3.5　其他

1. 模型组

模型组是一个以语法片段的形式来表示的约束。这个语法应用于元素的列表。它包含粒子的列表,即元素声明,通配符和模型分组等,在 XML Schema 有三种模型分组。它们是:Sequence,在元素中出现的粒子以某种顺序出现;Conjunction,在元素中出现的粒子以任意顺序出现;Disjunction,元素中只出现一个粒子。这与 DTD 中元素的内容模型类似。

一个模型组定义把一个名称和任选的注释相联系。通过名称的引用,整个模型组用引用的形式与{term}结合起来。

模型组定义最初是通过复杂类型定义的 XML 表示来提供的,因此,模型组定义为 XML 参数实体工具的使用提供了一个替换。

1) 模型组定义

模型组定义使用<group>。它提供了给一个模型组命名的机制,通过参考复杂类型定义的 XML 表示和模型组来使用该模型组。模型组定义的语法格式为：

> <group   name = NCName>   Content </group>

如果存在 name 属性（该属性是属于<schema>和<redefine>下的子项），则与该项对应的模型组定义具有表 4.2 列出的性质。

表 4.2　模型组性质

性　　质	说　　明
{NAME}	Name 属性的实际值
{target namespace}	其上层<Schema>的 targetNamespace 属性的实际值
{model group}	属性组是多个子元素中对应<all>、<choice>和<sequence>三者之一的原子的 {term}
{annotation}	任选项，注释。与子元素的<annotation>对应

否则，信息项应该具有 ref 属性，此时该信息项对应一个具有如下性质的原子成分，如表 4.3 表示。

表 4.3　具有 ref 属性时对应的性质

性　　质	说　　明
{minoccurs}	minOccurs 属性的实际值，否则为 1
{maxoccurs}	该属性如果存在，若给定 maxOccurs 是 unbounded，其值为无限制，否则是该属性的实际值。如果不存在，则为 1
{term}	由 ref 实际值解析的模型组定义项

2) 模型组的成分

当一个顶元素的子元素不是约束为空或通过引用一个简单类型定义，则顶元素的内容序列可以详细地用模型组来定义。模型组包含若干粒子，模型组可以间接地包含其他模型组，所以模型组的内容模型语法是递归的。

模型组成分的 XML 表示是<all>、<choice>、<sequence>三者中的任意一个。它们的语法表示为：

> <all   id = ID maxOccurs＝1:1 minOccurs = (0 | 1):1> Content </all>

> <choice   id = ID maxOccurs = (nonNegativeInteger | unbounded)　: 1
>   minOccurs = nonNegativeInteger : 1>
>   Content
> </choice>

> <sequence   id = ID maxOccurs = (nonNegativeInteger | unbounded)　: 1
>   minOccurs = nonNegativeInteger : 1>
>   Content
> </sequence>

说明：

all：只限制在顶层定义中，其孩子必须都是单个元素，且只能在内容模型中出现一次。子元素在实例中出现的次序可以任意。XML Schema 规定唯一出现在模型组顶部的孩子必须属于 all 组。

choice：只允许它的多个子项目中的一个出现在 XML 实例中。

sequence：允许它的多个子项目顺序地出现在 XML 实例中。

上述三个信息项每一项对应包含一个模型组的一个粒子，带有表 4.4 列出的性质。

表 4.4　模型组粒子性质

性　　质	说　　明
{minoccurs}	如果存在，取 minOccurs 属性的实际值，否则为 1
{maxoccurs}	该属性如果存在，若给定 maxOccurs 是 unbounded，其值为无限制，否则是该属性的实际值。如果不存在，则为 1
{term}	表 4.2 显示的模型组

例 4.17　定义一个模型组，然后引用它。

（1）定义一个模型组，名字为 student。

```
<xsd:group name="student">
  <xsd:sequence>
    <xsd:element name="name"/>
    <xsd:element name="sex"/>
    <xsd:element name="class"/>
  </xsd:sequence>
</xsd:group>
```

（2）定义一个复杂类型，引用（1）中定义的模型组，这样建立了 studentList 类型，有三个元素 name、sex、class 和一个属性 No。

```
<xsd:complexType name="studentList">
 <xsd:group ref="student"/>
   <xsd:attribute name="No"/>
</xsd:complexType>
```

（3）在 choice 中引用前面的模型组，在 studentList 和另外定义的 teacherType 两者中选择一个。作为复杂类型 teaching 的内容模型，并具有学期（term）作属性。

```
<xsd:complexType name="teaching">
  <xsd:choice>
    <xsd:element ref="teacherType"/>
    <xsd:group ref="studentList"/>
  </xsd:choice>
  <xsd:attribute name="term"/>
</xsd:complexType>
```

与这个模型组对应的 XML 元素类似于在 teacher 和 student 中选择一个。

选择：

```
<teacher>张三</teacher>
```

或选择：

```
<student No="20091102102">
  <name>李媛媛</name>
  <sex>女</sex>
  <phone>010-68943188</phone>
</student>
```

2. 表示法

表示法的 XML 表示是一个＜notation＞项。它的语法形式为：

＜notation id＝ID name＝NCName public＝anyURI system＝anyURI＞ Content ＜/notation＞

例 4.18 表示法的概念类似于 DTD 中的表示法。

＜xsd:notation name＝"jpeg" public＝"image/jpeg" system＝"viewer.exe" /＞

上面的 notation 定义了一个表示法，该表示法的名称是 jpeg。

```
<xsd:element name="picture">
 <xsd:complexType>
  <xsd:simpleContent>
   <xsd:extension base="xsd:hexBinary">
    <xsd:attribute name="pictype">
     <xsd:simpleType>
      <xsd:restriction base="xsd:NOTATION">
       <xsd:enumeration value="jpeg"/>
       <xsd:enumeration value="png"/>
       <xsd:enumeration value="gif"/>
      </xsd:restriction>
     </xsd:simpleType>
    </xsd:attribute>
   </xsd:extension>
  </xsd:simpleContent>
 </xsd:complexType>
</xsd:element>
```

例 4.18 的程序段定义了一个元素 picture，并规定该元素的属性 pictype 的基础类型是 NOTATION 的枚举类型。

实例：

```
<picture pictype="jpeg">flower.jpg</picture>
<picture pictype="gif"> Conoff.gif</picture>
```

3. 粒子

在语法中，粒子（particle）是一个表示元素内容的术语，它包含元素声明、通配符、或模型分组三者之一，还包含出现的次数约束。当依据元素的内容和出现次数约束允许任何地方出现从 0 个到许多个元素，或者在那里出现元素序列时，粒子对有效性的贡献成了复杂类型定义的有效性的一部分。

一个粒子可以在复杂类型定义中约束一个元素信息项的子元素的有效性，这样的粒子叫做内容模型。

粒子对应三种元素：＜element＞、＜group＞和＜any＞，它们允许使用 minOccurs 和 maxOccurs 属性。这里的＜element＞是指那些不是＜schema＞顶元素的＜element＞，而

＜group＞则不能作为＜schema＞和＜any＞直接子元素。

例 4.19　涉及粒子的 XML 表示。其中给出了出现次数的几种可能的值。

```
＜xsd:element ref＝"nameType" minOccurs＝"1" maxOccurs＝"1"/＞
＜xsd:group ref＝"list" minOccurs＝"0"/＞
＜xsd:any maxOccurs＝"unbounded"/＞
```

4. 通配符

为了利用 XML 和名称空间提供的可扩展性的全部功能,在内容模型和属性声明中需要提供比 DTD 更灵活的办法。根据名称空间名字,通配符提供了对属性和元素的有效性规定,但此名字与其本地名字无关。

通配符的 XML 表示是一个＜any＞或＜anyAttribute＞元素项,其语法格式为:

```
＜any id ＝ID maxOccurs＝(nonNegativeInteger ｜ unbounded):1
     minOccurs＝ nonNegativeInteger : 1
     namespace＝?processContents＝ (lax ｜ skip ｜ strict):strict＞
  Content
＜/any＞
```

```
＜anyAttribute id ＝ID   namespace ＝?processContents ＝ (lax ｜ skip ｜ strict):strict＞
     Content
＜/anyAttribute＞
```

其中 namespace 属性提供的 5 种可能值的含义列在表 4.5 中。

表 4.5　namespace 属性值

值	含　义
＃＃any	新元素可以属于任何一个名称空间
＃＃other	新元素属于另外一个名称空间,与当前定义的目标空间不同
＃＃targetNamespace	新元素属于当前模式类型定义的目标名称空间
＃＃local	新元素不属于任何名称空间
anyURI	定义元素必须属于一个 anyURI 名称空间

processContent 属性的 3 种可能值的含义列在表 4.6 中。

表 4.6　processContent 属性值

值	含　义
lax	如果顶元素是唯一确定的有效声明,它必须是关于该定义有效的
skip	无约束,元素必须是简单的结构良好的 XML
strict	必须有一个顶元素有效的顶层声明,或必须具有 xsi:type

例 4.20　通配符的定义示例。

```
＜xsd:any processContents＝"skip"/＞
＜xsd:any namespace＝"＃＃other" processContents＝"lax"/＞
＜xsd:any namespace＝"http://www.w3.org/1999/XSL/Transform"/＞
＜xsd:any namespace＝"＃＃targetNamespace"/＞
＜xsd:anyAttribute namespace＝"http://www.w3.org/XML/1998/namespace"/＞
```

通配符描述一种灵活的机制，使用属于特定名称空间的任意元素和属性来扩展内容模型。

例 4.21　定义一个 text 类型，允许一个来自名称空间的字符内容和元素内容的没有约束的混合，还带有任选 xml:lang 属性。processContents 的 lax 值告诉 XML 处理器检验元素内容的有效性。

```
<xsd:complexType name="text">
  <xsd:complexContent mixed="true">
    <xsd:restriction base="xsd:anyType">
      <xsd:sequence>
        <xsd:any processContents="lax" minOccurs="0" maxOccurs="unbounded"/>
      </xsd:sequence>
      <xsd:attribute ref="xml:lang"/>
    </xsd:restriction>
  </xsd:complexContent>
</xsd:complexType>
```

根据名称空间属性的值，名称空间可以以多种方式允许和禁止元素内容。这些值请参考表 4.5。

anyAttribute 与 any 类型对应，可以允许属性出现在元素中。

5. 注释

为了人们阅读和应用的方便，XML Schema 提供了三个元素来注释模式。注释可以出现在主模式元素的最前端，还可以出现在顶层模式的任意地点。注释的 XML 表示是 `<annotation>`，其语法形式为：

```
<annotation  id = ID>  Content: (appinfo | documentation) *  </annotation>
```

```
<appinfo  source = anyURI>  Conten  </appinfo>
```

```
<documentation  source=anyURI  xml:lang=language>  Content  </documentation>
```

说明：

（1）在 documentation 元素中可以是模式描述信息和版权信息。

（2）在 appinfo 元素中表示的内容可以为工具、表单和其他应用提供信息。

（3）documentation 和 appinfo 两个元素作为 annotation 的子元素出现。

例 4.22　注释的表示。

```
<xsd:simpleType fn:note="CopyRight">
  <xsd:annotation>
    <xsd:documentation>A CopyRight Information of Software</xsd:documentation>
  </xsd:annotation>
</xsd:simpleType>
```

例 4.23　为例 4.2 的 price 元素两个属性定义注释，该注释出现在复杂类型中。

```
<xsd:element name="price">
    <xsd:complexType>
    <xsd:annotation>
      <xsd:documentation>
```

```
                The price element is a complex type because it carries attributes
        </xsd:documentation>
        <xsd:appinfo>
                The price element has two attributes
        </xsd:appinfo>
    </xsd:annotation>
    <xsd:complexContent>
        <xsd:restriction base="xsd:anyType">
            <xsd:attribute name="cuurency" type="xsd:NMTOKEN"/>
            <xsd:attribute name="unit" type=" xsd:string"/>
        </xsd:restriction>
    </xsd:complexContent>
  </xsd:complexType>
</xsd:element>
```

本例中使用了三种注释表示。

4.4　XML Schema 的数据类型

XML DTD 中有限的数据类型阻止了 XML 处理器提供严格而有效的类型检验。在把数据类型应用到文档内容时,XML 1.0 规范定义了十分有限的数据类型来实现这种检验。随着 XML 技术的日益普及,在 Web 实际应用中,这种有限的数据类型已经无法满足应用发展的需要。XML 的技术的日益广泛的应用,呼唤一种完善的、全面的、健壮的数据类型来适应这飞速发展的形势。这样,开发一个符合 XML 技术需求的数据类型系统成了必然的事情。

XML Schema 的数据类型系统就是这样一个满足 XML 技术发展需求的技术规范。这个数据系统具有健壮性、可扩展性。本节将系统讨论这个数据系统。

4.4.1　数据类型体系

在 XML Schema 规范中,讨论的类型是诸如整数和日期这样的人们熟知的抽象概念的计算机表示方法,而不是去定义这些抽象概念。

在 XML Schema 规范中,每一种数据类型都定义成含有一个由 3 个特性组成的有序集合:值空间、词汇空间和刻面。每个特性都帮助约束可能的内容。

值空间是一个由给定数据类型的取值集合构成的范畴,枚举类型构成了有限可数的取值范围,如工作日是 Mon、Tue、Wed、Thu、Fri 这 5 个值构成的取值范围,这个范围就称为工作日这个数据类型的值空间。正整数取 1、2、……、∞,正整数的取值范围 1～∞ 就构成了正整数的值空间。值空间有一些特定的性质,例如,相等性定义、可排序性、值空间中的单个值可以互相比较等。

每一个数据类型除了值空间外,还有一个词汇空间。如:浮点数 100.0 是浮点数类型在值空间中的一个值,而符号 1.0E2 则是浮点数类型 100.0 的另一个表示方法。两者都是该值对应的词汇名称,所有浮点数类型的词汇名称构成的范围就叫做浮点数类型的词汇空间。浮点数 100.0 就有两个词汇名称:100.0 和 1.0E2,它们是浮点数词汇空间中两个不同的字面值。又如星期一、Mon、Monday 构成了星期一的词汇空间。所以,换句话说,词汇空间是数据类型的有效字面符号的集合。并且值空间中的每个值在词汇空间中至少有一个文字符号与其对应。

刻面(facet)是一个值空间的单个定义侧面的集合,一般来讲,每个刻面反映了值空间沿着不同方位轴考查时显现出来的特性。例如一个圆柱体从顶部俯视的视图是一个圆,而从正侧面观察得到的是一个矩形。这种由于观察角度不同而产生不同视图的情形,与数据类型的刻面有相似之处,可以帮助我们理解刻面的含义。

一种数据类型的刻面用来区分该数据类型的多个侧面,它与其他数据类型的刻面是不相同的。刻面分基本刻面和约束(非基本)刻面两种。基本刻面定义数据类型,约束刻面约束一个数据类型的允许值范围。

1. 基本刻面

基本刻面是一个抽象特性,它在语义上刻画了数据类型值空间中该刻面的值。

基本刻面一共 5 个,包含 equal、ordered、bounded、cardinality 和 numeric。分别讨论如下。

1) equal

对于每一个数据类型,操作 equal 是根据值空间的相等性来定义的,对于任意的取自值空间的值 a、b,如果 a＝b,则 equal(a,b)为真,否则为假。

对于任意的 a 和 b,a 与 b 相等表示成 a ＝ b,若 a 与 b 不相等,则表示成 a != b。

对于任意的 a 和 b,当且仅当 b ＝ a 时才有 a ＝ b。

对于任意的 a、b 和 c,如果 a ＝ b,且 b ＝ c,则 a ＝ c。

2) ordered

一个值空间,甚至一个数据类型,如果存在该空间的一个顺序关系,就说它是有序的(ordered)。具有 ordered 刻面的值之间相互有一种次序关系。ordered 刻面可以取 false、偏序(partial)、全序(total)三种值中的一种。

值空间的顺序关系把偏序和全序强加给值空间的成员上。

具有反自反、不对称和传递的顺序关系叫偏序。

全序具有所有上述关于偏序的特性描述并加上性质:所有的 a 和 b,或者 a < b 或者 b < a 或者 a ＝ b 都可以。

注意:关于偏序和全序的概念请读者参考离散数学中集合论的相关部分。

3) bounded

如果一个数据类型的值空间拥有上界或下界,则称为它为具有 bounded 刻面。bounded 刻面指明值空间是否具有边界。

4) cardinality

一个数据类型有自己值空间的基数(cardinality)。cardinality 刻面指明一个值空间值的基数是有限的还是无限的。

某些值空间值的个数是有限的(finite),某些值的个数是无限可数的(countably infinite),而其他的可能是无限不可数的(uncountably infinite)。如工作日的值空间是有限可数的,正整数的值空间是无限可数的,实数的值空间是无限不可数的。

有时,把值空间(数据类型)按照它们的基数进行分类是有用的。有两种重要的值空间类型:finite 和 countably infinite。

5) numeric

如果一个数据类型的值是数值,而不是字母、汉字符号或某种代号,则称它具有 numeric 刻面;否则称这个数据类型是非数值的。numeric 刻面指明值空间的值是不是数值。

2. 约束刻面

约束刻面是可以用于描述一种数据类型具有的其他特性。

约束刻面共 12 个,包括 length、minLength、maxLength、pattern、enumeration、whiteSpace、maxInclusive、maxExclusive、minExclusive、minInclusive、totalDigits、fractionDigits。这些刻面对于定义数据类型帮助极大,是 XML 数据类型设计的基础,也是 XML 数据库设计的基础。

1) length

length 刻面约束定义一个非负(non-negative)整数的长度单位量,来确定值空间中值的长度单位。length 是长度单位的数量,此长度单位随数据类型的不同而变化。

对于 string 数据类型和 anyURI 类型,length 是就是字符数。对于 hexBinary 和 base64Binary 数据类型,length 是就是字节数。对于 list 数据类型,length 是 list 中的项目数。

下面的例子定义了一个用户派生数据类型 productCode,通过固定 length 刻面的值而保证了可以改变 productCode 的派生数据类型,但不能改变它的长度,其长度必须严格为 8 个字符。

例 4.24 约束刻面 length 使用举例。

```
<xsd:simpleType name="productCode">
  <xsd:restriction base="xsd:string">
    <length value="8" fixed="true"/>
  </xsd:restriction>
</xsd:simpleType>
```

2) minLength 和 maxLength

minLength 刻面定义值空间中值的长度单位的最小单位。maxLength 刻面定义值空间中值的长度单位的最大单位。两者都是非负整数,单位随数据类型的不同而变化。

例 4.25 定义 filename 至少取一个字符作为它的值。

```
<xsd:simpleType name="filename">
  <xsd:restriction base="xsd:string">
    <xsd:minLength value="1"/>
  </xsd:restriction>
</xsd:simpleType>
```

例 4.26 给定 fileneme 类型可以接受的最长字符数的上界是 255 个字符。这是 Windows 中对文件名的最大限制。

```
<xsd:simpleType name="fielname">
  <xsd:restriction base="xsd:string">
    <xsd:maxLength value="255"/>
  </xsd:restriction>
</xsd:simpleType>
```

3) pattern

pattern 是对数据类型值空间的约束,它通过把词汇空间约束到与特定样式匹配的字面值上来实现其约束。

例 4.27 定义美国的邮政编码的构成约束。

```
<xsd:simpleType name="better-us-zipcode">
  <xsd:restriction base="xsd:string">
    <xsd:pattern value="[0-9]{5}(-[0-9]{4})?"/>
  </xsd:restriction>
</xsd:simpleType>
```

pattern 中的数据格式含义为：0～9 中的 5 个数后接括号，括号中取 4 位 0～9 中的数字。

在例 4.2 的 XML Schema 中，对于邮政编码 postcode 使用了"\d{6}"的模式来定义，因为中国大陆使用的邮政编码是连续的 6 位的数字，使用 0～9 中的全部。这个模式也可以用"[0-9]{6}"来定义。参考例 4.2 的 XML Schema 中的⑦部分。

pattern 的详细解释参考表 4.7。

表 4.7　pattern 的正则表达式

表达式	含　义
\d	0～9 之间的 1 位数字
\s	1 个空白符（空格、制表、换行符）
\w	1 个字
\p{Lu}	任意大写 Unicode 字符
\p{IsGreek}	任意希腊字符（Unicode）
\P{IsGreek}	任意非希腊字符（Unicode）
A * x	x, ax, aax, aaax,...
A? x	ax, x
A＋x	ax, aax, aaax,...
(a|b)＋x	ax, bx, aax, abx, bax, bbx, aaax, aabx, abax, abbx, baax, babx, bbax, bbbx, aaaax,...
[abcde]x	ax, bx, cx, dx, ex
[a-e]x	ax, bx, cx, dx, ex
[-ae]x	-x, ax, ex
[ae-]x	ax, ex, -x
[^0-9]x	任意非数字字符后接 x。符号^表示除……外
\Dx	任意非数字字符
X	任意字符后接 x
. * abc. *	1x2abc, abc1x2, z3456abchooray ...
ab{2}x	{n}表示其前面的符号出现的 n 次，此例为 abbx
ab{2,4}x	{n,m}表示其前面的符号出现 n～m 次，此例为 abbx, abbbx, abbbbx
ab{2,}x	{n,}是{n,m}的特例，缺少 m 表示 n～∞次，此例为 abbx, abbbx, abbbbx,...
(ab){2}x	ababx

4）enumeration

enumeration 把值空间约束在确定的值的集合中。enumeration 不在值空间上强加顺序关系，数据类型的 ordered 刻面的特性值仍然保持原有的定义。

例 4.28　定义性别 sex 的两种取值：female 和 male，使用枚举类型。

```
<xsd:simpleType name="sex">
    <xsd:restriction base="xsd:string">
        <xsd:enumeration value="male"/>
        <xsd:enumeration value="female"/>
    </xsd:restriction>
</xsd:simpleType>
```

使用枚举定义工作日的 XML Schema 片段为：

```
<xsd:simpleType name="workDay">
```

```
    <xsd:restriction base="xsd:string">
      <xsd:enumeration value="Mon "/>
      <xsd:enumeration value="Tue "/>
      <xsd:enumeration value="Wed "/>
      <xsd:enumeration value="Thu "/>
      <xsd:enumeration value="Fri "/>
    </xsd:restriction>
  </xsd:simpleType>
```

5) whiteSpace

whiteSpace 刻面指定在 XML 1.0 规范中定义的属性值标准的空格符号(空格、回车、换行、制表符)等的处理方式。它可以取三种值之一：preserve、replace 和 collapse。

preserve：保留。

peplace：用空格(♯x20)代替所有文本中出现的制表符(♯x9)、换行(♯xA)和回车(♯xD)。

collapse：经过规定的替换处理后，连续的空格序列(♯x20)将用一个空格(♯x20)所替代，原先的先导空格和尾部的空格都被删除。

例 4.29 规定 token 属性是取标准串中的 collapse 值。

```
  <xsd:simpleType name="token">
    <xsd:restriction base="xsd:normalizedString">
      <xsd:whiteSpace value="collapse"/>
    </xsd:restriction>
  </xsd:simpleType>
```

6) maxInclusive 和 maxExclusive

maxInclusive 刻面约束是具有 ·ordered· 刻面特性的数据类型的值空间的包含上界。maxExclusive 刻面约束是具有 ·ordered· 刻面特性的数据类型的值空间的排斥(不包含)上界。maxInclusive 和 maxExclusive 刻面都必须在基础类型的值空间中。

例 4.30 定义一个值不大于 10000(包含 10000)的属性 salary。

```
  <xsd:simpleType name="salary">
    <xsd:restriction base="xsd:integer">
      <xsd:maxInclusive value="10000"/>
    </xsd:restriction>
  </xsd:simpleType>
```

例 4.31 定义一个值小于 10000(不包含 10000)的属性 salary。

```
  <xsd:simpleType name="salary">
    <xsd:restriction base="xsd:integer">
      <xsd:maxExclusive value="10000"/>
    </xsd:restriction>
  </xsd:simpleType>
```

7) minInclusive 和 minExclusive

minInclusive 刻面约束是具有 ·ordered· 刻面特性的数据类型的值空间的包含下界。而 minExclusive 刻面约束则是具有该刻面特性的数据类型的值空间的排斥下界。MinInclusive 和 minExclusive 刻面都必须在基础类型的值空间中。

例 4.32 定义一个值大于 100(不包含 100)的属性。

```
  <xsd:simpleType name="a">
```

```
<xsd:restriction base="xsd:integer">
  <xsd:minExclusive value="100"/>
</xsd:restriction>
</xsd:simpleType>
```

例 4.33 定义一个值不小于 100（包括 100）的属性。

```
<xsd:simpleType name="a">
  <xsd:restriction base="xsd:integer">
    <xsd:minInclusive value="100"/>
  </xsd:restriction>
</xsd:simpleType>
```

注意：关于 minInclusive、minExclusive、maxInclusive、maxExclusive 的理解很容易从数学函数中变量的取值范围的开区间和闭区间表示得到帮助。在数学中(0,1)表示 0 到 1 的开区间，含义为取值范围不包含 0 和 1，其左、右圆括号对应于 minExclusive、maxExclusive，[0,1]表示 0 到 1 的闭区间，含义为取值范围包含 0 和 1，其左、右方括号对应于 minInclusive、maxInclusive。

8）totalDigits 和 fractionDigits

totalDigits 对一种派生自 decimal（十进制数 0～9 构成的数）的数据类型定义的值设置允许的最大位数。fractionDigits 对一种派生自 decimal（十进制数 0～9 构成的数）的数据类型定义的值设置其小数位允许的最大位数。

例 4.34 定义了一个 amount 属性，其最大位数是 8 位，最大的小数位是 2 位。

```
<xsd:simpleType name="amount">
  <xsd:restriction base="xsd:decimal">
    <xsd:totalDigits value="8"/>
    <xsd:fractionDigits value="2" fixed="true"/>
  </xsd:restriction>
</xsd:simpleType>
```

注意：最大位数 8 位，小数位 2，包含一位小数点，则整数位为 5 位。

4.4.2 数据类型二分法

把数据类型定义沿着不同的方向进行划分形成特性分支的集合，这是有用的。在数据类型二分法中讨论如下问题：

- 原子对列表对联合的数据类型。
- 基本对派生数据类型。
- 内置对用户派生数据类型。

1. 原子、列表和联合数据类型

在进行比较之前，我们先定义原子、列表和联合这三种数据类型。

原子(atomic)是那些值不可再分割的数据类型。它就是最小的，再分已经没有意义。

列表(list)是那些包含原子值的有限长度序列的数据类型。即，在列表中的值是由若干个原子类型的值组成。

联合(union)是一种数据类型，它的值空间和词汇空间至少是一个其他数据类型的值空间和词汇空间的并集(union)。

例如，与 Nmtoken 匹配的单个记号可能具有原子数据类型（NMTOKEN）的值，而这种记号的一个序列就可能是列表型数据值(NMTOKENS)。

1) 原子数据类型

原子类型可以是基本的或派生的。原子类型的值空间是"原子值"的集合,意思是不能再分解了。原子类型的词汇空间是一个字面值集合,这组字面值的内部结构是上述数据类型特定的。

2) 列表数据类型

列表数据类型永远是派生的,其值空间是有限长度序列的原子值的集合,其词汇空间是一组字面值的集合,该集合的内部结构是用空白符分隔表中每个原子型字面值序列。参与定义列表类型的原子称为列表的 itemType 属性。

例 4.35 定义一个列表的数据类型。

```
<xsd:simpleType name="sizes">
  <xsd:list itemType="xsd:string"/>
</xsd:simpleType>
```

实例:具有 we you they 列表 subject 元素。

```
<subject type="sizes">we you they</subject>
```

属性 sizes 是一个列表类型,它的 itemType 是 string 型的,这样,在元素 subject 中使用了 string 型的数据列表"we you they"。

当一个数据类型从列表类型派生出来,可以应用下述约束刻面:length、maxLength、minLength、enumeration、pattern 和 whitespace 等。

3) 联合数据类型

联合数据类型的值空间和词汇空间是成员类型(memberType)的值空间和词汇空间的并集。联合数据类型永远是派生的,目前还没有内置的。

在 XML Schema 中,一个联合类型的原型例子是 element 元素中 maxOccurs 属性,它是非负整数和具有单值或无限制的串组成的枚举的并。如下面的例子所示。

例 4.36 minOccurs 属性定义是一个典型的 union 定义。它是 nonNegativeInteger 和只有一个成员的 enumeration 的并。

```
<xsd:attributeGroup name="occurs">
  <xsd:attribute name="minOccurs" type="nonNegativeInteger" default="1"/>
  <xsd:attribute name="maxOccurs">
    <xsd:simpleType>
      <xsd:union>
        <xsd:simpleType>
          <xsd:restriction base="xsd:nonNegativeInteger"/>
        </xsd:simpleType>
        <xsd:simpleType>
          <xsd:restriction base="xsd:string">
            <xsd:enumeration value="unbounded"/>
          </xsd:restriction>
        </xsd:simpleType>
      </xsd:union>
    </xsd:simpleType>
  </xsd:attribute>
</xsd:attributeGroup>
```

在 union 中定义的部分就是联合数据类型定义。

任意两个以上原子或列表类型参与联合类型定义。参与定义联合类型的数据类型叫该类型的 memberTypes。数据类型在 memberTypes 中的顺序很重要。

2. 基本与派生数据类型

在 XML Schema 规范中数据类型定义分成基本和派生两类。基本数据类型不必根据其他数据类型来定义或派生。派生数据类型是根据其他数据类型来定义的。

例如，浮点数是一个定义良好的不能从其他数据类型来定义的数学概念，而整数是更基本的数据类型 decimal 的特例。

存在一个名为 anySimpleType 的概念化数据类型，它是一个源于 XML Schema 结构的 ur-type 定义的简单形式。anySimpleType 可以认为是所有基本类型的基础（base）类型。AnySimpleType 的值空间可以认为是所有基本类型的值空间的并集。

每一个用户派生的数据类型必须依赖另外的数据类型，派生的方法有：

（1）通过指定一个约束刻面给基础类型，该刻面用来约束派生数据类型的值空间。

（2）通过创建一个列表数据类型，它的值空间是有限长度的 itemType 值序列。

（3）通过创建一个联合类型，它的值空间是它的 memberTypes 值空间的并集。

3. 内置和用户派生数据类型

内置（build-in）数据类型是那些基本定义或派生定义的数据类型。

用户派生数据类型是那些由单个模式的作者定义的派生数据类型。

从概念上讲，在内置、派生数据类型和用户派生的数据类型之间没有差异。在 XML Schema 中，内置、派生数据类型非常普通。

注意：在 XML Schema 规范中的内置和用户派生数据类型，跟其他编程语言的内置和用户派生数据类型可以不同。

4.4.3 内置数据类型

设计内置数据类型定义的目的，是在应用中使用 XML Schema 的定义语言和其他 XML 规范。在 XML Schema 规范中，内置数据类型的内容很复杂，可以分为内置基本型和内置派生型。不论是哪种类型，都是在数据类型规范中为开发人员定义好的。

1. 内置基本数据类型

表 4.8 列出了内置基本类型的数据类型及其说明。

表 4.8 内置基本类型

类型名称	描　　述	源　类　型
string	String 型表示 XML 中的字符串	anySimpleType
boolean	boolean 是具有 true、false 两种值的逻辑类型	anySimpleType
decimal	decimal 表示任意精度的有限长十进制数	anySimpleType
float	float 表示 IEEE 754-1985 中的 32 比特单精度浮点数	anySimpleType
double	Double 数据类型表示 IEEE 754-1985 中的 64 比特双精度浮点数	anySimpleType
duration	duration 数据类型表示一段持续时间	anySimpleType
dateTime	dateTime 表示一个确定的时间实例	anySimpleType
time	time 数据类型表示每天重复发生的时间实例	anySimpleType
date	date 表示一个日历日期	anySimpleType

类型名称	描 述	源 类 型
gYearMonth	gYearMonth 表示在一个具体的公历年中一个具体的公历月	anySimpleType
gYear	gYear 表示公历日期的年	anySimpleType
gMonthDay	gMonthDay 表示每一年重复出现是公历日期	anySimpleType
gDay	gDay 表示月份中重复出现的公历日	anySimpleType
gMonth	gMonth 表示每一年中重复出现的公历月	anySimpleType
hexBinary	hexBinary 表示任意的十六进制编码的二进制数据	anySimpleType
base64Binary	base64Binary 表示 Base64 编码的任意二进制数据	anySimpleType
anyURI	anyURI 表示引用一个 URI(Uniform Resource Identifier)	anySimpleType
QName	QName 表示 XML 的合格名称	anySimpleType
NOTATION	NOTATION 表示 XML 1.0(第二版)中的 NOTATION 属性类型	anySimpleType

内置基本数据类型有 19 个,大体可以分为数值型、日期型、字符串、布尔型等类型。

1) 数值类型

数值类型包括实数、浮点数、双精度浮点数、2 个二进制编码。它们是 decimal、float、double、hexBinary、base64Binary。

(1) decimal。

decimal 表示任意精度的有限长十进制数。

刻面 totalDigits 规定了这个数以及从 decimal 类型派生的数据类型的最大位数,而刻面 fractionDigits 则规定了该数小数部分的最大位数。Decimal 可以使用 9 种刻面。

例 4.37 把价格 price 定义成 decimal 类型,总的位数是 7 位,2 位小数。总位数由 totalDigits 刻面限定,小数位由 fractionDigits 指定。

定义:

```
<xsd:element name="price">
  <xsd:simpleType>
    <xsd:restriction base="xsd:decimal">
      <xsd:totalDigits value="7">
      <xsd:fractionDigits value="2">
    </xsd:restriction>
  </xsd:simpleType>
</xsd:element>
```

实例:

```
<price>4388.00</price>
```

(2) float。

float 表示 32 比特的单精度浮点数。基本值空间包括 $m \times 2^e$ 范围内的值,其中 m 是绝对值不超过 2^{24} 的整数,e 是一个包含 -149 和 104 之间的整数。每个值有一个包含字符 E 或 e 的尾数后跟指数的词汇表示,指数必须是 integer,尾数必须是 decimal 数。指数和尾数的表示必须符合关于 integer 和 decimal 的词汇规则。如果 E 或 e 和后面指数被省略,意味着该指数的值为 0。

另外,值空间还包含 5 个特殊的值: positive zero、negative zero、positive infinity、negative infinity 和 not-a-number,这些值的词汇表示分别为 0、-0、INF、-INF 和 NaN(Not a Number

的缩写）。下列数据是有效的 float：−1.23E-4、267.1413233E9、1e2、100 和 INF。

float 类型可以使用的约束刻面有 7 种。

例 4.38 y＝f(x)函数中的 x 是实数，其取值范围是开区间(0,1)，则可以把 x 元素定义成 float 类型。

定义：

```
<xsd:element name="x">
  <xsd:simpleType>
    <xsd:restriction base="xsd:float">
        <minExclusive value="0">
        <maxExclusive value="1">
    </xsd:restriction>
  </xsd:simpleType>
</xsd:element>
```

实例：

```
<x>0.325</x>
```

（3）double。

double 数据类型表示 64 比特双精度浮点数。基本值空间包括 $m \times 2^e$ 范围内的值，其中 m 是绝对值不超过 2^{53} 的整数，e 是一个包含 −1075 和 970 之间的整数。每个值有一个包含字符 E 或 e 的尾数后跟指数的词汇表示，指数必须是 integer，尾数必须是 decimal 数。指数和尾数的表示必须符合关于 integer 和 decimal 的词汇规则。如果 E 或 e 和后面指数被省略，意味这该指数值为 0。

另外，值空间还包含 5 个特殊的值：positive zero、negative zero，positive infinity、negative infinity 和 not-a-number，这些值的词汇表示分别为 0、−0、INF、−INF 和 NaN。下列数据是有效的 float：−1.23E-4、267.1413233E9、1e2、100 和 INF。

double 类型可以使用的约束刻面与 float 相同。

例 4.39 y＝f(x)函数中的 x 是实数，其取值范围是闭区间[0,1]，则可以把 x 元素定义成 double 类型。

定义：

```
<xsd:element name="x">
  <xsd:simpleType>
    <xsd:restriction base="xsd:double">
        <minInclusive value="0">
        <maxInclusive value="1">
    </xsd:restriction>
  </xsd:simpleType>
</xsd:element>
```

实例：

```
<x>0.095</x>
```

（4）hexBinary。

hexBinary 表示任意的十六进制编码的二进制数据。值空间是有限长度的二进制 8 位组序列的集合。词汇空间是对应二进制 8 位组码的十六进制数(0～9、a～f、A～F)，如,"0FB7"

是二进制 0000111110110111 的十六进制编码。

hexBinary 类型可以使用的约束刻面有 6 种。

例 4.40 设计一个表示十六进制数元素 myHex,定义成 hexBinary 类型。

定义:

<xsd:element name="myHex" type="xsd:hexBinary">

实例:

<myHex>5A0B</myHex>

(5) base64Binary。

base64Binary 表示 Base64 编码的任意二进制数据。base64Binary 的值空间是二进制 8 位组的有限序列的集合。

base64Binary 类型可以使用的约束刻面有 6 种。

2) 日期类型

日期类型是 XSL Schema 内置基本数据类型中种类最多的,有 9 种,它们是 dateTime、time、date、gYearMonth、gYear、gMonthDay、gDay、gMonth、duration。

(1) dateTime。

dateTime 表示一个确定的时间实例。值空间是 date 和 time 的组合。其形式为:CCYY-MM-DDThh:mm:ss,其中"CC"表示世纪,"YY"表示年,"MM"表示月,"DD"表示日。可以有一个任选负号"-"指示负数,否则是一个"+",字母"T"是 date 和 time 的分隔符号。"hh"、"mm"、"ss"分别表示时、分、秒。秒的小数形式可以增加时间精度,如 ss.ss。秒的小数形式是任选的,而其他成分的词汇形式不能任选。为了容纳大于 9999 的年值,可以在此表达式的左边加上额外的数字。

CCYY 区域必须至少包含 4 位数。当年份数字多于 4 位时,前导 0 将禁止使用,另外不允许出现 0000 年。而 MM、DD、SS、hh、mm and ss 区域都是 2 位数,当不够 2 位数时可以在前面加 0。DateTime 的这个表示还可以在后面紧跟"Z"来指明 UTC (Coordinated Universal Time),并后跟一个+或−来表示 UTC 时区和本地时区的差异。例如,表示东部时间为 2005 年 12 月 15 日下午 1:20,东部时间比 UTC 时间晚 5 小时,则可以表示成 2005-12-15T13:20:00-05:00。如果上述时间是一个 UTC 时间则可表示成 2005-12-15T13:20:00Z。

dateTime 类型可以使用的约束刻面与 float 相同。

例 4.41 设计一个人事管理的数据模型,其中有 birthday 元素来表示职工的出生日期,可以把 birthday 定义成 dateTime 型。

定义:

<xsd:element name="birthday" type="xsd:dateTime">

实例:

<birthday>1981-05-12</birthday>
<birthday>1981-05-12Z</birthday>

(2) time。

time 数据类型表示每天重复发生的时间实例。值空间是日时间值。词汇空间与 dateTime

中时间部分 hh:mm:ss 的词汇空间相同。

time 类型可以使用的约束刻面与 float 相同。

（3）date。

date 表示一个日历日期。值空间是日历日期值的集合。具体地说，它只是天的集合，表示某一天，而不表示这一天有多少小时。其词汇空间与 dateTime 中日期部分 CCYY-MM-DD 的词汇空间相同。

date 类型可以使用的约束刻面与 float 相同。

（4）gYearMonth。

gYearMonth 表示在一个具体的公历年中一个具体的公历月。值空间是公历月的月。具体地说，它只是月的集合，表示某个月，而不管这个月有多少天。它的词汇表示与 dateTime 中 CCYY-MM 部分的词汇空间相同。

gYearMonth 类型可以使用的约束刻面与 float 相同。

例 4.42　某个科学研究课题计划时间只统计到年和月，就可以把表示这个时间的元素定义成 gYearMonth 类型。如 untiltime 表示课题时间，课题从 2005 年 1 月～2006 年 12 月，则定义如下：

```
<xsd:element name="untiltime">
    <xsd:simpleType>
        <xsd:restriction base="xsd:gYearMonth">
            <minInclusive value="2005-01">
            <maxInclusive value="2006-12">
        </xsd:restriction>
    </xsd:simpleType>
</xsd:element>
```

这样，任何其他不在此范围内的时间都是被拒绝的。

（5）gYear。

gYear 表示公历日历的年。值空间是 ISO8601 定义的公历日历年的集合。具体地说，它是年的集合，表示某一年，而不管这个年有多少月和多少日。它的词汇表示与 dateTime 中 CCYY 部分的词汇空间相同。

gYear 类型可以使用的约束刻面与 float 相同。

（6）gMonthDay。

gMonthDay 表示每一年重复出现的公历日历的月和日。该类型不支持任意出现的日期。值空间是日历日期的集合，具体地说，它是日的集合，是一年时间周期的实例。它的词汇空间与 date 类型中的 MM-DD 的词汇空间相同。这个类型可以表示一个月中具体的日。

gMonthDay 类型可以使用的约束刻面与 float 相同。

例 4.43　某项工程在年内完成，可以定义它的起始和终止时间，就可以把表示工期的元素定义成 gMonthDay 类型。如 projectTime 表示工程时间，工期 2 月，从 3 月 20 日开始，到 5 月 19 日结束。则可定义如下：

```
<xsd:element name="projectTime">
    <xsd:simpleType>
        <xsd:restriction base="xsd:gMonthDay">
            <minInclusive value="03-20">
            <maxInclusive value="05-19">
```

```
        </xsd:restriction>
      </xsd:simpleType>
  </xsd:element>
```

这样,任何其他不在此范围内的工程时间都将被拒绝。

（7）gDay。

gDay 表示月份中重复出现的公历日。该类型不支持任意出现的日。值空间是日历日期的集合。具体地说,它是日的集合,是以月为周期的实例。它的词汇空间与 date 类型中 DD 的词汇空间一样的。

gDay 类型可以使用的约束刻面与 float 相同。

（8）gMonth。

gMonth 表示每一年中重复出现的公历月。值空间是日历月的集合。具体地说,它是月的集合以年为周期的实例。它的词汇空间与 date 类型中 MM 的词汇空间一样的。

gMonth 类型可以使用的约束刻面与 float 相同。

（9）duration。

duration 数据类型表示一段时间,它的值空间是 6 维空间,坐标轴分别为年、月、日、时、分、秒。它的词汇空间表示成 PnYnMnDTnHnMnS,其中 P 为先导符,nY 表示年数,nM 表示月数,nD 表示天数,T 是 date 和 time 的分隔符。nH 表示小时数,nM 表示分钟和 nS 表示秒数。秒可以精确到任意精度的十进制位数,而年、月、日、时、分的值不受约束,可以是任意整数。可以使用一个任选的负号"—",来表示负的持续时间,否则表示持续时间为正。如果年月日时分秒的值为 0,表达式仍然有效。当时分秒不存在时,T 可以省略,但符号 P 不能省略。如 P1Y2M3DT4H5M6S、P1347Y、P1347M、P1Y2MT2H、P0Y1347M、P0Y1347M0D 都是有效的,而 P-1347M 必须改成-P1347M,P1Y2MT 不合理。

duration 类型可以使用的约束刻面与 float 相同。

例 4.44　考虑描述需要完成一个工作任务的时间范围,如完成一项工程、一门课程的时间等。下面定义一个 coursePeriod 元素,表示一门课程的完成时间,需要时间是 5 个月,把它定义成 duration 类型。

定义:

```
<xsd:element name="coursePeriod">
    <xsd:simpleType>
        <xsd:restriction base="xsd:duration">
            <minInclusive value="0">
            <maxInclusive value="P0Y5M">
        </xsd:restriction>
    </xsd:simpleType>
</xsd:element>
```

实例:

```
<coursePeriod>P0Y1M</coursePeriod>
```

3）串类型

串类型是表示字符串的类型,它是 string 类型。

string 型表示 XML 中的字符串,string 的值空间是字符的有限长度序列的集合。一个字符是信息交流中的原子单位。字符串的值空间和词汇空间相同。

string 类型可以使用下列约束刻面 6 种。

例 4.45 把 name 元素定义成字符串型,长度最多是 10 个西文字符。

定义:

```
<xsd:element name="name">
    <xsd:simpleType>
        <xsd:restriction base="xsd:string">
            <maxLength value="10">
        </xsd:restriction>
    </xsd:simpleType>
</xsd:element>
```

实例:

```
<name>刘翔</name>
```

4）布尔型

布尔型表示逻辑的真和假,用 boolean 类型表示。

boolean 是具有 true,false 两种值的逻辑类型。定义成该类型的实例可能取下列有效的字面值(true,false,1,0)。

boolean 类型可以使用的约束刻面有 pattern 和 whiteSpace。

例 4.46 把性别定义成:男＝1 和女＝0,则 sex 元素可以定义成 boolean 型。

定义:

```
<xsd:element name="sex" default="1" type="xsd:boolean"/>
```

实例:

```
<sex>1</sex>
```

5）其他

除了上述的基本数据类型外,还有 anyURI、QName、NOTATION 三种类型。

（1）anyURI。

anyURI 表示引用一个 URI。一个 anyURI 值可以是绝对的或相对的,可以有一个任选的片段表示符。anyURI 的词汇空间是一个有限长字符序列。

anyURI 类型可以使用的约束刻面有 6 种。

例 4.47 某电子商务网站中,需要链接一些常见的网站,需要把这些网站的 URI 列出来,这时可以使用 anyURI 类型表示,并使用 enumeration 刻面来限定所有的 URI,可定义如下:

```
<xsd:element name="useURI">
    <xsd:simpleType>
        <xsd:restriction base="xsd:anyURI">
            <xsd:enumeration value="http://www.sina.com/"/>
            <xsd:enumeration value="http://www.169.net/">
            <xsd:enumeration value="http://www.kmu.edu.cn/"/>
            <xsd:enumeration value="http://www.w3c.org/TR/2001/REC-xmlschema-2/"/>
        </xsd:restriction>
    </xsd:simpleType>
</xsd:element>
```

实例：

<useURI>http://www.kmu.edu.cn</useURI>是有效的。
<useURI>http://www.eyou.com</useURI>不是有效的。

（2）QName。

QName 表示 XML 的合格名称（Qualified Name）。QName 的值空间是 XML 中名称空间的 namespace name 和 local part 之一构成的集合。其中，namespace name 是一个 anyURI，local part 是一个 NCName。QName 的词汇空间是符合 XML 名称空间规定的 QName 名称。

QName 类型可以使用的约束刻面有 6 种。

注意：在本书的许多地方，经常会遇到 QName 这个词，它的含义就是此处定义的意义。今后若在其他的 XML 技术规范中遇到 QName 时也是这个含义。

（3）NOTATION。

NOTATION 表示 XML 1.0（第二版）中的 NOTATION 属性类型。NOTATION 的值空间是 QNames 的集合。NOTATION 的词汇空间是在目前的模式中声明的 notations 的名称集合。

NOTATION 类型可以使用的约束刻面有 6 种。

2. 内置派生数据类型

表 4.9 列出了内置派生类型的数据类型及其简单含义。

表 4.9　内置派生类型

类 型 名 称	描　　述	源　类　型
normalizedString	normalizedString 表示空白空间的标准化串	String
token	token 表示标记化串	normalizedString
language	language 表示由 RFC 1766 定义的自然语言标识符	Token
NMTOKEN	NMTOKEN 表示 XML 1.0（第二版）定义的 NMTOKEN 属性类型	Token
NMTOKENS	NMTOKENS 表示 XML 1.0（第二版）定义的 NMTOKENS 属性类型	NMTOKEN
Name	Name 表示 XML 名称	Token
NCName	NCName 表示 XML 的"非限定"名称	Name
ID	ID 表示 XML 1.0（第二版）定义的 ID 属性类型	NCName
IDREF	IDREF 表示 XML 1.0（第二版）定义的 IDREF 属性类型	NCName
IDREFS	IDREFS 表示 XML 1.0（第二版）定义的 IDREFS 属性类型	IDREF
ENTITY	ENTITY 表示 XML 1.0（第二版）定义的 ENTITY 属性类型	NCName
ENTITIES	ENTITIES 表示 XML 1.0（第二版）定义的属性类型	ENTITY
integer	integer 是从小数位为 0 的 decimal 类型派生而来的，这是整数的标准数学概念	Decimal
nonPositiveInteger	nonPositiveInteger 是其 maxInclusive 刻面设置成 0 的 integer 类型的派生类型，这是非正整数的标准数学概念	Integer
negativeInteger	negativeInteger 是其 maxInclusive 刻面设置成 −1 的 nonPositiveInteger 类型的派生类型（这是负整数的标准数学概念）	nonPositiveInteger
long	long 是其 maxInclusive 刻面设置成 9223372036854775807 和 minInclusive 刻面设置成 −9223372036854775808 的 integer 类型的派生类型	Integer

续表

类 型 名 称	描　　　述	源　类　型
int	int 是其 maxInclusive 刻面设置成 2147483647 和 minInclusive 刻面设置成－2147483648 的 long 类型的派生类型	Long
short	short 是其 maxInclusive 刻面设置成 32767 和 minInclusive 刻面设置成－32768 的 int 类型的派生类型	Int
byte	byte 是其 maxInclusive 刻面设置成 127 和 minInclusive 刻面设置成－128 的 short 类型的派生类型	Short
nonNegativeInteger	nonNegativeInteger 是其 minInclusive 刻面设置成 0 的 integer 类型的派生类型	Integer
unsignedLong	unsignedLong 是其 maxInclusive 刻面设置成 18446744073709551615 的 nonNegativeInteger 类型的派生类型	nonNegativeInteger
unsignedInt	unsignedInt 是其 maxInclusive 刻面设置成 4294967295 的 unsignedLong 类型的派生类型	unsignedLong
unsignedShort	unsignedShort 是其 maxInclusive 刻面设置成 65535 unsignedInt 类型的派生类型	unsignedInt
unsignedByte	unsignedByte 是其 maxInclusive 刻面设置成 255 的 unsignedShort 类型的派生类型	unsignedShort
positiveInteger	positiveInteger 是其 minInclusive 刻面设置成 1 的 nonNegativeInteger 类型的派生类型	nonNegativeInteger

内置派生类型有 25 种，可以分成串类型、DTD 类型和整数类型三大类。

1）串类型

（1）normalizedString。

normalizedString 表示空格标准化串。它的值空间是不包含回车（♯xD）、换行（♯xA）、制表（♯x9）等字符的串集合。它的词汇空间与值空间一致，从 string 类型派生。

normalizedString 类型可以使用的约束刻面有 6 种。

例 4.48　身份证编号 IDNumber 不包含回车、制表和换行符号，可以定义成 normalizedString 类型的元素。身份证编号的最小字符数是 15 个，最大字符数是 18 个。

定义：

```
<xsd:element name="IDNumber">
    <xsd:simpleType>
        <xsd:restriction base="xsd:normalizedString">
            < minLength value="15">
            < maxLength value="18">
        </xsd:restriction>
    </xsd:simpleType>
</xsd:element>
```

这样我们把身份证限定在 15～18 个字符之间。

（2）token。

token 表示标记化串。它的值空间是不包含换行（♯xA）、制表（♯x9）符的串集合，集合中没有前导和尾部空格（♯x20），以及内部空格只有一个。它的词汇空间与值空间一致，是从 normalizedString 派生的，因而是从 string 中派生的。

token 类型可以使用的约束刻面与 normalizedString 类型相同。

（3）language。

language 表示由 RFC 1766 定义的自然语言标识符。它的值空间是定义在 XML 1.0（第二版）中语言标示部分的有效语言标识符的串序列。它的词汇与其值空间一致。从 token 类型派生，因而是从 string 类型派生的。

language 类型可以使用的约束刻面与 normalizedString 类型相同。

例 4.49 设计一个表示语言的元素 myLangage，该元素可以使用一些规定的语言，并使用 enumeration 刻面来限定所有的语言，可定义如下：

```
＜element name＝"myLangage"＞
    ＜simpleType＞
    ＜restriction base＝"enumeration"＞
      ＜enumeration value＝"en"/＞
      ＜enumeration value＝"de"/＞
      ＜enumeration value＝"zh"/＞
      ＜enumeration value＝"zh-CN"/＞
    ＜/restriction＞
    ＜/simpleType＞
＜/element＞
```

2）DTD 类型

在 XML Schema 中定义了 XML 1.0 中定义的几种简单类型，它们是 NMTOKEN、NMTOKENS、Name、NCName、ID、IDREF、IDREFS、ENTITY、ENTITIES。

（1）NMTOKEN。

NMTOKEN 表示 XML 1.0（第二版）定义的 NMTOKEN 属性类型。它的值空间是匹配 XML 1.0（第二版）定义的 NMTOKEN 类型标记的集合。它的词汇空间与值空间一致。它的基础类型是 token。NMTOKEN 应该仅用于属性定义。

NMTOKEN 类型可以使用的约束刻面与 normalizedString 类型相同。

例 4.50 在下面的 DTD 中定义了元素 person 的属性 bornyear：

```
＜!ELEMENT person ANY＞
＜!ATTLIST  person  bornYear  NMTOKEN  ♯REQUIRED＞
```

在 XML Schema 中应该定义如下：

```
＜element name＝"person" type＝"string"＞
    ＜complexType＞
        ＜simpleContent＞
            ＜ extension base＝"tekon"＞
                ＜ attribute name＝"bornYear" type＝"NMTOKEN"/＞
            ＜/extension＞
        ＜/simpleContent＞
    ＜/complexType＞
＜/element＞
```

实例：

```
＜person bornYear＝"1981"＞魏诚＜/element＞
```

（2）NMTOKENS。

NMTOKENS 表示 XML 1.0（第二版）定义的 NMTOKENS 属性类型。它的值空间是有限的非零长度 NMTOKEN 序列的集合。它的词汇空间是用空格分隔的标记列表序列。NMTOKEN 应该仅用于属性定义。

NMTOKENS 类型可以使用的约束刻面是 5 种。

例 4.51   定义元素 person，属性 kind 为 NMTOKENS。

```
<element name="person" type="string">
    <complexType>
        <simpleContent>
          < extension base="tekon">
            < attribute name="kind" type="NMTOKENS"/>
          </extension>
        </simpleContent>
    </complexType>
</element>
```

实例：

```
<person kind="worker manager">刘玲</person>
```

（3）Name

Name 表示 XML 名称。它的值空间是匹配 XML 1.0（第二版）中定义的 Name 的所有串集合。其词汇空间与值空间一致。它的基础类型是 token。

Name 类型可以使用的约束刻面与 normalizedString 类型相同。

（4）NCName。

NCName 表示 XML 的"非限定"（non-colonized）名称。它的值空间是所有匹配 XML 的 Namespaces 中 NCName 串的集合。其词汇空间与值空间一致。NCName 的基础类型是 Name。

NCName 类型可以使用的约束刻面与 normalizedString 类型相同。

例 4.52   定义元素 work。

```
<element name="work" type="NCName">
```

实例：

```
<work>teacher</work>
```

注意：在 XML Schema 各种模式定义中频繁出现 NCName 这个词，它的含义就是此处定义的内容。

（5）ID。

ID 表示 XML 1.0（第二版）定义的 ID 属性类型。它的值空间是所有匹配 XML 的 Namespaces 中 NCName 串的集合。其词汇空间与值空间一致。ID 的基础类型是 NCName。ID 是一个唯一性表示符，ID 应该仅用于定义属性。

ID 类型可以使用的约束刻面与 normalizedString 类型相同。

例 4.53   定义元素 student，具有学号属性 No，是 ID 类型。

```
<element name="student" type="string">
    <complexType>
        <simpleContent>
          < extension base="NCName">
```

```
        < attribute name="No" type="ID"/>
      </extension>
    </simpleContent>
  </complexType>
</element>
```

实例：

```
<student No="2004150101">张玉雯</student>
```

（6）IDREF。

IDREF 表示 XML 1.0（第二版）定义的 IDREF 属性类型。它的值空间是所有匹配 XML 的 Namespaces 中 NCName 串的集合。其词汇空间与值空间一致。IDREF 的基础类型是 NCName。IDREF 应该仅用于定义属性。

IDREF 类型可以使用的约束刻面与 normalizedString 类型相同。

一个 IDREF 属性是对同一个文档中具有 ID 类型的元素和属性的引用。由 IDREF 属性值指向具有同一个值的 ID 属性所对应的元素或属性。

例 4.54　定义元素 course、score，具有属性 IDREF，引用例 4.59 中 student 的 ID。

```
<complexType>
  <sequence>
    <xsd:element name="course" type="string">
      <xsd:simpleType>
       < extension base="NCName">
        < attribute name="ref" type="IDREF"/>
       </extension>
      </xsd:simpleType>
    </xsd:element>
    <xsd:element name="score" type="decimal">
      <xsd:simpleType>
       < extension base="NCName">
        < attribute name="ref" type="IDREF"/>
       </extension>
      </xsd:simpleType>
    </xsd:element>
  <sequence>
</complexType>
```

实例：

```
<student No="2004150101">张玉雯</student>
<course ref="2004150101">文学概论</course>
<score ref="2004150101">86</student>
```

（7）IDREFS。

IDREFS 表示 XML 1.0（第二版）定义的 IDREFS 属性类型。它的值空间是有限的非零长度 IDREF 序列的集合。它的词汇空间是用空格分隔的标记列表序列。IDREFS 的 itemType 是 IDREF。IDREF 应该仅用于定义属性。

IDREFS 类型可以使用的约束刻面是五种。

XML 1.0 DTD 提供一个通过使用 ID 属性及其相关属性 IDREF 和 IDREFS 来保证唯一性的机制。通过上述的 ID、IDREF 和 IDREFS 讨论，我们知道 XML Schema 也提供了这种机制。显然,XML Schema 比 XML 1.0 更灵活更强大。例如,XML Schema 的这个机制可以应用于任意元素和属性内容,而不管它的类型。

(8) ENTITY。

ENTITY 表示 XML 1.0(第二版)定义的 ENTITY 属性类型。它的值空间是所有匹配 XML 的 Namespaces 中 NCName 串和在 DTD 中声明为非解析实体的集合。其词汇空间是所有匹配 XML 的 Namespaces 中 NCName 串序列。ENTITY 的基础类型是 NCName, ENTITY 应该仅用于定义属性。

ENTITY 类型可以使用的约束刻面与 normalizedString 类型相同。

例 4.55 用 XSL Schema 定义实体引用。

① 用 DTD 的实体引用一个特殊字符"é"。

```xml
<?xml version="1.0" ?>
<!DOCTYPE PurchaseOrder [
    <!ENTITY eacute "é">
]>
    <purchaseOrder xmlns="http://www.example.com/PO1" orderDate="2005-1-21">
        <city>Montr&eacute;al</city>
    </purchaseOrder>
```

② 用 XML Schema 实现同样的目的。

定义:

```xml
<xsd:element name="eacute" type="xsd:token" fixed="é"/>
```

实例:

```xml
<?xml version="1.0" ?>
<purchaseOrder xmlns="http://www.example.com/PO1"
               xmlns:c="http://www.example.com/characterElements"
               orderDate="2005-1-21">
    <city>Montr<c:eacute/>al</city>
</purchaseOrder>
```

使用名称空间 c 中的 eacute 实现字符转换。

(9) ENTITIES。

ENTITIES 表示 XML 1.0(第二版)定义的属性类型。它的值空间是在 DTD 中声明为非解析实体的有限的非零长度 ENTITY 序列的集合。ENTITIES 的词汇空间是用空格分隔的属于 ENTITY 词汇空间中标记列表序列。ENTITIES 的 itemType 是 ENTITY。 ENTITIES 应该仅用于定义属性。

ENTITIES 类型可以使用 5 种约束刻面。

例 4.56 定义一个 movies 元素,具有属性 rating(电影类别)。

```xml
<xsd:element name="movies" type="xsd:string">
  <xsd:complexType>
    <xsd:complexContent>
        <xsd:extension base="xsd:NCName">
            <xsd:attribute name="rating" type="movieTypes"/>
        </xsd:extension>
    </xsd:complexContent>
  </xsd:complexType>
```

```
    </xsd:element>
    <xsd:simpleType name="movieTypes">
        <xsd:restriction base="xsd:ENTITIES">
            <xsd:enumeration value="drama"/>
            <xsd:enumeration value="comedy "/>
            <xsd:enumeration value="adventure"/>
            <xsd:enumeration value="sci-fi"/>
            <xsd:enumeration value="horror"/>
            <xsd:enumeration value="mystery"/>
            <xsd:enumeration value="romance"/>
            <xsd:enumeration value="documentary"/>
        </xsd:restriction>
    </xsd:simpleType>
```

实例:

```
<movies rating="drama comedy adventure sci-fi mystery horror romance documentary">
    亚马逊丛林
</movies>
```

此例中把电影分成戏剧片(drama)、喜剧片(comedy)、历险片(adventure)、科幻片(sci-fi)、神秘片(mystery)、恐怖片(horror)、浪漫片(romance)、纪录片(documentary)。

注意: XML Schema 中的 DTD 类型与 XML 1.0 规范定义的 DTD 类型基本一致,多出了 Name 和 NCName 两种类型,用来满足用户使用 XML Schema 定义 DTD。

3) 整数型

(1) integer。

integer 是从小数位为 0 的 decimal 类型派生而来的。它的值空间是$\{\cdots, -2, -1, 0, 1, 2, \cdots\}$的无限集合。它的词汇空间是包含十进制数 0~9 的,可以带有前导符号的有限长度序列,如果不带符号它就是正数。如-1、0、128、$+100000$。它的基础类型是 decimal。

integer 类型可以使用的约束刻面是 totalDigits、fractionDigits、pattern、whiteSpace、enumeration、maxInclusive、maxExclusive、minInclusive 和 minExclusive 共 9 种。

例 4.57 定义一个整数元素 intlNumber。

```
<xsd:element name="intlNumber" type="xsd:integer"/>
```

实例:

```
<intlNumber>-0</intlNumber>
<intlNumber>+128</intlNumber>
<intlNumber>-1000000</intlNumber>
<intlNumber>+1234567890</intlNumber>
```

(2) nonPositiveInteger 与 negativeInteger。

nonPositiveInteger(非正整数)是其 maxInclusive 刻面设置成 0 的 integer 类型的派生类型。它的值空间是$\{\cdots, -2, -1, 0\}$的无限集合。它的基础类型是 integer。它的词汇空间是包含一个负号和有限长度的十进制数序列。对于 0,负号可以不写。

negativeInteger(负整数)是其 maxInclusive 刻面设置成-1的 nonPositiveInteger 类型的派生类型。它的值空间是$\{\cdots, -2, -1\}$的无限集合。negativeInteger 的基础类型是 nonPositiveInteger。它的词汇空间是有限长度的十进制数序列。

nonPositiveInteger 和 negativeInteger 类型使用的约束刻面与 integer 类型相同。注意区分两者的关系。

（3）long 和 unsignedLong。

long 是长整型类型，占 64 比特，首位是符号位，取值范围为 $-2^{63} \sim 2^{63}-1$（即 $-9223372036854775808 \sim 9223372036854775807$），long 类型从 integer 类型派生。它的词汇空间是取值范围内的带符号的有限长度十进制数序列。如果不带符号它就是正数。

unsignedLong 是无符号的 Long 类型，正整数，占 64 比特位，取值范围是 $0 \sim 2^{64}-1$（即 $0 \sim 18446744073709551615$）。它的词汇空间是取值范围内的正整数序列。它的基础类型是 nonNegativeInteger。

long 类型和 unsignedLong 类型可以使用的约束刻面与 integer 类型相同。

（4）int 和 unsignedInt。

int 是整型类型，占 32 比特，首位是符号位，取值范围为 $-2^{31} \sim 2^{31}-1$（即 $-2147483648 \sim 2147483647$）int 的基础类型是 long。它的词汇空间是取值范围内带符号的有限长度十进制数序列。如果不带符号它就是正数。如 -1、0、126789675、$+100000$。

unsignedInt 是无符号的 int 类型，占 32 位，正整数，取值范围为 $0 \sim 2^{32}-1$（即 $0 \sim 4294967295$）。从 unsignedLong 类型派生。它的词汇空间是取值范围内正整数序列。如 0、1267896754、100000。

int 类型和 unsignedInt 类型可以使用的约束刻面与 integer 类型相同。

（5）short 和 unsignedShort。

short 是短整数类型，占 16 比特，首位是符号位，取值范围为 $-2^{15} \sim 2^{15}-1$（即 $-32768 \sim 32767$）。short 的基础类型是 int。它的词汇空间是取值范围内的带符号有限长度的十进制数序列。如果不带符号它就是正数。如 -1、0、12678、$+10000$。

unsignedShort 是无符号的 short 类型，占 16 位，取值范围为 $0 \sim 2^{16}-1$（即 $0 \sim 65535$）。它的基础类型是 unsignedInt。它的词汇空间是取值范围内的正整数序列。如 0、12678、10000。

short 类型和 unsignedShort 类型可以使用的约束刻面与 integer 类型相同。

例 4.58　定义一个字元素 word，具有 short 属性的名称空间。

```
<xsd:element name="word" type="xsd:short"/>
```

实例：

```
<word>-0</word>
<word>+128</word>
<word>-31245</word>
<word>+12345</word>
```

（6）byte 和 unsignedByte。

byte 是字节型整数，占 8 比特，取值范围 $-2^7 \sim 2^7-1$（即 $-128 \sim 127$）。byte 基础类型是 short。它的词汇空间是取值范围内带符号的整数序列。如果不带符号它就是正数。如 -1、0、126、$+100$。

unsignedByte 是无符号的 byte 类型，占 8 比特，取值范围在 $0 \sim 2^8-1$（即 $0 \sim 256$）。它的基础类型是 unsignedShort。它的词汇空间是取值范围内的正整数序列。如 0、126、100。

byte 类型和 unsignedByte 类型可以使用的约束刻面与 integer 类型相同。

（7）nonNegativeInteger 与 positiveInteger。

nonNegativeInteger（非负整数）是其 minInclusive 刻面设置成 0 的 integer 类型的派生类型。它的值空间是{0,1,2,…}的无限集合。其基础类型是 integer。它的词汇空间包含任选符号和十进制数 0～9 的有限长度序列。如果不带符号它就是正数。如 1、0、12678967543233、＋100000。

positiveInteger（正整数）是其 minInclusive 刻面设置成 1 的 nonNegativeInteger 类型的派生类型。它的值空间是{1,2,…}的无限集合。它的基础类型是 nonNegativeInteger。它的词汇空间包含任选符号和十进制数 0～9 的有限长度序列。如 1、12678967543233、＋100000。

nonNegativeInteger 类型和 positiveInteger 类型可以使用的约束刻面与 integer 类型相同。注意两者的区别。

上述数据类型中基本数据类型有 19 种，派生数据类型有 25 种，加起来共 44 种。这么丰富的数据类型，足以满足应用程序对 XML 的要求。

4.5　XML Schema 的名称空间

在 2.3 节讨论了引入名称空间的原因。在 XML Schema 中，同样有名称空间的概念，其基本用途与 2.3 节讨论的类似，但是，XML Schema 的名称空间内容非常丰富。可以非常方便灵活地用于模式和 XML 文档实例中。

本节讨论、评价和检验一个 XML Schema 必要的先决条件；还有模式和名称空间的关系；以及模式的模块化机制，包括把一个模式中的声明和定义与另一个模式结合等。

4.5.1　不同的名称空间

1. XML Schema 名称空间

XML Schema 有三个不同的名称空间：XML Schema 名称空间、XML Schema 数据类型名称空间和 XML Schema 实例名称空间。

- XML Schema 名称空间：用于定义 XML Schema 元素。可以定义成默认名称空间，并表示成 http://www.w3.org/2001/XMLSchema。
- XML Schema 数据类型名称空间：用于定义内置数据类型。这个名称空间表示成 http://www.w3.org/2001/XMLSchema-datatypes。
- XML Schema 实例名称空间：用于 XML 实例文档的引用。这个名称空间是 http://www.w3.org/2001/XMLSchema-instance。

上述名称空间是 XML schema 规范约定的通用名称空间，在 XML Schema 的定义中需要遵循和使用这些名称空间。

2. 前缀 xsi

在实例名称空间中，可以通过前缀 xsi 来表示在实例中使用了该名称空间。在 XML Schema 规范中，有四个属性可以把定义好的模式文档引入到实例文档中：xsi:type、xsi:nil、xsi:schemaLocation 和 xsi:noNamespaceSchemaLocation。它们的具体含义是：

- xsi:type：用在简单类型定义和复杂类型定义中，通过引用适当的模式成分决定一个元素的有效性。在实例中可以显式地使用该属性来规定一个元素信息项。该属性使用 QName 类型的值。

- xsi：nil：指定一个没有内容的元素是否有效。如果一个元素有这个属性且值为真时，元素可以有效。用这个属性标记的元素可以有属性，但必须是空值。
- xsi：schemaLocation 和 xsi：noNamespaceSchemaLocation：这两个属性可以用在文档中，提供一个指向模式文档的物理位置的连接。

3. 目标名称空间

如果要给 XML 文档实例使用名称空间，就必须在相应的 XML Schema 文档中定义一个名称空间。这个名称空间叫目标名称空间。给一个模式文档定义目标名称空间使用 target namespace＝""来实现。例如：

targetNamespace＝"http://www.example.com/myexample"

4.5.2 名称空间表示

模式中名称空间的表示是使用名称空间必需的，声明一个目标名称空间有多种方式。

简单名称空间声明只需要声明一个名称空间，可以不包括前缀。这种形式的名称空间声明叫名称空间的简单表示。

```
<stylesheet xmlns="http://www.w3.org/1999/XSL/Transform"
            xmlns:html="http://www.w3.org/1999/xhtml"
            xmlns:xsi="http://www.w3.org/2001/XMLSchema-instance"
            xsi:schemaLocation="http://www.w3.org/1999/XSL/Transform
                                http://www.w3.org/1999/XSL/Transform.xsd
                                http://www.w3.org/1999/xhtml
                                http://www.w3.org/1999/xhtml.xsd">
```

4.5.3 在 Web 上定位模式文件

XML Schema 使用 schemaLocation 和 xsi：schemaLocation 来提供模式文档的定位。

在实例文档中，xsi：schemaLocation 属性提供作者与模式文档之间的链接。作者在名称空间基础上，保证这些模式文档与文档内容的关联和有效性检验。

schemaLocation 属性包含一对或多对 URI 引用，对于多个 URI 引用的对用空格分隔。每个对的第一个成员是名称空间名字，第二个成员是一个链，指明在何处可以找到适当的模式文档来引用该名称空间。下面是使用 schemaLocation 的一个示例。

```
<purchaseReport  xmlns="http://www.example.com/Report"
                 xmlns:xsi="http://www.w3.org/2001/XMLSchema-instance"
                 xsi:schemaLocation="http://www.example.com/Report
                                     http://www.example.com/Report.xsd"
                                     period="P3M" periodEnding="1999-12-31">
      <!-- etc. -->
</purchaseReport>
```

注意：这些链接的存在不要求处理器得到或使用这些被引用的模式文档，处理器自由地使用通过适当方式得到的其他模式，或者根本就不使用模式。

有时，模式不需要有名称空间，因而有一个 noNamespaceSchemaLocation 属性来提供不包含目标名称空间的模式文档的链接。

4.5.4　一致性

可以比照一个模式,通过检验该模式中定义的规则是否在实例中实现,来处理一个实例文档。典型地,这种处理实际上做了两件事:

(1) 检验规则的一致性,叫模式有效性验证;

(2) 增加一个补充信息,如类型和默认值,称为信息集贡献。

实例文档的设计者,可以在实例中要求文档与一个特定规则一致。设计者是用 schemaLocation 属性来实现这一目的。应用程序比照一个模式随意处理文档,而不管 schemaLocation 属性是否存在。一致性检验可以看成是分步骤处理的,首先检查文档实例的根元素有正确的内容,然后检查每一个子元素与模式中描述的规则是否一致,一直到所有文档被检验完毕为止,并要求处理程序报告哪个部分被检查过。

要检查一个元素的一致性,处理器首先找到模式中对该元素的声明,然后检查目标空间属性是否匹配该元素的实际名称空间的 URI。假如名称空间匹配,处理器接着检验元素类型,该元素可能是模式声明中定义的,或者是在实例中用 xsi:type 给定的。如果是后者,实例类型必须允许用模式中给定的类型来替换。允许与否要由元素声明的 block 属性来控制。与此同时,默认值和其他信息集合贡献也被使用。接着,处理器对比一个元素类型许可的属性和内容,立即检查属性和元素内容。

如果元素是简单类型,那么该元素应该只包含字符内容,处理器就检查元素是否带属性和包含元素来检查其一致性。

如果元素是复杂类型,则处理器检查所有属性必须存在,及其属性值与其简单类型的要求的一致性,还检查该类型的所有子元素必须存在,且子元素的顺序与声明的内容模型匹配。对于子元素,模式可能允许元素替换时名称必须严格匹配,也可以允许替换时使用通配符定义的任意元素。

一致性检查将一级一级重复下去,直到所有的元素和属性都检查完毕为止。

注意:关于模式检验的问题至今还没有在浏览器上实现,所以上述对于一致性的讨论只是 XML Schema 2.0 规范的一个美好愿望。目前关于用 XML Schema 检验 XML 文档元素有效性的编译器正在开发中,所以当你用浏览器检验 XML 文档时会发现你写的模式根本就没有被执行。

4.6　XML Schema 设计

4.6.1　定义局部和全局成分

通过上面的讨论,我们发现 XML Schema 结构庞杂,内容丰富,设计灵活。如何设计这种 XML Schema 才能使设计简化,利用 XML Schema 的灵活性简化其复杂性?一个元素或属性在不同的方法下,会成为具有不同作用范围的成分,或者具有全局性,或者具有局部性。

我们以一个实例来分析这个问题。

例 4.59　学生表的模式设计。

```
<?xml version="1.0" encoding="GB2312"?>
<studentlist>
    <student id="2003110101">
```

```
        <name>刘艳</name>
        <sex>女</sex>
        <phone>0871-3350356</phone>
        <address>
            <province>云南</province>
            <city>昆明</city>
            <street>人民中路 258 号</street>
        </address>
    </student>
    <!--more student information here-->
</studentlist>
```

该文档的 XML Schema 可以三种方式来设计，从而引出全局性和局部性的讨论。

1. 俄罗斯方块设计

例 4.60 例 4.59 的 XML Schema 文档。

```
1  <?xml version="1.0"?>
2  <xsd:schema xmlns:xsd="http://www.w3.org/2001/XMLSchema">
3  <xsd:element name="studentlist"/>
4  <xsd:complexType>
5   <xsd:element name="student" minOccurs="0" maxOccurs="unbounded"/>
6    <xsd:sequence>
7     <xsd:element name="name" type="xsd:string"/>
8     <xsd:element name="sex" type="xsd:string"/>
9     <xsd:element name="phone" type="xsd:string"/>
10    <xsd:element name="address">
11     <xsd:complexType>
12      <xsd:sequence>
13       <xsd:element name="provice" type="xsd:string"/>
14       <xsd:element name="city" type="xsd:string"/>
15       <xsd:element name="street" type="xsd:string"/>
16      </xsd:sequence>
17     </xsd:complexType>
18    </xsd:element>
19   </xsd:sequence>
20   <xsd:attribute name="id" type="xsd:ID"/>
21  </xsd:element>
22  </xsd:complexType>
23 </xsd:element>
24 </xsd:schema>
```

说明：

第 2 行～第 23 行定义了根元素 studentlist。

第 3 行～第 22 行定义了根元素的子元素 student，3 行中的 minOccurs 和 maxOccurs 定义了 student 可以出现 0 次或无限次。

第 7 行～第 9 行定义了 student 的子元素 name、sex 和 phone，它们都是 string 类型的。

第 10 行～第 18 行定义了 student 的子元素 address，因为它包含下级子元素，所以是一个 complexType 类型的定义，其中定义了 address 的子元素 province、city 和 street，它们都是 string 类型。

第 20 行定义了元素 student 携带的属性 id。

这种设计的结构严谨，环环相套。使得所有的模式成分成为局部内插式声明。如把元素声明嵌套在一个复杂类型声明中,而这个复杂类型声明又可以嵌套在另外一个复杂类型声明之中。如元素 studentlist 下嵌套了一个复杂类型定义元素 student(第 5 行～第 21 行),在 student 下又嵌套了另一个复杂类型定义 address(第 10 行～第 18 行)。

　　这种设计由于声明局部地成为另一个内容模型的一部分,声明是局部的,因此是不可重用的,同时是紧凑的;由于是紧凑的,所以内容之间是非耦合的。

2. 腊肠片设计

例 4.61　例 4.59 的 XML Schema 文档的另一种形式。

```
1   <?xml version="1.0"?>
2   <xsd:schema xmlns:xsd="http://www.w3.org/2001/XMLSchema"
3          targetNamespace=" http://www.kmu.edu.cn/namespace/stu"
4          xmlns ="http://www.kmu.edu.cn/namespace/stu"
5          elementFormDefault="qualified">
6     <xsd:element name="studentlist"/>
7       <xsd:complexType>
8         <xsd:sequence>
9           <xsd:element ref="student"/>
10        </xsd:sequence>
11      </xsd:complexType>
12    </xsd:element>
13    <xsd:element name="student" minOccurs="0" maxOccurs="unbounded"/>
14      <xsd:complexType>
15        <xsd:sequence>
16          <xsd:element ref="name"/>
17          <xsd:element ref="sex"/>
18          <xsd:element ref="phone"/>
19          <xsd:element ref="address"/>
20        </xsd:sequence>
21        <xsd:attribute ref="id"/>
22      </xsd:complexType>
23    </xsd:element>
24    <xs:simpleType name="id">
25      <xsd:restriction base="xsd:NCName"/>
26        <xsd:maxLength value="10"/>
27      </xsd:restriction>
28    </xsd:simpleType>
29    <xsd:element name="name" type="xsd:string"/>
30    <xsd:element name="sex" type="xsd:string"/>
31    <xsd:element name="phone" type="xsd:string"/>
32    <xsd:element name="address">
33      <xsd:complexType>
34        <xsd:sequence>
35          <xsd:element ref="provice"/>
36          <xsd:element ref="city"/>
37          <xsd:element ref="street"/>
38        </xsd:sequence>
39      </xsd:complexType>
40    </xsd:element>
41    <xsd:element name="provice" type="xsd:string"/>
42    <xsd:element name="city" type="xsd:string"/>
43    <xsd:element name="street" type="xsd:string"/>
44  </xsd:schema>
```

说明：

第 6 行～第 12 行定义了根元素 studentlist，定义中的第 9 行通过 ref 引用了第 13 行～第 23 行定义的 student 元素。

第 13 行～第 23 行定义了 student 元素，其子元素通过 ref 引用了第 29 行～第 40 行定义的 name、sex、phone 和 address 四个子元素；其属性则通过 ref 引用了第 24 行～第 28 行的简单类型定义的 id 属性。

第 32 行～第 40 行定义了 address 元素，其子元素通过 ref 引用了第 41 行～第 43 行定义的 province、city、street 三个子元素。

显然，这种设计中每个元素和属性声明都出现在主模式＜xsd：schema＞＜/xsd：schema＞内，是主模式的顶元素和顶模式，所以每个内容模型都是全局性的，因而，模式中的其他成分可以重用全局声明的内容模型。内容模型之间处于平等位置，引用其他内容的元素或属性使用 ref，因而模块之间是耦合的。结构松散，代码冗长。

3. 软百叶窗设计

例 4.62 例 4.59 的 XML Schema 文档的第 3 种形式。

```
1   ＜?xml version="1.0"?＞
2   ＜xsd:schema xmlns:xsd="http://www.w3.org/2001/XMLSchema"＞
3     ＜xsd:element name="studentlist" type="studentlistType"/＞
4     ＜xsd:complexType name="studentlistType"＞
5       ＜xsd:sequence＞
6         ＜xsd:element name="student" type="studentType"/＞
7       ＜/xsd:sequence＞
8     ＜/xsd:complexType＞
9     ＜xsd:complexType name="studentType" minOccurs="0" maxOccurs="unbounded"＞
10      ＜xsd:sequence＞
11        ＜xsd:element name="name" type="xsd:string"/＞
12        ＜xsd:element name="sex" type="xsd:string"/＞
13        ＜xsd:element name="phone" type="xsd:string"/＞
14        ＜xsd:element name="address" type="addressType"/＞
15      ＜/xsd:sequence＞
16      ＜xsd:attribute name="id" type="xsd:ID"/＞
17    ＜/xsd:complexType＞
18    ＜xsd:complexType name="addressType"＞
19      ＜xsd:sequence＞
20        ＜xsd:element name="provice" type="xsd:string"/＞
21        ＜xsd:element name="city" type="xsd:string"/＞
22        ＜xsd:element name="street" type="xsd:string"/＞
23      ＜/xsd:sequence＞
24    ＜/xsd:complexType＞
25  ＜/xsd:schema＞
```

说明：

第 3 行定义了根元素 studentlist，通过 type 引用 studentlistType 模式来定义 studentlist。

第 4 行～第 8 行的复杂类型定义了 studentlistType 模式，其中定义了 student 元素，该元素通过 type 引用 studentType 模式来定义 student。

第 9 行～第 17 行复杂类型定义了 studentType 模式，其中定义了 name、sex、phone 和 address 元素，以及 student 的属性 id。其中 address 通过 type 引用 addressType 模式来定义 address。

第 18 行～第 24 行的复杂类型定义了 addressType 模式，其中包含 province、city 和 street

元素,并把它们定义为 string 类型。

这种方法介于前两种方法之间,较之于松散的腊肠片结构要严谨,较之于俄罗斯方块来说结构松散一些,定义是局部性、具有部分成分可重用性、内容模型内嵌该成分的完整内容等特点。模块之间是耦合的,模块之间的引用用 type 来实现。

三种设计都有优缺点,在设计时可以选择适合特定应用的方法来设计用户自己的模式文件。

4.6.2 定义名称空间

在 4.5.1 节中讨论了三种常见的名称空间:XML Schema 名称空间、XML Schema 数据类型名称空间、XML Schema 实例名称空间。

开发人员在设计 XML Schema 时,除了需要定义 XML Schema 名称空间外,还需要定义目标名称空间。

1. 定义名称空间

到目前为止还没有讨论是否应该使用名称空间来区分元素的问题。我们使用例 4.66 的 XML Schema 片段来讨论名称空间的定义问题。

1) 使用默认名称空间

在下面的 XML Schema 中,所有的内容模型声明使用了 XML Schema 名称空间作为默认的名称空间(在元素定义中没有使用前缀,隐含其名称空间为 xmlns="http://www.w3.org/2001/XMLSchema")。尽管定义中使用过 xmlns:stu,但元素声明中仍然使用默认值。使用 ref 属性引用目标名称空间前缀 stu。

例 4.63 包含用户名称空间前缀的设计,在 ref 中使用了前缀。

```
<?xml version="1.0"?>
<xsd:schema xmlns ="http://www.w3.org/2001/XMLSchema"
         targetNamespace="http://www.kmu.edu.cn/namespace/stu"
         xmlns:stu="http://www.kmu.edu.cn/namespace/stu"
         elementFormDefault="qualified">
  <xsd:element name="studentlist"/>
    <xsd:complexType>
      <xsd:sequence>
        <xsd:element ref="stu:student"/>
      </xsd:sequence>
    </xsd:complexType>
  </xsd:element>
  ...
</xsd:schema>
```

此时,内容声明显得简洁、清晰。

2) 使用目标空间作为默认名称空间

使用目标空间作为默认名称空间。此时目标名称空间没有定义前缀,在引用其他内容模型时,ref 属性使用了该默认名称空间。

例 4.64 默认名称空间设计实例,在 ref 中没有使用前缀,是隐含的。

```
<?xml version="1.0"?>
<xsd:schema xmlns:xsd="http://www.w3.org/2001/XMLSchema"
         targetNamespace="http://www.kmu.edu.cn/namespace/stu"
         xmlns ="http://www.kmu.edu.cn/namespace/stu"
         elementFormDefault="qualified">
```

```
      <xsd:element name="studentlist"/>
        <xsd:complexType>
          <xsd:sequence>
            <xsd:element ref="student"/>
          </xsd:sequence>
        </xsd:complexType>
      </xsd:element>
      ...
    </xsd:schema>
```

尽管是元素声明和内容模型声明时使用了名称空间前缀 xsd，但是在使用目标名称空间声名时没有显式地定义目标名称空间的前缀，容易引起名称空间使用杂乱无章，这是设计时应该避免的。

3）使用前缀显式定义

前面使用的名称空间中，默认名称空间无法处理多名称空间的问题，且应该避免目标名称空间使用默认值，如何解决这个问题？采用所有名称空间都显式地定义前缀，用前缀来区分目标名称空间。

例 4.65 使用名称空间前缀定义 XML Schema 名称空间和用户名称空间，在 ref 中使用了前缀。

```
    <?xml version="1.0"?>
    <xsd:schema xmlns:xsd="http://www.w3.org/2001/XMLSchema"
            targetNamespace="http://www.kmu.edu.cn/namespace/stu"
            xmlns="http://www.kmu.edu.cn/namespace/stu"
            elementFormDefault="qualified">
      <xsd:element name="studentlist"/>
        <xsd:complexType>
          <xsd:sequence>
            <xsd:element ref="stu:student"/>
          </xsd:sequence>
        </xsd:complexType>
      </xsd:element>
      ...
    </xsd:schema>
```

这样做的目的是使定义明显化，但也有不足的一面，就是使 XMLSchema 文件变得复杂难读。如果，需要多个名称空间时，会使 XMLSchema 文件变得杂乱。

2. 隐藏名称空间

名称空间的定义，存在显式定义和隐式定义两种：所谓显式定义，是要求在 XMLSchema 文件中明确写出代表名称空间的前缀；所谓隐式声明，就是表示在 XMLSchema 文件中不写出名称空间前缀。

名称空间声明中的属性 elementFormDefault 定义是否隐藏名称空间。

- ElementFormDefault="unqualified"时，名称空间将在 XMLSchema 文件中隐藏起来。

- ElementFormDefault="qualified"时，名称空间必须明确写在 XMLSchema 文件中。

如果在 XMLSchema 中定义了如下的行：

```
    <xsd:schema xmlns:xsd="http://www.w3.org/2001/XMLSchema"
            targetNamespace="http://www.kmu.edu.cn/namespace/stu"
            xmlns="http://www.kmu.edu.cn/namespace/stu"
```

```
                elementFormDefault="qualified">
    ...
</xsd:schema>
```

这时例 4.59 必须写成例 4.66 的形式。

例 4.66 在默认名称空间中重新定义例 4.59,所有的元素都使用了前缀。

```
<?xml version="1.0" encoding="GB2312"?>
<stu:studentlist xmlns:stu="http://www.kmu.edu.cn/namespace/stu"
                 xmlns:xsi="http://www.w3.org/2001/XMLSchema-instance"
                 xsi:schemaLocation="http://www.kmu.edu.cn/namespace/stu.xsd">
    <stu:student id="2003110101">
        <stu:name>刘艳</stu:name>
        <stu:sex>女</stu:sex>
        <stu:phone>0871-3350356</stu:phone>
        <stu:address>
            <stu:province>云南</stu:province>
            <stu:city>昆明</stu:city>
            <stu:street>人民中路 258 号</stu:street>
        </stu:address>
    </stu:student>
    ...
</stu:studentlist>
```

如果在 XMLSchema 中定义了如下的行:

```
<xsd:schema xmlns:xsd="http://www.w3.org/2001/XMLSchema"
            targetNamespace="http://www.kmu.edu.cn/namespace/stu"
            xmlns:stu ="http://www.kmu.edu.cn/namespace/stu"
            elementFormDefault="unqualified">
    ...
</xsd:schema>
```

这时例 4.59 可以无须任何修改,因为 elementFormDefault="unqualified"定义,不要求显式的写明名称空间前缀。优点是 XML 文档简洁,另一个优点是隐藏了使用的模式,用户不知道该文档模型使用了多少模式。

4.6.3 模式组装

面对一个复杂的应用项目时,其文档模型可能会比较复杂。使用分块设计,把一个大问题细化成若干个小问题,每个小问题有一个模式模块来描述它的内容模型。设计总体的模式文档时,可以通过组合这些现成的模块,构建一个完整的模式文档。

当存在多个模式模块,需要把这些模块组合到一个模式文档中时,有两种方法:一是在新的模式文档中重新书写这些模块,使它们成为一个新的模式文档;另一个简洁的方法是使用xsd:include、xsd:import、xsd:redifne 把现存的模式模块组合起来,形成一个新的模式文档。

为了讨论方便,下面用一个实例来说明。

例 4.67 一个商品的 XML 文档,根元素下有 clothes 和 e_appliances 两个子元素。

```
<?xml version="1.0" encoding="gb2312" standalone="no"?>
<goods>
  <clothes>
      <shirt>
```

```
            <name>金利来</name>
            <size>170/92A</size>
            <price>22.00</price>
            <date>2004-02-21</date>
        </shirt>
        <trouser>
            <name>李宁</name>
            <size>MID</size>
            <price>120.00</price>
            <date>2003-10-02</date>
        </trouser>
    </clothes>
    <e_appliances>
        <television>
            <name>海尔</name>
            <unit>台</unit>
            <size>34 英寸</size>
            <price>4220.00</price>
        </television>
    </e_appliances>
</goods>
```

1. xsd:include

xsd:include 元素用来包含那些与主模式文档具有相同目标名称空间的模式模块。此时，被包含模块的 targetNamespace 属性如果存在，则它的值与包含它的模式文档的 targetNamespace 属性值一样。如果被包含模块没有 targetNamespace，那么被包含的模式文档的要转换成包含它的模式文档的 targetNamespace。<xsd:include>元素的语法格式为：

<include id = ID   schemaLocation = anyURI>   Content   </include>

把例 4.67 的 XML 文档的模式文档设计成几个模式模块：clothes 元素的模式模块（clothes.xsd）和 e_appliance 元素的模式模块（e_appliance.xsd）。

clothes.xsd 设计为：

```
<?xml version="1.0"?>
<xsd:schema xmlns:xsd="http://www.w3.org/2001/XMLSchema"
        targetNamespace="http://www.kmu.edu.cn/namespace/goods"
        xmlns:gds="http://www.kmu.edu.cn/namespace/goods">
<xsd:element name="clothes" type="clothesType"/>
<xsd:complexType name="clothesType ">
  <xsd:sequence>
    <xsd:element name="shirt" type="shirtType"/>
    <xsd:element name="trouser" type="trouserType"/>
  </xsd:sequence>
</xsd:complexType>
<xsd:complexType name="shirtType " minOccurs="0" maxOccurs="unbounded">
  <xsd:sequence>
    <xsd:element name="name" type="xsd:string"/>
    <xsd:element name="size" type="xsd:string"/>
    <xsd:element name="price" type="priceType"/>
    <xsd:element name="date" type="xsd:date"/>
  </xsd:sequence>
</xsd:complexType>
```

```
<xsd:complexType name="trouserType " minOccurs="0" maxOccurs="unbounded">
  <xsd:sequence>
    <xsd:element name="name" type="xsd:string"/>
    <xsd:element name="size" type="xsd:string"/>
    <xsd:element name="price" type="xsd:priceType "/>
    <xsd:element name="date" type="xsd:date"/>
  </xsd:sequence>
</xsd:complexType>
<xsd:simpleType name="priceType">
  <xsd:restriction base="xsd:decimal">
    <xsd:totalDigits value="8"/>
    <xsd:fractionDigits value="2"/>
  </xsd:restriction>
</xsd:simpleType>
</xsd:schema>
```

e_appliance.xsd 设计为：

```
<?xml version="1.0"?>
<xsd:schema xmlns:xsd="http://www.w3.org/2001/XMLSchema"
        targetNamespace="http://www.kmu.edu.cn/namespace/goods"
        xmlns:gds ="http://www.kmu.edu.cn/namespace/goods">
<xsd:element name="e_appliance" type="e_applianceType"/>
<xsd:complexType name="e_applianceType">
  <xsd:sequence>
    <xsd:element name="television" type="televisionType"/>
  </xsd:sequence>
</xsd:complexType>
<xsd:complexType name="televisionType " minOccurs="0" maxOccurs="unbounded">
  <xsd:sequence>
    <xsd:element name="name" type="xsd:string"/>
    <xsd:element name="unit" type="xsd:string"/>
    <xsd:element name="size" type="xsd:string"/>
    <xsd:element name="price" type="priceType"/>
  </xsd:sequence>
</xsd:complexType>
</xsd:schema>
```

此时，例 4.67 的 XML 文档的 XML Schema(ch4-67.xsd)可以设计成：

```
<xsd:schema xmlns:xsd="http://www.w3.org/2001/XMLSchema"
        targetNamespace="http://www.kmu.edu.cn/namespace/goods"
        xmlns:gds ="http://www.kmu.edu.cn/namespace/goods">
<xsd:include schemaLocation="http://www.kmu.edu.cn/schema/goods/clothes.xsd"/>
<xsd:include schemaLocation="http://www.kmu.edu.cn/schema/goods/e_appliance.xsd"/>
<xsd:element name="goods">
  <xsd:complexType>
    <xsd:sequence>
      <xsd:element name="clothes" type="clothesType"/>
      <xsd:element name="e_appliance" type="e_applianceType"/>
    </xsd:sequence>
  </xsd:complexType>
</xsd:element>
</xsd:schema>
```

显然，这样做简化了模式文档的设计，使 XML Schema 文档的设计简单明了。

2. xsd：import

xsd：import 元素从外部引用中导入一个模式模块到制定的模式文档中，与该模式文档具有不同的目标名称空间。xsd：import 元素的语法格式为：

```
<import   id=ID namespace=anyURI schemaLocation=anyURI> Content</import>
```

在 import 元素中导入的模式模块与包含它的模式文档的目标名称空间不同，设计 clothes 元素的模式模块如下：

```
<?xml version="1.0"?>
<xsd:schema xmlns:xsd="http://www.w3.org/2001/XMLSchema"
        targetNamespace="http://www.kmu.edu.cn/namespace/clothes"
        xmlns:clt ="http://www.kmu.edu.cn/namespace/clothes">
  <element name="clothes" type="clothesType"/>
    ...
</xsd:schema>
```

省略的部分与前面的 clothes. xsd 相同。此时使用 xsd：import 导入 clothes. xsd 的模式文档可以写成：

```
<xsd:schema xmlns:xsd="http://www.w3.org/2001/XMLSchema"
        targetNamespace="http://www.kmu.edu.cn/namespace/goods"
        xmlns:gds ="http://www.kmu.edu.cn/namespace/goods">
<xsd:import schemaLocation="http://www.kmu.edu.cn/schema/goods/clothes.xsd"
        namespace ="http://www.kmu.edu.cn/namespace/clothes"/>
...
</xsd:schema>
```

省略号的部分与 ch4-67. xsd 相同。

3. xsd：redifne

如果需要在已经定义好的模式模块中增加内容模型，使用 redefine 元素可以非常方便地扩展内容模型。其语法格式定义为：

```
<redefine   id = ID   schemaLocation = anyURI>   Content   </redefine>
```

如果要在已经定义好的 clothes. xsd 的基础上，为 shirt 元素增加一个元素 type 来标识衬衫是男式还是女式。

此时，把 clothes. xsd 的名称空间设计成：

```
<?xml version="1.0"?>
<xsd:schema xmlns:xsd="http://www.w3.org/2001/XMLSchema"
        targetNamespace="http://www.kmu.edu.cn/namespace/clothes"
        xmlns:clt ="http://www.kmu.edu.cn/namespace/clothes">
  <element name="clothes" type="clothesType"/>
    ...
</xsd:schema>
```

可以使用 redefine 如下：

```
<xsd:schema xmlns:xsd="http://www.w3.org/2001/XMLSchema"
        targetNamespace="http://www.kmu.edu.cn/namespace/goods"
        xmlns:gds ="http://www.kmu.edu.cn/namespace/goods"
```

```
                elementFormDefault="qualified">
<xsd:redefine schemaLocation="http://www.kmu.edu.cn/schema/goods/clothes.xsd"/>
  <xsd:complexType name="clt:shirtType">
    <xsd:complexContent>
      <xsd:extension base="clt:shirtType"/>
        <xsd:element name="type" type="xsd:string"/>
      </xsd:extension>
    </xsd:complexContent>
  </xsd:complexType>
</ xsd:redefine>
...
</xsd:schema>
```

这样,在不改动原来模式模块的情况下,就为原来的内容模型增加了项目。

习题 4

1. 简单类型定义的概念是什么?

2. 复杂类型定义的概念是什么?

3. 如何进行元素声明?

4. 如何进行属性声明?

5. 什么是模型组? 理解粒子、通配符的概念。

6. 分组的用途是什么? 怎样定义模型组和属性组?

7. 注释是 XML 文档的基本成分,如何定义?

8. 模式是什么? 怎样理解模式? 怎样声明模式?

9. 简述元素声明的基本成分。

10. 元素的作用范围指什么? 怎样理解?

11. 说明简单类型与复杂类型声明之间的差别。

12. 说明属性声明的形式与使用。

13. 叙述属性组的含义。

14. 值空间是什么? 词汇空间是什么? 值空间和词汇空间的有何联系。

15. 怎样理解刻面? 有几种基本刻面? 它们是哪些?

16. 数据类型二分法指的是什么?

17. XML Schema 的数据类型分成两大类,分别是哪两大类?

18. 内置基本数据类型有几种? 分别表示什么类型的数据?

19. 内置派生数据类型有几种? 分别表示什么类型的数据?

20. 简述 XML Schema 的名称空间概念。

21. 如何表示名称空间? 什么时候使用实例名称空间?

22. 在 Web 上怎样定位模式文件?

23. 显式和隐式的名称空间概念的区别是什么?

24. 为什么要模式组装?

25. 为例 2.1 设计 XML Schema。

26. 为例 2.6 设计 XML Schema。

27. 为例 2.10 设计 XML Schema。

第 5 章　XPath

5.1　概述

随着 XML 的发展,XML 文档的路径表达式语法、数据模型和操作符构成了 XML Path (简称 XPath)技术和 XML Query(简称 XQuery)。这些技术完善了 XML 技术体系,使 XML 技术的应用全面、稳步、快速发展。目前构成 XPath 和 XQuery 的技术规范群是 XPath 3.0、XQuery 和 XPath Data Model(XDM) 3.0、XPath 和 XQuery Functions 与 Operators 3.0。

XPath 的最初目标是对 XML 文档树的结点进行寻址。XPath 使用在 XML 文档的层次结构中导航的路径表示法来获得结点的名称。XPath 在 URI 和 XML 属性值内使用一种压缩的,非 XML 语法以便于使用 XPath。XPath 3.0 参考 http://www.w3.org/TR/2014/REC-xpath-30-20140408/。

XQuery 和 XPath Data Model(以下简称 XDM)是 XPath 3.0、XSLT 3.0 和 XQuery 3.0 的数据模型。它有两个目的:第一,它定义了包含在输入到 XSLT 或 XQuery 处理器中的信息;第二,它定义了所有在 XSLT 3.0、XQuery 3.0、XPath 3.0 等语言表达式的许可值。XDM 3.0 的详细内容参考 http://www.w3.org/TR/2014/REC-xpath-datamodel-30-20140408/。

XPath 和 XQuery Functions 与 Operators 3.0 定义了构造器函数、运算符以及定义在 XML Schema Part 2: Datatypes Second Edition 和 XDM 3.0 数据类型上的函数。它还定义了在 XDM 3.0 的结点和结点序列上的函数和运算符。定义这些函数和运算符,用于 XPath 3.0、XQuery 3.0、XSLT 3.0 中。详细内容参考 http://www.w3.org/TR/2014/REC-xpath-functions-30-20140408/。

本章分别简要讨论 XPath 3.0、XDM 3.0 以及 XPath 和 XQuery Functions 与 Operators 3.0 的技术规范及应用。

5.2　XPath

XPath 是一种简单标识 XML 文档成分的语言,XSLT 使用它,XLink 也使用它。其主要目的是对 XML 1.0 树结点寻址。

XPath 不能独立使用,必须用在宿主语言的上下文中。这些宿主语言可以是 XSLT、Python、Perl、PHP、C♯ 等等。XPath 的功能非常强大。

XPath 是一个表达式语言,它允许一些数据值的处理,这些数据与 XDM 3.0 中定义的数据模型一致。这个数据模型提供 XML 文档以及原子值(如整数、字符串、布尔型以及对包含 XML 文档结点和原子值两者调用的序列等)的树型表示。一个 XPath 表达式的结果可以是来自输入文档结点的选择,或来自原子值,或更普遍地来自数据模型所允许的任意序列。XPath 的名称来自它最独特的特征:路径表达式。XPath 的路径表达式提供了 XML 文档树的结点层次寻址方法,在 XML 文档的层次结构中导航来获得结点的名字。XPath 3.0 是 XPath 2.0 的超集,增加了如下的新特征:动态函数调用,行内函数表示,支持统一类型,用 EQName 支持名称中的 URL 字面值,串连接操作,映射操作等。

在 URI 和 XML 属性值内,XPath 使用一个压缩的非 XML 语法以方便 XPath 的使用。

XPath 3.0 还依赖下列规范并与它们有密切关系:

- XDM 定义的数据模型是所有 XPath 3.0 表达式的基础。
- XPath 3.0 的数据类型系统以 XML Schema 为基础。
- XPath 3.0 支持的内置函数库和操作符定义在 XQuery 和 XPath Functions 与 Operators 3.0 中。

XPath 3.0 处理器处理一个按照 XPath 3.0 规范[①]的查询。

考查例 5.1 的 XML 文档,该文档的各元素具有如图 5.1 所示的树型结构。

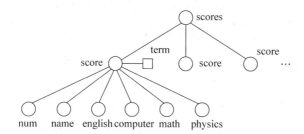

图 5.1 例 5.1 的 XML 文档树型结构图

XPath 对 XML 文档的抽象的逻辑的结构进行操作,即对图 5.1 中 XML 文档树结点之间的抽象结构和逻辑结构进行操作。这个逻辑结构就是在第 2 章和第 3 章已经详细讨论过的数据模型,它定义在 XPath Data Model 3.0 中。

XPath 设计成嵌入在宿主语言(如 XSLT 3.0)中,而不独立使用。XPath 具有一个可以用于匹配计算的自然子集。

在 XPath 规范中使用 EBNF(Extended Backus-Naur Form,扩展的 Backus-Naur 范式)表示法,除非另外说明,空格在此语法中不重要。在语法定义中,非终极符号有下划线,字面文本用双引号括起来,某些语法使用了正则表达式表示法,如 FunctionCall 的语法定义为:

FunctionCall∷＝QName "(" (ExprSingle ("," ExprSingle) ＊)? ")"

为了方便理解和阅读,本章中很少采用这种 EBNF 格式,而是采用简化格式,又称为缩写语法。如:

FunctionCall＝QName (" (ExprSingle ("," ExprSingle) ＊)? ")"

把等号前的符号"∷＝"省略。关于缩写语法参考 5.2.4 节的第 5 部分。

XQuery 3.0 是 XPath 3.0 的扩展。一般情况下,任何在语法上合格和成功运行的 XQuery 3.0 和 XPath 3.0 的表达式将返回相同的结果,有几个特例除外:

- 因为 XQuery 扩展了预定义实体引用和字符引用,而 XPath 没有,包含这些内容的表

---

① Jonathan Robie, et al . XML Path Language (XPath) 3.0[EB/OL]. http://www. w3. org/TR/2014/REC-xpath-30-20140408/.

达式在两种语言中产生了不同的结果。例如：文本串"&"的值在 XQuery 中是 &，在 XPath 中则是 &

- 如果允许 XPath 1.0 兼容性模式，XPath 和 XQuery 在数字方面表现行为不同。

5.2.1 XPath 应用举例

为了能够较好地理解 XPath，需要用一个使用 XPath 的例子来说明。下面是关于如何使用 XPath 的几个 XSLT 的程序片段，这些程序片段选自 8.5 节例 8.20 的 XML 文档的 XSLT 设计部分，这对于理解 XPath 是很有好处的。

例 5.1 通过对下面学生成绩的 XML 文档设计 XSLT 程序的片段，分析 XPath 的用处。

```
<?xml version="1.0" encoding="GB2312"?>
<scores>
  <score term="1">
    <num>201411010112</num>
    <name>王星</name>
    <english>85</english>
    <computer>78</computer>
    <math>82</math>
    <physics>58</physics>
  </score>
  <score term="1">
    <num>201411010201</num>
    <name>刘晓丹</name>
    <english>80</english>
    <computer>70</computer>
    <math>76</math>
    <physics>65</physics>
  </score>
  <score term="2">
    <num>201411010314</num>
    <name>张扬</name>
    <english>67</english>
    <computer>90</computer>
    <math>80</math>
    <physics>75</physics>
  </score>
  <!-- more information here -->
</scores>
```

下面是为这个 XML 设计的 XSLT 程序的几个片段。

1. 排序的程序段

```
...
<xsl:for-each select="scores/score">
<xsl:sort select="computer" order="descending"/>
<tr>
    <td align="center"><xsl:value-of select="num"/></td>
    ...
 </tr>
</xsl:for-each>
...
```

功能：实现按照 computer 的成绩降序排列各位学生的成绩。

分析：在上面这段代码中，不论是 xsl：for-each、xsl：sort 还是 xsl：value-of，反复使用了 select 属性。select 属性后的表达式指明用于显示 XML 文档内元素的路径和元素名，如 xsl：for-each 中的表达式 select＝"scores/score"，用来在上面的 XML 文档中查询根元素 scores 下的所有子元素 score；xsl：sort 中的 select＝"computer"根据元素 score 下的 computer 子元素值进行排序；而 xsl：value-of 中的 select＝"num"则给出元素 score 下的子元素 num 的值。

2．求和程序段

```
＜xsl：for-each select＝"scores/score"＞
…
        ＜td align＝"center" colspan＝"3"＞平均分＜/td＞
        ＜td＞＜xsl：value-of select＝"sum(//english) div count(//english)"/＞＜/td＞
        ＜td＞＜xsl：value-of select＝"sum(//computer)div count(//computer)"/＞＜/td＞
        ＜td ＞＜xsl：value-of select＝"sum(//math) div count(//math)"/＞＜/td＞
        ＜td ＞＜xsl：value-of select＝"sum(//physics) div count(//physics)"/＞＜/td＞
…
```

功能：实现对各门课程求平均分。

分析：在这段代码中情况更深入一步，即是 select 表达式中使用了函数、运算符和函数参数，如＜xsl：value-of select＝"sum(//english) div count(//english)"/＞中的 sum()、count() 是函数，这些函数括号中的"//english"、"//computer"等是查询 XML 文档内元素的路径表达式，表示对所有 score 元素下的 english、computer 等进行查询。函数之间的"div"是除法运算符。select＝"sum(//english) div count(//english)"的含义是所有 english 元素值的和除以所有 english 元素的个数的和，这样就得到了平均值。

3．每隔一行产生一个黄色背景的 XSLT 代码

```
…
＜xsl：if test＝"position() mod 2 ＝ 0"＞
    ＜xsl：attribute name＝"bgcolor"＞yellow＜/xsl：attribute＞
＜/xsl：if＞
＜xsl：apply-templates/＞
…
```

功能：根据元素所在行的位置 position()函数把背景颜色(bgcolor)设置成 yellow。

分析：这段代码实现在表格中隔行显示黄色背景，其中根据表格中表示行的 position() 函数来计算，如果 position()函数的值为偶数，该行用黄色做背景，否则背景颜色不变。当＜xsl：if＞中的 test 表达式的条件满足时，执行＜xsl：attribute＞＜/xsl：attribute＞中把表格行＜tr＞的背景 bgcolor 属性修改成 yellow 值，从而实现颜色的改变。

4．根据某个元素值产生彩色效果

```
＜xsl：attribute name＝"bgcolor"＞
    ＜xsl：choose＞
        ＜xsl：when test＝"physics &lt;60"＞red＜/xsl：when＞
        ＜xsl：when test＝"physics &lt;70"＞blue＜/xsl：when＞
        ＜xsl：when test＝"physics &lt;80"＞green＜/xsl：when＞
        ＜xsl：when test＝"physics &lt;90"＞yellow＜/xsl：when＞
        ＜xsl：otherwise＞black＜/xsl：otherwise＞
    ＜/xsl：choose＞
＜/xsl：attribute＞
```

功能：实现对 physics 的成绩等级用不同颜色来显示各位学生的成绩。

分析：因为学生某门课程的成绩分布在 0～100 分之间，根据这种分布来产生不同的颜色，这时使用＜xsl：choose＞和＜xsl：when＞组合来修改表格行的颜色背景 bgcolor。在＜xsl：when＞的 test 属性中使用了"x ＜ n"（变量 x 小于数字 n）的表达式，由于"＜"符号在 XML 中不允许使用，所以使用了"＜"的实体引用符"<"。test＝"physics < 60"表示 physics＜60，test＝"physics <70"表示 physics＜70，等等。

在上面的例子中，出现了算术运算、比较运算、逻辑运算、函数、元素路径和元素寻址等，这些内容在 XSLT 中没有专门定义，在 XSLT 中只是使用了它们。我们将在 5.2 节讨论的 XPath 3.0，5.3 节讨论 XMD 3.0，5.4 节讨论 XPath 和 XQuery Functions 与 Operators 3.0。

5.2.2 XPath

1. 数值类型

在 XPath 中，数值类型有 xs：integer、xs：decimal、xs：double。

xs：integer 表示整数，如－1、0、1、2、3 等，在整数类型中不能使用小数点"."。

xs：decimal 表示单精度实数，该类型的实数用小数点"."来分隔整数和小数，如 12.34、－128.05 等。

xs：double 表示双精度实数，该类型的实数用小数点"."来分隔整数和小数，还可以使用字符"e"或"E"符号对数值进行缩写。字符"e"或"E"在许多程序设计语言中都使用，用来表示以 10 为底的幂函数，如 10 000 可以写成 10^4，在 XPath 中可以表示成 1.0E＋4，同理，12.34 可以写成 1.234e＋1、－0.000 005 6 可以表示成－5.6e-6。

2. 字符串类型

在 XPath 中字符串类型用 xs：string 表示，一个字符串类型的值是用单引号或双引号作为定界符所表示的一个连续字符序列。如果字面用单引号定界，字面中两个邻接的单引号被解释为一对单引号。类似地，如果字面用双引号定界，两个邻接的双引号被解释为一对双引号。例如，"123.4"串表示'1'、'2'、'3'、'.'、和'4'这 5 个字符序列构成的串，"这是一个汉字串"是由'这'、'是'、'一'、'个'、'汉'、'字'、'串'这 7 个汉字字符序列构成的串。"'I don't like it.'"表示一个包含"I don't like it."的串，其中最前边与最后边的一对单引号和中间的一个省略符号[①]属于串的内容。

3. 逻辑类型

在 XPath 中使用的逻辑类型只有两个：true 和 false。用于表达式的逻辑判断。如＜xsl：if test＝"position() mod 2 ＝ 0"＞中，如果 position() 的值为奇数，则该表达式的值为 false，否则为 true；在＜xsl：when test＝"physics < 60"＞中，如果 physics＜60，则 test 的值为 true，否则为 false。

调用函数 fn：true() 和 fn：false() 时，可以分别返回布尔值 true 和 false。

4. 变量及其引用

在 XPath 中，变量可以是表示元素、属性或者是 XML 文档中其他类型数据的字符串。如例 2.6 中 XML 文档的 shirt、name、size、price、currency、unit 等都是变量。

变量引用是在变量名前置 $ 符号。例如，$shirt 引用了元素变量 shirt，$shirt/name 引

---

① 此处，don't 是 do not 的省略写法，其中的"'"不叫单引号，而叫省略符号（apostrophe）。

用了元素 shirt 的子元素 name。

　　如果两个变量的本地名称一样，它们的名称空间前缀对应相同的静态名称空间 URI，则两个变量引用是等价的。一个无前缀的变量引用没有名称空间。

5.2.3　表达式上下文

　　表达式是 XPath 的核心内容，XPath 表达式则是 XSLT 程序设计的灵魂，所以，理解 XPath 表达式是进行 XSLT 程序设计的基础。

　　在 XPath 中，上下文表达式、路径表达式、序列表达式、逻辑表达式等。其中括号表达式和上下文表达式又称为基本表达式。

　　表达式上下文（context）包含影响表达式结果的所有信息。表达式上下文分为静态和动态上下文。

1. 静态上下文

　　一个表达式的静态上下文是指在表达式的静态分析中的可用信息，它能够用来决定该表达式是否包含静态错误。如果一个表达式的分析依靠静态上下文的某些成分，但此上下文又没有赋值，则引起静态错误。这些可用信息是：

- XPath 1.0 兼容性模式。如果对 XPath 1.0 的向后兼容性规则起作用时，该值为 true，否则为 false。
- 静态已知名称空间。这是一个从名称空间 URI 前缀的映射，该 URI 定义的所有名称空间是在对给定表达式进行静态处理的过程中已知的。这是表达式的静态属性。
- 默认元素/类型名称空间。这是一个名称空间 URI，或不存在。如果存在，该名称空间 URI 用于任意的非前缀 QName，该 QName 出现在一个元素或类型名称期望的位置。
- 默认函数名称空间。这是一个名称空间 URI，或不存在。如果存在，则该名称空间 URI 用于任意的非前缀 QName，该 QName 出现在一个函数名称期望的位置。
- 上下文项目静态类型。这个成分定义给定表达式范围内上下文项目的静态类型。
- 静态已知函数签名。这是一个从 expanded QName 到函数签名的映射。
- 静态基础 URI。这是一个绝对 URI，用于解析相对 URI 引用。如果 X1 是 X2 的子表达式，则 X1 的静态基础 URI 与 X2 的静态基础 URI 相同。在 XPath 静态分析中对相对 URI 引用的解析不存在结构。
- 静态已知文档。这是一个从字符串到类型的映射。该串表示一个源的绝对 URI，该类型表示调用的静态类型。

2. 动态上下文

　　表达式的动态上下文定义为计算表达式时的可用信息。如果表达式的计算依赖动态上下文的某个部分不存在，将引发一个动态错误。

　　一个动态上下文包含静态上下文的所有成分，另外还增加了一些成分。动态上下文的三个成分叫做焦点，它们是上下文项目、上下文位置和上下文尺寸。下面是一些主要的动态上下文：

- 上下文项目。上下文项目是当前被处理的项目（item）。上下文项目或者是原子值，或者是一个结点。当上下文项目是个结点时，它还被称为上下文结点。包含单个点"."的表达式返回上下文项目。计算 X1/X2 或者 X1[X2]时，计算 X1 得到的序列的每个项目成为计算 X2 内部焦点的上下文项目。

- 上下文位置。上下文位置是当前被处理的项目序列中的上下文项目的位置。上下文项目改变时，它也改变。焦点被定义时，上下文位置是一个大于 0 的整数。上下文位置由表达式 position() 返回。计算 X1/X2 或者 X1[X2] 时，X2 的上下文位置是在计算 X1 得到的序列中该上下文项目的位置。上下文中第一个项目的位置永远是 1，上下文位置永远不大于上下文尺寸。

- 上下文尺寸。上下文尺寸是当前被处理的项目序列中项目的数量。它是一个大于 0 的整数。上下文尺寸由表达式 last() 返回。计算 X1/X2 或者 X1[X2] 时，X2 的上下文尺寸是在计算 X1 得到的序列中的项目数量。

- 变量值。这是一对（expanded Qname,value）的集合，expanded QName 是变量名且 value 是该变量的动态值。

- 命名函数。这是一个从 expanded QName 到 function 的映射。它为每个签名提供函数和其他函数。命名函数可以包含与实现有关的实现函数，这些函数没有自身的静态上下文和动态上下文。

- 可用文档。这是一个从字符串到文本结点的映射。每个串代表源文件的绝对 URI，文档结点是用数据模型表示该源文件的树的根。当应用于该 URI 时，由 fn:doc 函数返回该文档结点。可用文档的集合不局限于已知的静态文档，并且可能为空。

- 可用文本资源。这是一个字符串到文本资源的映射。每个串代表资源的绝对 URI，当应用于该 URI 时，由 fn:unparsed-text 函数返回该资源。可用文本资源集合不局限于已知静态文档，并且可能为空。

还有一些其他的动态上下文，读者可以参阅参考文献[6]。

3. 上下文项目表达式

上下文项目表达式计算上下文项目，它可以是一个结点或是一个原子值，其中结点的值可以是某个表达式的计算结果。例如，/scores/score[fn:count(//english)]，如果全部 score 元素下的 english 子元素共有 3 个，fn:count(//english) 得到的值为 3，则该式产生的结果/scores/score[3]，即 scores 下的第 3 个 score 元素结点。

5.2.4　路径表达式

1. 路径运算符

路径运算符"/"用来构建在树内定位结点的表达式。表达式的左边必须返回结点序列。该运算符或者返回一个结点序列，或者返回一个非结点序列。在返回结点序列的情况下还附加执行文档定序和消去重复内容的工作。

计算表达式 E1/E2 的操作如下：先计算 E1 表达式，产生结点序列 S（可能为空），如果序列 S 不是结点序列，将引起类型错误。接着计算 E2，序列 S 中的每个结点依次提供一个内部焦点（把该结点当做上下文项目，把该结点在 S 中的位置作为上下文位置，把 S 的长度当作上下文尺寸），所有从计算 E2 得到的序列结果组合如下：

- 如果 E2 的每个计算返回一个（可能为空）结点序列，这些序列被组合起来，根据结点标识消去重复结点。返回的结点序列结果按文档顺序排列。

- 如果 E2 的每个计算返回一个（可能为空）非结点序列，这些序列依序连接起来，然后返回。

- 如果 E2 的多次计算返回至少一个结点和一个非结点,将引发类型错误。

2. 路径表达式

一个路径表达式能被用来定位树内的结点。它包括一系列的步(step),步之间用"/"或"//"分隔。在路径表达式开始处,符号"/"或"//"不是必需的。如"scores/score"就是一个路径表达式。

若在路径表达式开始处使用"/",表示路径从包含上下文结点的文档树的根结点开始;若使用"//",表示形成的初始结点序列包含以根结点作为路径的初始结点,加上此根所有的后代结点,其中有需要的上下文结点。如,select="sum(//english) div count(//english)"中的"//english"表示 scores 下所有的 english 结点。

当符号"/"或"//"出现在路径表达式的其他位置,"/"用来分隔上下级结点,如"scores/score"。用"//"是表示用多个"/"分隔的若干步序列的缩写,如"scores/score/english"可以写成"//english"。

步的计算从左到右进行。如果步的序列是 X1/X2/X3/X4,这样的多层结点结构,则按表达式中结点出现的先后次序从左到右依次计算,只有路径中的最后一步 X4 才允许返回序列值。例如,计算 scores/score 是这样进行的:先计算 scores,如果为空,将引起类型错误;否则,计算 scores,返回每个结点 score;然后再计算 score。

通过上述分析,我们知道路径表达式是用来在 XML 文档树内给结点定位的。路径表达式包含步(step)、谓词(predicate)、全文语法和缩写语法等内容。

3. 步

步是路径表达式的成分,它生成项目序列,并用谓词(predicate)来过滤该序列。步的值包括满足这些谓词的那些项目。步可以是轴步(axis step)或者是过滤表达式两种。

简单来说,轴步就是若干个结点的序列。可以向前,也可以向后。向前的叫向前步,向后的叫向后步。轴步包含轴和结点测试。其中,轴定义步的运动方向,结点测试根据其类型、名称来选择结点。

后面跟随一个谓词(如 X1[X2])的表达式,称为过滤表达式,由基本表达式和谓词构成,用来计算出路径中满足谓词的那些结点。

1) 轴

XPath 定义了遍历文档的轴的完全集合。XPath 中定义的轴有 child(孩子)、parent(双亲)、ancestor(祖先)、preceding(前驱)、preceding-sibling(前驱兄弟)、descendant(后代)、following-sibling(后继兄弟)、attribute、self、descendant-or-self(后代或自己)、ancestor-or-self(祖先或自己)、following(后继)、namespace 等。

下面是几个常用的轴。

(1) child。

包含上下文结点孩子的 child 轴,它是由 XDM 3.0 中的 dm:children 访问程序返回的结点。在 XML 中,只有文档结点和元素结点具有孩子,如果该上下文结点是任何其他结点,或者如果上下文结点是一个空的文档或元素结点,则 child 轴是空序列。这些孩子可以是元素、处理指令、注释或文本结点。属性、名称空间和文档结点不能作为孩子出现。除文档结点和元素结点外,child 轴是一个空序列。如例 5.1 的 XML 文档,child::score 表示子结点 score,child::english 表示子结点 english。但是对元素<score term="1">中的属性 term,child::term 得到空值。

（2）parent。

parent 轴包含用由 XDM 3.0 中的 dm:parent 访问程序返回的序列，它返回该上下文结点的父亲，如果该上下文结点没有父亲，返回一个空序列。一个属性结点可能有一个元素结点作为其父亲。如例 2.1 中的 XML 文档，元素＜book isbn＝"978-7-302-02368-9"＞中的属性 isbn，parent∷isbn 得到 book 元素结点。

（3）descendant。

descendant 轴定义成 child 轴上的多个后继孩子的序列，即孩子、孩子的孩子，等等。

（4）ancestor。

ancestor 轴定义成 parent 轴上的多个前驱结点的序列，即父亲、父亲的父亲，等等。ancestor 轴包含树的根结点，除非该上下文结点就是根结点。

（5）attribute

attribute 轴包含上下文结点的属性，它是 XDM 3.0 中 dm:attributes 访问程序返回的结点，当结点是元素时该轴将为空。如例 2.1 中 XML 文档中的元素＜book isbn＝"978-7-302-02368-9"＞，attribute∷book 表示属性 isbn。

（6）self。

self 轴包含结点自身。self∷book 获得结点 book 自身。

轴可以分成向前轴和反向轴两类。以文档序为基础，只包含该上下文结点之后的结点的轴叫向前轴，只包含该上下文结点之前的结点的轴叫反向轴。parent、ancestor、ancestor-or-self、preceding 和 preceding-sibling 轴是反向轴，其余的是向前轴。

ancestor、descendant、following、preceding 和 self 轴把文档分成几个部分，且每个部分彼此不重叠，它们合起来包含了文档的所有结点。

每个轴有一个主结点类型，如果轴包含元素，则该轴的主结点类型是元素，否则，该轴包含的结点类型有三种：对于属性结点，主结点类型是属性；对于名称空间轴，主结点类型是名称空间；对于所有其他轴，主结点类型是元素。

2）结点测试

结点测试是一个关于结点的名称、类型（元素、属性、文本、文档、注释、处理指令）和结点的类型表示法（type annotation）的条件。结点测试确定一个轴所包含的哪个结点被一个步选中。

只包含 EQName 和通配符的叫做名称测试。结点的 expanded Qname 与由名称测试所确定的 expanded Qname 相等时，当且仅当步轴的结点类型是主结点类型时名称测试才为真。例如：child:name 选测上下文结点的 name 子元素，如果上下文结点没有那个孩子，它选测结点的空集。一个名称与名称测试的 expanded Qname 不匹配的元素结点不满足名称测试。

对于步轴的主结点类型的任意结点，结点测试 ＊ 为真。child∷＊ 将选择上下文结点的所有子元素。attribute∷＊ 将选择上下文结点的所有属性。

结点测试中检查每个轴的结点类型的操作，由专门的测试函数来实现，这个工作叫做类型测试。可以根据结点的类型、名称、类型表示法来选择结点。常用的类型测试函数参考表 5.1。

表 5.1　常用的结点类型测试函数

node()	匹配任意结点
text()	匹配任意文本结点
comment()	匹配任意注释结点
element()	匹配任意元素结点
element(a)	匹配名字为 a 任意元素结点
element(a,b)	匹配任意非空元素结点,它的名字是 a,它的类型表示法是 b 或派生于 b
element(* ,b)	匹配所有非空元素结点,它的类型表示法是 b
attribute()	匹配任意属性结点
attribute(x)	匹配名字是 x 的任意属性结点,不考虑它的类型
attribute(* ,xs:decimal)	匹配所有属性结点,它的类型表示法是 xs:decimal
document-node()	匹配任意文档结点
document-node(element(book))	匹配任意文档结点,其内容包含单个元素结点,这个元素结点满足类型测试 element(book),内含 0 个或多个注释和处理指令
comment()	匹配任意注释结点
namespace-node()	匹配任意名称空间结点

4. 谓词

谓词包含一个称为谓词表达式的表达式,用方括号括起来。如 score[2]中的[2]是谓词表达式,child::score[child::english=80]中的[child::english=80]是谓词表达式。

当对一个步的序列进行选择时,谓词可以过滤掉该序列中其他项目,而保留满足条件的项目。如 child::score[2]在上下文的子结点中筛选出第 2 个 score 元素。

谓词表达式的结果强制转换成布尔值,叫做谓词真值。谓词表达式有两种计算结果,当谓词表达式的值是 numeric 类型值且该值等于该结点在上下文中位置时,谓词真值为真。当谓词表达式的值不是 numeric 类型值时,其值若存在,则谓词真值为真,否则为假。

例 5.2　在例 2.1 的 XML 文档中,分析谓词的执行情况。

① child::book[child::price=23.9]筛选子元素 price 值为 23.9 的 book 结点,即第 1 个 book 元素。

② child::book[child::name="XML 基础与实践教程"]筛选子元素 name 值为"XML 基础与实践教程"的 book 结点,即第 3 个 book 元素。

③ child::book[name][author]筛选结点 book 的所有 name 和 author 孩子元素。

④ descendant::book[attribute::isbn="978-7-04-008653-0"]筛选上下文结点的后继,其 isbn 属性值为"978-7-04-008653-0"且元素名为"book"的后继结点。

在①②③④中,谓词均不是 numeric 类型,是一个表达式,强制转换成布尔型后,①因为 price=23.9 存在,谓词真值为真,筛选出第 1 个的 book 结点。②因为 name="XML 基础与实践教程"存在,谓词真值为真,筛选出第 3 个 book 结点。③因为 book 的子元素 name 和 author 存在,其谓词真值为真,筛选出所有的 book 结点。④因为属性 isbn 存在且等于"978-7-04-008653-0",其谓词真值为真,筛选出第 1 个 book 结点的后继结点第 2 个 book。

5. 全文和缩写语法

路径表达式有两种表示方法:一种叫全文语法,一种叫缩写语法。

在路径表达式中,步的序列中每个步都冠以一个轴名作为前缀,后跟两个冒号"::"和结点名,这种表示叫全文语法。例如,child::scores/child::score/child::num 表示元素 scores 下的子元素 score 下的子元素 num，child∷*/child∷name 表示所有的 name 子元素，parant∷score/decendant∷name 表示 scores 下的所有 name 后继结点。

在路径表达式中，步的序列中每个步都省略轴名，只写结点名，这种表示叫缩写语法。与上段对应的缩写语法，child∷scores/child∷score/child∷num 表示成 scores/score/num，child∷score/child∷name 表示成 score/name，child∷*/child∷name 表示成 */name、parant∷score/decendant∷name 表示成//name。

路径表达式的缩写形式的缩写规则如下：

① 属性轴 attribute∷可以缩写成@。

② child∷可以忽略。

③ 当"//"不在开始处时，它是"/descendant-or-self∷node()/"的缩写，所以"book//name"是"child∷book/descendant-or-self∷node()/child∷name"的缩写。

④ ..是 parent∷node()的缩写形式。

例 5.3　对于例 5.1 的 XML 文档，写出其全文和缩写表达式。

全文语法：

① child∷scores/child∷score/child∷num，筛选出所有的 num 元素。

② child∷scores/child∷score[child∷name＝"刘晓丹"]筛选出"刘晓丹"的 score 元素，即第 2 个 score 元素。

③ child∷scores/descendant∷score[child∷num＝"201411010112"]筛选出第 2 个 score 元素。

④ parent∷score[attribute∷terms＝"2"]筛选出第 3 个 score 元素。

相应于上述全文语法的缩写语法：

① scores/score/num，筛选出所有的 num 元素。

② scores/score[name＝"刘晓丹"]筛选出"刘晓丹"的 score 元素，即第 2 个 score 元素。

③ scores//num＝"201411010314"筛选出第 2、3 个 score 元素。

④ ..score[@terms＝"2"]筛选出第 3 个 score 元素。

表 5.2 是例 2.6 的 XML 文档的全文和缩写语法的对照写法和说明。

表 5.2　全文表达式和对应缩写表达式

全文表达式	对应缩写表达式	说　明
child∷shirt	shirt	筛选上下文结点的 shirt 子元素
child∷*	*	筛选上下文结点的所有子元素
child∷text()	text()	筛选上下文结点的所有文本结点
child∷node()	node()	筛选上下文结点的所有孩子（除属性结点外的其他结点）
Attribute∷currency	@currency	筛选上下文结点的 currency 属性
Attribute∷*	@*	筛选上下文结点的所有属性
parent∷node()	..	筛选上下文结点的父亲。如果结点是属性，此表达式返回该属性附属的元素结点
self∷shirt	shirt	筛选上下文结点，如果它是 shirt 元素。否则返回空序列
child∷shirt/descendant∷name	shirt//name	筛选上下文结点的子元素 shirt 的后继 name 元素

续表

全文表达式	对应缩写表达式	说　　明
child::*/child::name	*/name	筛选上下文结点的所有孩子 name
/	/	筛选包含上下文结点的那棵树的根
/descendant::shirt/child::name	//shirt/name	筛选所有的 name 元素且该元素有父亲 shirt
child::shirt[fn:position()=1]	shirt[1]	筛选上下文结点的第一个 shirt 孩子
child::shirt[fn:position()=fn:last()]	shirt[fn:last()]	筛选上下文的最后的 shirt 孩子
child::shirt[fn:position()>1]	shirt[fn:position()>1]	筛选上下文结点的除第一个孩子外的所有 shirt 孩子
/child::clothes/child::shirt[fn:position()=5]/child::name[fn:position()=2]	/clothes/shirt[5]/name[2]	筛选 clothes 的第 5 个 shirt 的第 2 个 name 结点。 shirt 结点没有两个 name，值为空
child::price[attribute::unit="RMB"]	price[@unit="RMB"]	筛选所有的属性类型值为"RMB"的 price 结点
child::shirt[child::name='虎豹']	shirt[name='虎豹']	筛选 shirt 子结点，该结点至少有一个 name 孩子且值为'虎豹'
child::shirt[child::name]	shirt[name]	筛选 shirt 子结点，该结点至少有一个 name 孩子。即所有的 shirt 结点

5.2.5　序列表达式

所谓的序列，就是多个数字用逗号分隔后构成的一串数字列表。逗号操作符计算每个操作数并按次序把中间结果序列连接成一个单一的序列。如(1，2，3，4，5)，此表达式是 5 个整数的序列。

空括号用来表示空序列。如(1，(2，3)，()，(4，5))，分别把长度为 1、2、0、2 的 4 个序列组合成一个长度为 5 的单一序列，表达式的结果是"1，2，3，4，5"。

序列可以包含重复的原子值或者结点。如($price，$price)，设 $price 的值是 23.9，此表达式的结果是"23.9,23.9"的序列。

当连接两个以上的输入序列来创建一个新序列时，新序列包含所有输入序列的项目且长度是输入序列长度的和。如(a,b)，这个表达式的结果是包含所有子元素 a 且后接所有孩子 b 的序列。

在序列中可以使用范围表达式来表示数值连续(从小到大)的整数序列。范围操作符是to。如果操作数是空的，如果第一个操作数比第二个操作数大，结果序列是空的。

例如：

(10 to 14)，此表达式计算的结果是序列"10，11,12，13，14"。

100 to 100，此表达式构建一个长度为 1 包含单个整数 100 的序列。

14 to 10，此表达式的结果是 0 长度的序列。

fn:reverse(1 to 5)，用反向函数 fn:reverse 构建 5 个整数的序列，计算得到的序列是"5，4，3，2，1"。

5.2.6　过滤表达式

过滤表达式由简单的基本表达式后跟谓词构成，谓词写在方括号内。谓词可以是 0 个或多个。

过滤表达式的结果包含所有谓词为真时基本表达式返回的项目。如果没有定义谓词，此结果是基本表达式的简单结果。约定：第一个上下文位置是 1。其他结点的位置根据它们在结果序列的顺序位置分配给项目。

下面是过滤表达式的示例：

(1 to 9)[5]表示 1,2,3,…,9 中的第 5 个数，即 5。

$shirt [price gt 100]，给定一个 shirt 序列，并选择其中 price 比 100 大的那些 shirt。

(10 to 50)[. mod 3 eq 0]，列出 10～50 之间能被 3 整除的数（式中的"."不能缺少）。

$score[fn:position() = (5 to 9)]，选出 score 序列中 5～9 的 5 个项目。

5.3　XPath Data Model

本节简要讨论 XDM 3.0，即数据模型。

数据模型是支持与 XML 名称空间一致的结构良好的 XML 文档。根据定义，不是结构良好的文档不是 XML 文档。换句话说，数据模型支持三类文档：与 XML 名称空间一致的结构良好的 XML、与 XML 名称空间一致的有效的 DTD 文档和有效的 W3C 的 XML Schema 文档。

5.3.1　数据模型构建

如何从一个 XML 信息集合（XML information set，简称 Infoset,）或从 PSVI（Post Schema Validation Infoset）（一种由 XML Schema 有效片段产生的扩展 Infoset）构建数据模型的实例？有三种方法：直接构建法、从信息集合构建、从 PSVI 构建。下面分别讨论。

数据模型支持某类不被 Infoset 支持的值，譬如文档碎片和文档结点序列。数据模型还支持不是结点的值，譬如原子值序列、原子值与结点混合的序列。

1. 直接构建法

数据模型实例可以直接从应用 API 构建，也可以从数据库的关系表这种非 XML 数据源构建。对一个数据模型实例如何直接构建没有限制。

从非 Infoset 或非 PSVI 构建的数据模型定义在实现阶段。不考虑数据模型的实例是如何构建时，数据模型中的每个结点和原子值必须有一个类型并与该类型一致的值。

2. 从 Infoset 构建

满足下列一般约束时，可以从 Infoset 构建数据模型的实例：

- 所有普通实体和外部实体必须完全展开。Infoset 不能包含未展开的实体引用信息项。
- Infoset 必须提供所有的在文档中标识为 required 的属性。如果标识为 optional 的属性存在则可以被使用。所有其他属性被忽略。

一个从信息集合构建的数据模型实例必须与结点描述提供的每个结点类型一致。

3. 从 PSVI 构建

一个数据模型实例可以从 PSVI 构建，它的元素和属性信息项被严格估算，松散估算，或者不能被估算。数据模型支持不完全的有效文档。不完全的有效文档是一个 XML 文档，它具有相应的模式（Schema），但它的模式有效性估算结果具有一个以上的元素或属性信息项，而该信息项分配的值不是有效的。

数据模型支持不完全有效的文档。无效的元素和属性被作为未知类型处理。Infoset 构建和 PSVI 构建最重要的差异发生在模式类型分配的地方。

5.3.2　访问程序

一组访问程序(accessor)定义在数据模型的结点上。考虑到一致性,虽然有几个访问程序在一些结点类型上返回空的常数序列,但所有的访问程序都定义在每个结点类型上。结点类型有七种。访问程序有 17 个,下面是其中的 10 个。其中,斜体表示变量类型。

1. attribute 访问程序

格式:

dm:attributes($ n as node()) *as attribute() ***

该访问程序以包含 0 个或多个属性结点的序列返回结点的所有属性。属性结点的顺序稳定但要依据实现方法。该访问程序定义在所有七种结点类型上(参考 5.3.3 节)。

2. base-uri 访问程序

格式:

dm:base-uri($ n as node()) *as xs:anyURI?*

该程序以包含 0 个或多个 URI 引用的序列返回结点的基础 URI。定义在所有 7 种结点类型上。

3. children 访问程序

格式:

dm:children ($ n as node()) *as node() ***

该程序以包含 0 个或多个结点的序列返回结点的孩子。定义在所有 7 种结点类型上。

4. document-uri 访问程序

格式:

dm: document-uri ($ n as node()) *as xs:anyURI?*

如果绝对 URI 可用,该程序返回构建文档结点的源的绝对 URI。如果没有可用的 URI,或在构建文档结点时 URI 不能成为绝对 URI,或所用结点不是文档结点,则返回空序列。它定义在 7 种结点类型上。

5. is-id 访问程序

格式:

dm:is-id($ node as node()) *as xs:boolean?*

如果结点是一个 XML ID,该程序返回 true,否则返回 false。它定义在 7 种结点类型上。

6. namespace-nodes 访问程序

格式:

> dm:namespace-nodes($ n as node()) *as node() **

该程序返回动态的含有 0 个或多个名称空间结点的序列，序列的顺序稳定但要依据实现方法。它定义在 7 种结点类型上。

7. node-name 访问程序

格式：

> dm:node-name($ n as node()) *as xs:QName?*

该程序以 0 个或多个 xs:QName 的序列返回结点的名称。它定义在 7 种结点类型上。

8. parent 访问程序

格式：

> dm:parent($ n as node()) *as node()?*

该程序以 0 个或多个结点的序列返回结点的父亲。它定义在 7 种结点类型上。

9. string-value 访问程序

格式：

> dm:string-value($ n as node()) *as xs:string*

该程序返回结点的字符串值。它定义在 7 种结点类型上。

10. typed-value 访问程序

格式：

> dm:typed-value($ n as node()) *as xs:anyAtomicType **

该程序以 0 个或多个原子值的序列返回结点的类型值。它定义在 7 种结点类型上。

5.3.3 结点类型

数据模型有 7 种结点类型，它们是 document、element、attribute、text、namespace、processing instruction 和 comment。所有结点必须满足下面的通用约束：

- 每个结点必须具有唯一标识，与所有其他结点不同。
- 一个结点的孩子特性不能包含两个连续的文本结点。
- 一个结点的孩子特性不能包含任意的空文本结点。
- 一个结点的孩子特性和属性特性不能包含同名的两个结点。

1. 文档结点

文档结点封装了 XML 文档。它包含的特性有 base-uri、children、unparsed-entities、document-uri、string-value、typed-value。

1) 文档结点的约束

对文档结点的约束如下：

- 孩子结点必须只包含元素、处理指令、注释和非空的文本结点中的一个。属性、名称空间、文档结点不能作为子结点出现。

- 如果结点 B 包含在文档结点 A 的众多孩子中,A 必定是 B 父亲。
- 如果结点 B 有一个父文档结点 A,则 B 必定是 A 孩子结点。
- 文档结点的字符串值必须是它的所有后继文本结点串值的连接,先后顺序按照文档原有顺序排列。如果文档没有这种后继,则字符串长度为 0。

2)文档结点上访问程序

所有 5.3.2 节讨论的访问程序都可以用在文档结点上。

3)从 Infoset 构建

文档信息项是必需的。要为每个文档信息项构建文档结点。文档结点特性从下列 infoset 导出：base-uri、children、string-value、typed-value、document-uri。

从 PSVI 构建文档结点的数据模型与从 Infoset 一样。

例 5.4 给出定义文档结点的数据模型。

参考模型如下:

```
// Document node D1
dm:base-uri(D1)          = xs:anyURI("http://www.kmu.edu.cn/example/ch5-1.xml")
dm:node-kind(D1)         = "document"
dm:string-value(D1)      = xs:untypedAtomic("…")
dm:typed-value(D1)       = xs:untypedAtomic("…")
dm:children(D1)          = ([P1],[E1])
```

在上述的文档结点 D1 的数据模型中定义了 base-uri、node-kind、string-value、typed-value、children,其中 children 中的 P1 参考例 5.9,E1 参考例 5.5。

2. 元素结点

元素结点封装了 XML 元素。它包含的特性有 base-uri、node-name、parent、children、attributes、namespaces、string-value、typed-value 共 12 种特性。

1)元素结点的约束

元素结点满足下列约束:

- 孩子结点必须只包含元素、处理指令、注释和非空的文本结点中的一个。属性、名称空间、文档结点不能作为子结点出现。
- 一个元素的属性结点必须具有不同的 xs:QName。
- 如果结点 B 包含在元素 A 的众多孩子中,B 的父亲必定是 A。
- 如果属性结点 B 是元素 A 的属性结点中的一个,则 B 的父亲必定是 A。
- 如果属性结点 B 具有父元素 A,则 B 必定在 A 元素的属性中。数据模型允许属性结点没有父亲。
- 如果名称空间 C 包含在元素 D 的名称空间中,则 C 的父亲必定是 D。
- 如果名称空间 C 具有父元素 D,则 C 必定在 A 的名称空间中。数据模型允许名称空间结点没有父亲。
- 元素结点的字符串值必须是它的所有后继文本结点串值的连接,先后顺序按照文档原有顺序排列。如果元素没有这种后继,字符串长度为 0。

2)文档结点上访问程序

所有 5.3.2 节讨论的访问程序都可以用在元素结点上。

3）从 Infoset 构建

元素信息项是必需的。要为每个元素信息项构建元素结点。元素结点特性从下列 infoset 导出：base-uri、node-name、parent、schema-type、children、attributes、namespace、string-value、typed-value、is-id 等。

4）从 PSVI 构建

PSVI 特性影响到下列元素结点特性：schema-type、children、attributes、namespace、string-value、typed-value、is-id 等。

例 5.5 给出定义元素结点的数据模型。

参考模型如下：

```
// Element node E1
dm:base-uri(E1)          = xs:anyURI("http://www.kmu.edu.cn/example/student.xml ")
dm:node-kind(E1)         = "element"
dm:node-name(E1)         = xs:QName("http://www.kmu.edu.cn/example/student", " student")
dm:string-value(E1)      = xs:untypedAtomic("…")
dm:typed-value(E1)       = fn:error()
dm:type-name(E1)         = anon:TYP000001
dm:is-id(E1)             = false
dm:is-idrefs(E1)         = false
dm:parent(E1)            = ([D1])
dm:children(E1)          = ([C1], [E2])
dm:attributes(E1)        = ([A1])
dm:namespace-nodes(E1)   = ([N1])
dm:namespace-bindings(E1) = ("xml", "http://www.w3.org/XML/1998/namespace", "html",
                            "http://www.w3.org/1999/xhtml", "",
                            "http://www.kmu.edu.cn/example/student", "xlink",
                            "http://www.w3.org/1999/xlink", "xsi",
                            "http://www.w3.org/2001/XMLSchema-instance")
```

此模型定义了名为 E1 元素结点的数据模型,其中的 D1 参考例 5.4,C1 参考例 5.10,E2 参考例 5.6,A1 参考例 5.7,N1 参考例 5.8。

例 5.6 给出定义元素结点的另一个数据模型。

参考模型如下：

```
// Element node E2
dm:base-uri(E2)          = xs:anyURI("http://www.kmu.edu.cn/example/cloths.xml")
dm:node-kind(E2)         = "element"
dm:node-name(E2)         = xs:QName("http://www.kmu.edu.cn/example/cloths", "cloths")
dm:string-value(E2)      = xs:untypedAtomic("…")
dm:typed-value(E2)       = fn:error()
dm:type-name(E2)         = cat:tshirtType
dm:is-id(E2)             = false
dm:is-idrefs(E2)         = false
dm:parent(E2)            = ([E1])
dm:children(E2)          = ([E3], [E4])
dm:attributes(E2)        = ([A4], [A5], [A6], [A7])
dm:namespace-nodes(E2)   = ([N1], [N2], [N3], [N4], [N5])
dm:namespace-bindings(E2) = ("xml", "http://www.w3.org/XML/1998/namespace", "html",
                            "http://www.w3.org/1999/xhtml", "",
                            " http://www.kmu.edu.cn/example/cloths ", "xlink",
                            "http://www.w3.org/1999/xlink", "xsi",
                            "http://www.w3.org/2001/XMLSchema-instance")
```

此模型定义了名为 E2 的元素结点数据模型,其中,E1 参考例 5.5,N1 参考例 5.8。限于篇幅,E3、E4、A4～A7、N2～N5 在本书中没有定义。请参考 http://www.w3.org/TR/2014/REC-xpath-datamodel-30-20140408/。

3. 属性结点

属性结点表示 XML 的属性。它包含的特性有 node-name、parent、schema-type、string-value、typed-value、is-id 等。

1) 属性结点的约束

属性结点必须满足下列约束:

- 如果属性结点 B 包含在元素 A 的众多孩子中,B 的父亲必定是 A。
- 如果属性结点 B 具有父元素 A,则 B 必定在 A 的属性中。数据模型允许属性结点没有父亲。
- 在属性结点的结点名称中,如果存在名称空间 URI,则前缀必须存在。

2) 属性结点上访问程序

所有 5.3.2 节讨论的访问程序都可以用在属性结点上。

3) 从 Infoset 构建

属性信息项是必需的。要为每个属性信息项构建属性结点。属性结点特性从下列 infoset 导出: node-name、parent、schema-type、string-value、typed-value、is-id 等。

4) 从 PSVI 构建

PSVI 特性影响到下列属性结点特性: string-value、schema-type、typed-value、is-id 等。

例 5.7　给出定义属性结点的数据模型。

参考模型如下:

```
// Attribute node A1
dm:node-kind(A1)          = "attribute"
dm:node-name(A1)          = xs:QName("http://www.w3.org/2001/XMLSchema-instance",
"xsi:schemaLocation")
dm:string-value(A1)       = "http://www.kmu.edu.cn/example/student.xsd"
dm:typed-value(A1)        = (xs:anyURI("http://www.kmu.edu.cn/example/student"),
xs:anyURI("student.xsd"))
dm:type-name(A1)          = anon:TYP000002
dm:is-id(A1)              = false
dm:is-idrefs(A1)          = false
dm:parent(A1)             = ([E1])
```

此模型定义了名为属性 A1 的数据模型,其中,E1 参考例 5.5 的数据模型。

4. 名称空间结点

每个名称空间结点表示名称空间 URI 到名称空间前缀的绑定,或者到默认名称空间的绑定。它包含的特性有 prefix、uri、parent。

1) 名称空间结点的约束

名称空间结点必须满足下列约束:

- 如果名称空间结点 B 包含在元素 A 的名称空间中,B 的父亲必定是 A。
- 如果名称空间结点 B 具有父元素 A,则 B 必定在 A 的名称空间中。
- 在名称空间结点不能含有名称 xmlns,也不能含有串"http://www.w3.org/2000/xmlns/"。

数据模型允许名称空间结点没有父亲。在 XPath 1.0 中，应用程序利用名称空间轴可直接访问名称空间结点。在 XPath 3.0 中，名称空间轴遭到反对，在 XQuery 中根本不用名称空间轴。

2）名称空间结点上访问程序

所有 5.3.2 节讨论的访问程序都可以用在名称空间结点上。

3）从 Infoset 构建

名称空间信息项是必需的。名称空间结点特性从下列 infoset 导出：prefix、uri、parent。

4）从 PSVI 构建

从 PSVI 构建名称空间结点特性与从 infoset 导出的方法一样。

例 5.8 给出定义名称空间结点的数据模型。

参考模型如下：

```
// Namespace node N1
dm:node-kind(N1)      =    "namespace"
dm:node-name(N1)      =    xs:QName("", "xml")
dm:string-value(N1)   =    "http://www.w3.org/XML/1998/namespace"
dm:typed-value(N1)    =    "http://www.w3.org/XML/1998/namespace"
```

此模型定义了名为 N1 的名称空间结点的数据模型，且定义的是 XML 的名称空间。

5. 处理指令结点

处理指令结点封装了 XML 的处理指令，处理指令有下列特性：target、content、base-uri、parent。

1）处理指令结点的约束

处理指令结点必须满足下列约束：

- 串"？＞"不能出现在内容里。
- Target 必须是 NCName。

2）在处理指令结点上访问程序

所有 5.3.2 节讨论的访问程序都可以用在处理指令结点上。

3）从 Infoset 构建

为每个（不能被忽略的）处理指令信息项构建处理指令结点。处理指令结点特性从下列 infoset 导出：target、content、base-uri、parent。

4）从 PSVI 构建

从 PSVI 构建处理指令结点特性与从 infoset 导出的方法一样。

例 5.9 给出定义处理指令结点的数据模型。

参考模型如下：

```
// Processing Instruction node P1
dm:base-uri(P1)       =    xs:anyURI("http://www.kmu.edu.cn/example/student.xml")
dm:node-kind(P1)      =    "processing-instruction"
dm:node-name(P1)      =    xs:QName("", "xml-stylesheet")
dm:string-value(P1)   =    "type="text/xsl"  href=" student.xsl""
dm:typed-value(P1)    =    "type="text/xsl"  href=" student.xsl""
dm:parent(P1)         =    ([D1])
```

此模型定义了名为 P1 的处理指令结点数据模型，且定义的是 XSL 处理指令，其中，D1 参考例 5.4。

6. 注释结点

注释结点封装了 XML 的注释,注释有下列特性:content、parent。

1) 注释结点的约束

注释结点必须满足下列约束:

- 串"--"不能出现在内容里。
- 字符"-"不能作为内容的最后一个字符出现。

2) 注释结点上访问程序

所有 5.3.2 节讨论的访问程序都可以用在注释结点上。

3) 从 Infoset 构建

注释信息项是可选择。要为每个注释信息项构建注释结点。注释结点特性从下列 infoset 导出:content、parent。

注释结点的子结点不存在。

4) 从 PSVI 构建

从 PSVI 构建注释结点特性与从 infoset 导出的方法一样。

例 5.10 给出定义注释结点的数据模型。

参考模型如下:

```
// Comment node C1
dm:base-uri(C1)          =     xs:anyURI("http://www.kmu.edu.cn/example/student.xml")
dm:node-kind(C1)         =     "comment"
dm:string-value(C1)      =     "..."
dm:typed-value(C1)       =     "..."
dm:parent(C1)            =     ([E1])
```

此模型定义了名为 C1 的注释结点的数据模型,其中,E1 参考例 5.5。

7. 文本结点

文本结点封装了 XML 字符内容。文本有下列特性:content、parent。

1) 文本结点的约束

文本结点必须满足约束:如果文本结点的父亲不空,则文本结点不能包含 0 长度字符串作为它的内容。

另外,文档结点和元素结点施加的约束是两个连续文本结点不能作为相邻兄弟出现。构建文档结点或元素结点时,相邻的文本结点必须组合成单个文本结点。如果产生文本结点的结果为空,它决不能放在其父亲的孩子中间,而是直接被遗弃。

2) 文本结点上访问程序

所有 5.3.2 节讨论的访问程序都可以用在文本结点上。

3) 从 Infoset 构建

字符信息项是必需的。要为每个字符信息项的最大序列(以 XML 文档的顺序)构建文本结点。如果满足下面的约束,祖父信息项序列是最大的:

- 序列中的所有信息项具有同一个父亲。
- 包含相邻字符信息项的序列不能被其他类型的信息项中断。
- 包含任意相同字符信息项且更长的序列不存在。

文本结点特性从下列 infoset 导出:content、parent。

4）从 PSVI 构建

对于从元素的模式标准化的值构建的文本结点，其内容包含该模式标准化的值，否则从 PSVI 构建数据模型与从 Infoset 构建相同。

如果没有父亲文本结点只能允许为空。一个空的文本结点，如果它有父亲，则将被遗弃。

例 5.11　给出定义文本结点的数据模型。

参考模型如下：

```
// Text node T1
dm:base-uri(T1)        =   xs:anyURI("http://www.kmu.edu.cn/example/student.xml")
dm:node-kind(T1)       =   "text"
dm:string-value(T1)    =   "..."
dm:typed-value(T1)     =   xs:untypedAtomic("...")
dm:type-name(T1)       =   xs:untypedAtomic
dm:parent(T1)          =   ([E3])
```

此模型定义了名为 T1 的注释结点的数据模型，其中，E3 模型没有定义。

注意：本节的数据模型参考了 http://www.w3.org/TR/2014/REC-xpath-datamodel-30-20140408/，仅供读者参考。

5.4　XPath 和 XQuery Functions 与 Operators

本节讨论 XPath 和 XQuery Functions 与 Operators 3.0，即 XPath 和 XQuery 的函数与运算。

定义在 XPath 和 XQuery Functions 与 Operators 3.0 的函数和运算符是 XPath 3.0、XQuery 3.0 和 XSLT 3.0 的基础。有的函数取类型值作为自变量，有的函数所确定的运算符的语义定义在 XPath 3.0 和 XQuery 3.0，同时，还定义了以 XML Schema Part 2：Datatypes Second Edition 定义的基础数据类型和派生数据类型为基础的函数和运算符。

函数调用包括一个函数名称，后边紧跟一个用括号括起来的 0 个或多个表达式。如果函数调用不含名称空间前缀，则认为调用是在默认函数名称空间中进行的。

函数值的计算用转换得到的变量值来进行，而每个变量值通过函数转换规则进行转换。函数转换规则用来转换一个变量值到它的期望类型，即转换到函数参数的声明类型。

xs:integer("255")：返回整数 255。

xs:date("2005-04-25")：返回类型为 xs:date 的数据项，值为 2005 年 4 月 25 日。

xdt:dayTimeDuration("PT5H")：返回类型 xdt:dayTimeDuration 的数据项，值为 5 个小时的时间间隔。

xs:float("NaN")：返回特殊的浮点数的值"Not a Number"。

xs:double("INF")：返回特殊的双精度值"positive infinity"。

XPath 提供了用于 XML 文档处理的大量函数。限于篇幅，这里只讨论数值运算和函数、字符串函数、逻辑运算与函数、日期时间运算及函数、上下文函数等。

5.4.1　数值运算和函数

关于数值的运算有算术运算、比较运算，函数有数值函数、三角函数和聚合函数等。

1．算术运算

XPath 提供了加(＋)、减(一)、乘(＊)、除(div,idiv)、模运算(mod)、自加、自减等。

sum(//math) div count(//math),sum 对所有的 math 值求和,count 计算 math 个数,然后相除(div),即求平均值。

english＋computer＋math＋physics,对 english、computer、math、physics 四个结点的值相加。

减法操作符之前必须加上空格,不然会被解释成字符串。如 a-b 解释成串"a-b",a -b 和 a－b 解释成减法运算。

括号可以给包含多个操作符的表达式强加特殊的计算次序。例如,(3＋5)＊2 与 3＋5＊2 不一样,前者有一个括号把"3＋5"括起来,这样计算次序变成先"＋"后"＊",而后者是先"＊"后"＋"。

2．比较运算

比较表达式允许两个值的比较。XPath 提供了如下的比较运算:

数值比较:等于(eq)、不等于(ne)、小于(lt)、小于等于(le)、大于(gt)、大于等于(ge)。

注意:根据 XML 的规定,在 XPath 表达式中,符号"＜"必须用"<"代替。

例如:

physics < 60"——表示 physics＜60。

score[math gt 60]——表示选出 math＞60 的 score 元素。

3．数值函数

常用的数值函数参考表 5.3。

表 5.3　数值函数

函　　数	说　　明	示例及其含义
fn:abs	返回参数的绝对值	fn:abs(－5)返回 5
fn:ceiling	返回不小于参数值的最小整数	fn:ceiling(5.35)返回 6 fn:ceiling(－5.35)返回－5
fn:floor	返回不大于参数值的最大整数	fn:floor(5.35)返回 5 fn:floor(－5.35)返回－6
fn:round	对参数取整数(小数部分四舍五入)	fn:round(5.4999)返回 5 fn:round(5.50)返回 6 fn:round(－5.50)返回－5

4．三角函数和指数函数

常用的三角函数和指数函数参考表 5.4。

表 5.4　三角函数与指数函数

函　　数	说　　明	示例及其含义
math:pi	返回圆周率 π 的近似值值	2 ＊ math:pi()返回 6.283185307179586
math:exp	返回 e^x 的值	math:exp(0)返回 1.0 math:exp(1)返回 2.7182818284590455 math:exp(xs:double('NaN'))返回 xs:double('NaN')

函　　数	说　　明	示例及其含义
math：exp10	返回 10^x 的值	math：exp10(0)返回 1.0 math：exp10(−1)返回 0.1 math：exp10(xs：double('NaN'))返回 xs：double('NaN')
math：log	返回自然对数值	math：log (0)返回 xs：double('INF') math：log (math：exp(1))返回 1.0 math：log (−1)返回 xs：double('NaN')
math：pow	返回 xy 的值	math：pow(2,3)表示 2^3，返回 8.0 math：pow(xs：double('INF'), 0)返回 1.0 math：pow(xs：double('NaN'), 0)返回 1.0
math：sqrt	返回 x 的平方根	math：sqrt(10^6)返回 10^3 math：sqrt(2.0)返回 1.4142135623730951
math：sin	返回 x 的正弦函数值	math：sin(math：pi() div 2)返回 1.0 math：sin(math：pi()返回 0.0 math：sin(xs：double('INF'))返回 xs：double('NaN')

此类函数中还有余弦、正切、反三角函数等。

5. 聚合函数

聚合函数把一组序列作为一个变量并通过计算返回单值。除 fn：count 外，这组序列必须包含单一类型的值。聚合函数如表 5.5 所示。

表 5.5　聚合函数

函　　数	说　　明
fn：count	返回一个序列中项目的数量
fn：avg	返回值序列的平均值
fn：max	从可比较值的序列中返回最大值
fn：min	从可比较值的序列中返回最小值
fn：sum	返回值序列的总和

1）fn：count

格式：fn：count(sequence)

返回 sequence 中项目数。如果序列为空，则返回零。

例如，设 seq1＝(item1,item2),seq2＝(),则：

fn：count(seq1)返回 2。

fn：count(seq2)返回 0。

2）fn：avg

格式：fn：avg(sequence)

返回 sequence 中的所有项目值的平均值，即所有项目的值求和，然后除以项目数。序列中的项目可以是 untypedAtomic、yearMonthDuration、dayTimeDuration、yearMonthDuration 四种类型之一，否则会产生错误。

例如，设 d1＝xdt：yearMonthDuration("P20Y"),d2 ＝ xdt：yearMonthDuration("P10M"),seq1＝(3, 4, 5),则：

fn:avg(seq1)返回 4.0。

fn:avg((d1，d2))返回 125 个月的 yearMonthDuration 类型值。

fn:avg((d1，seq))产生错误。

fn:avg(())返回()。

fn:avg((INF，-INF))返回 NaN。

3) fn:max

格式：fn:max(sequence)

返回一个项目,它的值是 sequence 中的最大值。如果序列为空,则返回空值。如果序列转化包含 NaN,则返回 NaN。

例如,设 seq=(3,4,5),则：

fn:max(seq)返回 5。

fn:max((3,4,5))返回 5。

fn:max((5，5.0e0))返回 5.0e0。

fn:max((3,4,"Zero"))出错。

fn:max((fn:current-date()，xs:date("2001-01-01")))返回当前时间 current-date()。

fn:max(("a"，"b"，"c"))返回"c"。

4) fn:min

格式：fn:mix(sequence)

返回一个项目,它的值是 sequence 中的最小值。如果序列为空,则返回空值。如果序列转化包含 NaN,则返回 NaN。

例如,设 seq=(3,4,5),则：

fn:mix(seq)返回 3。

fn:mix((3,4,5))返回 3。

fn:mix((5，5.0e0))返回 5.0e0。

fn:mix((3,4,"Zero"))出错。

fn:mix((fn:current-date()，xs:date("2001-01-01")))返回时间 date("2001-01-01")。

5) fn:sum

格式：fn:sum(sequence)

把 sequence 中的所有值相加,并返回相加的结果。

例如,设 d1=xdt:yearMonthDuration("P20Y"),d2 = xdt:yearMonthDuration("P10M"),seq1=(3，4，5),则：

fn:sum((d1，d2))返回 250 个月的 yearMonthDuration 类型。

fn:sum(seq1)返回 12。

fn:sum(())返回 0。

fn:sum((),())返回()。

5.4.2　字符串函数

1. 串类型

常用的传类型是 xs:string、xs:normalizedString、xs:token、xs:language、xs:NMTOKEN、xs:Name、xs:NCName、xs:ID、xs:IDREF、xs:ENTITY。这些串有的是任意串,有的是 XML

DTD 的数据类型。

2．字符编码与字符的转换

字符编码可以转换成相应的字符，表 5.6 为转换函数说明。

表 5.6　字符编码与字符转换函数

函　　数	说　　明	示例及其含义
fn：codepoints-to-string	返回字符编码对应的字符	fn：codepoints-to-string((88,77,76)返回"XML" fn：codepoints-to-string(())返回串" " fn：codepoints-to-string(0)引发错误：F0CH0001
fn：string-to-codepoints	返回字符对应的字符编码	fn：string-to-codepoints("Thérèse")返回 (84，104，233，114，232，115，101)

3．字符串比较

检查（collation）是一种根据扩展，排序对 string 比较方式的规定。当这些值（其类型是 xs：string 或是从 xs：string 导出的类型）进行比较时，根据某种检查方式进行内在比较，如根据字符的内码进行检查。某些应用可能需要不同的比较和排序行为，类似的，需要使用特定语言的某些用户可以要求与其他用户不同的行为。结果，在任意上下文下比较字符串时必须考虑这种检查。表 5.7 是几个用于检查的函数。

表 5.7　字符串比较函数

函　　数	说　　明	示例及其意义
fn：compare（$x，$y)	当$x 小于、等于、大于$y，分别返回−1,0,1	fn：compare('abc'，'abc')返回 0 fn：compare('Strasse'，'Straße')返回 0,因'ss'与'ß'在德语中等价 fn：compare('Strassen'，'Straße')返回 1,因前者多一个'n'
fn：codepoint-equal	返回 true()或 false()	fn：codepoint-equal ("abcd","abcd")返回 true() fn：codepoint-equal ("abcd","abcd ")返回 false()

4．字符串函数

表 5.8 给出了一些字符串函数。

表 5.8　字符串函数

fn：concat	把两个以上的字符串连接起来构造新的串,然后返回该合成字符串
fn：string-join	把两个以上的字符串连接起来,用确定的分隔符分隔每一个字符串
fn：substring	返回字符串的子串
fn：string-length	返回字符串的长度
fn：normalize-space	除去参数串中的前导和尾部空格,对串中的多个空格串统一用一个空格代替,形成新串
fn：upper-case	把字符串转换成大写字母
fn：lower-case	把字符串转换成小写字母
fn：translate	返回字符串修改值

1）fn：concat

例如：

fn：concat('name'，'space')返回"namespace"。

fn：concat('This',(),'is',' ','a',' ','XPath',' ','function. ')返回"This is a XPath function. "。

2) fn：string-join

例如：

fn：string-join('This','is','a','XPath','function. ',' ')返回"This is a XPath function. "。

fn：string-join('Monday','Tuesday','Wednesday','Thursday','Friday','Saturday', 'Sunday',',')返回"Monday,Tuesday,Wednesday,Thursday,Friday,Saturday,Sunday"。

假定文档为：

```
<goods>
  <clothes>
    <shirt>
    </shirt>
  </clothes>
</goods>
```

以<shirt>作为上下文当前结点,此时 XPath 表达式为 fn：string-join(for $n in ancestor-or-self:: * return name($n), '/'),返回"goods/clothes/shirt"。

3) fn：substring

格式：fn：substring(string,n),返回 string 中从位置 n 开始的后续部分。

fn：substring(string,n,m)返回 string 中从位置 n 开始的 m 个字符。

上述的 n、m 参数可以是任意实数。

例如：

fn：substring("hard work",6)返回"ork"。

fn：substring("This paper should be read",7,3)返回"per"。

fn：substring("paper", 0, 3)返回"pa"。

fn：substring("paper", 1.5, 2.6)返回"ape"。

fn：substring("paper", 5，−3)返回""。

fn：substring("paper", −3, 5)返回"p"。

4) fn：string-length

格式：fn：string-length()、fn：string-length(string)

例如：

fn：string-length("This paper should be read")返回 25。

fn：string-length("")返回 0。

5) fn：normalize-space

格式：fn：normalize-space()、fn：normalize-space(string)

例如：

fn：normalize-space("The world changes rapidly. ")返回"The world changes rapidly. "。所有多于 1 个的空格被归一化为 1 个空格。

fn：normalize-space(())返回""。

6) fn：translate

格式：fn：translate(string1,string2,string3)

返回 string1 的修改值。修改方法是：在 string1 中的每一个字符,如果出现在 string2 的位置 N,将被出现在 string3 中的位置 N 上的字符代替。例如：

fn:translate("bar","abc","ABC")返回"Bar"。

fn:translate("--aaa--","abc-","ABC")返回"AAA"。

fn:translate("abcdabc", "abc", "AB")返回"ABdAB"。

5.4.3 逻辑运算和函数

1. 逻辑运算

XPath 中的逻辑运算只有 and(与)和 or(或)两种。逻辑运算的返回值永远是真,或者假。

设 A、B 是两个逻辑变量,分别用 0、1 表示逻辑的假和真,and 和 or 运算的真值表如表 5.9 所示。

表 5.9 and 和 or 运算真值表

A	B	A and B	A or B
0	0	0	0
0	1	0	1
1	0	0	1
1	0	1	1

例 5.12 设 x、y、z 的值分别为 1,2,−3,计算下面的逻辑运算的值。

x eq 1 and y eq 2——为真。

x gt y or y gt z——为真。

x lt y and y gt z——为真。

x eq y or x lt z——为假。

除了 and 和 or 运算符,XPath 还提供了函数 fn:not 对变量取反运算。当变量为假时,该函数返回真,当变量为真时,该函数返回假。

2. 逻辑常量

因在 XPath 中没有定义字面值来引用逻辑常量"真"和"假",为此,使用函数 fn:true()和 fn:false()来表示逻辑常量。如表 5.10 所示。

表 5.10 逻辑函数

函　　数	说　　明	示例及含义
fn:true	构造布尔值"真"	fn:true()返回"真",等价于 xs:boolean("1")
fn:false	构造布尔值"假"	fn:false()返回"假",等价于 xs:boolean("0")
fn:not	取反运算	fn:not(fn:true())返回"假",fn:not("false")返回"真"

3. 布尔值上的操作

布尔值上的操作用于两个布尔变量的比较,如表 5.11 所示。

表 5.11 布尔值上的操作

函　　数	说　　明
op:boolean-equal	两个变量为相同的布尔值,返回"真"
op:boolean-less-than	第一个变量为假,第二个变量为真,返回"真"
op:boolean-greater-than	第一个变量为真,第二个变量为假,返回"真"

4. 布尔值上的函数

表 5.12 给出了一些布尔值上的函数。

表 5.12　布尔值上的函数

函　　数	说　　明	示例及含义
fn:boolean	计算变量的有效布尔值	令 $x=$"uvw" fn:boolean($ x)引发类型错误 fn:boolean($ x[1])返回 true() fn:boolean($ x[0])返回 false()
fn:not	取反运算	fn:not(fn:true())返回 false() fn:not("false")返回 true()

5.4.4　日期时间运算及函数

日期、时间、时间间隔是 XML Schema 中的一大类数据类型,它们是 xs:dateTime、xs:date、xs:time、xs:gYearMonth、xs:gYear、xs:gMonthDay、xs:gMonth、xs:gDay。在 Functions 和 Operators 3.0 中对这一大类数据同样进行了定义。

1. 日期/时间类型值

日期时间类型有 xs:dateTime、xs:date、xs:time、xs:gYearMonth、xs:gYear、xs:gMonthDay、xs:gMonth、xs:gDay 八种类型,这些类型可以表示成七个成分:year、month、day、hour、minute、second 和 timezone,前五个成分是整数值,第六个是 xs:decimal,取 s.ss 的小数形式,第七个是日期的间隔值(xs:dayTimeDuration)。关于这些数据类型的详细讨论参考 4.4.3 节的内容。

2. 日期/时间间隔

有两个间隔类型,它们是 xs:yearMonthDuration、xs:dayTimeDuration。间隔类型上的操作将做标准化处理,秒和分永远小于 60,小时永远小于 24,月小于 12。因此,120 秒和 2 分钟给出的间隔相同。

xs:yearMonthDuration 只包含年和月成分,值空间是月的整数,其语句表示为 PnYnM,1 年 2 月表示成 P1Y2M。还可以用负号"—"表示负的间隔,负 5 个月可以表示成—P5M。

xs:dayTimeDuration 只包含日、小时、分、秒四个成分,值空间是秒的小数,其语句表示为 PnDTnHnMnS,日、小时、分的取值是任意的 xs:integer,秒的值用 xs:decimal。1 日 2 小时 3 分可表示成 P1DT2H3M。还可以用负号"—"表示负的间隔,负 50 日可以表示成—P50D。

3. 常用的日期/时间函数

1) 构建 dateTime 类型

从 xs:date 值和 xs:time 值构建 xs:dateTime,函数如下:

> fn:dateTime($ arg1 as xs:date?, $ arg2 as xs:time?) *as xs:dateTime?*

例如:

fn:dateTime(xs:date("1999-12-31"), xs:time("12:00:00"))

返回

xs:dateTime("1999-12-31T12:00:00")

2) 间隔、日期和时间上的操作

表 5.13 给出了间隔、日期和时间上的操作函数。

表 5.13 间隔、日期和时间上的操作函数

函　　数	说　　明
op:dateTime-equal	两个 xs:dateTime 变量值相同时返回真
op:dateTime-less-than	第一个变量表示的时间早于第二个变量是返回真
op:dateTime-greater-than	第一个变量表示的时间晚于第二个变量是返回真
op:date-equal	当且仅当两个变量的开始时间相同时返回真,否则为假
op:date-less-than	当且仅当第一个变量的开始时间小于第二个变量开始值时返回真,否则为假
op:date-greater-than	当且仅当第一个变量的开始时间大于第二个变量开始值时返回真,否则为假
op:time-equal	如果日期相同,且两个变量值相同,返回真
op:time-less-than	如果日期相同,且第一个变量的值早于第二个变量,返回真
op:time-greater-than	如果日期相同,且第一个变量的值晚于第二个变量,返回真
op:gYearMonth-equal	如果两个 xs:gYearMonth 变量的值相同,返回真
op:gYear-equal	如果两个 xs:gYear 变量的值相同,返回真
op:gMonthDay-equal	如果两个 xs:g MonthDay 变量的值相同,返回真
op:gMonth-equal	如果两个 xs:gMonth 变量的值相同,返回真
op:gDay-equal	如果两个 xs:gDay 变量的值相同,返回真

表 5.13 中部分操作举例如下：

(1) op:dateTime-equal。

例如：

假设时区为-05:00,则

op:dateTime-equal(xs:dateTime("2002-04-02T12:00:00-01:00"),xs:dateTime("2002-04-02T17:00:00＋04:00"))返回 true()。

op:dateTime-equal(xs:dateTime("2005-04-04T24:00:00"),xs:dateTime("2005-04-04T00:00:00"))返回 false()。

(2) op:date-equal。

例如：

op:date-equal(xs:date("2004-12-25Z"),xs:date("2004-12-25＋07:00"))返回 false()。

op:date-equal(xs:date("2004-12-25-12:00"),xs:date("2004-12-26＋12:00"))返回 true()。

(3) time-greater-than。

例如：

op:time-greater-than(xs:time("08:00:00＋09:00"),xs:time("17:00:00-06:00"))返回 false()。

(4) op:gYearMonth-equal。

例如：

假设时区为－05:00,则

op:gYearMonth-equal(xs:gYearMonth("1986-02"),xs:gYearMonth("1986-03"))返回 false()。

op:gYearMonth-equal(xs:gYearMonth("1978-03"),xs:gYearMonth("1986-03Z"))返回 false()。

(5) op:gMonthDay-equal。

例如：

假设时区为-05:00,则

op:gMonthDay-equal(xs:gMonthDay("--12-25-14:00"),xs:gMonthDay("--12-26+10:00"))返回 true()。

op:gMonthDay-equal(xs:gMonthDay("--12-25"),xs:gMonthDay("--12-26Z"))返回 false()。

3) 日期和时间上的成分抽取函数

表 5.14 中部分函数举例如下：

表 5.14　部分日期和时间上的成分抽取函数

函　　数	说　　明
fn:year-from-dateTime	返回 xs:dateTime 中的 year 成分
fn:month-from-dateTime	返回 xs:dateTime 中的 month 成分
fn:timezone-from-dateTime	返回 xs:dateTime 的 timezone 成分
fn:day-from-date	返回 xs:date 中 day 成分
fn:timezone-from-date	返回 xs:date 中 timezone 成分
fn:hours-from-time	返回 xs:time 中 hours 成分
fn:minutes-from-time	返回 xs:time 中 minutes 成分
fn:seconds-from-time	返回 xs:time 中 seconds 成分
fn:timezone-from-time	返回 xs:time 中 timezone 成中

(1) fn:year-from-dateTime。

例如：

fn:year-from-dateTime(xs:dateTime("1999-05-31T13:20:00-05:00"))返回 1999。

(2) fn:month-from-dateTime。

例如：

fn:month-from-dateTime(xs:dateTime("1999-05-31T13:20:00-05:00"))返回 5。

(3) fn:timezone-from-dateTime。

例如：

fn:timezone-from-dateTime(xs:dateTime("1999-05-31T13:20:00-05:00"))返回 xs:dayTimeDuration("-PT5H")

4) 间隔、日期和时间上的算术运算

表 5.15 中部分函数举例如下：

表 5.15　间隔、日期和时间上的算术运算函数

函　　数	说　　明
op:subtract-dateTimes	返回表示变量 2 和变量 1 之间流逝时间的 xs:dayTimeDuration 值
op:subtract-dates	返回与变量 2 和变量 1 的开始时间之间的流逝时间对应的 xs:dayTimeDuration 值

函　　数	说　　明
op:subtract-times	返回变量 2 和变量 1 的值之间在相同日期上流逝时间对应的 xs:dayTimeDuration 值
op:add-yearMonthDuration-to-dateTime	返回一个特定的 xs:dateTime 之后给定 xs:dateTime 间隔
op:add-dayTimeDuration-to-dateTime	返回一个特定的 xs:dateTime 之后给定 xs:dateTime 间隔
op:subtract-yearMonthDuration-from-dateTime	返回一个特定的 xs:dateTime 之前给定 xs:dateTime 间隔
op:subtract-dayTimeDuration-from-dateTime	返回一个特定的 xs:dateTime 之前给定 xs:dateTime 间隔
op:add-yearMonthDuration-to-date	返回一个特定的 xs:date 之后给定 xs:date 间隔
op:add-dayTimeDuration-to-date	返回一个特定的 xs:date 之后给定 xs:date 间隔
op:subtract-yearMonthDuration-from-date	返回一个特定的 xs:date 之前给定 xs:date 间隔
op:subtract-dayTimeDuration-from-date	返回一个特定的 xs:date 之前给定 xs:date 间隔
op:add-dayTimeDuration-to-time	返回一个特定的 xs:time 之后给定 xs:time 间隔值
op:subtract-dayTimeDuration-from-time	返回一个特定的 xs:time 之前给定 xs:time 间隔值

（1）op:subtract-dateTimes。

例如：

假设时区为-05:00,则

op:subtract-dateTimes(xs:dateTime("2000-10-30T06:12:00"),xs:dateTime("1999-11-28 T09:00:00Z"))返回 xs:dayTimeDuration("P337DT2H12M")

（2）op:subtract-dates。

例如：

op:subtract-dates（xs:date（"2000-10-30"）,xs:date（"1999-11-28"））返回 xs:dayTimeDuration（"P337D"）。

（3）op:subtract-times。

例如：

假设时区为-05:00,则

op:subtract-times（xs:time（"11:12:00Z"）,xs:time（"04:00:00"））返回 xs:dayTimeDuration("P T2H12M")

5.4.5　上下文函数

表 5.16 是从动态上下文中获得信息的函数。

表 5.16　上下文函数

函　　数	说　　明
fn:position	从正在处理的项目序列中返回上下文项目的位置
fn:last	从正在处理的项目序列中返回项目数
fn:current-dateTime	返回当前 xs:dateTime
fn:current-date	返回当前 xs:date
fn:current-time	返回当前 xs:time

表 5.16 中部分函数举例如下：

（1）fn：position

格式：fn：position()

返回一个整数（xs：integer）指示当前正在被处理的项目序列内的上下文项目的位置。

例如：例 5.1 中的 num 元素值为 201411010201 的 score 位于第 2 个位置，此时 fn：position()返回该元素的位置值 2。

（2）fn：last

格式：fn：last()

返回一个整数（xs：integer）指示当前正在被处理的项目序列内的项目数量。

（3）fn：current-dateTime

格式：fn：current-dateTime()

从动态上下文中返回一个携带时区的日期型（xs：dateTime）。

例如，fn：current-dateTime()可能返回 2005-05-20T08：55：15Z，其中的 Z 代表时区（参考 6.4.3 的 datetime 数据类型）。

（4）fn：current-date

格式：fn：current-date()

从动态上下文中返回一个携带时区的日期型（xs：date）。

例如，fn：current-date()可能返回 2005-05-20Z。

（5）fn：current-time

格式：fn：current-time()

从动态上下文中返回一个携带时区的时间型（xs：time）。

例如，fn：current-time()可能返回 08：55：15.000-03：00。

5.5 应用举例

XPath 的应用实际上已经在 XSLT 中大量使用。下面通过一个例子进一步说明 XPath 的用法。

例 5.13 根据表 5.17 写出的 XML 文档，并分析 XPath 的使用方法。

表 5.17 XML 文档对应的表

学号	姓名	性别	民族	籍贯	专业
20040112	王凌	男	汉	云南姚安	英语
20040201	刘雯	女	白族	云南大理	中文
20031514	张艳丽	女	汉	江苏南京	计算机

根据表 5.17，可得到下面的 XML 文档：

```
<?xml version="1.0" encoding="GB2312"?>
<students>
    <student num=" 20040112" >
        <name>王凌</name>
        <sex>男 5</sex>
        <nation>汉</nation>
```

```
            <hometown>云南省姚安县</hometown>
            <major>英语</major>
    </student>
    <student num=" 20040201" >
            <name>刘雯</name>
            <sex>女</sex>
            <nation>白族</nation>
            <hometown>云南省大理市</hometown>
            <major>中文</major>
    </student>
    <student num=" 20031514" >
            <name>张艳丽</name>
            <sex>女</sex>
            <nation>汉</nation>
            <hometown>江苏省南京市</hometown>
            <major>计算机</major>
    </student>
</students>
```

为了进一步地理解 XPath，把 XPath 表达式写在 XSLT 的 select 表达式中。下面是一些详细讨论。

select＝"students/student"选择 students 下的所有 student 子元素。

select＝"@num"选择 student 元素的 num 属性值。

select＝"students/student[2]选择"刘雯"同学的信息。

select＝"students/student[fn：last()]"选择最后一个同学"张艳丽"的信息。

select＝"students//name"选择所有的 name 元素结点。

select＝"student[name] "选择所有的 name 元素结点。

select＝"student[name='王凌']"选择所有的 name 为"王凌"的 student 元素结点。

select＝"students/student[3]/sex"选择第 3 个学生的 sex 元素结点。

select＝"students/student[@num='20040201']"选择属性值为 20040201 的 student 结点，即"刘雯"同学的信息。

注意：XPath 提供了对 XML 文档内部资源进行查询定位的方法和函数，目前在 XSLT 中已经被广泛使用，所以自从第一版发布以来又发布了许多更新版本，说明 XPath 得到了业界的支持。

习题 5

1. 什么是静态和动态上下文？它们之间的差别是什么？
2. 什么是全文语法？
3. 什么是缩写语法？
4. 简述步、轴、谓词的概念。
5. 书写 XPath 的路径表达式，它通常用在什么地方？
6. 简述 XDM 3.0 有哪些结点类型。
7. 什么是时间间隔？时间间隔类型有哪几种？
8. 上下文是什么概念？在 XML 文档中，上下文结点是什么？试举例说明。

第6章 HTML 技术

6.1 概述

HTML 是英文 HyperText Markup Language 的缩写,中文含义是超文本标记语言。

1990 年,Tim Berners-Lee 和欧洲核子物理实验室(European Laboratory for Particle Physics,CERN)的研究人员一起得到了一个从 Internet 服务器上取回并显示文档的有效办法,这些文档采用超文本规则,这就是最初的 HTML。

1993 年,Marc Andresson 领导的美国国家计算机应用中心(National Center for Supercomputing Applications,NCSA)的一个开发小组开发出真正的 WWW 的 Web 浏览器,名为 Mosaic。Marc Andresson 后来建立了 Netscape 公司,Netscape 公司对 Mosaic 又进行了改进。Mosaic 被商业化后,成为 Microsoft 公司的 Internet Explorer 的前身。今天的 Internet Explorer 就是在 Mosaic 的基础上开发出来的。

1995 年 11 月,Internet Engineering Task Force 在整理以前的 Web 应用的基础上,开发了 HTML 2.0 规范。后来相继出现了 HTML+和 HTML 3.0。

1996 年,World Wide Web Consortium(W3C)的 HTML 工作组开始组织编撰了新的规范,1997 年 HTML 3.2 问世。在 HTML 3.2 问世以前,在不同浏览器的上看到的同一 HTML 文档,可能会有不同的表现形式,这个问题在 HTML 3.2 中得到了解决。

1999 年,HTML 4.0 将原来的 HTML 语言扩展到了一些新领域,如样式表单、脚本语言、帧结构、内嵌对象、动态文字等。

本章以 HTML 4.0 为基础进行讨论。

6.2 提出问题

1. 典型的商业网站

新浪网是一个以信息发布为主的商业网站,其内容十分丰富,几乎囊括了政治、经济、生活、学习的方方面面。经常上网的读者对这样的页面是十分熟悉的,图 6.1 是新浪网的首页。

这个版面显示的信息多,内容庞大,但不凌乱。读者对新浪网首页的分析,能得出什么样的结论?

2. 一个教学课件

为了方便网页设计课程的教学,我们曾经用 HTML 编写了一个网页教学的课件。在图 6.2 是这个课件的首页。整个系统把浏览器的显示窗口分为标题栏、菜单栏、主页和代码显示四个区域。顶部显示标题;左边是菜单栏,菜单项是基本的网页技术,如文字、表格、表单等;中间的区域将显示单击左边各个菜单项目后的显示结果;而右边的区域则用来展示与该菜单项对应的 HTML 代码。

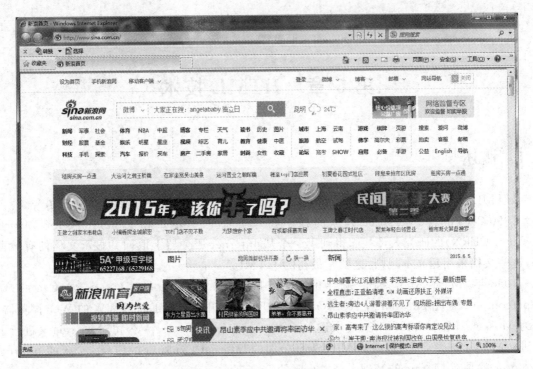

图 6.1　新浪网的首页

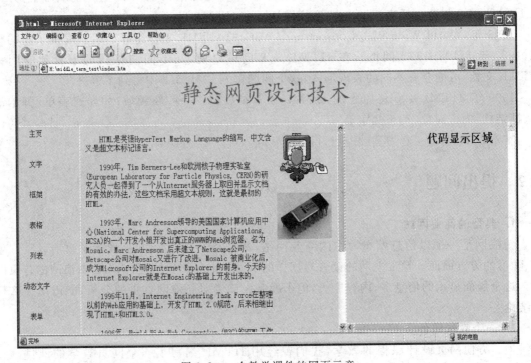

图 6.2　一个教学课件的网页示意

　　图 6.3 是单击"文字"选项后的页面效果，该页同时展示了代码（右边部分），以及与代码对应的显示效果（中间部分）。

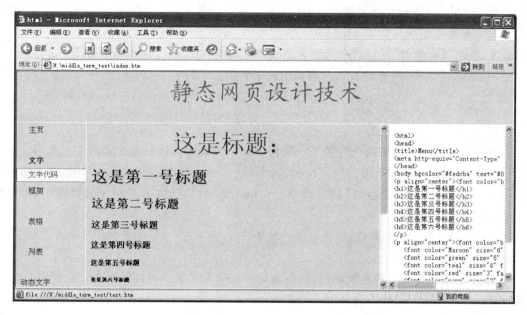

图 6.3　在图 6.2 的网页上单击"文字"选项后的效果

3. 问题的提出

通过这三个网页,读者会有什么样的感性认识? 从中会有什么样的启示? 通过这三个网页,至少可以提出如下的问题:

- 一个网页应该怎样规划和布局,才能结合网页的主题,有效地利用其有限的空间显示尽可能多的信息? 新浪网的首页是如何规划的? 图 6.2 的课件又是如何规划的?
- 一个网页应该包含哪些基本要素? 应该如何设计?
- 页面的字体、颜色、背景怎样搭配才能使人赏心悦目?
- 菜单怎样设计的,如何才能实现菜单功能?
- 图形、动画、声音如何在网页中实现?

本章的内容将结合上述问题展开 HTML 4.0 技术的讨论。

6.3　HTML 的语法基础

6.3.1　HTML 的语法基础

1. 元素

HTML 语言中,所有命令都由元素表示。元素由符号"<"和">"包含的元素名而构成,这些元素名不能随意更改,全部由 HTML 4.0 规范规定,如<body>、<html>、<frame>等。在编写网页程序时必须使用这些元素。

有的元素必须要与结束标记配对。在符号"<"和">"之间的关键词前加上"/",就构成了结束标记。如</body>、</html>、</frame>。

有的元素可以独立实现其功能。这时不需要结束元素,如<img>、
、<hr>。这些元素称为空元素。

注意:在 XML 中是不允许这种无结束标记的元素出现在程序中的,所以 XML 问世后,所有的 HTML 程序的编写必须符合 XML 1.0 的关于结构良好性和合格名称的要求来编写。具体内容请参考 6.9 节。

另外，在书写元素时，在"＜"和元素名之间不能有空格。如＜ body＞是不允许的。

在 HTML 语言中，所有的显示内容都由元素引出，元素的格式如下：

＜元素名＞显示内容＜/元素名＞

2. 属性

大多数元素拥有隶属于自己的若干个属性。每个元素的属性只在元素内发生作用。每个属性使元素在某个方面起作用。如＜body bgcolor＝"＃f0f0f0"＞中，元素＜body＞的属性 bgcolor 的作用是设置网页显示区的背景颜色。bgcolor 后边的等号是给该属性赋值，等号后的双引号""中的内容是颜色值。

注意：这对双引号是必需的，也可以用一对单引号，不能忽略，特别是初学者容易忽略它们。

3. 注释

在 HTML 中注释可以被系统识别，但不被翻译成网页元素显示在网页上。注释由"＜!--"开头，以"--＞"结束，中间放置注释语言。如：

＜!-- 注释 --＞

4. 特殊符号的显示

有时需要表示用来作为元素成分的符号，如"＜"和"＞"，这时就需要特别的规定。表 6.1 中给出了特殊字符集。

表 6.1 特殊字符集的转义表示

字 符	说 明	表 示
＜	小于号	&lt;
＞	大于号	&gt;
"	双引号	&quot;
&	and 符号	&amp;
	空格	

6.3.2 简单网页设计

我们从一个简单网页开始，然后围绕这个网页展开 HTML 程序设计的详细讨论。

1. 一个简单网页设计

例 6.1 设计一个程序，显示如图 6.4 所示的网页。

源程序如下：

```
＜html＞
    ＜head＞＜title＞一个简单网页＜/title＞＜/head＞
    ＜!-- body 的属性 bgcolor 表示背景颜色 --＞
    ＜body bgcolor＝"＃e0e0e0"＞
        ＜!-- 显示二级标题，其中属性 align＝"center"表示居中显示 --＞
        ＜h2 align＝"center"＞学习 HTML，设计自己的网页!＜/h2＞
        ＜!-- 显示一个段落，其中属性 align＝"center"表示居中显示 --＞
        ＜p align＝"center"＞这是用 HTML 语言编写的一个简单主页。＜/p＞
        ＜!-- 显示一个段落，在段落中嵌套一个图形，align 属性含义同上 --＞
```

```
        <p align="center">
            <img src="image/cherry.jpg" width="200" height="120" alt="cherry.jpg">
        </p>
    </body>
</html>
```

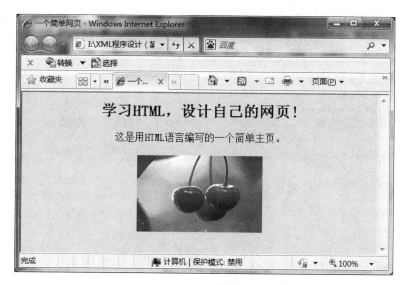

图 6.4　一个简单网页

2. 网页程序的结构

一般地，用 HTML 语言编写的网页程序的结构如图 6.5 所示。

所有的网页程序必须把网页语句行包含在 <html> 和 </html> 之间，并且用 .htm 或 .html 作为扩展名。凡是这类文件，系统自动识别为网页文件。

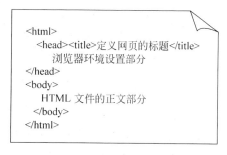

图 6.5　网页文件的结构

在 <html> 和 </html> 之间的内容基本分为两大类：一类是浏览器环境设置，一类是显示在浏览器可视区中的信息主体。前者包含在 < head > 和 </head> 元素内，后者包含在诸如 <body></body> 一类的块级元素内。块级元素用于显示网页的信息主体，在 HTML 中，常用的块级元素有 <body></body>、<table></table>、<frame></frame>。

<body> 和 </body> 之间封装了网页的可视内容，一般来说是不可缺少的。

<table> 和 </table> 用于表格设计，可以代替 <body> 和 </body>，但习惯上总是把 <table> 和 </table> 嵌套在 <body> 和 </body> 内部。今天，用 <table> 来规划网页是一种非常流行的方法。新浪网首页就是用 <table> 来规划的。

<frameset> 和 </frameset> 是 HTML 中专门用于规划网页的元素，使用时代替 <body> 和 </body> 成为 <html> 下的顶级元素。由于 <frameset> 和 </frameset> 规划的网页会使网页变得比较复杂，所以它适合于内容较少较简单的网页设计。图 6.2 中的课件就是用 <frameset> 和 </frameset> 规划的。

3. ＜head＞元素

例 6.1 中使用了头元素＜head＞,这是网页程序中重要的顶级元素。其中嵌套了＜title＞,它还可以包含样式＜style＞、脚本＜script＞、微元＜meta＞、对象＜object＞等。

1) ＜style＞元素

该元素专门用来设置 HTML 元素的样式,一般使用层叠样式表(Cascsding Style Sheet,CSS)作为样式定义语言。下面是＜style＞元素的使用方法。

```
＜head＞
    ＜title＞数据显示＜/title＞
    ＜style type="text/css"＞
    td {color:blue;                            /＊定义 td 内的文字为蓝色＊/
        font-family:楷体_gb2312;               /＊定义 td 内的字体为楷体＊/
        }
    h2 {color:teal;                            /＊定义 h2 的文字为邮政绿＊/
        font-family:隶书;}
    th,td,table {border:1pt solid purple;}     /＊定义 th,td,table 边界为 1pt 紫色实线＊/
    td.inner {border:none;}                    /＊定义 td 的 inner 类无边线＊/
    font {font-size:8pt;}                      /＊定义字体大小为 8pt＊/
    ＜/style＞
＜/head＞
```

其中,table、th、td、h2、font 都是 HTML 的元素,在此段代码中对这些元素进行了再定义。定义的内容包括 color、font-family、border(边界线)、font-size 等。

＜style＞有一个重要的属性 type,用来定义样式语言。一般情况下,该属性不能省略。

2) ＜object＞元素

该元素用来定义对象,属于 HTML 中比较专门和高级的元素。该元素的使用实例如下:

```
＜head＞
    ＜title＞数据岛＜/title＞
    ＜object width="0" height="0"
        classid="clsid:550dda30-0541-11d2-9ca9-0060b0ec3d39"
        id="xmldso"＞
    ＜/object＞
＜/head＞
```

其中,＜object＞定义了一个 XML 对象,classid 定义了对象的唯一类标示符,id 作为此对象的 id 值,被其他应用所引用时用此 id 值调用该对象。

3) ＜script＞元素

该元素用来定义网页程序使用的是哪个脚本语言。在网页设计中,经常使用的脚本语言有 JavaScript 和 VBScript,前者称为 Java 脚本语言,后者称为 Visual Basic 脚本语言。下面是一个使用 VBScript 的脚本定义。

```
＜head＞
    ＜script language="VBScript"＞
    sub pre_onclick()
        if shirt.recordset.bof then
            shirt.recordset.moveLast
        end if
    end sub
    sub next_onclick()
        if shirt.recordset.eof then
```

```
                shirt.recordset.moveFirst
             end if
          end sub
        </script>
     </head>
```

其中,定义了两个事件 pre_onclick() 和 next_onclick(),这两个事件在网页中的 pre 和 next 按钮被单击时被激活,激活时执行事件中的代码。

<script> 的 language 属性定义脚本所使用的语言,定义脚本时不可缺少。

4) <meta>元素

该元素用来定义网页元数据,如文档关键字、描述和作者信息。<head>元素中可以有多个<meta>元素。

例如,设置网页中的样式语言为 CSS:

<meta http-equiv="Content-Style-Type" content="text/css">

设置网页程序的脚本语言为 JavaScript:

<meta http-equiv="Content-Script-Type" content="text/javascript">

告诉搜索引擎和其他智能机器不要索引该网页,但跟随网页上的链接:

<meta name="robots" content="noindex,follow">

设置网页的语言为 HTML,使用的字符集为 GB2312::

<meta http-equiv="content-type" content="text/html;charset=gb2312">

5) <title>元素

<title>元素定义的文本显示在浏览器的标题栏浏览器图标的右边,出现在浏览器的左上角。

4. <body>元素

<body>是 HTML 程序中重要的顶级构件,用于控制在浏览器可视区中显示几乎 HTML 的所有元素,是网页程序中另一个重要的组成部分。

既然是用于整个网页有效信息的显示控制,<body>的常用属性有背景颜色 bgcolor、背景图形 background 和文本颜色 text 等。

1) bgcolor 属性

该属性表示颜色的背景颜色,颜色值有三种表示方法,分别是颜色关键词、红绿蓝三原色组合和颜色函数 rgb()。

颜色关键词,如 red(红色)、green(绿色)、blue(蓝色)、yellow(黄色)、gray(灰色)、silver(银色)等,共有 16 种。书写时写成 bgcolor="silver"。

颜色的红绿蓝三原色组合,每种颜色用两位十六进制数表示,取值为 00~ff,与十进制数 0~255 的整数对应,三种颜色的组合形式为 #rrggbb 的数字串,其中 rr 表示红色、gg 表示绿色、bb 表示蓝色,如红色表示为 #ff0000、蓝色表示为 #0000ff、白色表示为 #ffffff、黑色表示为 #000000,任意颜色为 #f1984c,等等。书写时写成 bgcolor="#0000ff",其中的"#"不能舍去。

另外一种颜色表示是使用颜色函数 rgb(红色,绿色,蓝色),其中三种颜色的取值用十进制数表示，如红色表示为 rgb(255,0,0)、绿色表示为 rgb(0,255,0)、白色表示为 rgb(255,255,255)等。rgb(123,210,34)表示任意色。rgb(224,224,224)与例 6.1 中的 bgcolor="#e0e0e0"是一种颜色，十进制数 224 等于十六进制数 e0。

每种颜色可以取 $256(=2^8)$ 种颜色，三种颜色组合后可以取 $2^8 \times 2^8 \times 2^8 = 16777216$ 种颜色值。这种每种颜色取 8 个二进制位，三种颜色构成 24 位，这种模式叫真彩色。

关于颜色的讨论可以参考 7.4 节。

2) background 属性

该属性用一个图形表示网页的背景，用法为：background="文件名"。

例如，用 background 属性替换网页的背景颜色 bgcolor，作为例 6.1 网页的背景，修改 <body bgcolor="#e0e0e0">语句为：<body background="image/backgrnd.gif">。此时的页面如图 6.6 所示。

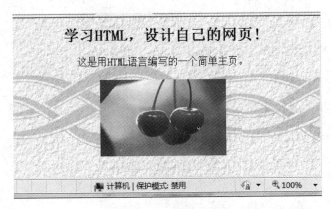

图 6.6　使用图形作背景的网页

显然选择色彩适当的图形作为背景图案，可以为网页增彩，但是使用不恰当的背景图形则会成为网页的败笔。另外，用图形作为背景还必须考虑图形文件的大小，越小的文件加载速度越快，越大的文件加载速度越慢。如果一个网页由于背景图片太大，使得网页迟迟不肯露面，这样的网页别人是不会看的。初学者最喜欢用一幅风景优美的照片作为网页背景，这是十分忌讳的，为什么？请读者思考。

3) text 属性

该属性用来设置网页上文字的颜色，网页上的文字显示在背景前面，否则观众是无法看到文字信息的。用比较专业的话说：文字与背景分布在两个图层上，所以文字颜色又叫做前景色。

<body>元素还有其他的一些属性，读者可以参考 HTML 4.0。

5. <h1>～ <h6>元素

例 6.1 中使用了标题元素<h2></h2>，用于定义文本的标题。HTML 文档一共有 6 级字符，编号从 1 级～6 级，分别用 h1,h2,…,h6 表示。

例 6.2　使用标题元素显示字号。

```
<html>
    <head><title>字号举例</title></head>
    <body bgcolor="#f0f0f0">
        <h1 align="left">这是一号标题(h1 号)</h1>
```

```
        <h2 align="left">这是二号标题(h2 号)</h2>
        <h3 align="left">这是三号标题(h3 号)</h3>
        <h4 align="left">这是四号标题(h4 号)</h4>
        <h5 align="left">这是五号标题(h5 号)</h5>
        <h6 align="left">这是六号标题(h6 号)</h6>
    </body>
</html>
```

<h1>～<h6>的 align 属性表示标题的水平对齐方式,取值为 left、center、right、justify。程序结果如图 6.7 所示。

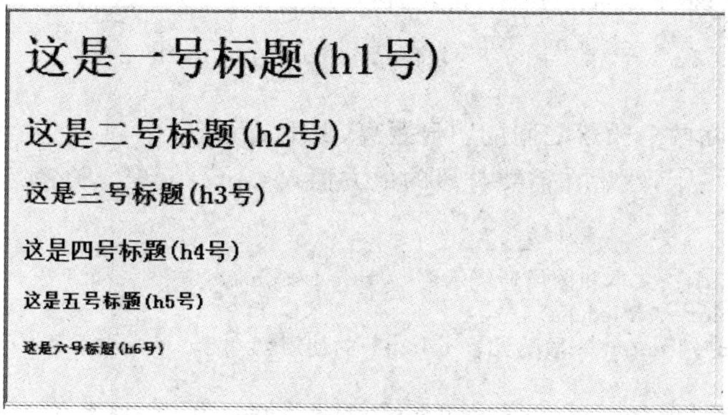

图 6.7 六种标题字号

6. <p>元素

<p>元素用于在网页中显示一个段落,段落结束时用</p>,其中使用了属性 align,align 属性定义段落的对齐方式与标题元素<h1>的一样。

例 6.3 使用<p>元素的示例。

```
<html>
    <head><title>文本和图像环绕示例</title></head>
    <body bgcolor="#fedcba">
        <h2 align="center">段落元素 &lt;p>的使用</h2>
        <hr>
        <p align="justify">     为了方便网页设计课程的教学,笔者曾经
用 HTML 编写了一个网页教学的课件。在图 6.2 是这个课件的首页。</p>
        <p>     图 6.3 是点击<strong>"文字"</strong>菜单项后的页
面效果,该页同时展示了代码(右边部分),以及与代码对应的显示效果(中间部分)。</p>
    </body>
</html>
```

其中,为了在网页中显示<p>符号,在<h2>的内容中使用"<"的转义表示"<"。两个自然段使用了两个<p>元素,为了实现段落首行缩进两个字符,使用了四个空格的转义字符" "。另外,为了强调"文字"两个字和双引号的重要性,把"文字"嵌套在<strong>元素中,这样网页会把"文字"加粗显示。为了把标题与正文内容分隔开来,特意在标题和正文之间设置了一条横线,这条横线的表示使用了<hr>元素。

程序效果显示在图 6.8 中。

仔细观察图 6.8,会发现两个自然段之间的间距十分明显。如果网页内容较多,需要在一个网页内展示较多的信息时,这种段落之间的明显分隔是应该避免的。可以用把一个段落分

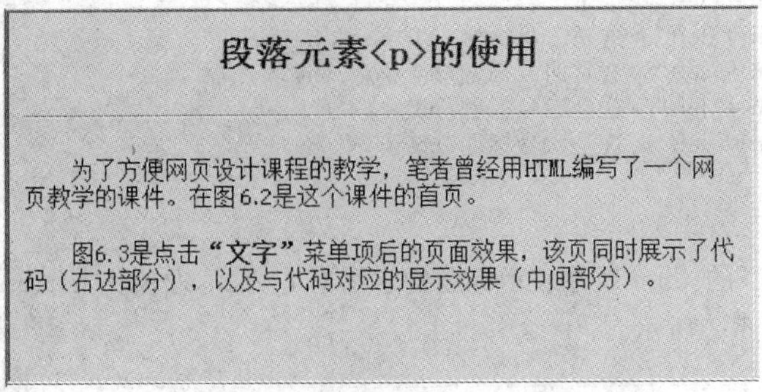

段落元素<p>的使用

为了方便网页设计课程的教学，笔者曾经用HTML编写了一个网页教学的课件。在图6.2是这个课件的首页。

图6.3是点击"文字"菜单项后的页面效果，该页同时展示了代码（右边部分），以及与代码对应的显示效果（中间部分）。

图 6.8　段落元素<p>的 br 示例

隔为两段的方式删除两个段落之间的明显距离,此时可以使用
元素。把例 6.3 的程序中两个段落合并为一个,然后在需要分段的地方插入
元素。修改后的程序如下:

```
<html>
        <head><title>文本和图像环绕示例</title></head>
        <body bgcolor="#fedcba">
          <h2 align="center">段落元素 &lt;p>的使用</h2>
          <hr>
          <p align="justify">     为了方便网页设计课程的教学,笔者曾经
用 HTML 编写了一个网页教学的课件。在图 6.2 是这个课件的首页。
          <br>     图 6.3 是点击<strong>"文字"</strong>菜单项后的页
面效果,该页同时展示了代码(右边部分),以及与代码对应的显示效果(中间部分)。</p>
        </body>
</html>
```

图 6.9 是使用
修改例 6.3 的程序的效果,显然两个段落之间的间距消除了。

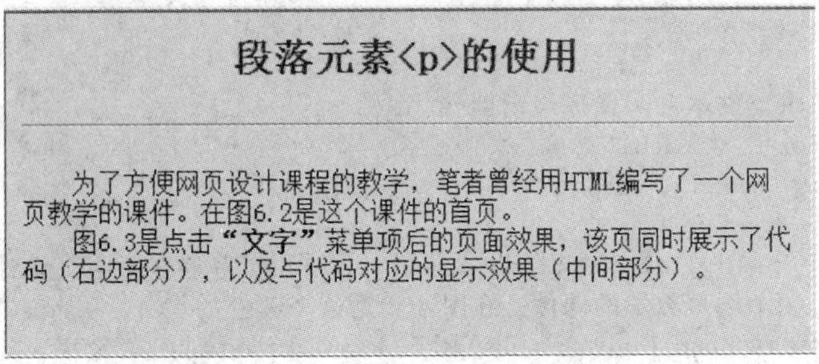

段落元素<p>的使用

为了方便网页设计课程的教学，笔者曾经用HTML编写了一个网页教学的课件。在图6.2是这个课件的首页。
图6.3是点击"文字"菜单项后的页面效果，该页同时展示了代码（右边部分），以及与代码对应的显示效果（中间部分）。

图 6.9　使用
把一个自然段分为两段

7. <img>元素

在例 6.1 中,为了显示图像,使用了图形元素<img>。

<img>元素用于在网页中插入图片,这个元素是空元素,不需要结束元素,一般格式为:

```
<img   src="" width="" height=""alt="">
```

1) src 属性

该属性是<img>元素的必选属性,用来指定要显示的图形文件的路径。图形文件的路径由统一资源定位器(Universal Resource Locator,URL)确定,可以是本地资源,也可以是远

程资源。如：

> <img src＝"http://www.sample.edu.cn/gif/graphics.gif" >—远程资源
> <img src＝"d:\xml\source\chapter6\backgrnd.gif" >—本地资源

这些都是合法的 src 属性的书写形式。

HTML 中可以使用的图形文件格式为：

- GIF——图形交换格式。
- JPEG——联合摄影专家组格式。
- XPM——X Pix Map。
- XBM——X Bit Map。
- WMF——波形文件
- BMP——位图文件

GIF 文件的特点：文件小，下载速度快，可以保证图像质量，大量使用于网页设计中。有的 GIF 文件还设计成动画，使用起来非常方便。缺点是只有 256 种颜色。

JPEG 文件的特点：真彩色，2^{24}（16 777 216）种颜色。下载速度慢，图像文件较大。当网页需要显示高品质图形时，常使用这种格式的图形。一般情况下不常用该类型的图形文件作为图形元素放在网页上，主要的原因还是文件太大，导致速度慢。

WMF 文件的特点：文件小，下载速度快，图形多为卡通型的，在网页设计中较少使用。

其他的几种文件不常用，文件很大，由于网速的限制，不容易在网上迅速传输，影响网页的质量。

今天的许多浏览器都支持上述类型的图形文件。

2）width 和 height 属性

width 和 height 分别表示图形在浏览器窗口中的显示宽度和显示高度，这是两个可选属性。当<img>中出现了 width 和 height 时，网页中的图形将按照这两个属性值的大小显示图形。当<img>中没有 width 和 height 时，网页中的图形将按照文件自身的尺寸显示在网页中。

3）align 属性

align 属性值及含义见表 6.2。

表 6.2　<img>的 align 属性值及含义

属　性　值	含　　义
absmiddle	把图像的中部和同行中的最大顶的中部对齐
absbottom	把图像的底部和同行中的最大顶对齐
baseline	把图像的底部和文本的基线对齐
bottom	把图像的底部和同行文本的底部对齐
center	使图像居中
middle	把图像的中部和行的中部对齐
left	把图像和左边界对齐
right	把图像和右边界对齐
texttop	把图像的顶部和同行中的最高的文本的顶部对齐
top	把图像的顶部和同行中的最高部分对齐

4）alt 属性

alt 表示图形不能正常显示时的替换性提示文字。元素＜img＞的其他属性请参考 HTML 4.0 规范。

注意：一个重要的概念是一个图形在网页中与一个文字是等价的，尽管一个图形比一个文字的容量大许多，但是网页程序中等同地对待一个图形与一个文字。

一般情况下，图形作为一个大的字符元素来处理，因而往往在插入一幅图片后，在网页上会有一大片的空白区无法使用，造成网页浏览空间的浪费。为了使用这部分空白区，可以使用文本和图形共同占有同一个页面的方法，对于图形未占据的空间，文字会自动弥补，从而形成图形和文字的环绕。通过＜img＞的 align 属性来设置图片和文字之间的环绕关系。

例 6.4 图文环绕。

```
<html>
    <head><title>文本和图像环绕示例</title></head>
    <body bgcolor="#fedcba">
        <img src="image/cherry.jpg" width="200" height="125" alt="image/cherry.jpg" align=
"left">
        <h2 align="center"><strong>背景控制示例</strong></h2>
        <p>    一般情况下，插入的图形和文本之间没有环绕。图像作为一
个大的字符元素来处理，因而往往在插入一幅图片后，在网页上会有一大片的空白空间无法使用，造成
网页浏览空间的浪费，为了使用这部分空白区，需要使用文本和图文的环绕技术。
        <br>     背景图案使用最多的方法之一是给元素<body>的
background 属性赋值成背景图案，或背景图案的超链接地址。为了避免出现整个背景都被同一图案覆
盖，可以使用表格的格式来控制背景图案。</p>
    </body>
</html>
```

该程序的显示结果如图 6.10 所示。

图 6.10　图形在网页中作为一个字符处理示例

8. 其他常用元素

下面是一些常用的 HTML 元素，对网页程序十分有用。

1）＜hr＞元素

＜hr＞元素在网页上画一条横线，用来分隔网页中的一些内容，譬如标题和正文、标题和表格、正文与正文等。在显示图 6.9 的程序中，使用了＜hr＞元素。

2）＜br＞元素

＜br＞元素的作用是把文本内容从中间断开，不影响断点前的内容显示，断点后面的文本内将另起一行。一个网页程序中可以多次使用＜br＞元素。在显示图 6.9 的程序中，使用了

元素。

3）<center>元素

该元素使显示的内容在浏览器可视区居中显示。我们在前面的几个网页程序中使用几个元素的 align 属性来设置内容的对齐方式，如果每个元素都使用 align 来设置，程序员自然会感到不方便，就会去寻找一次性解决居中对齐问题的方法，这就是一个很好的元素，一经设定，将在嵌套其中的内容上起作用。

4）<div>元素

该元素定义一个通用的块级容器，内部可以包含任何其他块级元素或行内元素，还可以包含多个<div>元素。这样，<div>可以用来规划网页。

<div>元素的 class 属性允许使用 CSS 来修改<div>的显示特性。<div>元素的 id、datasrc、datafld 属性在 XML 编程应用中经常用到。

5）<span>元素

该元素定义一个行内容器，一般可以放置在<p>、<div>、<td>中使用。<span>元素的 class、id、datasrc、datafld 属性在 XML 编程应用中经常用到。

9. 网页程序的编辑与运行

1）程序的编辑

编辑 HTML 源程序需要用纯文本编辑器进行编辑，这类编辑器有微软公司的 Frontpage、Visual Studio，Macromedia 公司的 Dreamweaver 等专用编程软件，还有常用的 EditPlus，也可以使用 Windows 提供的纯文本编辑器 Notepad 编辑。在没有学习专用软件时，我们不妨用"记事本"(Notepad)编辑。编辑网页程序的步骤为：

（1）打开"记事本"；

（2）按照上面的程序清单输入源程序；

（3）以 .htm 或者 .html 作为扩展名保存文件，例如把例 6.1 的程序保存为 ch6-1.htm；

（4）文件保存到需要的文件夹或者磁盘，如以文件名 ch6-1.htm 保存文件。

2）程序的运行

网页文件编辑好并保存在磁盘上以后，就可以用微软公司的 Internet Explorer(IE)或者 Netscape 公司的 Communicator 来打开网页了，也可以使用其他的网页浏览器。运行网页的方法有几种：

（1）打开保存网页文件的文件夹，双击文件图标。

（2）打开浏览器，在"地址"后输入存储路径及代表网页的文件名，格式如下：

驱动器名:文件夹\文件名.htm

例如，在浏览器的地址栏中输入 e:\xml\chapter6\ch6-1.htm，然后回车，就可以在浏览器上看到如图 6.4 所示的网页。

6.4　HTML 的制表

表格不仅能够表示数据，而且在网页的页面元素定位、页面版块设计上有很大用处。本节介绍如何设计表格，表格的的组成元素，以及如何合理使用表格来达到优化页面结构的目的。表 6.3 是一个简单表格，如何在网页中实现？

表 6.3 电话号码簿

姓　　名	工 作 单 位	电　　话
李旗	昆明市云峰造纸厂	8528354
张小仪	北京市联想公司	(010) 63513529
郑少新	云南省大理市电信局	(0872) 4123778

6.4.1 简单表格

在网页上创建表格，要使用＜table＞元素。表格中的行用＜tr＞，行中的列用＜td＞表示。＜tr＞要用在＜table＞内部，而＜td＞要包含在＜tr＞内部。如下例。

例 6.5 创建一个表格，表格的格式如表 6.3 所示。

程序如下：

```
<html>
  <head><title>简单表格</title></head>
  <body>
    <table title="电话号码簿" border="1" cellpadding="2" width="500">
      <caption>电话号码簿</caption>
      <tr>
        <td width="100"><strong>姓名</strong></td>
        <td width="280"><strong>工作单位</strong></td>
        <td width="120"><strong>电话号码</strong></td>
      </tr>
      <tr>
        <td width="100">李旗</td>
        <td width="280">昆明市云峰造纸厂</td>
        <td width="120">8528354</td>
      </tr>
      <tr>
        <td width="100">张小仪</td>
        <td width="280">北京市联想公司</td>
        <td width="120">(010)63513529</td>
      </tr>
      <tr>
        <td width="100">郑少新</td>
        <td width="280">云南省大理市电信局</td>
        <td width="120">(0872)5123778</td>
      </tr>
    </table>
  </body>
</html>
```

在浏览器下，显示效果如图 6.11 所示。

电话号码簿		
姓名	工作单位	电话号码
李旗	昆明市云峰造纸厂	8528354
张小仪	北京市联想公司	(010)63513529
郑少新	云南省大理市电信局	(0872)5123778

图 6.11　简单表格示例

6.4.2 制表元素

1. <table>元素

元素 table 是建立表格的主要元素,格式为:

```
<table>…</table>
```

<table>表示下面是一个表格的内容的开始,</table>表示表格结束。

<table>元素的比较重要的属性如下:

1) border 和 bordercolor 属性

border 属性用于设置表格边框的宽度,单位是像素。不希望有表格边框时,将该属性设为 0。bordercolor 属性设置边框的颜色。要为表格边框设置颜色和宽度,可以通过这两个属性的配合来完成。

例如,某个表格的边框宽度设置为 1,颜色为蓝色,代码如下:

```
<table border="1" bordercolor="#0000FF">
```

这样的表格显示的效果就是蓝色边框。

2) cellpadding 和 cellspacing 属性

cellpadding 属性设置单元格边框与内容之间的距离。如果未指定,浏览器将默认为 1,即 1 个像素。cellspacing 属性设置单元格之间的距离。如果未指定,浏览器默认为 1,即 1 个像素的距离。

3) width 和 height 属性

这两个属性用于设置表格的高度和宽度。

4) bgcolor 和 background 属性

这两个属性的含义与<body>的含义一样,用于设置表格的背景颜色和背景图形。

另外,<table>还有 align 属性,与上面元素的 align 一样。

2. <caption>元素

<caption>元素用于把一行文本(表格标题)置于表格的上方或者下方,格式为:

```
<caption align="" valign="">表格标题</caption>
```

align 可选择 top(放在表格上面居中)或 bottom(放在表格下面居中),默认为标题放在表格上面居中。

valign 设置表格的标题是在表格上方还是下方。取 top 值时,置于上方;取 bottom 值时,置于下方。没有此属性时,表格标题默认置于表格上方。

3. <thead>元素与<tbody>元素

一个表格由表头和表体组成(如图 6.12 所示),在 HMTL 中,表头用<thead>,表体用<tbody>。

<thead>元素定义表格中一组表头行,一个表格一般含有一个<thead>元素,它必须跟在<caption>之后。它可以包含若干个<tr>元素。

<tbody>定义表格的主体,就是表格除表头外的内容。其中放置若干行、若干列。

在实际的设计中,通常没有这么多限制。一个表格包含若干个行(<tr>),一行中包含若

表头 →	姓名	姓别	年龄	电话	住址
	张雯	女	28	13708406632	昆明
表体	李勇刚	男	31	13767320811	海南
	…	…	…	…	…

图 6.12　表格的结构

干个列（＜td＞）就可以实现表格。所以，实际应用中往往不使用＜thead＞与＜tbody＞，在一些动态表格生成的应用中，特别是使用循环指令时，＜thead＞与＜tbody＞就是必需的，如在 XSL 程序中。

4. ＜tr＞元素

元素＜tr＞用来定义表格中的一行，在 table 元素中出现的＜tr＞…＜/tr＞，表示表格一行的开始和结束。一个 table 中有若干个＜tr＞。

该元素常用的属性有 align、bgcolor、border、bordercolor、nowrap、valign。其他属性前面已讨论过，含义基本一样。后面两个第一次出现，下面讨论它们。

nowrap 用于禁止浏览器对单元格之中的内容产生换行。

valign 用于设置行内单元格内容垂直方向的对齐方式。

- top——单元格内容与行的顶部对齐
- middle——单元格内容与行的中间对齐
- bottom ——单元格内容与行的底部对齐

要想观察 valign 属性的效果，可以有意把一个行的高度设置为较大的值，然后分别使用这些属性值即可。

5. ＜td＞元素与＜th＞元素

元素 td 用于定义表格中某一行上的列，这些列又叫做单元格。格式为：

＜td＞数据＜/td＞

在＜td＞＜/td＞中间加入数据，一般有几列就要加入几个＜td＞＜/td＞。

＜td＞元素的属性基本与＜tr＞相同，需要特别注意 colspan 和 rowspan 两个属性，它们通常用来设置单元格的合并，建立复杂表格。

colspan 属性：用来设置单元格横向跨越（或合并）的列数，取值为一个整数。该整数须小于表格的列数。

rowspan 属性：用来设置单元格纵向跨越（或合并）的行数，取值为一个整数。该整数须小于表格的行数。

＜th＞的用法与＜td＞相同，不同之处在于＜th＞显示的内容是在单元格中粗体居中，所以专门用＜th＞来设计表格的表头。

6.4.3　表格的高级技巧

1. 复杂表格

例 6.6　根据如图 6.13 所示的表格设计网页程序。

这个表格的表头是一个复杂表格，前四列是分别对 1、2 行进行单元格合并，后三列是对第

学生成绩表

学号	姓名	性别	专业	成绩		
				数学分析	高等代数	计算机导论
201411010129	冯丽	女	计算机科学与技术	89	73	92
201411010146	张浩	男	计算机科学与技术	70	65	87

图 6.13　复杂表格

一行的后三列合并单元格实现的。

程序如下：

```html
<html>
 <head>
  <title>student scores list</title>
  <style>
    tr{font:12pt;}
  </style>
 </head>
 <body>
  <center>
  <table border="1" bgcolor="#e0e0e0" bordercolor="teal">
  <caption>学生成绩表</caption>
    <thead>
     <tr>
       <th rowspan="2">学号</th>
       <th rowspan="2">姓名</th>
       <th rowspan="2">性别</th>
       <th rowspan="2">专业</th>
       <th colspan="3">成绩</th>
     </tr>
     <tr>
       <th>数学分析</th>
       <th>高等代数</th>
       <th>计算机导论</th>
     </tr>
    </thead>
    <tbody>
     <tr>
       <td align="center">201411010129</td>
       <td align="center">冯丽</td>
       <td align="center">女</td>
       <td align="center">计算机科学与技术</td>
       <td align="center">89</td>
       <td align="center">73</td>
       <td align="center">92</td>
     </tr>
     <tr>
       <td align="center">201411010146</td>
       <td align="center">张浩</td>
       <td align="center">男</td>
       <td align="center">计算机科学与技术</td>
       <td align="center">70</td>
       <td align="center">65</td>
       <td align="center">87</td>
```

```
            </tr>
          </tbody>
        </table>
      </center>
    </body>
</html>
```

其中，＜head＞中的＜style＞定义了 tr 元素的字体，这是 CSS(Cascading Style Sheet，级联样式表)的定义，关于 CSS 的讨论参考第 7 章。＜thead＞内第一个＜tr＞设置了四个单元格的行表，前三个单元格的 rowspan="2"表示它们均跨两行；后一个单元格的 colspan＝"3"表示跨三列。这样第一个＜tr＞就设置了一个 2 行、4 列的表行，其中后最后一列设置了跨三列的设置。如果没有后一个＜tr＞，行表只能是一个简单的一行行表头。后一个＜tr＞只设置了三个单元格，自然把上一个＜tr＞的第二行的后三列补齐，从而形成如图 6.13 所示的表头。＜tbody＞部分构成了表格主体。可以把＜thead＞中的第二个＜tr＞去掉，观察显示效果。

2. 规划页面

先看一个使用＜body＞的 background 属性的网页程序。

例 6.7　使用图 6.14 作为背景图形(文件名为 backgrnd2.gif)设计程序。

图 6.14　作为背景的图形

程序如下：

```
<html>
    <head><title>使用背景图形</title></head>
    <body background="image/backgrnd2.gif">
        <h2 align="center">关于文本的说明</h2>
        <p align="left">    本节将介绍如何在网页上发布文本信息。文
本信息是网页的重要组成部分，是网页制作的重要内容。</p>
        <p align="left">    一般情况下，网页由文本说明、图形、表格等
组成。文本说明是网页中最重要的内容，因为发布网页的目的是让别人知道网页的内容……</p>
    </body>
</html>
```

程序的结果显示在图 6.15 中。

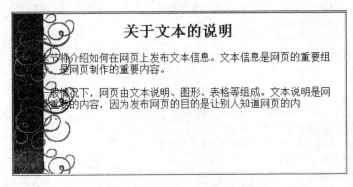

图 6.15　在背景图形下的文本显示

　　显然,部分文字与图形交叠,由于背景图案颜色为黑色,因而文字被遮住,无法显示出来。如果使用风景图片作背景,情况会更糟糕。

　　为了解决这个问题,可以用表格把图形与文本内容分别显示在不同的区域,以避免文字和图形交叠。

　　例 6.8　用利用表格规划网页。

　　因为该图形 85％的内容没有图案,可以用表格把图形和文本内容分开,文本内容正好利用背景图形这 85％的空白空间。

　　程序如下:

```
<html>
  <head><title>用表格规划文本</title></head>
  <body background="image/backgrnd2.gif">
  <table border="0" width="100％">
    <tr>
      <td width="15％"></td>
      <td width="85％"><h2 align="center">关于文本的说明</h2></td>
    </tr>
    <tr>
      <td width="15％"></td>
      <td width="85％">
        <p align="left">    本节将介绍如何在网页上发布文本信息。
文本信息是网页的重要组成部分,是网页制作的重要内容。</p>
        <p align="left">    一般情况下,网页由文本说明、图形、表格
等组成。文本说明是网页中最重要的内容,因为发布网页的目的是让别人知道网页的内容……</p>
      </td>
    </tr>
  </table>
  </body>
</html>
```

运行网页,效果如图 6.16 所示。

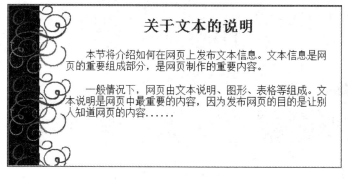

图 6.16　用表格规划的网页

　　程序说明:在原程序的基础上,从原来的第 4 行开始加入<table>元素。表格边框线为0,浏览器上不显示出表格边框线;然后设计两个<tr>:第一个用来显示标题,第二个用来显示文本内容。每个<tr>划分为两个部分,用<td>来实现,第一个<td>为空,正好让出显示背景图形图案的空间,从而实现文本与背景的分离。避免了图形和文本的重叠。

这个例子只是一个简单的网页规划例子，像图 6.1 的新浪网的首页应该如何规划？此时仅靠一个<table>是远远不够的，可以采用多级<table>嵌套的方式来规划网页，如图 6.17 所示。新浪网的首页就是用类似于这样的方法规划的。

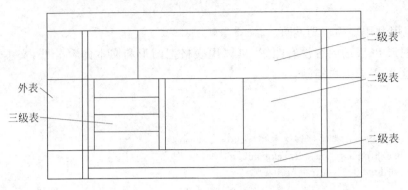

图 6.17   用表格规划网页示例

例 6.9   多级表格嵌套示例。
用表格嵌套实现网页多内容展示，示例如图 6.18。

图 6.18   多级表格嵌套示例

实现图 6.18 的代码如下：

```
<html>
  <head>
```

```
<title>表格规划网页</title>
<STYLE TYPE="text/css">
body { background:url("image/向日葵背景.jpg") red;}
A:hover { color: #009933;
        font-weight: bold;
        background-color: #99ffff;
        position: relative; left:1px; top:1px;
        border-bottom:3px solid #cc0000; }

</STYLE>
</head>
<body>
  <table border="1" width="700" align="center" cellpadding="3" cellspacing="0">
    <tr align="center">
      <td height="31" colspan="3" bgcolor="#ffee22">
        <font color="#9922ee" face="隶书" size="6">风景这边独好——三江源游记</font>
      </td>
    </tr>
    <trbgcolor="#ffee22">
      <td height="31" colspan="3" bgcolor="#ffee22">
        <div align="center">
          <table width="100%" height="32" border="1" align="center" cellpadding="3" cellspacing="0">
            <tr>
              <td height="32" align="center">
                <a href="#"><font color="#000000" size="4">首页</font></a>
                <a href="#"><font color="#000000" size="4">怒江峡谷</font></a>
                <a href="#"><font color="#000000" size="4">丽江风光</font></a>
                <a href="#"><font color="#000000" size="4">香格里拉</font></a>
              </td>
            </tr>
          </table>
        </div>
      </td>
    </tr>
    <tr>
      <td colspan="3">
        <div align="center">
        <table width="100%" name="lefttop">
          <tr>
            <td>
              <imgsrc="image/IMG_1214.jpg" width="200" height="150">
              <div align="center">怒江第一湾</div>
            </td>
            <td>
              <imgsrc="image/IMG_1222.jpg" width="200" height="150">
              <div align="center">怒江晨曦</div>
            </td>
            <td>
              <imgsrc="image/IMG_1276.jpg" width="200" height="150">
              <div align="center">怒江铁索桥</div>
```

```
                          </td>
                        </tr>
                        <tr>
                          <td>
                            <imgsrc="image/DSC06489.jpg" width="200" height="150">
                            <div align="center">虎跳峡</div>
                          </td>
                          <td>
                            <imgsrc="image/DSC04270.jpg" width="200" height="150">
                            <div align="center">泸沽湖美景</div>
                          </td>
                          <td>
                            <imgsrc="image/DSC04340.jpg" width="200" height="150">
                            <div align="center">束河古镇</div>
                          </td>
                        </tr>
                        <tr>
                          <td>
                            <imgsrc="image/DSC06516.jpg" width="200" height="150">
                            <div align="center">普达措国家公园</div>
                          </td>
                          <td>
                            <imgsrc="image/DSC04822.jpg" width="200" height="150">
                            <div align="center">梅里雪山</div>
                          </td>
                          <td>
                            <imgsrc="image/DSC04903.jpg" width="200" height="150">
                            <div align="center">雨崩村</div>
                          </td>
                        </tr>
                      </table>
                    </div>
                  </td>
                </tr>
              </table>
            </body>
          </html>
```

上面的程序中使用多级表格，并使用<div>元素把下一级表格定位在<td>内部，以实现表格的嵌套。另外，程序中的<a>元素是超链接元素，参考 2.6.3 节。

6.5 表单

表单是用户在 Internet 上交换彼此的看法和意见的最常用的手段。在 HTML 语言中，实现交换信息的基本方法就是使用表单。而且它与动态网站设计有着直接的联系。在动态网页技术（如 ASP 技术）中，表单可以从客户端浏览器收集用户信息，然后传递到服务器端的某个 ASP 程序进行处理，或通过 ASP 与数据库进行数据交换，然后返回数据给该客户浏览器。表单是后面讲解 Ajax 程序设计的重要基础。

6.5.1 表单的定义

1. 表单的定义

所谓表单,就是用户用来采集浏览者信息的网页,包括反馈信息的一些区域(又称为表单域)。在表单中,可以让用户反馈如姓名、年龄、爱好、对某一事件的看法和观点……表单元素形式如下:

<form>…</form>

form 元素可以为用户提供一种窗口界面,让用户在窗口的表单中输入信息,单击提交表单按钮,表单中的信息会发送到 Web 服务器进行处理。服务器将处理过的用户信息的 HTML 文件返回到客户端的浏览器中显示出来。

form 的语法格式为:

```
<form  method="" action="">
    ...
</form>
```

说明:method 属性说明和服务器交换信息时所使用的方式,一般选择 post 或 get。post 表示发送,get 表示获得。action 属性说明当这个 form 提交后的处理方式,通常指明一个处理程序的 URL 地址。

在<form>…</form>中常用元素如下:

<input>、<select>… </select>、<option> …</option>、<textarea>…</textarea>

2. 表单示例

图 6.19 是一个典型的表单,下面通过网页程序设计来实现这个表单。

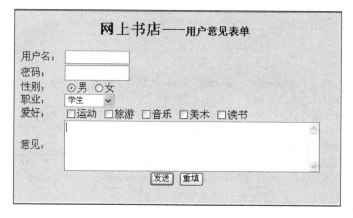

图 6.19　表单举例

例 6.10　按照图 6.19 的网页设计程序。

这是一个包含了所有 form 元素的表单,比较复杂。程序(ch6-10.htm)清单如下:

```
1  <html>
2  <head><title>表单示例</title></head>
3  <body bgcolor="#f0e0d0">
```

```
4    <h2 align="center">网上书店--<font size="3">用户意见表单</font></h2>
5    <form method="post" action="form.asp">
6    <table width="500" border="0" cellpadding="0" cellspacing="0">
7      <tr>
8        <td width="70" valign="middle" height="20">用户名：</td>
9        <td width="430" valign="middle">
10           <input type="text" name="name" size="13">
11       </td>
12     </tr>
13     <tr>
14       <td width="70" valign="middle" height="20">密码：</td>
15       <td width="430" valign="middle">
16           <input type="password" name="password" size="13">
17       </td>
18     </tr>
19     <tr>
20       <td width="70" valign="middle" height="20">性别：</td>
21       <td width="430" valign="middle">
22           <input type="radio" name="sex" value="man" checked>男
23           <input type="radio" name="sex" value="woman">女
24       </td>
25     </tr>
26     <tr>
27       <td width="70" valign="middle" height="20">职业：</td>
28       <td width="430" valign="middle">
29           <select name="job" size="1">
30             <option selected>学生</option>
31             <option>教师</option>
32             <option>医生</option>
33             <option>公务员</option>
34             <option>自由职业</option>
35           </select>
36       </td>
37     </tr>
38     <tr>
39       <td width="70" valign="middle" height="20">爱好：</td>
40       <td width="430" valign="middle">
41           <input type="checkbox" name="hobby" value="play">运动
42           <input type="checkbox" name="hobby" value="travel">旅游
43           <input type="checkbox" name="hobby" value="music">音乐
44           <input type="checkbox" name="hobby" value="draw">美术
45           <input type="checkbox" name="hobby" value="read">读书
46       </td>
47     </tr>
48     <tr valign="middle">
49       <td height="50" valign="middle">意见：</td>
50       <td height="50" valign="middle">
51           <textarea name="say" cols="56" rows="5"></textarea>
52       </td>
53     </tr>
54     <tr>
55       <td height="20" colspan="2" valign="middle" align="center">
56           <input type="submit" name="Submit" value="发送">
```

```
67              <input type="reset" name="Reset" value="重填">
58         </td>
59      </tr>
60   </table>
61   </form>
62   </body>
63   </html>
```

为了使文字及表单控件对齐,整个页面用<table>元素来进行规划,将对应的文字和表单控件分别放在两个单元格中。这种方式在表单设计中普遍使用,<table>的 border 属性值为 0,表示表格边框线为虚线,在浏览器中不会显示出来。

6.5.2 表单中常用的元素

下面通过对表单控件的介绍,来说明例 6.10 程序中各个表单元素的作用。

1. <input>元素

<input>元素定义了一个用于用户输入的表单控件。<input>是<form>元素中极为有用的控件。当一张表单被发送后,<form>内<input>元素的当前值将以一对名字/值的形式被发往服务器。<input>元素的 type 属性用来规定<input>的类型,不同的 type 取值确定<input>表现形式,这些形式包括文本框、口令、单选按钮、复选框、命令按钮、提交按钮、重置按钮等,这是一个十分重要的属性。

表 6.4 中列出了<input>的 type 属性所定义的控件类型。

表 6.4 input 元素的 type 属性值

控件类型	功能说明	值
文本框	输入的是文本内容	text
口令	输入的是密码或口令	password
单选按钮	确定为单选按钮,一般是多选一	radio
复选框	确定为复选框,可选,可不选,可多选	checkbox
文件	确定为文件按钮	file
隐藏	确定为隐藏元素,此时按钮将被隐藏	hidden
图形	确定为图像控件元素	image
命令按钮	确定为一般按钮,用于指令	button
提交按钮	确定表单的提交按钮,发送表单	submit
重置按钮	确定表单的重置按钮,把表单填写清零	reset

这里特别说明一下提交按钮和重置按钮:提交按钮是把用户输入的表单内容提交给服务器进行处理;重置按钮是把用户输入的内容清除掉,重新输入。通过输入<input>元素中 value 属性的属性值可改变按钮上的提示文字,否则它将自动写上 submit 和 reset。

<input>元素的 name 属性定义该控件的名称,控件中内容与该名称将作为一对"名字/值"发送给服务器的应用程序,应用程序就是通过 name 属性来检索该控件的。

图 6.19 的标题为第一行。

第二行是输入用户名,用一个 input 元素(type="text"),可以在其中输入任意字符,对应程序的第 7 行~第 12 行语句。

第三行是输入用户密码输入框(type="password"),用户填写密码时将用"＊"代替真实密码，对应程序的第 13 行～第 18 行语句。

第四行是性别单选按钮(type＝"radio")，此例中设定为二选一，即在"男"和"女"之间选择一个；有时也可以设置为多选一，当需要多选一时，要用多个单选按钮来实现，其中的 cheched 属性设置该单选按钮为默认按钮；对应程序的第 19 行～第 25 行。

第五行是关于"职业"的下拉按钮，使用了＜select＞元素，其中给定一个参数列表，用户可以在其中进行多选一或多选多的选择；对应程序的第 26 行～第 37 行。

第六行是关于"爱好"的复选框按钮(type＝"checkbox")，此例中设定了五个选项，可以全选、多选或不选，对应程序的第 38 行～第 47 行。

第七行是用户反映意见的文本框，使用了＜textarea＞，用户可以在其中填写意见，对应程序的第 48 行～第 53 行。

第八行是表单提交按钮和重置按钮，用户单击"提交"按钮时，表单中的内容将发送到服务器，单击"重置"按钮时，填写的信息将被清零，对应程序的第 54 行～第 59 行。

2. ＜select＞元素

＜select＞元素定义了一个选择选项的表单控件。＜select＞元素在＜form＞中极为有用，HTML 4.0 中允许＜select＞在任何块级元素中使用。

＜select＞元素通常包含若干个＜option＞元素来为用户提供选项。每个选项都存在一个＜option＞元素。＜select＞的 name 属性提供了和选项的值一同发送到服务器的关键字。

＜select＞的 size 属性可以设置列表框的高度，即一次同时显示在列表里的选择项数目。multiple 属性允许选择多个选项值，如果在＜select＞元素中加入了 multiple 属性，则允许用户一次选择多个选项；如果是默认 multiple，则一次只能选择一项。下面就是 multiple 属性的例子。

例 6.11   select 的使用举例（下拉列表）。

```
<html>
    <head><title>select 示例</title></head>
    <body bgcolor="#ffffff">
        <h1 align="center">网上书店</h1>
        <p><font size="3">请选择您感兴趣的书刊类型：</font>
        <select name="sections " size="1">
            <option>文学类</option>
            <option>计算机类</option>
            <option>工具书类</option>
            <option>化工类</option>
            <option>生物类</option>
            <option>哲学类</option>
        </select>
        </p>
    </body>
</html>
```

例 6.11 的程序运行结果如图 6.20 所示，＜select＞元素的 size 属性等于 1，设置了列表框的高度为 1 行，且默认 multiple 属性，用户只能选择一项，是典型的下拉列表。

例 6.12   select 的使用举例（滚动列表）。

```
<html>
    <head><title>Select 示例</title></head>
    <body bgcolor="#ffffff">
```

```
        <h1 align="center">网上书店</h1>
        <p><font size="3">请选择您感兴趣的书刊类型：</font>
          <select name="sections " multiple size="5">
            <option>文学类</option>
            <option>计算机类</option>
            <option>工具书类</option>
            <option>化工类</option>
            <option>生物类</option>
            <option>哲学类</option>
          </select>
        </p>
      </body>
    </html>
```

程序运行结果如图 6.21 所示，<select>元素的 size 属性等于 5，设置了列表框的高度为 5 行，当选项数目超过列表框的高度时出现滚动条，同时增加了 multiple 属性，在选项中，用户按住 Ctrl 键单击可以选择不连续的多个选项，按住 Shift 键单击可以选择连续的多个选项。

图 6.20　例 6.11 的图例　　　　　　图 6.21　例 6.12 的图例

3. <option>元素

<option>元素定义了<select>元素中的列表选项。随表单一起发送的选项值由 value 属性确定。如果没有 value 属性，发送的将是<option>元素的内容。

selected 属性定义了<option>被初始选中。<select>元素中每次仅有一个<option>可以被选中，除非使用了 multiple 属性。

4. <textarea>元素

<textarea>元素定义了一个用于多行输入的表单控件。<textarea>是<form>中极为有用的控件，主要用来接收用户较多文字的输入。

<textarea>的初始值将作为元素的内容，且不含任何 HTML 元素。在<textarea>中 rows 和 cols 不能省略。属性 cols 确定文本框的宽度，它指的是多行多列文本框的一行同时出现多少个文字；属性 rows 确定多行多列文本框的高度，即有多少行文字一次出现。

6.6　框架和超链接

6.6.1　框架的概念

1. 框架的概念

本节将介绍框架的概念以及框架在网页中的作用。网页上发布的信息应该由多个信息模块组成，其中包括文本信息、图片、图表、表格、表单等。

　　框架是一些用横向和纵向分隔线划分的网页区域,网页的内容分别放在这些区域中,这些区域就叫框架。

　　框架是在同一屏幕上显示多个交互的独立 HTML 文档页的结构,作为 HTML 语言中的特性,它提供了一种组织网页的方法。

　　框架设置元素的格式为:

```
<frameset rows="" cols="">…</frameset>
```

其中包含若干个<frame>和<frameset>。

2. 框架的使用

例 6.13　请按照图 6.22 建立框架,设计网页程序。

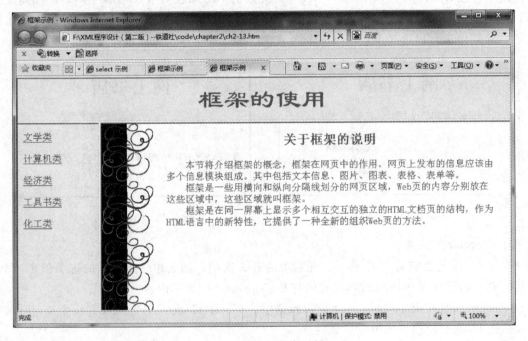

图 6.22　框架程序示例

　　图 6.22 的框架结构把浏览器可视区分为三个区域:顶部的区域作为标题栏,左下边的区域用作菜单,右下边的区域作为信息显示的主体。要构造这个布局需要四个程序:一个现实总体框架的程序、一个标题程序、一个菜单程序和一个主体程序。下面是这四个程序。

　　① 体框架源程序(ch-13.htm)。

```
<html>
  <head> <title>框架示例</title> </head>
  <frameset rows="80, *">
    <frame name="top" scrolling="no" noresize target="left" src="ch6-13a.htm">
      <frameset cols=" * ,5 * ">
        <frame name="left" target="main" src="ch6-13b.htm">
        <frame name="main" src="ch6-13c.htm">
      </frameset>
      <noframes>
        <body>
```

```html
        <p>此网页使用了框架,可是你的浏览器不能显示!<p/>
      </body>
    </noframes>
  </frameset>
</html>
```

② 标题源程序(ch6-13a.htm)。

```html
<html>
  <head><title>框架示例</title></head>
  <body bgcolor="#f0f0f0">
    <p align="center"><font size="7" color="red" face="隶书">框架的使用</font></p>
  </body>
</html>
```

③ 菜单源程序(ch6-13b.htm)。

```html
<html>
  <head><title>框架示例</title></head>
  <body bgcolor="#f0f0f0">
    <p align="left"><big><a href="literature.htm">文学类</a></big></p>
    <p align="left"><big><a href="computer.htm">计算机类</a></big></p>
    <p align="left"><big><a href="economy.htm">经济类</a></big></p>
    <p align="left"><big><a href="reference.htm">工具书类</a></big></p>
    <p align="left"><big><a href="chemistry.htm">化工类</a></big></p>
  </body>
</html>
```

④ 主体源程序(ch6-13c.htm)。

```html
<html>
  <head><title>框架示例</title></head>
  <body background="image/backgrnd2.gif" bgcolor="#f0f0f0">
    <table border="0"width="100%">
      <tr>
        <td width="15%"></td>
        <td width="85%"><h2 align="center"><font color="red">关于框架的说明</font></h2></td>
      </tr>
      <tr>
        <td width="15%"></td>
        <td width="85%">
          <p align="left"><font color="red" face="仿宋_GB2312">
            <big>    本节将介绍框架的概念,框架在网页中的作
用。网页上发布的信息应该由多个信息模块组成。其中包括文本信息、图片、图表、表格、表单等。
<br>    框架是一些用横向和纵向分隔线划分的网页区域,Web 页的内容
分别放在这些区域中,这些区域就叫框架。<br>    框架是在同一屏幕上
显示多个相互交互的独立的 HTML 文档页的结构,作为 HTML 语言中的新特性,它提供了一种全新的
组织 Web 页的方法。</big>
          </font></p>
        </td>
      </tr>
    </table>
  </body>
</html>
```

分别编辑这四个程序,并按照提示的文件名保存到磁盘,然后运行总框架程序 ch6-13.htm,

即可得到如图 6.22 所示的结果。

6.6.2　框架的元素

1. ＜frameset＞元素

元素＜frameset＞用于定义框架结构、指定分框，它使用水平或垂直分隔线将窗口分成长方形的子区域，该元素可以嵌套，可以取代＜body＞，但必须使用 rows 或 cols 属性。

可以将窗口水平分成几个部分，也可以在垂直方向分成几个部分，还可以混合分框。图 6.23 是一组常用的页面框架结构。图 6.23(a)把窗口分为上下两个部分，图 6.23(e)把窗口分为左右两个部分，其他的几种均为混合分框。

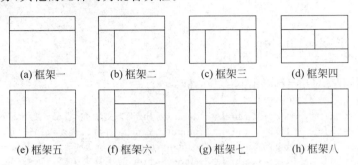

(a) 框架一　　(b) 框架二　　(c) 框架三　　(d) 框架四

(e) 框架五　　(f) 框架六　　(g) 框架七　　(h) 框架八

图 6.23　常用的页面框架结构

不同的页面框架结构具有不同的框架程序，图 6.23(a)～图 6.23(d)是以顶部的行为主的框架结构，图 6.23(e)～图 6.23(h)是以左边的列为主的框架结构。

注意：图 6.2 使用了图 6.23(c)的框架。

水平分框用＜frameset cols＝"♯,…,♯"＞指定，有几个♯，表示将窗口分成几个区域（或框架），多个♯之间用逗号分隔。♯可以是一个百分数（即规定各框占窗口的百分数），也可以是一个整数（即指定各框的绝对大小）。如果将前面的♯指定了宽度，那么最后一个♯可以指定为"＊"，表示将剩下的所有宽度都赋予最后一个框。图 6.23(e)使用下列代码：

```
＜frameset cols＝"80,＊"＞
    ＜frame＞
    ＜frame＞
＜/frameset＞
```

其中的数字 80 的单位为像素，含义为左边部分宽 80 像素，右边部分选取窗口的剩余部分。

纵向分框用＜frameset rows＝"♯,…,♯"＞指定，♯的赋值方法与 cols 相同。在如图 6.23(a)所示的框架中，上半部分用来显示标题，下半部分用于显示信息。程序如下：

```
＜frameset rows＝"80,＊"＞
    ＜frame＞
    ＜frame＞
＜/frameset＞
```

在混合分框时要看是以顶部的行为主，还是以左边的列为主。图 6.23(b)以行为主，然后把下部分横向分为左右两个框，实现代码为：

```
＜frameset rows＝"80,＊"＞
    ＜frame＞
```

```
<frameset cols="80,*">
   <frame>
   <frame>
   </frameset>
</frameset>
```

其中外部的<frameset>使用 rows 属性,内部的<frameset>使用 cols 属性。图 6.23(f)以左边的列为主,然后把右框纵向分成上下两个框,代码如下:

```
<frameset cols="80,*">
   <frame>
   <frameset rows="80,*">
      <frame>
      <frame>
   </frameset>
</frameset>
```

其中,外部的<frameset>使用 cols 属性,内部的<frameset>使用 rows 属性。这样就实现了框架设计。读者可以设计其余框架结构的程序。

如果需要在浏览器中隐藏框架的边框,可以通过设置<frameset>的 frameborder 属性来实现。frameborder="1"显示边框,frameborder="0"隐藏边框,而其默认值为 0。

2. <frame>元素

元素<frame>用于定义一个区域(或框架)中的显示内容。每个<frame>必须包含在一个定义了该框架尺寸的<frameset>元素中。

<frame>的属性 src 和 name 分别指定该框架中显示的 htm 文件名和该框架的名称。

另外,在边框显示时,如果不希望用户在浏览器中对边框大小进行调整(默认值为可以调整),可以通过设置<frame>的 noresize 属性实现。该属性的用法如下:

```
<frame src="" name="" noresize>
```

该属性不需要属性值,只需直接指定框架具有该属性即可。

3. <noframes>元素

元素<noframes>中包含了框架不能被显示时的替换内容,通常使用在<frameset>元素中。如程序 frameset.htm 的<noframes>。在<noframes>元素中必须使用<body>元素,<noframes>必须有结束语句</noframes>。

6.6.3 超链接

网页技术中从一个网页到另一个网页,从一个画面到另一个画面,可以使用超链接。超链接的元素是:

```
<a href="" target="">链接对象</a>
```

1. 元素 a 的重要属性

href 属性:用于指定该超链接的链接对象,其值可以为一个相对地址或者一个绝对地址。例如在网页上提供某个网站的链接,则可以写成:

```
<a href="http://www.xxx.com">欢迎光临 xxx 网站</a>
```

值得注意的是,href 的值不仅可以是一个 http://www.xxx.com 形式的 URL,也可以是诸如"ftp://"、"gopher://"、"mailto：…"的形式。例如提供一个 E-mail 地址的链接（单击后启动 E-mail 默认程序发送信件）。

<a href="mailto:xxx@yyy.com">请给我发信</a>

target 属性：如果页面由若干个框架组成，则可以为 target 属性赋予某个框架名，然后链接的对象就会在指定的框架中显示。

target 属性有如表 6.5 所示的 4 个浏览器提供的属性值。

表 6.5　a 元素的 target 属性常用值

属性值	功　　能
_blank	在一个新打开的空白浏览器窗口中显示链接对象
_self	在原网页所在的浏览器窗口中显示链接对象，如果未指定 target 属性值，那么该属性即为网页中超链接的默认值
_top	在浏览器的整个窗口中显示链接对象
_parent	在该浏览器窗口的父窗口中显示链接对象

元素 a 的其他属性参考 HTML 4.0 规范。

2. 同一网页内部的跳转

使用元素<a>的 name 属性，可以实现同一网页中不同画面的来回跳转，这一方法可以为用户在浏览长文件时提供方便。

例 6.14　使用元素 a 的 name 属性，在 ch6-1.htm 中加入多个图形，然后实现网页内部跳转。程序（ch6-14.htm）如下：

```
<html>
  <head><title>我的第一个网页</title></head>
  <body bgcolor="#10caca">
    <a href name="start">开始</a>
    <h1 align="center">我的第一个网页！</h1>
    <p align="center">这是用 HTML 语言编写的第一个主页。</p>
    <p align="center"><img src="image/Tulips.jpg" width="300" height="250"></p>
    <p align="center"><img src="image/nature1.jpg" width="300" height="250"></p>
    <p align="center"><img src="image/nature2.jpg" width="300" height="250"></p>
    <a href="#start">到开始处</a>
  </body>
</html>
```

当使用了<a>元素中的 name 属性后，可实现在同一 HTML 程序内部的程序跳转。如当单击图 6.24(b) 中的"到开始处"，可以回到如图 6.24(a) 所示的画面，这就实现在同一 HTML 程序内部的跳转。这种方法设置的跳转目标又叫做"锚"。

3. 不同网页之间的超链接

在图 6.22 左边的各菜单项加入超链接，就可以分别打开多个新的页面。在例 6.13 的程序 ch6-13b.htm 中，为每一个菜单加入了超链接元素指向一个网页文件（<a>元素引用的是链接对象文件的绝对地址）。这样，程序运行后，单击某个菜单项目，就可以链接到该项目对应的<a></a>中 href 指定的文件并运行该文件。单击"计算机类"菜单条后可以显示链接到的目标页面，即如图 6.25 所示的网页。

(a) 示例一　　　　　　　　　　　　　　　(b) 示例二

图 6.24　同一网页跳转示例

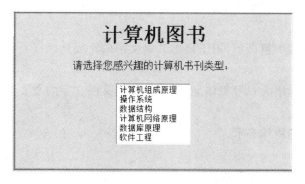

图 6.25　超级链接示例

4. 用图片作链接对象

除了使用文本作为链接指针，还可以使用图片作为链接指针。格式为：

> ＜a href="url"＞＜img src="url"＞＜/a＞

其中用＜img src="url"＞取代了链接指针中文本的位置。＜img src="url"＞是图像元素，指定显示 url 代表的图像文件。例如，用硬盘上的 home.gif 图片作为链接指针指向某网站的首页：

> ＜a href="www.xxx.com"＞＜img src="home.gif" border="0"＞＜/a＞

注意：图片作为链接指针时，在浏览器中将默认显示一个外框。如果不需要这个外框，可以将 img 标记的 border 属性设置为 0。

6.7　字符控制

6.7.1　字体

1. ＜font＞元素

＜font＞元素用来控制文字的字体、字号和颜色，其格式为：

```
<font color="" size="" face="">……</font>
```

<font>元素常用的属性为 color、size、face。color 用于设置嵌套在<font>…</font>中文字的颜色，颜色值的讨论与 6.3.2 节<body>属性 bgcolor 的值一样。size 则用于设置<font>…</font>中文字的大小，字号从 1～7 号，1 号字最小，7 号字最大。face 用来设置文字的字体，如宋体、楷体、黑体等。可以组合这三个属性来满足不同的需要。

2. 字体样式元素

字体样式元素用来设置文字是粗体、斜体、加删除线、下划线等。

1）<strong>元素

该元素把文本内容加粗显示，用于突出某些文字的重要性。

2）<small>元素

该元素用小一号字体显示文字。

3）<b>元素

该元素把文本内容加粗显示，用于突出某些文字的重要性。

4）<big>元素

该元素把文本内容增大一号粗体显示，用于突出某些文字的重要性。

5）<i>元素

该元素把文本内容斜体显示。

6）<s>元素

该元素把文本内容加上删除线。

7）<u>元素

该元素把文本内容加上下划线。

例 6.15 <font>元素的示例(ch6-15.htm)。

```
<html>
    <head><title>字体控制综合举例</title></head>
    <body bgcolor="#f0f0f0">
        <center>
            <h2>字体格式控制示例</h2>
            <hr>
            <font>字体格式设置(无属性设置)</font><br>
            <font><small>字体格式设置(无属性设置)</small></font><br>
            <font size="3"><b>字体格式设置(3 号字)</b></font><br>
            <font color="blue"><big><b><s>字体格式设置(蓝色)</s></b></big></font>
<br>
            <font face="隶书" size="5">字体格式设置(隶书,5 号字)</font><br>
            <font face="楷体_gb2312" size="3" color="purple">字体格式设置(楷体,3 号字,紫色)</font>
        </center>
    </body>
</html>
```

程序运行结果如图 6.26 所示。

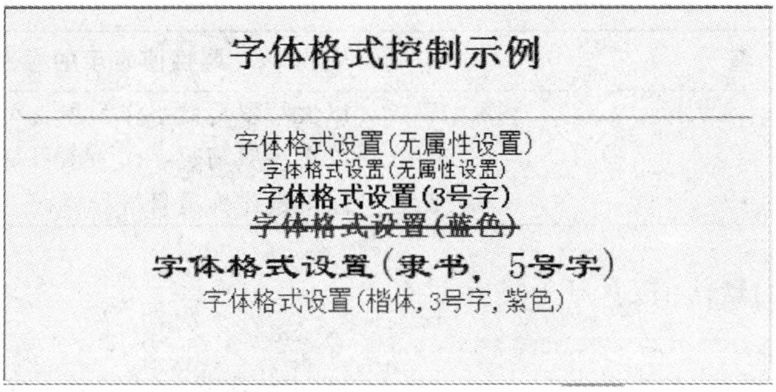

图 6.26　字体控制综合示例

6.7.2　列表控制

在网页的内容安排上,常使用列表来处理具有相同特性的内容,通过对各项内容进行编号,以强化内容编排的条理性。

常用的列表控制元素有 dl、dd、dt、li、ul、ol、menu。

1)＜dl＞元素

用于定义列表,列表中的条目缺省为左对齐,并缩进排列,需要结束标记。

2)＜dd＞元素

用于词汇列表中的定义部分,文本被缩排显示在元素＜dt＞定义的文本下面,不需要结束标记。置于＜dl＞内。

3)＜dt＞元素

用于显示一个列表的条目不需要结束标记。置于＜dl＞内。

4)＜li＞元素

将文本作为列表上的一个项目来显示,需结束标记。置于＜dir＞、＜ul＞、＜menu＞、＜ol＞内。在前三个元素内时,可取值为 disc(实心圆点)、square(方框)和 circle(空心圆)。在＜ol＞元素内时,可取值为:

- l——十进制数：1、2、3……
- a——小写字母：a、b、c……
- A——大写字母：A、B、C……
- i——小写罗马数字：i、ii、iii、iv……
- I——大写罗马数字：Ⅰ、Ⅱ、Ⅲ、Ⅳ……

5)＜ul＞元素

用于建立一个无序列表,需结束标记。有一个重要的属性 type。取值如表 6.6 所示。

表 6.6　ul 元素的 type 属性

属 性 值	属性值表示的意义
circle	表示以空心圆圈作为项目符号标记
disc	表示以实心圆圈作为项目符号标记
square	表示以方块作为项目符号标记
A	以大写字母作为项目符号标记
a	以小写字母作为项目符号标记

续表

属　性　值	属性值表示的意义
I	以大写罗马数字作为项目符号标记
i	以小写罗马数字作为项目符号标记
1	以整数作为项目符号标记

其中 disc 为浏览器的默认值。

6)<ol>元素

用于建立有序列表,需结束标记。有一个重要的属性 type,取值见表 6.5。

7)<menu>元素

设定简单的菜单或列表的开头,需结束标记。

例 6.16　请设计如图 6.27 所示的列表控制网页程序(ch6-16.htm)。

```
<html>
<head><title>列表控制元素</title></head>
 <body bgcolor="#f0e0d0">
  <center>
   <table border="1" bordercolor="teal">
    <caption>列表控制元素用法</caption>
    <tr>
       <td>dl、dt、dd 用法</td>
       <td width="150">
         <dl>
             <dt>第一项<dd>第一项</dd></dt>
             <dt>第二项<dd>第二项</dd></dt>
             <dt>第三项<dd>第三项</dd></dt>
         </dl>
       </td>
    </tr>
    <tr>
       <td>ul 的用法,下级元素为 li</td>
       <td width="150">
         <ul type="1">
             <li>第一项</li>
             <li>第二项</li>
             <li>第三项</li>
         </ul>
       </td>
    </tr>
    <tr>
       <td>ol 的用法,下级元素为 li</td>
       <td width="150">
         <ol type="circle">
             <li>第一项</li>
             <li>第二项</li>
             <li>第三项</li>
         </ol>
       </td>
    </tr>
   </table>
  </center>
 </body>
</html>
```

程序结果如图 6.27 所示。

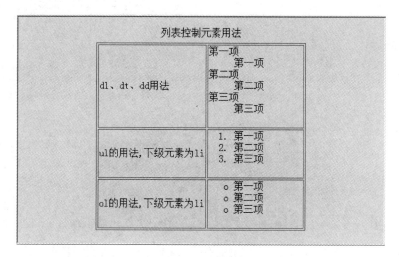

图 6.27　列表控制示例

6.8　多媒体

6.8.1　多媒体技术

1. 声音和视频的控制

控制声音和视频的方法很简单,只需要像链接文档那样使用链接元素<a>的 href 属性即可。格式如下:

<a href="多媒体文件的超链接地址">说明文字</a>

能够被浏览器打开的多媒体文件有:

声音文件格式包括.au、.aiff、.aif、.wav、.mid、mp2。

视频文件格式包括.mprg、.mpg、.mov、.avi。

其他文件格式包括.doc、.zip。

对于声音和视频文件,浏览器使用操作系统默认的多媒体播放器演示或播放文件;对于 doc 文件,系统使用写字板打开文件,当系统中安装了 Word 字处理软件后,系统会使用 Word 来打开文字文件。

例 6.17　多媒体演示。

```
<html>
    <head>
        <title>多媒体控制示例</title>
        <bgsound src="image/olive.mp3" loop="1">
    </head>
    <body bgcolor="#fedcba">
        <h2 align="center">多媒体控制示例</h2> <hr>
        <p align="center">
            <img dynsrc="image/dali.avi" loop="1" start="mouseover">
        </p>
    </body>
</html>
```

运行结果如图 6.28 所示。

图 6.28 多媒体演示示例

2. 背景音乐

例 6.17 程序的第 4 行引用了＜bgsound＞元素，其作用是加载背景音乐。

由于网页要在 Internet 上传输，在使用声音文件时，不宜过多地使用长文件，当网络速度由于网络拥塞而减慢时，声音会出现暂停和中断。

3. 动态文件的引用

例 6.17 程序的第 8 行使用了＜img＞的 dynsrc、loop、start 等属性值，这些属性是 IE 增加的内容。正是因为使用了这些新的属性，使多媒体画面显得生动活泼。

4. 动画和视频的插入

＜embed＞元素常用来为使用浏览器的用户提供插入式程序，如动画和视频。网页上常用的 SWF 格式的矢量动画，就是用该元素插入到 HTML 程序中的。此外，视频（.avi）也可用该元素插入程序中。

例 6.18 插入 Flash 动画。

```
<html>
 <head> <title>多媒体控制示例</title> </head>
 <body bgcolor="#fedcba">
   <h2 align="center">多媒体控制示例</h2><hr>
   <center>
     <embed src="image/clock.swf" width="300" height="300">
   </center>
 </body>
</html>
```

程序运行的效果如图 6.29 所示。

6.8.2 文本的滚动

文本滚动必须使用元素＜marquee＞，下面是使用此元素的示例，其中反复使用了marquee 元素，这是使文字实现滚动的基本命令。

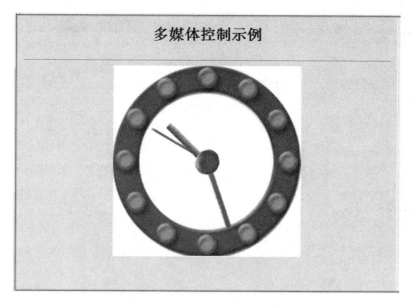

图 6.29　加载 Flash 的结果

例 6.19　文本的滚动。

```
<html>
  <head><title>文本滚动控制示例</title></head>
  <body background="image/backgrnd.gif">
    <h2 align="center">文本滚动控制示例</h2>
    <p><marquee width="100%" height="20" bgcolor="#ffffff" border="0" behavior="slide">简
单的滚动(SLIDE)</marquee></p>
    <p><marquee width="100%" height="20" bgcolor="#efffff" border="0" behavior=
"scroll">卷动(SCROLL)</marquee></p>
    <p><marquee width="100%" height="20" bgcolor="#dfffff" border="0" behavior=
"alternate">来回滚动(ALTERNATE)</marquee></p>
    <p><marquee width="100%" height="20" bgcolor="#cfffff" border="0" scrollamount=
"20">快速滚动</marquee></p>
    <p><marquee width="100%" height="20" bgcolor="#bfffff" border="0" scrollamount=
"20" scrolldelay="200" behavior="alternate">停顿的来回滚动</marquee></p>
    <p><marquee width="100%" height="20" bgcolor="#afffff" border="0" behavior=
"scroll" direction="left">向左滚动</marquee></p>
    <p><marquee width="100%" height="20" bgcolor="#9fffff" border="0" behavior=
"scroll" direction="right">向右滚动</marquee></p>
    <p><marquee width="100%" height="20" bgcolor="#8fffff" border="0" behavior=
"alternate" direction="right" loop="2">来回滚动两次</marquee></p>
  </body>
</html>
```

marquee 元素的常用属性参考 HTML 4.0 规范。例 2.19 的程序运行效果为图 6.30 所示。

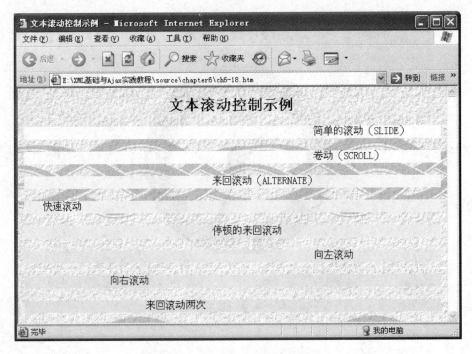

图 6.30　文本滚动示例

6.9　XHTML 简介

自从 XML 问世以来，W3C 提倡所有的网页技术都采用了 XML 1.0 的规范来进行描述，即使用 XML 1.0 规范的 HTML，因此出现了 XML HTML，简称为 XHTML。

6.9.1　关于元素的规定

根据 XML 1.0 规范中对元素名称的规定，所有的元素必须满足"结构良好"的原则（参考 2.1.1 节）。因此每个元素必须用开始标记和结束标记来定义一个元素，所以使用元素开始标记而缺少结束标记的 HTML 语句是错误的。如下面的网页程序语句是错误的：

＜h2 align＝"center"＞学习 HTML，设计自己的网页！
＜p align＝"center"＞这是用 HTML 语言编写的一个简单主页。

上面的语句没有使用结束标记＜/h2＞、＜/p＞，应当写成：

＜h2 align＝"center"＞学习 HTML，设计自己的网页！＜/h2＞
＜p align＝"center"＞这是用 HTML 语言编写的一个简单主页。＜/p＞

对于那些没有结束标记元素，特别是那些不需要结束标记的表单元素，需要增加结束标记，这样的 HTML 元素有＜img＞、＜hr＞、＜br＞。对于这些元素，必须作为空元素处理，即写成＜img/＞、＜hr/＞、＜br/＞。因此例 6.1 的程序中关于图形的语句必须写成：

＜img src＝"image/cherry.jpg" width＝"200" height＝"120" alt＝"image/cherry.jpg"/＞

成为空元素的形式。

例 6.10 的程序的＜input＞元素需要修改成如下形式，才是符合 XHTML 的网页程序。

```
...
    <td width="70" valign="middle" height="20">用户名：</td>
    <td width="430" valign="middle">
        <input type="text" name="name" size="13"/>
    </td>
...
    <td width="70" valign="middle" height="20">密码：</td>
    <td width="430" valign="middle">
        <input type="password" name="password" size="13"/>
    </td>
...
    <td width="70" valign="middle" height="20">性别：</td>
    <td width="430" valign="middle">
        <input type="radio" name="sex" value="man" checked>男</input>
        <input type="radio" name="sex" value="woman">女</input>
    </td>
...
    <td width="70" valign="middle" height="20">爱好：</td>
    <td width="430" valign="middle">
        <input type="checkbox" name="hobby" value="play">运动</input>
        <input type="checkbox" name="hobby" value="travel">旅游</input>
        <input type="checkbox" name="hobby" value="music">音乐</input>
        <input type="checkbox" name="hobby" value="draw">美术</input>
        <input type="checkbox" name="hobby" value="read">读书</input>
    </td>
...
        <input type="submit" name="Submit" value="发送"/>
        <input type="reset" name="Reset" value="重填"/>
...
```

上述代码中的阴影部分就是按照 XHTML 的要求进行的修改。按照这个规范，程序员在书写网页程序时就会严格遵循这些原则，减少随意性。特别是随意减少结束标记、大小写不分等情况。

6.9.2 关于属性

在网页元素中，每个元素都一些隶属于自己的属性，XHTML 中规定凡是属性的书写，必须在"属性-属性值"对中使用双引号或单引号。例如下列属性的书写是错误的：

```
<font face=楷体_gb2312 size=3 color=purple>字体格式设置</font>
```

因为属性值的表示中缺少引号，必须改成：

```
<font face="楷体_gb2312" size="3" color="purple">字体格式设置</font>
```

XHTML 还有一些其他规定，请读者参考 XHTML 的相关规范。

注意：有的读者对于 XHTML 的规定可能会不以为然，他们在实际编程中往往会缺少元素结束标记、属性值不用引号等，他们认为只要浏览器能够识别出来就行。事实上，这种编程习惯是没有良好编程训练的表现。凡是受过良好编程训练的程序员，都能按照各种编程语言的规范来编写程序。因为没有遵循 HTML 的编程规范，1995 年前开始的万维网风暴使得网页设计风靡世界，由于受利益的驱动，许多没有受过良好训练的程序员加入到网站设计的浪潮中来，一些人不遵循统一的 HTML 规范，随意书写网页程序，网页程序比较混乱，程序质量令人堪忧。正是在这样的背景下，W3C 的专家们才去寻找一种方法来规范网页设计技术，使网页应用技术健康快速地发展起来，这就是 XML 技术。今天看来，提出了 XML 1.0 来规范网页应用技术是十分及时和正确的。

习题 6

1. 什么是 HTML？HTML 的浏览方式是什么？
2. HTML 的元素怎样使用？元素的作用是什么？
3. 制作表格的格式元素如何使用？根据求职表格设计一个求职表格程序。
4. 表单有何作用，根据用户需求，设计一个信息反馈表格。
5. 设计一个网页，显示各种不同的字体。字号和字形。
6. 设计一个有两级网页结构的网站。从主页超级链接到各子网页，同时能从子网页返回主页。
7. HTML 中怎样控制多媒体，利用图形、声音和动画文字设计一个网页。
8. 用 HTML 设计一节课的专业课教学教案。
9. 请综述 HTML 程序设计的特点。

第 7 章 CSS 技术

7.1 概述

XML 技术是自描述语言，如何表示它并不是 XML 1.0 规范的基本要求。因此，一个符合规范的 XML 文档在浏览器上显示时，我们仅看到了该文档根元素为根的树型显示。这种显示样式是无法满足 Web 应用程序设计和 Internet 应用要求的。设计者可以使用什么样的技术，按照用户的要求来设计表示形态灵活、格式新颖的 XML 样式？

XML 1.0 问世之初，可以在 Web 浏览器上完成 XML 数据转换的技术确实寥寥无几。在这种情况下，CSS 便成了当然的选择。

CSS(Cascading Style Sheets，层叠样式表)是一种样式表语言，最初是为了描述 HTML 的样式(背景、边框、字体、颜色等)而提出的。CSS 定义了大量的样式元素来控制字体、颜色、边框等。它支持的常见的样式元素包括 border、color、display、font、margin、text，还有表格功能等。CSS 有三个版本 CSS1、CSS2 和 CSS3。目前正在使用的是 CSS2。

CSS2 是一个样式表语言，它把 HTML 和 XML 文档的样式表示和文档的内容分开，简化了 Web 设计和站点维护。CSS2 支持媒体定义样式表，使作者可以使自己文档的用于浏览器、声音设备、打印机、盲文设备、手持设备，等等。CSS2 还支持内容定位、下载字体、表格布局，描述国际化特征、自动计数和与用户界面有关的特性。

CSS3 目前主要用于 HTML5，也可用于普通网页。

7.2 问题的引入

为了全面理解 CSS 如何对 XML 文档进行格式化，我们先分析例 7.1 的 XML 文档。

例 7.1 分析下面的 XML 文档，设计简单的 CSS 对其进行格式化。

```
<?xml version="1.0" encoding="gb2312" standalone="no"?>
<goods>
    <shirt>
            <name>金利来</name>
            <material>纯棉</material>
            <size>172/95A</size>
            <price>420.00</price>
    </shirt>
    <shirt>
            <name>晴曼</name>
            <material>50％棉</material>
            <size>170/92A</size>
```

```
                <price>180.00</price>
        </shirt>
        <shirt>
                <name>红豆</name>
                <material>10％棉</material>
                <size>165/88</size>
                <price>115.00</price>
        </shirt>
        <shirt>
                <name>虎豹</name>
                <material>纯棉</material>
                <size>172/96</size>
                <price>342.00</price>
        </shirt>
        <shirt>
                <name>利郎</name>
                <material>纯棉</material>
                <size>170/92A</size>
                <price>240.00</price>
        </shirt>
        <shirt>
                <name>金利来</name>
                <material>纯毛</material>
                <size>170/92A</size>
                <price>620.00</price>
        </shirt>
    </goods>
```

分析：在上面的 XML 文档中根元素是 goods，在 goods 下有若干个 shirt 子元素，shirt 下有 name、material、size、price 四个子元素。此文档在浏览器中的显示形态参考图 7.1。此文档的树型结构如图 7.2 所示。用 CSS 格式化该 XML 文档，设计要求为：

（1）整个文档作为一个独立块。

（2）每个 shirt 元素作为一个整体显示。

（3）每个 shirt 在元素显示在一行。

（4）不考虑其他属性。

```
<?xml version="1.0" encoding="gb2312" standalone="no" ?>
- <goods>
  - <shirt>
      <name>金利来</name>
      <material>纯棉</material>
      <size>172/95A</size>
      <price>420.00</price>
    </shirt>
  - <shirt>
      <name>啄堡</name>
      <material>50%棉</material>
      <size>170/92A</size>
      <price>180.00</price>
    </shirt>
  - <shirt>
      <name>红豆</name>
```

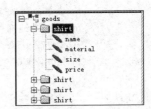

图 7.1　例 7.1XML 文档在浏览器中显示形态　　　图 7.2　例 7.1XML 文档的树型结构

我们简单把此 CSS 文档命名为 ch7-1.css，并设计成：

```
goods        {display:block;}
shirt        {display:block;}
name         {display:inline;}
material     {display:inline;}
size         {display:inline;}
price        {display:inline;}
```

注意：在 CSS 的设计中，一般采用"属性名：属性值；"格式来定义属性。其中，冒号和分号均为英文字符，不能使用中文符号，否则将出错。如上面的"display:block;"中，display 为属性名，block 为属性值，中间用冒号"："分隔，每个定义后面跟随分号"；"。另外，每个定义需要用花括号"{ }"括起来。对于同一个元素的多个定义，可以包括在一对花括号中，每个属性定义独立成一行。

上面的 CSS 文档中，用 display 元素来设置显示属性，goods 和 shirt 的显示属性值设为 block。shirt 的每个子元素的设为 inline。然后，在此 XML 文档的第二行插入：

```
<?xml-stylesheet type="text/css" href="ch7-1.css"?>
```

这是下面这个规则的一个例子：

```
<?xml-stylesheet type="" href=""?>
```

其中，xml-stylesheet 是 XML 的指令，表示使用的是样式表单。用 CSS 格式化文档时，type 的值为"text/css"。href 是 CSS 文件的存储地址，可以是当前地址，也可以是普遍的 URL 形式。

用浏览器获得的显示效果如图 7.3 所示。

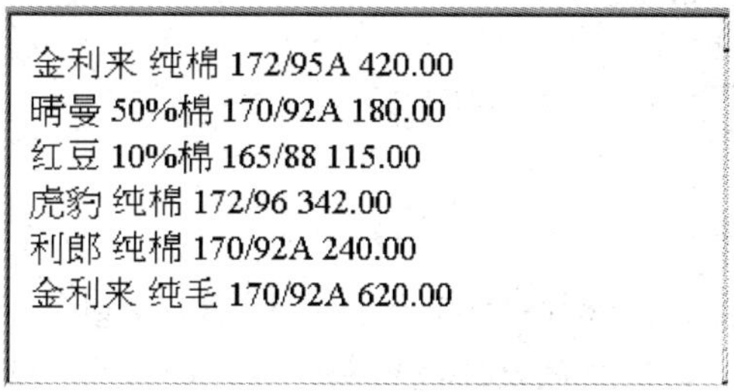

```
金利来 纯棉 172/95A 420.00
晴曼 50%棉 170/92A 180.00
红豆 10%棉 165/88 115.00
虎豹 纯棉 172/96 342.00
利郎 纯棉 170/92A 240.00
金利来 纯毛 170/92A 620.00
```

图 7.3　例 7.1XML 文档用 ch7-1.css 格式化效果

显然，此效果还不够美观、大方，也缺少时代气息。我们将通过本章的 CSS 的基本内容的学习来完成一个比较圆满的格式设计。

7.3　显示属性

CSS 对文本的格式化主要显示在显示器和打印机上，然而，我们关注的主要是显示器如何处理 CSS 元素。在 CSS 中，display（显示属性）用来设置元素内容在屏幕上的显示形状，如成块、成行或其他方式。

7.3.1　可视区和包含块

要处理信息在显示器上的显示，涉及屏幕的可视部分，这个可视部分是窗口的可见区域。这个可视部分可以改变，当可视区改变后，文档的布局将随之改变。如果可视区太小，比文档的初始包含块还小，文档会自动变成滚动形态。

包含块是一个矩形框的边界。在 CSS 中，用 display 的 block 属性来定义包含块。在一个包含块中，可以建立一些框体并确定其位置，但位置不受限制，可以充满包含块。包含块分为初始包含块和一般包含块。

初始包含块由文档的根元素产生，为其后代建立一个显示区。初始包含块的宽度和高度由根元素的 width 和 height 属性确定，它们的取值可以以像素、厘米、英寸等为单位。当 width 和 height 取确定数值时，初始包含块的宽度和高度由该数值给定。当 width 取 auto 值时，则初始包含块的宽度是整个可视区的宽度，height 取 auto 值，初始包含块的高度将调节以适应文档的内容。另外，初始包含块不能定位和浮动。

一般包含块常常针对根元素外的其他元素建立矩形区域，用于容纳元素自身或其所有的子元素。其宽度和高度由 width 和 height 属性来设置，设置方法与上段相同。

为了使读者对初始包含块有一个较深入的认识，必须能够从显示器的可视区中分离出初始包含块。为了讲解方便，先介绍设置背景颜色属性的元素：background-color。至于颜色设置的详细介绍请参考本章的 7.4 节。

根据上面的要求，把 ch7-1.css 修改成：

```
goods          {display:block;
               width:300;
               height:200;
               background-color:silver;}
shirt          {display:block;}
name           {display:inline;}
material       {display:inline;}
size           {display:inline;}
price          {display:inline;}
```

在上面的 CSS 中，在根元素 goods 中加入了 width 和 height，来确定初始包含块的的宽度和高度。并把初始包含块的背景颜色设计成银灰色（silver）。图 7.4 即为上面 CSS 文档的显示效果。

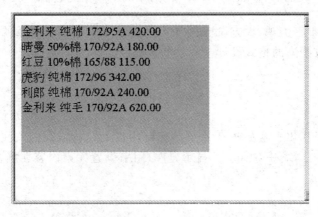

图 7.4　用修改后的 ch7-1.css 显示

在实际使用 width 和 height 时,当设计的 width 和 height 小于显示所有的元素信息必需的大小时,系统将按照实际需要自动调整显示区来容纳所有的元素,当设计的初始包含块超过实际需要时,则会自动留出相应的空闲区域。图 7.4 中的外框是浏览器的边框,边框内是可视区,灰色的部分是初始包含块。此例中的初始包含块比需要显示的元素内容大,所以在文本信息的右边和下部有明显的空闲区。

7.3.2 显示属性及其值

display 属性设置元素的显示形态。在 CSS 中显示形态包括块级、行内、列表项。

1. 块级元素

块级元素是那些成块显示的文档元素(如段落、表格等)。块级元素产生一个包含几个块框的主要块,这个块为后代元素建立包含块和容器。display 属性值中有几个块级元素: block、list-item、table。

可以把 ch7-1. css 中的 name、material、size、price 元素设计成块级元素 block,将会是怎样显示效果? 读者可以试试看。

2. 行内元素

行内元素又称为行级元素,显示时不形成新块,而是跟随在前边定义的块级元素建立的块的同一行内。行内元素产生行内框。Display 属性包含的行内元素有 inline、inline-table。在例 7.1 中,我们把 name、material、size、price 元素设计成 inline,并跟随在 shirt 元素设计行的后边。这样设计使 shirt 作为独立块来显示,而其子元素 name、material、size、price 作为行内元素显示,从而根据各个 shirt 形成了众多的行块。

3. 列表项

该值使一个元素产生一个主块框和一个列表项的行框(如 HTML 中的 LI 元素),列表项包含如下取值: list-style-type、list-style-image、list-style-position、list-style。

1) list-style-type

CCS 为网页的设计提供了丰富的列表项前导符号,这些符号使用 list-style-type(列表样式类型)属性来定义。表 7.1 是 list-style-type 可以定义的列表项前导符号的样式。

表 7.1 list-style-type 属性值列表

前导符名称	对应符号
disc	●
circle	○
square	□
decimal	1、2、3…
decimal-leading-zero	01、02、03、…、98、99
lower-roman	小写罗马数字,即 i, ii, iii, iv, v…
upper-roman	大写罗马数字,即 Ⅰ,Ⅱ,Ⅲ,Ⅳ,Ⅴ,…
hebrew	希伯来数字
Georgian	格鲁吉亚数字
armenian	亚美尼亚数字
cjk-ideographic	一、二、三、…
hiragana	日语平假名。即あいうえお…
katakana	日语片假名。即アイウエオ…

前导符名称	对应符号
hiragana-iroha	i, ro, ha, ni, ho, he, to, ...
katakana-iroha	I, RO, HA, NI, HO, HE, TO, ...
lower-latin	小写拉丁字符
lower-alpha	小写 ASCII 码字母 a, b, c, ...,z
upper-latin	大写拉丁字符
upper-alpha	大写 ASCII 字母 A, B, C, ...,Z
lower-greek	小写的经典希腊字母 α、β、γ、…

上述这些丰富的列表项前导符号如果不能被系统识别，系统将以 decimal 来代替用户定义的符号。

例 7.2 根据下面的阴影区文本，设计列表项格式。

- Normal：字体以正常形态显示。
- Oblique：字体以倾斜形态显示。
- italic：字体以倾斜形态显示。

这个文本的 XML 文档可以设计成(ch7-2.xml)：

```
<?xml version="1.0" encoding="GB2312"?>
<?xml-stylesheet type="text/css" href="ch7-2.css"?>
<textarea>
    <textlist> Normal：字体以正常形态显示。</textlist>
    <textlist> Oblique：字体以倾斜形态显示。</textlist>
    <textlist> italic：字体以倾斜形态显示。</textlist>
</textarea>
```

根据图形，要把三个 textlist 元素设计成列表项，且前面的符号是圆点(disc)。根据这个 XML 文档，可以把 CSS 格式化文件(文件名为 ch7-2.css)设计如下：

```
textarea {display:bolck;
        background-color:#c0c0c0;
        width:300;
    }
textlist {display:list-item;
        list-style-type:disc;
        font-family:宋体,楷体_GB2312;
        font-size:12px;
        text-align:left;
        text-indent:2em;
    }
```

图 7.5 是 ch7-2.css 文件产生的效果。一方面为了效果理想，另一方面为了把讨论引向深入，我们在 ch7-2.css 中使用 24 位颜色来设置背景颜色(background-color)，还使用了字体(font)和文本(text)两个属性，使得显示效果更加美观。相关内容请参考 7.5 节和 7.6 节。

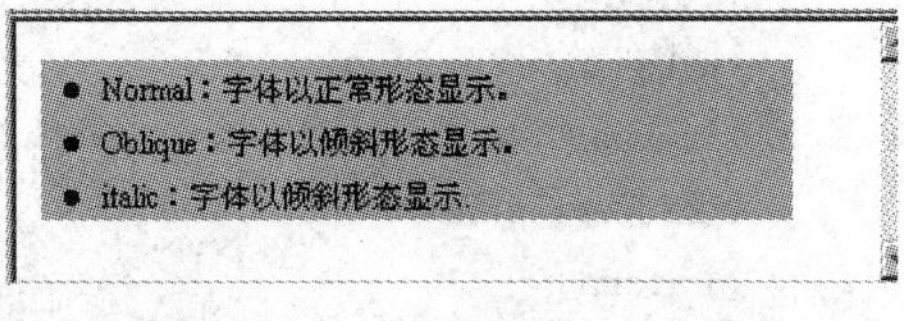

还可以用数字或者字母来作为项目符号。此

图 7.5 例 7.2 使用 CSS 的显示效果

时只需要把 list-style-type 属性值设置成"decimal"或"upper-alpha",如图 7.6 所示。读者可以通过修改 ch7-2.css 来获得如图 7.6 所示的显示效果。

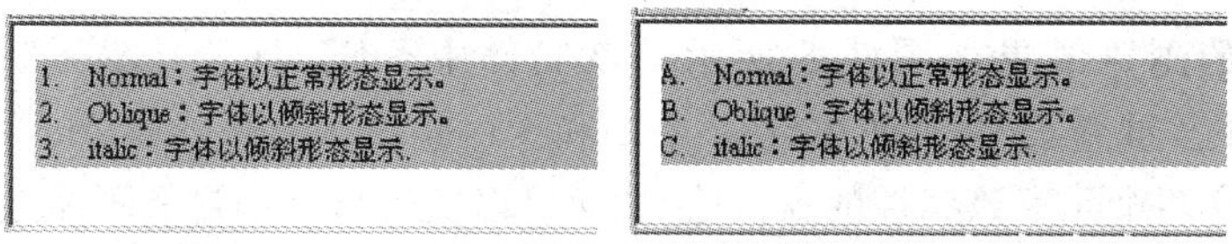

图 7.6   使用数字和字母作为列表项符号

2) list-style-image

这个属性则指用于列表项前面的符号是图形。当图形可用时,它将代替由 list-style-type 定义的符号。调用图形文件,必须使用函数 url(参数)来实现,其中参数值应该是图形文件的 URI,可以是远程的,也可以是本地的。

在 ch7-2.css 中可以使用图形来代替列表项的符号,如对 ch7-2.css 稍做修改:在"list-style-type:disc;"行后增加一行"list-style-image:url(face1.gif);",列表项的外观将由图形文件 face1.gif 中的图形来代替,如图 7.7 所示。

3) list-style-position

这个属性定义主块框中的列表项前面的符号框的位置是悬挂在块的前面,还是首行缩进到与块的左边界对齐。有下列的取值:

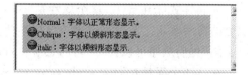

- outside——符号框位于主块框的外面。
- inside——符号框是主块框的第一个行框,
  后面跟随元素内容。

图 7.7   使用图形作为列表项符号

例 7.3   请设计具有 outside 和 inside 效果的 CSS 文档。

可以使用 HTML 中列表元素 UL 和 LI 来实现分别实现 outside 和 inside 的效果。

```
<HTML>
  <HEAD>
    <TITLE>Comparison of inside/outside position</TITLE>
    <STYLE type="text/css">
      UL            { background: gray;
                      list-style: outside; }
      UL.compact { background: silver;
                      list-style: inside }
    </STYLE>
  </HEAD>
  <BODY>
    <UL>
      <LI> inline: 使元素产生一行框或多行框。
      <LI> list-item: 使元素产生主块框和一个行框的列表。
      <LI> none: 使元素不产生框,包括其后代也不产生任意的框。该属性不能通过设置后代的
display 属性来覆盖。
    </UL>
    <UL class="compact">
      <LI> inline: 使元素产生一行框或多行框。
      <LI> list-item: 使元素产生主块框和一个行框的列表。
      <LI> none: 使元素不产生框,包括其后代也不产生任意的框。该属性不能通过设置后代的
display 属性来覆盖。
```

```
        </UL>
      </BODY>
    </HTML>
```

此网页文件的浏览效果如图 7.8 所示。该文件中＜STYLE type＝"text/css"＞…＜/ STYLE＞中的内容重新设置了列表元素 UL 和 LI 的 list-style-position 属性，这就改变了 HTML 4.0 中对这两个元素该属性的默认值，从而可以实现悬挂缩进和不缩进两种显示效果。

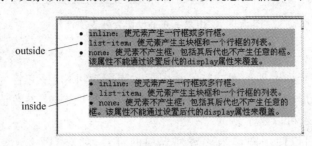

图 7.8　悬挂缩进的实现

4）list-style

列表样式(list-style)这个属性是 list-style-type、list-style-image 和 list-style-position 三个属性的简写表示。此时可以把三个属性值并列写成：list-style：type image position，中间用空格分隔，先后顺序可以任意排列，系统将自动识别。

在这四个属性中，list-style-type 和 list-style-image 不能并行使用。当不设置 list-style-image 时，或者 list-style-image 具有 none 值时，或者由 url(URI)指向的图形不能显示时，list-style-type 属性定义的列表项前导符号才能显示出来。所以在出现需要使用图形文件作为前导符的时候，不必定义前导符类型。

例 7.4　中就使用了简写形式的 list-style 来定义。同样，可以用 list-style 重新改写例 7.2 中所有的 CSS 文档。

注意：CSS3 中对 display 的定义有所改变，本节的某些元素在 IE 9.0 中显示效果有变化。

7.3.3　表格属性

有十种 display 属性值可以把元素格式化为表格的一部分。它们是：

- table——表示元素是一个块级元素。
- inline-table——把表格设置成行内元素，并允许多个表格并排放置。
- table-row——表格行。
- table-row-group——表格行分组。
- table-column——表格的列。
- table-column-group——表格列分组。
- table-header-group——表格头分组。
- table-footer-group——表格脚分组。
- table-cell——表格的单元格。
- table-caption——表格标题。

table 属性也可以用于定义根元素的初始包含块，此时初始包含块的 width 和 height 属性必须一同设置，否则无法建立起包含块区域，width 和 height 属性设置方法与 7.3.1 小节中根元素的相同。但是,必须区分 block 与 table 的用法。Block 独立使用就可以建立独立的行块,table 必须与 width 联合使用才能建立独立的行块,否则,table 只能产生行内块,来容纳单个元素。

例 7.5 用表格元素设计例 7.1 的 XML 文档的 CSS 转换文件(文件名 ch7-4.css)。

```
goods          {display:table;
                width:300;
                height:200;
                background-color:silver;}
shirt          {display:table;
                width:300;}
name           {display:table;}
material       {display:table;}
size           {display:table;}
price          {display:table;}
```

此 CSS 文档的显示效果与图 7.3 一样,读者可以自行调试。

7.3.4 none 值

当 display 元素设置成 none 时,使元素不能显示在浏览器可视区中,实际上是不显示该元素。该属性不能通过设置后代的 display 属性来覆盖。

注意:当 display 属性设置成 none 时,不是创建一个不可见的框,而且是根本没有创建框。因而设置成该值的元素不能显示。

这个属性值需要对于显示什么内容做出取舍时,特别重要。如果想在例 7.1 中 XML 文档中不显示 material 元素,只需要把它的 display 改成 none 值即可。即:

```
material    {display:none;}
```

这一点请读者自行验证。

7.3.5 程序优化

在本节讲述的三个 CSS 文件中,存在大量相同的元素定义,如果按照原来的文本书写,显得代码重复,是否有办法把程序写得更精练些呢? 为了解决这个问题,CSS 中引入了分组的概念,用来解决代码重复定义的问题。

当几个元素共享相同的声明时,可以用逗号把它们分组。如:

```
name           {display:table;}
material       {display:table;}
size           {display:table;}
price          {display:table;}
```

可以写成:

```
name, material, size , price {display:table;}
```

这样可以使代码书写简练很多,利于 CSS 程序的优化和编写工作。因此可以把 ch7-1.css 简单写成:

```
goods, shirt {display:block;
name, material, size, price {display:inline;}
```

7.4 颜色与背景

在网页设计中,文字和背景的颜色是一个重要内容,CSS 提供了 color 元素来设置颜色。根据计算机显示器的彩色原理,颜色由红绿蓝三种颜色作为基色,这就是所谓的红绿蓝三原色的概念。任何一种颜色都是这三种颜色的特定组合。

7.4.1 颜色

在 CSS 中,颜色设置有三种方法:颜色关键词、RGB 函数,或者是红绿蓝组合。下面分别予以介绍。

1. 颜色关键词

颜色关键词是指与某种颜色对应的英文单词,如黄色用 yellow、红色用 red 表示等。表 7.2 中列出了 CSS2 中定义的 16 种颜色的关键词,这些颜色关键词主要在 HTML 4.0 中使用,我们可以使用这些颜色来定义 XML 文档和元素。

表 7.2 CSS 中颜色常量

关键词	说明	关键词	说明	关键词	说明	关键词	说明
Aqua	水绿色	black	黑色	blue	蓝色	fuchsia	紫红色
Gray	灰色	green	绿色	lime	橙色	maroon	褐红色
Navy	藏青色	olive	橄榄色	purple	紫色	red	红色
Silver	银色	teal	邮政绿	white	白色	yellow	黄色

例 7.6 对 ch7-1.css 进行修改,用颜色关键词把 shirt 元素的四个子元素分别设计成红、绿、蓝、紫四种颜色。程序如下(ch7-5.css):

```
goods       {display:block;
             width:300;
             height:auto;
             background-color:silver;}
shirt       {display:block;}
name        {display:inline;
             color:red;}
material    {display:inline;
             color:green;}
size        {display:inline;
             color:blue;}
price       {display:inline;
             color:purple;}
```

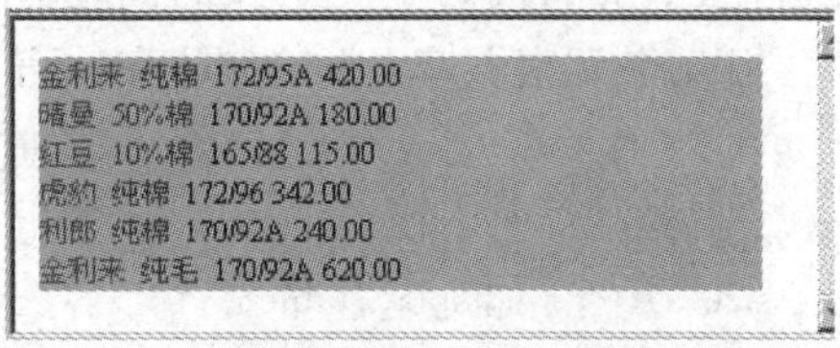

图 7.9 例 7.6 显示效果

此程序的效果如图 7.9 所示。

2. RGB 函数

使用红绿蓝 3 种颜色,每种颜色由 8 个比特组成,可以取 0~255 种颜色,3 种颜色组合起来,一共是 $256 \times 256 \times 256 = 16\,777\,216$ 种颜色,这就是所谓的 24 位真彩色。用 RGB 函数时,格式为:RGB(红,绿,蓝),如:

```
RGB(255,0,0)                        /* 红色 */
RGB(0,255,0)                        /* 绿色 */
```

```
RGB(0,0,255)                              /* 蓝色 */
RGB(0,0,0)                                /* 黑色 */
RGB(255,255,255)                          /* 白色 */
RGB(123,178,45)                           /* 任意色 */
```

例 7.7　对 ch7-1.css 进行修改,使用 RGB 函数把 shirt 元素的四个子元素分别设计成红、绿、蓝、紫四种颜色。程序如下(ch7-6.css):

```
goods          {display:block;
                width:300;
                height:auto;
                background-color:silver;}
shirt          {display:block;}
name           {display:inline;
                color:rgb(255,0,0);}
material       {display:inline;
                color:rgb(0,255,0);}
size           {display:inline;
                color:rgb(0,0,255);}
price          {display:inline;
                color:rgb(150,10,200);}
```

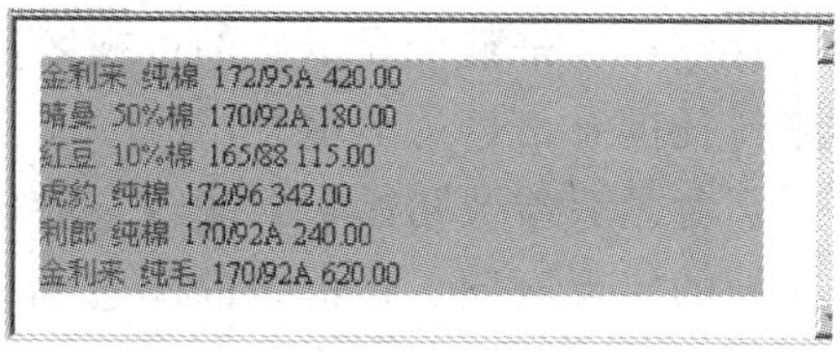

图 7.10　例 7.7 显示效果

此程序的效果如图 7.10 所示。

3. 颜色组合

三种颜色的组合还可以表示成十六进制数的组合。此时颜色组合必须用颜色值的十六进制数来表示。每种颜色的取值范围是 0～255,对应的十六进制数是 0～FF。用三种颜色表示时,形式有三位数的组合和六位数的组合:♯rgb 和 ♯rrggbb。如:

```
♯f00 或    ♯ff0000                        /* 红色 */
♯0f0 或    ♯00ff00                        /* 绿色 */
♯00f 或    ♯0000ff                        /* 蓝色 */
♯ccc 或    ♯c0c0c0                        /* 一种灰色 */
```

4. 颜色的百分比

除了上述的三种颜色表示形式,还可以使用百分数来表示颜色,如 100%＝255＝♯ff＝♯f、0%＝0＝♯00＝♯0;可以使用任意数表示颜色的百分数,如 50%＝127、25%＝64 等。

下面几种颜色表示同一种颜色(蓝色):

```
name { color: ♯00f }                      /* ♯rgb */
name { color: ♯0000ff }                   /* ♯rrggbb */
name { color: rgb(0,0,255) }              /* integer range 0-255 */
name { color: rgb(0%, 0%,100%) }          /* float range 0.0%-100.0% */
```

例 7.8　对 ch7-1.css 进行修改,混合使用四种方法把 shirt 元素的四个子元素分别设计成红、绿、蓝、紫四种颜色。程序如下(ch7-7.css):

```
goods          {display:block;
                width:300;
                height:auto;
                background-color:silver;}
shirt          {display:block;}
name           {display:inline;
                color:rgb(100%,0%,0%);}
```

```
material      {display:inline;
               color:#00ff00;}
size          {display:inline;
               color:blue;}
price         {display:inline;
               color:rgb(150,10,200);}
```

7.4.2 背景

1. 基本概念

CSS 允许设计者定义一个元素的前景和背景。

前景就是浮在背景上层的区域，一般用于文字、文本、图形等的显示。对于文字来说，可以使用 color 元素来设置前景色。前景颜色取值与 7.4.1 节相同。

背景可以是整个显示器的可视区，也可以是初始包含块或一般包含块，处于前景的下层，用来衬托前景信息的显示。

当背景只涉及初始包含块或一般包含块时，可以携带边框线，也就是说，背景可以是一个带边框的矩形区域。边框线的颜色和样式用 border 属性设置。而边框的边界区外围永远是透明的，这可以使父框的背景一直显现出来。

由根元素产生的初始包含块的背景可以覆盖整个画面，也可以只占可视区的一部分。图 7.4 是包含块只占一部分画面的情形。

2. 背景设置

背景可以是各种颜色或图形，在 CSS 中，使用 background-color、background-image、background-position 和 background 四个元素来设置背景。具体含义为：

- background-color——设置一个元素的背景颜色。
- background-image——设置一个元素的背景图形。当存在背景图形时，还可以定义一个背景颜色，当背景图形无效时使用该颜色作为背景。如果背景图形有效，图形会覆盖在背景颜色上（此时，图形的透明部分可以看到该颜色）。图形的调用可以用 url() 函数来实现，其中的参数可以是图形文件的 URL 的形式，也可以是图形文件在本地磁盘的存储位置。
- background：前面两种属性的简写形式。

例 7.9 对 ch7-1.css 进行修改，使用图形 backgrnd.gif 作为背景。程序如下（ch7-8.css）：

```
goods         {display:block;
               width:300;
               height:150;
               background:url(backgrnd.gif);}
shirt         {display:block;}
name          {display:inline;
               color:red;}
material      {display:inline;
               color:green;}
size          {display:inline;
               color:blue;}
price         {display:inline;
               color:purple;}
```

此程序的效果如图 7.11 所示。

图 7.11 用图形做背景

用图形做背景时,如果块的高度和宽度比原来的图形尺寸小,会按照块的大小切出背景图形来显示。此时,图形会布满整个画面,即充满浏览器的可视区。如果图形没有可视区大时,浏览器会重复背景图形以布满整个画面。

7.5　字体与文本

字体和文本是网页元素中最重要的信息发布形式,也是网页设计中倍受设计者和读者关注的内容。CSS 中对网页的字体和文本都给出了定义,本节讨论 CSS 中的字体和文本定义。

为了说明字体的大小,在讨论字体之前,先讨论数据尺寸的类型。

7.5.1　尺寸设置

1. 数字

在 CSS 中,整数和实数只使用十进制数。整数由<integer>表示,实数由<number>表示。<integer>由至少一位的 0～9 的数字表示。实数<number>可以是一个整数,也可以是一个 0,或者是带小数点的任意实数。<integer>和<number>都可以在前面放一个符号("+"或"-")来表示其正负数的属性。如-123、+256、0、1.23456 等。

2. 长度

长度是涉及水平和竖直量度的量。长度值有一个任选的符号("+"或"-"),后面跟着一个实数,然后是一个表示单位的标识符(如 px、deg)。长度为 0 时,单位标识符是任选的。如 12.3 px、20em、0。

某些属性可以使用负的长度值,但可能使格式模型复杂化,当一个浏览器不支持负的长度值时,应该把该值变换成显示器所支持的一个最接近的值。

有两种长度单位:相对和绝对。

相对单位有:

- em——以相关字体的大小为单位。
- ex——以相关字体的小写字母高度为单位。
- px——像素(pixel)。

绝对单位有:

- in——英寸。
- cm——厘米。
- mm——毫米。
- pt——磅(1 英寸等于 72 磅)。

相对长度是指以先前定义过的某个尺寸的大小作为参考的尺寸,来确定当前设置的大小。例如:

```
BODY {font-size:10pt;          ——设置字体大小为 10pt。
        text-indent: 3em; }    ——设置文本缩进为 3 个字大,即 30pt。
P { font-size: 1.6em; }        ——设置段落的字体大小原值的 1.6 倍,即为 16pt。
H1 { font-size: 15pt; }        ——设置字体大小为 15pt。
```

在此例中，最先定义了一个尺寸大小"font-size：10pt；"，此时，BODY 的子元素的 text-indent 属性、P 的字体尺寸都以此作为参考值。而 H1 重新定义字体尺寸，没有使用相对长度。

绝对单位常用在输出介质的物理尺寸已知时。

3．百分比

百分比由＜percentage＞表示。百分比的格式有一个任选的符号（"＋"或"－"），然后接一个＜number＞，最后加上"％"。

百分比一般是相对于长度值来计算的。对于使用长度来测量的属性，允许使用百分比定义其大小。该百分比可以从同一个元素另外一个属性的值计算得到，如例 7.10 的①。也可以是一个祖先元素的同一属性的值，如例 7.10 的②。

在计算百分比时，设置成继承另外属性的百分比的元素的尺寸与被继承的值的关系是初值乘以该百分比。

例 7.10 设置百分比，确定计算尺寸的问题。

① 为同一元素 X 的第二个属性设置百分比，第二个属性的值是第一个值的 1.2 倍。

```
X { font-size: 10pt }
X { line-height: 120% }
```

② 在网页中，BODY 是 P 的父元素，P 要继承 BODY：

```
BODY {font-size:10pt;          ——设置字体大小为 10pt。
      text-indent: 300%; }     ——设置文本缩进为 3 个字大，即 30pt。
P { font-size: 160%; }         ——设置段落的字体大小原值的 1.6 倍，即为 16pt。
```

7.5.2 字体属性

在 CSS 中，把文字的使用分成 6 种基本的字体属性，分别是 font-family、font-style、font-size、font-weight、font-stretch、font-variant。也可以用 font 来代替上述 6 个属性的设置。

1．字体族

字体族（font-family）用来定义一个元素使用的字体，由若干字体名构成，每个字体名之间用逗号分隔。其中的成员可以是斜体、粗体、如：

```
title{font-family:宋体,楷体,黑体}
```

字体属性确定按字体名称列表或通用字体名的列表的优先顺序出现，用来解决单个字体可能没有外观和形象特性而无法显示一个文件中的所有特征的问题，或者是字体不适用于所有系统的问题。它允许作者定义一个具有同样样式和大小的字体列表。这个表叫做字体集合。

字体族名称分为两类：字体族名称和通用族字体名称。

字体族名称就是字体族中列表的字体名称，在上例中，如宋体、楷体、黑体等就是这类名称。当字体名称中有空格符时，需要用引号括起来。

通用字体族是一种备用机制，提供在最坏的情况（即没有指定的字体供选择）下保证作者想要的样式表的某些特征。为了得到最好的排字效果，在样式表中应提供特殊的字体名，在 CSS 中定义了五种通用字体，它们是 serif、sans-serif、cursive、fantasy 和 monospace，如表 7.3 所示。

表 7.3 通用字体说明

名　称	典　型　字　体	说　明
serif(衬线)	Times New Roman,Bodoni,宋体	在字体的边缘附加装饰细线
sans-serif(无衬线)	Arial,Verdana,Helvetica,楷体	在字体的边缘没有附加的装饰细线
cursive(草书)	Lucida Handwriting,Corsiva	手写字体的模拟形态
fantasy(梦幻字体)	Studz,Cottonwood,Western	具有特定艺术效果的字体、如歪斜形状、胖瘦不一、形状夸张的字体
monospace(等宽字体)	Courier,Courier New,Prestige	字体不受字母形状影响,如 A 和 I 是同样宽度。常用于计算机代码的打印

注意：CSS2 中设置的字体对于西文字体有效,对于中文字体,默认用宋体。若选择其他字体,在有的浏览器上将无法显示。

例 7.11 按照下面 XML 文档(ch7-11.xml),设计 CCS 转换程序。

```
<?xml version="1.0"?>
<?xml-stylesheet type="text/css" href="ch7-11.css"?>
<files>
    <file>
        <name>XML Design</name>
        <type>Word Document</type>
        <date>2007-11-25</date>
        <size>73kb</size>
    </file>
    <file>
        <name>ASP Design</name>
        <type>Word Document</type>
        <date>2003-10-15</date>
        <size>680kb</size>
    </file>
    <file>
        <name>2005 Test Scores</name>
        <type>Excel Document</type>
        <date>2006-1-20</date>
        <size>65kb</size>
    </file>
</files>
```

下面是该 XML 文档的 CSS 转换文件(文件名 ch7-11.css)。

```
files       {display:block;
                width:400;
                height:150;
                background:url(backgrnd.gif);
                color:blue;       }
file        {display:block;}
name, type, date, size {display:inline;}
name        {font-family: "Microsoft Sans Serif", serif}
type        {font-family:Arial Black;}
date        {font-family:Century Gothic;}
size        {font-family:Book Antiqua;}
```

为了展示 CSS 对字体设置的细节,我们在这个程序中选择了全英文的 XML 文档来设计

CSS，读者可以观察字体的变化。在设置中分别选择了四种字体来显示 name、type、date、size 四个元素。为了统一字体颜色，在根元素中使用了"color：blue；"来设置，如图 7.12 所示。

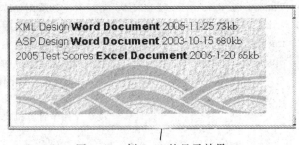

图 7.12　例 7.11 的显示效果

2. 字体样式

字体样式(font-style)确定文本显示时使用的字体形态，有 normal、italic、oblique。normal 以正常形态显示字体，oblique 以倾斜形态显示字体，italic 以倾斜形态显示字体。

用法：

name { font-style：italic }　　——斜体。

type { font-style：normal }　　——正常。

3. 字体粗细

字体粗细(font-weight)确定字体的笔画的粗细。有如下的几种取值：

- 100 to 900——每个数字描写字符的深浅度，100 表示最细，900 表示最粗。
- normal——相当于 400。
- bold——相当于 700。
- bolder——比上一个定义的字体粗细度深一些。如果上一个定义是 900，则该值只能取 900。
- lighter——比上一个定义的字体粗细度浅一些。如果上一个定义是 100，则该值只能取 100。

用法：

name { font-weight：normal }　　——设置为正常。

type { font-weight：700 }　　——设置为 700，粗体。

date { font-weight：400 }　　——设置为 400。

size { font-weight：bolder }　　——比 date 深一些。

4. 字体大小

字体大小(font-size)描述字体的字号。字体大小分为绝对大小和相对大小。

绝对大小有下列取值：xx-small、x-small、small、medium、large、x-large、xx-large。对于两个相邻的值之间，计算机屏幕和其他媒体的标度值因子不一样。对于计算机屏幕来说，每个相邻值之间的标度因子为 1.2。例如，如果 medium 是 14pt，那么 large 的大小应该是 16.8pt（＝1.2×14pt）。

相对大小只有两个值：larger、smaller。如果一个元素的父元素具有 large 的大小，则 larger 值将把当前元素的字体设置成 x-large。如果父元素没有接近的值可选，那么系统将自由地选择绝对值表中的一个，或按照四舍五入的办法选择一个最接近的值赋给它。

例如：

name ｛ font-size：12pt；｝　　　──字体为 12pt。

type ｛ font-size：larger ｝　　　──是元素 name 字体的 1.2 倍。

date ｛ font-size：150％ ｝　　　──是元素 name 的字体的 1.5 倍。

size ｛ font-size：1.5em ｝　　　──重新设定字体为 1.5em。

5. 字体

字体(font)属性是上述字体属性的简写形式，可以代表上述所有属性。因此有时只需要设置该属性，就可以实现字体控制。其格式和取值的先后顺序为：

font：[font-style]　[font-variant]　[font-weight]　font-size　[/line-height]　[font-family]；

其中，除 font-size 为必写项外，其他的都可以视其需要而取舍。每一个属性之间用空格分隔。另外，限于篇幅，font-variant(字体变体)和 line-height(行高)两个属性没有进行讨论，读者可以参考 http://www.w3.org/TR/1998/REC-CSS2-19980512。

例如：

name ｛ font：12pt/14pt sans-serif ｝──定义了"字体大小/行高 通用字体"。

name ｛ font：80％ sans-serif ｝──定义了"字体大小 通用字体"。

name ｛ font：x-large/110％ "Microsoft Sans Serif"，serif ｝──定义了"字体大小/行高 字体通用字体"。

name ｛ font：bold italic large Palatino，serif ｝──定义了"字体粗细 样式 字体 通用字体"。

name ｛ font：normal small-caps 120％/120％ fantasy ｝──定义了"字体粗细 变体 字体 大小/行高 通用字体"。

例 7.12　综合字体设置，重新设计例 7.11 的 CSS 文档(文件名 ch7-12.css)。

```
files       {display:block;
             width:400;
             height:150;
             background:url(backgrnd.gif);
             color:blue;        }
file        {display:block;}
name, type, date, size {display:inline;}
name        {font: 400 14pt/200% Arial; }              /*字大小 14pt,行高 28pt*/
type        {font:bold 18pt Script}
date        {font-family:Monotype Corsiva;}
size        {font:Book Antiqua;}
```

显示效果如图 7.13 所示。

图 7.13　例 7.11 的 XML 文档用 ch7-12.css 转换效果

注意：在 ch7-12.css 中出现了"/＊……＊/"，这是 CSS 2 中采用的注释，"/＊"与"＊/"中间的内容是注释。这与 C 语言中注释的书写形式一样。在后续的 CSS 中，经常会出现类似的注释。

7.5.3 文本属性

文本(text)属性定义文字的可视化形式、空格、排版、字格式、段落格式等。在 CSS 中，文本属性有排版缩进、对齐、修饰、间距、变换等内容。

1. 文本排版缩进

文本排版缩进(text-indent)属性确定一个文本块中文本的首行缩进。缩进以长度和长度的百分比数来度量。

2. 文本对齐

文本对齐(text-align)属性描写一个块内行的对齐方式。对齐方式有 left、right、center。

3. 文本修饰

文本修饰(text-decoration)描写附加给一个元素文本的修饰效果。如果这个属性用于块级元素，那么它会影响该元素的每一行。如果用于行级元素，那么它会影响该元素产生的所有框。如果元素没有内容或没有文本内容，那么系统将忽略这个属性。该属性值有 none、underline、overline、line-through、blink。none 表示文本没有修饰，underline 表示文本有下划线，overline 表示文本行有一根线覆盖在上面，line-through 表示文本行有一个线从中间穿过（即删除线），blink 表示文本闪烁。

4. 文本阴影

文本阴影(text-shadow)使用一个逗号分隔的阴影效果列表来应用于元素的文本。一个阴影由阴影偏移量、影像位移半径、阴影颜色三个要素构成。

阴影偏移量用两个值确定：第一个值表示向文本右边移动的水平距离长度，负值表示把阴影放在文本的左边；第二个长度值表示低于文本的竖直距离，负值表示把阴影放在文本的上方。

影像位移半径是一个指示位移效果的边界。

阴影颜色是阴影效果的基础。

注意：这里定义的文本阴影效果在一般的显示器上显示时，用户很难分辨出它们的细微变化。另外，限于篇幅，未能在这里展开讨论上述问题，感兴趣的读者可以参考 http://www.w3.org/TR/1998/REC-CSS2-19980512。

5. 文字间距

文字间距分为单词间距(word-spacing)和字母间距(letter-spacing)。这两个属性都是在单词和字母之间增加间隔来扩展文本。它们有同样的取值：normal 和 length。

- normal：按照当前的字体定义的正常单词(字母)间距分隔文本。
- length：指明单词(字母)间距的长度值。当长度值为负数时，取消间距。

6. 文本变换

文本变换(text-transform)控制元素文本的大小写效果。有下列取值：capitalize、uppercase、lowercase、none。capitalize 把单词中的首字母大写，uppercase 把单词中每一个字母大写，lowercase 把单词中的每一个字母小写，none 不设置大小写效果。

例 7.13　综合文本属性设置,重新设计例 7.11 的 CSS 文档(文件名 ch7-13.css)。

```
files          {display:block;
                width:450;
                height:150;
                background:url(backgrnd.gif);
                color:blue;
                font-size:12pt; }
file           {display:block;}
name, type, date, size {display:inline;}
name           {font: 400 14pt/200% Arial;
                text-indent:4em;
                text-align:left;
                text-decoration:underline;}
type           {font:bold 1.4em Script
                text-transform:uppercase;}
date           {font-family:Monotype Corsiva;}
size           {font:900 Book Antiqua;}
```

修改说明:

(1) 在根元素中定义了字体大小,用来统一其子元素的字体。

(2) 在 name 中定义了首行缩进 4 个字,左对齐,下划线。

(3) type 的字体大小继承根元素的,其字体大小值是 12pt×1.4=16.8pt,并用大写字母显示。

注意图 7.14 中每行均缩进了 4 个字符大,type 的文字比其他的稍大。

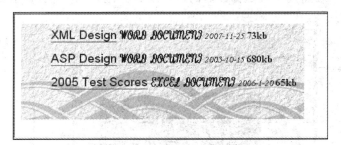

图 7.14　例 7.11 的 XML 文档用 ch7-12.css 转换效果

7.6　边界设置

7.6.1　认识边界

CSS 的边框模型描述了矩形框,用来安排元素的显示形态。为了对边界有一个认识,先来考查一个程序。

例 7.14　用 HTML 设计一个框结构,然后分析。

```
<HTML>
  <HEAD>
    <TITLE>边框举例</TITLE>
    <STYLE type="text/css">
      UL {
          background: aqua;                    /*背景色是水绿色*/
```

```
                margin: 40px 30px 20px 10px;
                padding: 10px 20px 30px 40px;
                border:solid red; }
        LI {
                color: white;                              /* 文字颜色白色 */
                background: purple;
                margin: 40px 15px 15px 15px;
                padding: 30px 0px 15px 30px;
                list-style: none
            }
        LI.border{
                border-style: solid;
                border-width: medium;
                border-color: white;
            }
        </STYLE>
    </HEAD>
    <BODY>
        <UL>
            <LI class="border">CSS 的边框示例，边框给网页增加了许多用户特色,用户可以灵活使用
边框。
        </UL>
    </BODY>
</HTML>
```

在此程序中,重新定义了 HTML 元素 UL、LI 的边界(margin)、补白(padding)、边框线
(border)等的格式。使得网页按照修改后的格式来显示,图 7.15 是其显示效果。

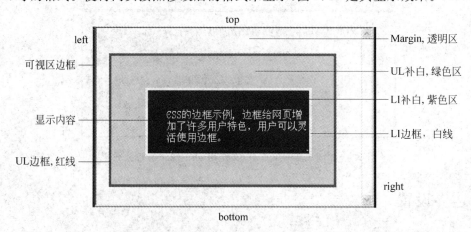

图 7.15　边框的布局

在这个例子中出现的 margin、padding、border 就是 CSS 定义的边框元素,这些元素大量
地出现在网页设计中,在 XML 的格式化中,一样起到重要作用。

7.6.2　边界的概念

1. 边框结构

每个框中有内容区,周围还有任选的补白(padding)、边线(border)、边界(margin),共四
个部分。每个边框的布局如图 7.15 所示。

边界、边线和结合部还分成顶(top)、底(bottom)、左(left)、右(right)四部分。这四个区域

的周边长度称为边,所以每个框有四条边。

内容区:显示元素内容的区域。

补白区:显示内容与显示框,或内框与外框之间的过渡区域。

边线:包围边线(图 7.15 中从内到外的第三根线,粗实线)。如果边线的宽度为 0,则边线边与补白边相同。

边界边:包围框的边界(图中可视区边框线)。如果该边的宽度为 0,则边界与边线边是同一条边。

2. 边界

边界(Margin)属性定义边框的边界区域,包含 margin-top、margin-right、margin-bottom、margin-left 和 margin,分别用来设置边框的顶、右边、底、左边。最后一个可以代表边框的所有边。

如何设置 margin 的值? 如果只设置一个值时,该值适用所有的边。当设置的值有两个时,第一个值代表顶和底,第二个值表示右边和左边。当设置的值有三个值时,第一个设置顶,第二个设置代表左和右,第三个设置底。当有四个值时,分别表示顶、右、底、左四条边。如上面范例中的 UL:

UL { margin:40px }　　　　　　　　所有的 margin 设成 40px。

UL { margin:40px 30px }　　　　　　顶和底=40px,右和左= 30px。

UL { margin:40px 30px 20px }　　　　顶=40px,右=左=30px,底=20px。

UL { margin:40px 30px 20px 10px }　顶=40px,右=30px,底=20px 左=10px。

其中的第一行代表如下定义:

```
UL {  margin-top: 40px;
      margin-right: 40px;
      margin-bottom: 40px;
      margin-left: 40px;
   }
```

3. 补白

补白(Padding)属性定义边框的补白区域的宽度。与 margin 类似,它也有五种属性:padding-top、padding-right、padding-bottom、padding-left 和 padding。其用法与 margin 类似。

4. 边线

边线共有四种属性:设置宽度(border-width)、样式(border-style)、颜色(border-color)和边线(border)。

1) border-width

border-width 属性定义边线区域的宽度。与 margin 类似,用法也类似。border width 的五种属性是:border-top-width、border-right-width、border-bottom-width、border-left-width 和 border-width。它们有三种取值:thin、medium、thick。除了三种值外,还可以用数字来表示边线的宽度。例如:

goods { border-width:thin }　　　　　　　　四条边线都是 thin。

goods { border-width:thin thick }　　　　　　顶=底=thin,右=左=thick。

goods { border-width:thin thick medium }　　顶=thin,右=thick,底=medium,左=thick。

goods { border-width:2pt 2pt 2pt 2pt}　　　　顶=2pt,右=2pt,底=2pt,左=2pt。

2）border-style

border-style 属性定义框的边线样式。Border 样式的五种属性是 border-top-style、border-right-style、border-bottom-style、border-left-style 和 border-style。它们的值参考表 7.4。

表 7.4　border style 取值

值	说　明
none	无边线
hidden	线隐藏，等同无边线，但实际存在
dotted	点线
dashed	虚线
solid	实线
double	双实线
groove	其阴影为凹型的线
ridge	其阴影为凸型的线
inset	整个框嵌入到文档中
outset	整个框突出显示

3）border-color

border-color 属性定义框的边线颜色。border 颜色的五种属性是 border-top-color、border-right-color、border-bottom-color、border-left-color 和 border-color，其取值有具体颜色值和透明（transparent）两种。

4）border

边线（border）是设置宽度（width）、样式（style）、颜色（color），顶、右、底、左的简写形式。

与 margin 和 padding 不同，border 属性不能把四条边的值设置成不一样。为了设置不同的边有不同的值，有时需要使用其他的 border 属性。这些属性是 border-top、border-bottom、border-right、border-left。

例如，设置元素 goods 的底边线的宽度、样式和颜色的定义为：

goods { border-bottom: thick solid red }

例如，下面两个定义是等价的：

goods { border: solid red }

与

```
goods {
  border-top: solid red;
  border-right: solid red;
  border-bottom: solid red;
  border-left: solid red
}
```

因为上述属性可以覆盖和被覆盖，后边定义的元素将覆盖先前定义的同名元素，所以定义规则中顺序是重要的。

例如，下面的左边线的颜色是黑色的，而其他边线的颜色是红色的。这是因为定义的第二行设置了 border-left 的宽度、样式和颜色,但这一行又没有设置颜色,它的颜色从 color 属性中取得。但 color 的设置与 border-left 是无关的,只是因为颜色的覆盖。

```
goods {
    border-color: red;
    border-left: double;
    color: black
}
```

例 7.15 综合边界属性,设计例 7.1 中 XML 文档的 CSS 文档(文件名 ch7-15.css)。

根据这个 XML 文档,设计如下的 CSS:

```
goods {display:table;
        background:#c0c0c0;
        width:300px;
        margin: 20px 20px 20px 20px;
        padding: 10px 10px 10px 10px;
        border:medium red double;
        color:rgb(0,0,0);
        }
shirt    {display:block;
         width:200;
         background: rgb(0,200,200);
         border:1pt solid white;
         }
name,material,size,price { display:table-cell;}
name,material
        {  font-family:宋体,楷体_GB2312;
            font-size:12px;
            border:1pt solid blue;
            text-align:center;               /* 居中对齐 */
         }
size    {   font-style:italic;
            font-size:12px;
            text-decoration:underline;       /* 下划线 */
            text-align:center;
            border:1pt solid blue;
         }
price   {   font-size:12px;
            color:red;                       /* 红色,突出价格 */
            text-align:center;
            border:1pt solid yellow;
         }
```

此 CSS 的格式化效果如图 7.16 所示。

程序说明:

(1) 在根元素设计中,加入边框,补白的设置。包含块的边线为红色双实线,前景色为黑色,背景为灰色。

(2) 作为容器的 shirt 设置成块,宽度为 200px,背景设置为浅蓝色,行块边框线设为 1 磅的白色实线。

图 7.16 例 7.1 的 XML 文档用 ch7-15.css 转换的效果

（3）name、material 两元素格式相同，设置了字体、字体大小、1 磅的蓝色实边线、文本居中对齐。

（4）size 元素设置成字体倾斜、字体大小、下划线、文本居中对齐、1 磅的蓝色实边线。

（5）price 元素设置了字体大小、字体颜色、文本居中对齐、1 磅的黄色实边线。

7.7　元素筛选

在 CSS 中，如何从元素的级联关系中寻找指定的元素？寻找指定元素的规则叫样式匹配规则，它决定了 XML 文档中元素该使用哪个样式规则。这些样式称为选择符，它可以覆盖从简单元素名称到复杂文本模型的所有内容。一个元素的样式中的所有条件都为真时，我们说选择符与该元素匹配，即找到了该元素，否则元素没有找到。CSS 中的选择符有通用、后继、子元素、相邻兄弟、属性、ID 选择符等。

1. 通用选择符

通用选择符"*"匹配所有元素类型的名称。如：

*{font-color：red}——表示所有元素的字体颜色都是红色。

当使用 * 定义一个属性时，可以去掉符号 *。如：

*[TITLE=leader]{font-style：italic}与[TITLE=leader]{ font-style：italic }是等价的。

2. 后继选择符

在例 7.1 的 XML 文档中 goods 元素包含 name 元素，name 元素称为 goods 元素的后继。后继元素可以是直接子元素、孙子元素、……、子子孙孙元素等。当需要从元素中选取后继时，要求使用后继选择符。后继选择符至少有两个以上元素构成，每个元素之间用空白符分隔。如"goods name"。此时，需要筛选的是 name 元素。如，下面的规则分别定义了 goods 的后继 name、size 字体颜色为蓝色和红色。

```
goods name {font-color：blue}
goods size {font-color：black}
```

当两条规则定义发生冲突时，首先采用最近定义的规则。如：

```
goods { color: red }
name { color: red }
goods name { color: blue }
```

最后一个定义与第二行的定义产生冲突，系统将以后一个定义为准，把 name 的字体颜色设置为蓝色。这就是前面提到的覆盖。

3. 子元素选择符

子元素选择符寻找元素的子元素。子元素选择符使用两个以上元素，用">"分隔。如，下面的规则定义了元素 shirt 的所有子元素 name 的样式：

```
shirt>name { color:red; }
```

可以把后继选择符和子元素选择符结合起来，如 W、X、Y、Z 满足下面的关系：

```
W X>Y Z{font-style:normal}
```

上述格式查找元素 Z，并把 Z 的字体样式设置为正常。其中 Z 是 Y 的后继，Y 是 X 的子元素,而 X 是 W 的后继。

还可以扩展这些规则。如表示父元素的父元素、父元素的父元素、父元素的父元素,或者子元素的子元素、子元素的子元素、子元素的子元素,等等。如定义 T 的子元素 U 的子元素 V 的显示格式:

T＞U＞V｛text-indent:2em;｝

4．相邻兄弟选择符

在例 7.11 中,name、type、date 是相邻兄弟元素,有时需要从兄弟元素中寻找元素,此时可以使用相邻兄弟选择符。相邻兄弟选择符具有 T＋U 的形式,其中 U 是目标。如果 T,U 都是同一个元素的孩子,且 T 后紧跟 U 时,就可以使用相邻兄弟选择符。

例,下面的规则表明:元素 type 不需要缩进(元素 type 是 name 紧邻)。

name＋type｛text-indent:0｝

5．属性选择符

CSS2 允许作者定义规则来匹配元素的属性定义。

属性选择符有如下的几种方式:

(1)［T］:查找具有 T 属性的元素,不管属性 T 取什么样的值。

(2)［T＝U］:查找具有 T 属性且 T＝U 的元素。

(3)［T～＝U］:查找具有属性 T,且 T 是一个用空格分隔的属性值列表,这些值中有一个值是"U"的任意元素。此时属性值中不能含有空格。

例如,元素 text 的属性 color 可以是"red blue black maroon"的其中一个值:

text[color～＝"blue"]

(4)［T|＝U］:查找具有属性 T,且 T 是一个用连字符"-"分隔的属性值列表,这些值中第一个是"U"的任意元素。这个属性的规则主要用在使用语言上。如:

＊［LANG|＝"en"］｛color：red｝

可以表示任意具有 LANG＝"en"语言代码(包括"en"、"en-US"和"en-GK")的元素。

6．ID 选择符

ID 属性是标识一个元素唯一性的属性。这个选择符使作者可以设计一个标识符给一个文档的元素实例。CSS 的 ID 选择符依据该标识符来查找元素实例。ID 选择符包含♯和紧跟其后的 ID 值。

例如,下面的 ID 选择符查找其 ID 属性值为 chapter1 的 book 元素:

book♯chapter1｛text-align：center｝

选择符模式见表 7.5。

表 7.5　选择符的模式

样　　式	含　　义
＊	匹配任意元素
T	匹配任意的名称为 T 的所有元素
T U	匹配 T 元素后继中名称为 U 的任意元素

样　　式	含　　义
T＞U	匹配 T 元素的孩子中名称为 U 的任意元素
T：first-child	当 T 为其父元素的第一个孩子时，匹配元素
T：link	当 T 代表的链接目标还未被访问过时，匹配所有名称为 T 的元素
T：visited	当 T 代表的链接目标已经被访问过时，匹配所有名称为 T 的元素
T：active	当 T 代表的元素正被选择时，匹配所有的名称为 T 的元素
T：hover	当 T 代表的元素被鼠标选中时，匹配所有的名称为 T 的元素
T：focus	当 T 代表的元素具有焦点时，匹配所有的名称为 T 的元素
T：lang(c)	匹配所有名称为 T，且用自然语言 c 书写的元素
T＋U	匹配任意元素 U 且前一个同级元素名称为 T 的元素
T[U]	匹配具有属性 U(不管其值)的名称为 T 的任意元素
T[U="S"]	匹配具有属性 U="S"的名称为 T 的任意元素
T[U～="S"]	匹配具有属性 U，且 U 是一个用空格分隔的属性值列表，这些值中有一个是"S"的名称为 T 的任意元素
T[U|="S"]	匹配具有属性 U，且 U 是一个用连字符"-"分隔的，开头为"S"的属性值列表(从左到右)的名称为 T 的任意元素
T♯U	匹配属性 ID="U"的名称为 T 任意元素

7.8　用 CSS 对 XML 进行转换

在前面的内容已经对 CSS 转换 XML 文档给出了大量的举例，将系统地讨论 CSS 对 XML 文档格式转换问题。

考查例 2.1 的 XML 文档，综合设计其 CSS 转换程序。

7.8.1　以数据为主的 XML 文档转换

显示区域设置分为根元素和一般元素设置。

1. 根元素设计

根元素是整个 XML 文档的初始包含块，根元素必须设置成块结构。在 CSS 设计中应该考虑整个文档的显示风格，根元素的显示决定了所有子元素的显示风格、形状等内容，从而限制了所以子元素的显示性质。下面讨论把根元素设计成普通块格式、框格式和表格格式。现在，我们的根元素是 booklist。

1）普通结构

把根元素设计成普通结构。这种结构没有边框，所有的子元素，如果也是设置成普通格式，将填满屏幕的整个可视区。

模块 1：

```
booklist〈display：block；
        background：♯c0c0c0；
        color：rgb(0,0,0)；
    〉
```

为根元素建立了初始包含块，背景色为灰色，前景色为黑色。

2）框结构

把根元素设计成框结构。这种结构把整个 XML 文档元素的格式化限定在一个给定区域，该区域的边界、补白、边线等属性的颜色、宽度、样式由 margin、padding、border 等来设定。下面是一个参考样式。

模块 2：

```
booklist {display:block;
        background:#c0c0c0;
        width:300px;
        height:150px;
        margin: 20px 20px 20px 20px;
        padding: 10px 10px 10px 10px;
        border: medium red double;
        color:rgb(0,0,0); }
```

为根元素建立宽度为 300px 的初始包含块，并设置了块的宽度、高度、边框、补白、边框线等，背景色为灰色#c0c0c0，前景色为黑色 rgb(0,0,0)。

注意：border 设置成 double(双线)，而宽度设置成 thin，这时无法出现双线。因为 thin 的宽度无法容纳双线。只需要把 thin 改成 medium 或 thick。如果使用数字作为宽度值，要画出双线，则该值必须大于 2pt 或 3px，才能把双线分开。另外，块的宽度设计成 300px，用户可以把这个值设计成 auto，这时块的宽度将自动适应窗体的大小，且始终与窗口的右边界保持 margin 的右边界值的距离。

3）表结构

把根元素设计成表格结构，可以适用于容易变换成表格性质的数据，例 7.16 就是一个可以转换成表格来表示的结构化数据。下面是一个参考样式。

模块 3：

```
booklist {display:table;
        background:#c0c0c0;
        width:350px;
        margin: 20px 20px 20px 20px;
        padding: 10px 10px 10px 10px;
        border:medium red double;
        color:rgb(0,0,0); }
```

使用了 table 作为初始包含块的设置。其余的与模块 2 相同，但没有设置高度。

2. 含子元素的元素设计

子元素可以是以块的形式或以行的形式表现，这要看设计的需要和元素的性质。一般情况下，如果子元素还包括下级元素，那么应该把此元素设计成块结构。如果上级元素是表格，则包含子元素的元素也应该设计成块，而不能设计成 inline-table 结构。如果元素只包含具体数据而没有下级子元素，那么既可以设计成块结构，也可设计成行结构。读者可以通过实际设计和操作来加深理解。

如例 2.1 中的 book 元素，包含若干下级元素，所以应该设计成块结构。

模块 4：

```
book     {display:block;
        background: rgb(0,200,200);
```

```
margin: 15px 15px 15px 15px;
padding: 15px 15px 15px 15px;
list-style: none }
```

如果 book 设计成表格中的一行，则可以设计如下：

模块 5：

```
book    {display:block;
         background: rgb(0,200,200);
         border:1pt solid white;}
```

此时 width 的作用比较重要。在设计表格时，人们往往把 inline-table 理解成表格的行定义属性值，而把上面的规则设计成"display：inline-table；"，这将没法达到预想的设计效果。

3. 普通元素设计

我们姑且把一个没有子元素的元素设计称为普通元素设计，可以根据用户的要求，设计它们的字体、字体颜色、对齐方式、框的边线等，也可以分成有表格或无表格两种情况来讨论。例如 name、author、press、pubdate 和 price 就是这类元素。

1）块结构

把五个元素设计成各占一行，成台阶状，每一行缩进四个字符位。由于每个元素的格式略有不同，所以必须为五个元素设计五个样式。

模块 6：

```
name       {display:block;
            font-family:宋体;
            font-size:12px;
            font-weight:normal;
            text-align:left; }
author     {display:block;
            font-family:宋体;
            font-size:12px;
            font-weight:normal;
            text-indent:4em;                    /* 缩进 4 个字符 */
            text-align:left; }
press      {display:block;
            font-family:宋体;
            font-size:12px;
            font-weight:normal;
            text-indent:8em;                    /* 缩进 8 个字符 */
            text-align:left; }
pubdate    {display:block;
            font-size:12px;
            text-align:left;
            text-style:italic;
            text-indent:12em;                   /* 缩进 12 个字符 */
            text-decoration:underline; }
price      {display:block;
            color:red;
            font-size:16px;                     /* 缩进 16 个字符 */
            text-align:right;
            text-style:italic;
            text-shadow:0.2em 0.2em white; }
```

模块 6 可以简化成：

```
name, author, press, pubdate, price { display:block;}
name, author, press
{ font-family:宋体,楷体_GB2312;
                font-size:12px;
                text-align:left; }
author {text-indent:4em;}
press {text-indent:8em;}
pubdate    { font-size:12px;
                text-align:left;
                text-style:italic;
                text-indent:12em;
                text-decoration:underline; }
price        { color:red;
                font-size:16px;
                text-align:right;
                text-style:italic;
                text-shadow:0.2em 0.2em white; }
```

上述定义把 name、author、press 三个元素一样的格式并入一个样式表，各元素不同的地方单独定义。还可以把上述各元素的 text-align 设置成 center。读者可以自行定义。

2）非块结构

如果所有元素位于同一行，且 author、press 格式相同，可以修改如下：

模块 7：

```
name, author, press, pubdate, price
{ display:inline;                                  /* 行内结构 */
                font-family: 宋体,楷体_GB2312;
                font-size:12px;}
name        { font-weight:bold;                    /* 书名设置成粗体  */
                text-align:left; }
author, press { font-weight:normal; }
pubdate    { font-style:italic;
                font-size:12px;
                text-decoration:underline;}        /* 下划线  */
price        { font-size:16px;
                color:red;                         /* 红色,突出价格  */
                font-style:italic;
                }
```

如果希望设计成表格样式，则可以这样来修改，把所有 display 属性修改成与表格有关的属性值即可。设计如下：

模块 8：

```
name, author, press, pubdate, price
{display:table-cell;
font-size:12px;}
name, author, press
                { font-family:宋体,楷体_GB2312;
                    text-align:center; }            /* 居中对齐  */
pubdate    { font-style:italic;
                text-decoration:underline;          /* 下划线  */
                text-align:center;}                 /* 居中对齐  */
```

```
price        { color:red;                              /* 红色,突出价格 */
               font-style:italic;
               text-align:center;}                     /* 居中对齐 */
```

模块 8 与模块 7 有相同的效果。

下面给出带边界线的表格结构。

模块 9:

```
name,author,press
             { display:table-cell;
               font-family:宋体,楷体_GB2312;
               font-size:12px;
               border:1pt solid blue;                  /* 1pt 的蓝色实线 */
               text-align:center;
             }
pubdate      { display:table-cell;
               font-style:italic;
               font-size:12px;
               text-decoration:underline;
               text-align:center;
               border:1pt solid blue;                  /* 1pt 的蓝色实线 */
             }
price        { display:table-cell;
               font-size:12px;
               color:red;
               font-style:italic;
               text-align:center;
               border:1pt solid blue;                  /* 1pt 的蓝色实线 */
             }
```

从模块 1 到模块 9 可以任意组合起来,构成一个完整的 CSS 文件。

例 7.16 块结构的样式表由模块 2＋模块 5＋模块 6 构成(文件名:ch7-16.css)。

```
booklist {display:table;
          background:#c0c0c0;
          width:300px;
          margin: 20px 20px 20px 20px;
          padding: 10px 10px 10px 10px;
          border:medium red double;
          color:rgb(0,0,0);
          }
book     {display:block;
           background: rgb(0,200,200);
           list-style: none;}
name,author,press, pubdate, price { display:block;}
name,author,press
{ font-family:宋体,楷体_GB2312;
  font-size:12px;
  text-align:left;}
author {text-indent:4em;}
press {text-indent:8em;}
pubdate   { font-size:12px;
            text-align:left;
            text-style:italic;
            text-indent:12em;
```

```
                    text-decoration:underline; }
price        { color:red;
                font-size:16px;
                text-align:right;
                text-style:italic;
                text-shadow:0.2em 0.2em white; }
```

其显示结果如图 7.17 所示。

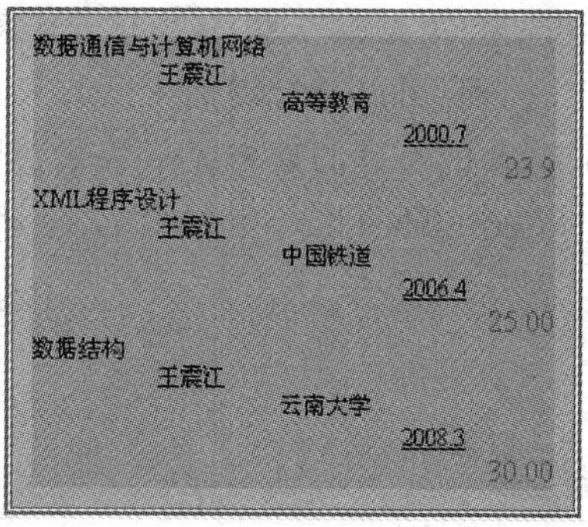

例 7.17　表格方式的样式表由模块 3＋模块 5＋模块 9 构成(文件名：ch7-17.css)。

```
booklist {display:table;
            background:♯c0c0c0;
            width:350px;
            margin: 20px 20px 20px 20px;
            padding: 10px 10px 10px 10px;
            border:medium red double;
            color:rgb(0,0,0);
          }
book     {display:block;
            background: rgb(0,200,200);
            border:1pt solid white;
          }
name,author,press
          { display:table-cell;
              font-family:宋体,楷体_GB2312;
              font-size:12px;
              border:1pt solid blue;
              text-align:center;                    /* 居中对齐 */
          }
pubdate  { display:table-cell;
              font-style:italic;
              font-size:12px;
              text-decoration:underline;            /* 下划线 */
              text-align:center;                    /* 居中对齐 */
              border:1pt solid blue;
          }
price     { display:table-cell;
              font-size:12px;
              color:red;                            /* 红色,突出价格 */
              font-style:italic;
              text-align:center;                    /* 居中对齐 */
              border:1pt solid blue;
          }
```

图 7.17　例 7.16 用 ch7-15.css 转换的显示效果

其显示结果如图 7.18 所示。

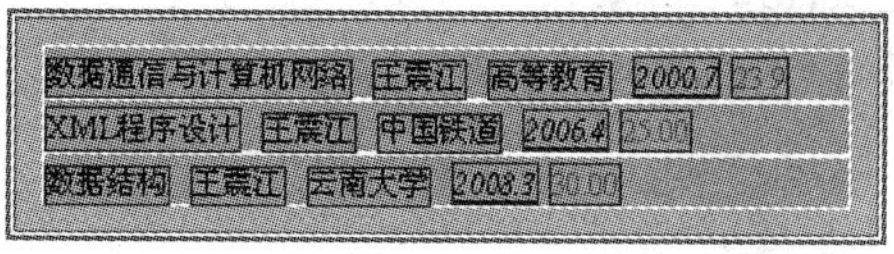

图 7.18　例 7.16 用 ch7-16.css 转换的效果

为此 CSS 文档的每个元素增加一个 width 来设置宽度，如在上述的 CSS 文件中最后增加如下的行：

```
name           {width:124px;}
author,pubdate,price {width:38px;}
press          {width:50px;}
```

则显示效果如图 7.19 所示。这是一个具有整齐样式的表格，已经可以满足 Web 的一般需求。其中的数字是根据总宽度 350px 来设置的，读者可以把它们设置得更宽松些。

同理，可以通过增加 width 来设置例 7.15 中 CSS 文档内各个元素的宽度来实现类似于图 7.19 的整齐的表格显示效果，具体的实现程序请读者自己尝试。

另外，还可以产生如图 7.20 所示的显示效果，读者可以自行设计。

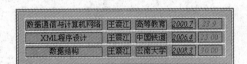

图 7.19　表格显示效果　　　　　　　　图 7.20　其他显示效果

我们通过一个实际的 XML 文档，逐步展开了 CSS 格式化程序设计的讨论。通过这些讨论，能够对 CSS 格式化 XML 文档有比较深入的理解。

上述格式化是针对以数据为主的 XML 文档，下面讨论以文本为主的 XML 文档的 CSS 程序设计。

7.8.2　以文本为主的 XML 文档转换

1. 列表项设计

本节将以一个实际的文本作为样本来讨论如何设计列表项。

例 7.18　根据下面阴影区的文本形态，设计 XML 文档，设计其 CSS 转换程序。

> There are currently two ways to specify media dependencies for style sheets:
> - Specify the target medium from a style sheet with the @media or @import at-rules.
> - Specify the target medium within the document language. For example，in HTML 4.0（[HTML40]），the "media" attribute on the LINK element specifies the target media of an external style sheet.

根据这个文本，XML 文档设计如下（文件名：ch7-18.xml）：

```
<?xml version="1.0"?>
<?xml-stylesheet type="text/css" href="ch7-18.css"?>
<textarea>
```

<paragraph> There are currently two ways to specify media dependencies for style sheets: </paragraph>

<textlist> Specify the target medium from a style sheet with the @media or @import at-rules. </textlist>

<textlist> Specify the target medium within the document language. For example, in HTML 4.0 ([HTML40]), the "media" attribute on the LINK element specifies the target media of an external style sheet. </textlist>

</textarea>

这个 XML 文档的 CSS 格式化文件设计如下(文件名：ch7-18.css)：

```
textarea {display:bolck;
          background:#c0c0c0;
          width:400px;
          margin: 20px 20px 20px 20px;
          padding: 10px 10px 10px 30px;
          color:rgb(0,0,0);
          }
paragraph{display:block;
          font-family:宋体,楷体_GB2312;
          font-size:12px;
          text-align:left;
          text-indent:1em;
          }
textlist {display:list-item;
          margin:0px 0px 0px 20px;        /*设置一个相对于外框的内框*/
          padding:0px 0px 0px 20px;       /*设置相对于内框的补白*/
          list-style:outside disc;
          font-family:宋体,楷体_GB2312;
          font-size:12px;
          }
```

注意：为了设计出 textlist 元素的缩进排版样式,特别为它建立了一个 margin 结构,这个结构在本 CSS 中起到重要作用,读者把它从文件中删除后,并观察显示结果,看会发生什么情况。其显示效果如图 7.21 所示。

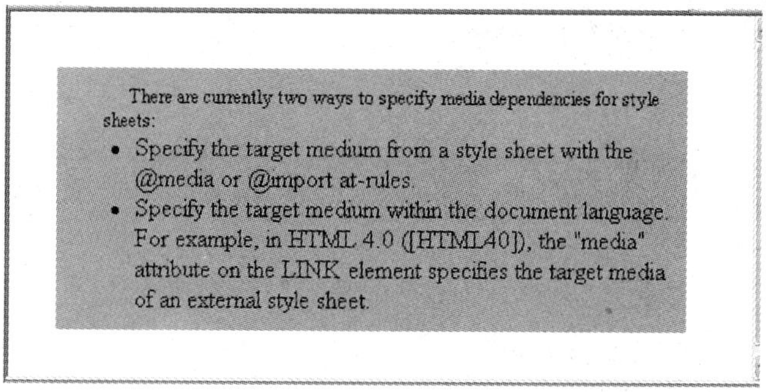

图 7.21 例 7.18 用 ch7-18.css 转换的显示效果

2. 普通文本

普通文本是 Web 上大量出现的信息形式,评论文章、新闻发布、产品信息等都使用普通文本的形式,所以,今后在 XML 的 Web 应用设计中将大量使用这种形式的 CSS 设计。

例 7.19　下面的阴影区是一段普通文本，为它设计 XML 文档和 CSS 转换程序。

文本阴影

　　文本阴影(text-shadow)使用一个逗号分隔的阴影效果列表来应用于元素的文本。阴影效果以定义的顺序产生作用，因而会彼此覆盖，但是不会覆盖文本本身。阴影效果不会改变框的大小，但会扩展超出其边界。

　　每一个阴影效果必须确定一个阴影偏移量，并可选择地定义文字影像位移半径和阴影颜色。阴影偏移量用两个指明距离文本的长度值确定，头一个值表示文本右边水平距离的长度，负值表示把阴影放在文本的左边。第二个长度值表示低于文本的竖直距离，负值表示把阴影放在文本的上方。影像位移半径是一个指示位移效果的边界。阴影颜色是阴影效果的基础。

　　例如，把文本阴影设置在元素文本内容的右下方，因为没有定义颜色，阴影的颜色与文本的一样，没有设定影像位移半径，文本不会有影像位移。

这篇短文的 XML 文档可以设计成下面的样式（文件名：ch7-19. xml）：

```
<?xml version="1.0" encoding="GB2312"?>
<?xml-stylesheet type="text/css" href="ch7-19.css"?>
<textroot>
  <title>文本阴影</title>
  <paragraph>
          文本阴影(text-shadow)使用一个逗号分隔的阴影效果列表来应用于元素的文本。阴影效果
以定义的顺序产生作用，因而会彼此覆盖，但是不会覆盖文本本身。阴影效果不会改变框的大小，但会
扩展超出其边界。
  </paragraph>
  <paragraph>
          每一个阴影效果必须确定一个阴影偏移量，并可选择地定义文字影像位移半径和阴影颜色。
阴影偏移量用两个指明距离文本的长度值确定，头一个值表示文本右边水平距离的长度，负值表示把阴
影放在文本的左边。第二个长度值表示低于文本的竖直距离，负值表示把阴影放在文本的上方。影像
位移半径是一个指示位移效果的边界。阴影颜色是阴影效果的基础。
  </paragraph>
  <paragraph>
          例如，把文本阴影设置在元素文本内容的右下方，因为没有定义颜色，阴影的颜色与文本的一
样，没有设定影像位移半径，文本不会有影像位移。
  </paragraph>
</textroot>
```

要实现样本中的显示效果，可以设计如下的 CSS（文件名：ch7-19. css）：

```
textroot {display:block;
          background:rgb(192,192,192);
          width:450px;
          margin: 20px 20px 20px 20px;
          padding: 10px 10px 10px 10px;
          color:black;
          }
title { display:block;
          font-family:宋体;
          font-size:18px;
          font-weight:bold;
          text-align:center;
```

```
        }
paragraph{
        display:block;
        font-family:宋体,楷体_GB2312;
        font-size:12px;
        font-weight:normal;
        text-align:left;
        text-indent:2em;
        }
```

·每个段落都设计了首行缩进的排版方式,首行缩进的字符是两个字大。

7.8.3 内部和外部 CSS

上面讨论的所有 CSS 文件都是独立于原 XML 文档的,这些 CSS 文件称为外部 CSS。把 CSS 文件放在 XML 文档内部,称为内部 CSS。

在内部 CSS 文件设计中,需要引用 HTML 的 style 来定义 CSS 文件,在使用<html:style>元素时,要在根元素中声明 html 的名称空间:xmlns:html="http://www.w3c.org/TR/REC-html40",然后把 CSS 的内容包括在<html:style></html:style>内部即可。

例 7.20 把例 7.19 的 CSS 文件放置在 XML 文档内部。

```
<?xml version="1.0" encoding="GB2312"?>
<?xml-stylesheet type="text/css"?>
<textroot xmlns:html="http://www.w3c.org/TR/REC-html40">
<html:style>
textroot {display:block;
        background:rgb(192,192,192);
        width:450px;
        margin: 20px 20px 20px 20px;
        padding: 10px 10px 10px 10px;
        color:black;
        }
title { display:block;
        font-family:宋体;
        font-size:18px;
        font-weight:bold;
        text-align:center;
        }
paragraph{
        display:block;
        font-family:宋体,楷体_GB2312;
        font-size:12px;
        font-weight:normal;
        text-align:left;
        text-indent:2em;
        }</html:style>
    <title>文本阴影</title>
    <paragraph>
        文本阴影(text-shadow)使用一个逗号分隔的阴影效果列表来应用于元素的文本。阴影效果以
定义的顺序产生作用,因而会彼此覆盖,但是不会覆盖文本本身。阴影效果不会改变框的大小,但会扩
展超出其边界。
    </paragraph>
    <paragraph>
        每一个阴影效果必须确定一个阴影偏移量,并可选择地定义文字影象位移半径和阴影颜色。阴
```

影偏移量用两个指明距离文本的长度值确定,头一个值表示文本右边水平距离的长度,负值表示把阴影放在文本的左边。第二个长度值表示低于文本的竖直距离,负值表示把阴影放在文本的上方。影像位移半径是一个指示位移效果的边界。阴影颜色是阴影效果的基础。

<／paragraph>
<paragraph>
      例如,把文本阴影设置在元素文本内容的右下方,因为没有定义颜色,阴影的颜色与文本的一样,没有设定影像位移半径,文本不会有影像位移。
<／paragraph>
<／textroot>

这个效果与例 7.19 一样,但是,影响了文件的可读性和可维护性,建议读者使用外部 CSS 的形式来书写基于 CSS 的 XML 转换程序。

注意：CSS 本身是专门为 HTML 设计的,不是作为 XML 文档的格式化技术来开发的。我们在此花了很大的篇幅介绍 CSS 对 XML 的转换技术,目的不仅是为了转换 XML,还有一个目的就是通过这种转换,使读者熟悉 CSS 技术,这个技术今天仍然大量用于 HTML 中。那么为什么不讨论 CSS 对 HTML 的转换? 因为那不是本书的主题。

习题 7

1. 什么是 CSS? 为什么要用 CSS 来格式化 XML?
2. CSS 的数据类型有哪些?
3. 简述 display 的定义、含义和用法。
4. 简述选择符的用途和使用方法。哪些是常用的选择符?
5. 简述边框的成分和用途。
6. font 有哪些内容? 怎样定义?
7. 如何处理文本属性?

第8章 XSL 转换 XML

8.1 概述

本章讨论 XML 文档的另一种转换技术——XSL(XML Stylesheet Language,XML 样式表语言)。

W3C 在推出 XML 1.0 规范后,便开始开发符合 XML 规范要求的转换技术,这就是XSL。1999 年 11 月 16 日,W3C 发布了 XSLT 1.0。在 2001 年 12 月 20 日发布了 XSLT 2.0,之后相继推出 7 个修订版,2005 年 2 月 11 日,2007 年 1 月 23 日又发布了 XSLT 2.0 的修订版,最近的一个版本是 2009 年 1 月 23 日发布的。

XSL 包含两个部分:一个是 XSLT(XSL Transformation),另一个是定义格式的 XML 词表。XSL 定义一个 XML 文档的样式,这个定义用 XSLT 描写 XML 文档是如何转换成另一个使用格式化词表的 XML 文档的。

XMLT 2.0 规范包含样式表结构、数据模型、XSLT 语言、模式、模板规则等内容。本章以 2007 年 1 月 23 日发布的 XSLT 2.0[①] 规范作为蓝本进行讨论。因为,XSLT 2.0 涉及的内容十分庞大,限于篇幅,我们只能讨论其中的一部分内容。本章只讨论与 XML 数据的格式化和表示应用有关内容,更多的内容请读者参考相关文献。

XSL Transformation(XSLT 2.0)是一个把 XML 文档转换成其他 XML 文档、文本文档或HTML 文档的语言。用 XSLT 2.0 不仅能够处理 XML,还能处理类似于 XML 的任何东西。譬如,关系数据库、地理信息系统、文件系统,任何其他 XSLT 处理器能建立的 XPath data Model(XDM)实例。某些情况下,XSLT 2.0 可能直接从 XDM 实例的数据库来运行。这种在多种输入格式下处理多个输入文件的能力和处理所有 XML 文件的能力非常有用。其过程参考图 8.1。

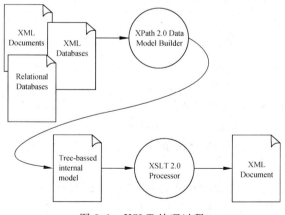

图 8.1　XSLT 处理过程

---

① Michael Kay,Saxonica. XSL Transformations(XSLT) Version 2.0[EB/OL]. http://www.w3.org/TR/2007/REC-xslt20-20070123/.

8.2　一个 XSL 文档的讨论

例 2.1 给出了一个 XML 文档，现在着手设计一个简单的 XSL 转换文档来进行转换，在后续的章节逐步深入展开讨论。

例 8.1　根据例 2.1 的 XML 文档，设计一个简单的 XSL 文件进行转换。

分析：在例 2.1 的 XML 文档中根元素是 booklist，在 bookist 下有若干个 book 子元素，book 下有 name、author、press、pubdate、price 五个子元素和一个属性 isbn。文档的结构如图 8.2 所示。用 XSL 格式化该 XML 文档，设计要求如下。

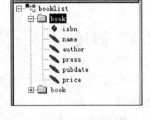

图 8.2　例 2.1XML 文档的
树型结构

（1）为根元素建立容器，容纳其所有的子元素。

（2）每个 book 显示在屏幕的一个行区域。

（3）每个 book 的子元素显示在一个单元格中。

为例 2.1 设计一个 XSL（文件名：ch8-1.xsl）：

```
1  <?xml version="1.0" encoding="GB2312"?>
2  <xsl:stylesheet version="2.0" xmlns:xsl="http://www.w3.org/1999/XSL/Transform">
3  <xsl:template match="/">
4  <html>
5  <head><title>图书信息</title></head>
6  <center>
7  <body>
8    <p><font size="6" color="teal" face="隶书">图书信息</font></p>
9    <xsl:for-each select="booklist/book">
10   <p><xsl:value-of select="name"/>、
11   <xsl:value-of select="author"/>、
12   <xsl:value-of select="press"/>、
13   <xsl:value-of select="pubdate"/>、
14   <xsl:value-of select="price"/></p>
15   </xsl:for-each>
16  </body>
17  </center>
18 </html>
19 </xsl:template>
20 </xsl:stylesheet>
```

程序说明：

① XSL 程序是符合 XML 规范的文档，所以，第 1 行是该文档为 XML 文档的声明。

② 第 2 行的<xsl:stylesheet>声明此文件是 XSL 的表单文件，其中的 version="2.0"声明该文档的版本号，xmlns:xsl 属性给出此 XSL 表单文件的名称空间。该声明需要结束符</xsl:stylesheet>关闭（第 20 行）。

③ 第 3 行~第 19 行是一个整体，用<xsl:template></xsl:template>定义一个模板，其中的属性 match="/"用来选择该模板从根元素开始构建一个容器。

④ 第 4 行~第 18 行，借助 HTML 来显示 XML 元素内容，即 XML 是借助 HTML 来显示的。

⑤ 第 9 行~第 15 行，使用了循环命令<xsl:for-each>，其中的属性 select 用来筛选出显

示的元素,这是一个 XPath 表达式。其作用是组织循环,依次显示 booklist 下的所有 book 元素。

⑥ 第 10 行～第 14 行,使用取值命令＜xsl：value-of＞取出各元素的值,其中的 select 用来筛选某个具体的元素值。为了显示成一行,使用 HTML 的段落标记元素＜p＞＜/p＞来划分段落。每一个元素值后用顿号"、"分隔。

当设计好上述的 XSL 文档后,在例 2.1 的第 2 行加上:

＜?xml-stylesheet type＝"text/xsl" href＝" ch8-1.xsl"?＞

然后在浏览器上运行,其显示结果如图 8.3 所示。

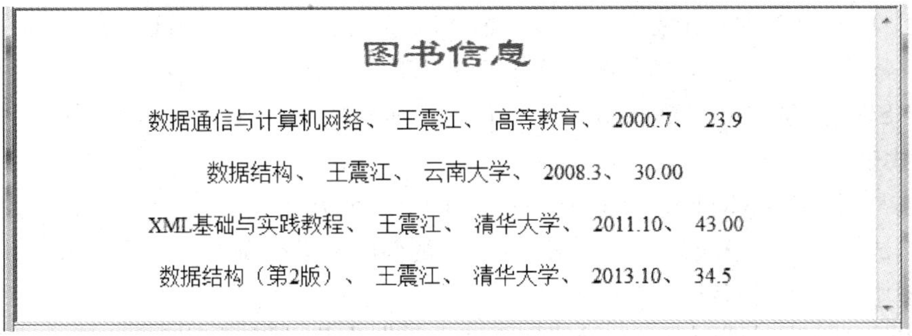

图书信息

数据通信与计算机网络、　王震江、　高等教育、　2000.7、　23.9

数据结构、　王震江、　云南大学、　2008.3、　30.00

XML基础与实践教程、　王震江、　清华大学、　2011.10、　43.00

数据结构（第2版）、　王震江、　清华大学、　2013.10、　34.5

图 8.3　用 ch8-1. xsl 转换例 2.1 的 XML 文档

这是一个最简单的 XSL 转换程序,显然不美观,如何使设计美观漂亮起来? 这是本章的主题,在后续部分将要进行详细讨论。

1. XSLT 常用术语

用 XSLT 样式表(stylesheet)把源 XML 文档的树结构转换为结果树的软件称为 XSLT 处理器,应避免与其他处理器混淆。

执行 XSLT 处理器功能的特定操作称为实现(implementation)。

源树(source tree)是指提供给 XML 转换的任意树,它包括含初始上下文节点的文档,含作为样式表参数值提供的节点,从诸如 XML 文档、Word 文件获得的函数结果,以及扩展函数返回的文档等。

结果树(result tree)是由样式表指令构造的任意树。结果树分为最终(final)结果树和临时(temporary)结果树

2. 什么是 XSLT

以样式表的形式来表示 XML 文档,把 XML 文档的元素用特定转换命令实现转换,这就是 XSLT(XML Stylesheet Language Transform)。XSLT 是 W3C 推荐的 XML 文档的样式表语法,该语法是与 XML 1.0 的名称空间(Namespaces)一致的结构良好的 XML。如例 8.1 就是一个 XSLT 技术应用示例。

在转换 XML 源文档时,XSLT 的任务是把样式信息添加给一个 XML 源文件,并把它转换成包含 XSL 格式化对象的文档,或者转换成另一个面向表现的格式,如 HTML、XHTML 等。样式表就是这个转换技术的核心之一。

在 XSLT 中使用一种叫转换表达式的东西,来描述把源文档树转换成结果树的方法和语法规则。这个转换表达式的规则由 XPath 规范定义,有关 XPath 的内容请参考第 5 章。

文档树的结构用数据模型说明。转换由一组模板规则来实现。模板（template）规则把树的层次结构构成的元素序列与模式（pattern）相联系，该模式与源文档的结点匹配。在许多情况下，计算这个元素序列会产生新结点作为结果树的一部分。结果树与源树的结构可能相同，也可能完全不同。在构造结果树的过程中，源树的结点可能被过滤掉或被重新排序，还可能加上其他任意结构。这个机制允许样式表能够应用到广泛的一类文档，这些文档具有相似的源树结构的构造形态。

一般情况下，样式表包含的元素可以是用 XSLT 定义的，也可以不是。当样式表包含的元素是用 XSLT 定义时，必须使用 XSLT 的名称空间来进行限定。XSLT 的名称空间规定为：http://www.w3.org/1999/XSL/Transform。例如，在例 8.1 中 XSL 文件的第 2 行，我们就使用了这个 URI，来规定在整个文件中的 XSLT 元素都使用 XSLT 的这个名称空间。

注意：需要说明的是，本章中重点讨论用 XSLT 来进行格式化和表示应用的主题，但这绝不意味着 XSLT 只能用于此目的，实际上它的用途非常广泛，远远超出本章讲述的内容。

3. 样式表

样式表是用 xsl:stylesheet 元素或 xsl:transform 元素定义的一个整体，由一个以上的样式表模块组成。每一个模块形成一个 XML 文档的整体或某个部分。每个样式表模块的形成由数据模型中的一个元素结点来表现。

样式表模块分为标准和简化两种。标准样式表模块是一棵树或树的一部分，该模块由一个 xsl:stylesheet 元素或 xsl:transform 元素以及它的后继结点、相关属性和名称空间组成。简化样式表模块是一棵树或树的一部分，指该模块由字面结果元素及其后继结点、相关属性和名称空间一块构成；该元素本身不属于 XSLT 名称空间。

样式表模块有两种存在方式：一种是独立的，另一种是嵌入的。一个独立的样式表模块是由整个 XML 文档组成的样式表模块，一个嵌入式样式表模块是嵌在另一个 XML 文档内的样式表模块，典型地，该文档是正在被转换的源文档。

4. 模板规则

XSLT 技术以"模板驱动"的方式访问 XML 数据，通过引进模板，来访问 XML 数据元素及其属性。

模板规则定义一个处理过程，这个处理能够应用于那些与某个特定模式（pattern）相匹配的结点。一个 xsl:template 声明定义一个模板，它包含创建结点和（或）原子值的序列构造程序。一个 xsl:template 元素必须具有 match 或 name 属性，或两者都有。如果 xsl:template 元素带有 match 属性，它就是一个模板规则。如果一个 xsl:template 元素带有 name 属性，它就是命名模板。命名模板可以被其他模板调用。

模板调用有许多方法，这要根据它是模板规则、还是命名模板来决定。调用该模板的结果就是计算包含在 xsl:template 元素中的序列构造的结果。

8.3 XSL 样式表

8.3.1 样式表元素

1. 定义样式表

在 XSL 中，样式表元素用 xsl:stylesheet 或 xsl:transform 来表示。xsl:stylesheet 是一个

表示样式表模块的 XML 元素,xsl:transform 是 xsl:stylesheet 的同义词,所以说这两个元素是等价的。它们的语法格式分别为:

```
<xsl:stylesheet id? = id version = number namespace? = uri>
...
</xsl:stylesheet>
```

```
<xsl:transform id? = id version = number namespace? = uri>
...
</xsl:transform>
```

说明:

① 一个 xsl:stylesheet 元素必须携带 version 属性,用来表示 XSLT 版本。它是一个数字,一般是 2.0。表示当前使用的 XSLT 的版本是 2.0。

② id 属性给出该样式表的唯一标识符,用于标识该样式表。这是一个可选项。

③ namespace 属性定义该样式表使用的名称空间。对 XSL 而言,其使用的名称空间是专门指定的,即 http://www.w3.org/1999/XSL/Transform。

④ xsl:stylesheet 和 xsl:transform 只需使用一个即可,习惯上使用 xsl:stylesheet 定义样式表。

如例 8.1 中的 XSL 文件中的第 2 行:

```
<xsl:stylesheet version="2.0" xmlns:xsl="http://www.w3.org/1999/XSL/Transform">
```

就是一个样式表定义。这行代码告诉 XSLT 解析器现在执行的是一个 XSL 2.0 转换样式表文件。

2. 样式表子元素

在一个样式表中,可以使用在 xsl:stylesheet 元素之下的子元素叫顶层元素。常用的顶层元素有 xsl:template、xsl:import、xsl:include、xsl:function、xsl:output、xsl:param、xsl:variable 等。

xsl:variable 和 xsl:param 既可以用作声明,也可以用作指令。全局变量或者参数用声明定义,局部变量和声明用指令定义。

如果需要用到 xsl:import 元素,它们必须写在 xsl:stylesheet 中的其他元素的前面。除此之外的所有其他 xsl:stylesheet 的子元素可以以任意顺序出现,除非存在有冲突的声明外(例如,匹配同一节点的两个模板规则具有相同的优先级别),这些元素的顺序不影响转换的结果。一般情况下,对于包含冲突声明的 xsl:stylesheet 将出错,但在某些情况下,允许处理器通过选择后续出现的声明来恢复该错误。

例如下面是这些顶层元素定义的一些用法:

(1) xsl:template 作为顶层元素的情形。

```
<?xml version="1.0" encoding="GB2312"?>
<xsl:stylesheet version="2.0" xmlns:xsl="http://www.w3.org/1999/XSL/Transform">
    <xsl:template match=" ... ">
    ...
    </xsl:template>
</xsl:stylesheet>
```

（2）xsl：variable 作为顶层元素的情形。

```
<?xml version="1.0" encoding="GB2312"?>
<xsl:stylesheet version="2.0" xmlns:xsl="http://www.w3.org/1999/XSL/Transform">
    <xsl:variable>
    ...
    </xsl:variable>
</xsl:stylesheet>
```

其他的样式表元素将在后面的内容逐步讨论。

3. 简化样式表模块

允许作为样式表模块的简化语法只为文档结点定义单个的模板规则。这个样式表模块可以只包含字面（literal）结果元素和它的内容。该字面结果元素必须具有 xsl：version 属性，这样的样式表模块与标准的样式表模块是等价的。简化样式表规则使用匹配模式"/"。

例 8.2　使用简化样式表规则＜xsl：template match="/"＞设计样式表。

仍然用例 8.1 中使用的 XML 文档来讨论，下面是设计模块：

```
<?xml version="1.0" encoding="gb2312"?>
<xsl:stylesheet version="2.0"
                xmlns:xsl="http://www.w3.org/1999/XSL/Transform"
                xmlns="http://www.w3.org/1999/xhtml">
  <xsl:template match="/">
    <html>
        <head><title>图书信息</title></head>
        <body>
          <p>新书：<xsl:value-of select="booklist/book/name"/></p>
        </body>
    </html>
  </xsl:template>
</xsl:stylesheet>
```

因为在此简化样式表中，没有使用循环指令，所以只能显示满足 xsl：value-of 中 select＝"booklist/book/name" 条件的第一本书的名称。其显示效果如图 8.4 所示。

新书:数据通信与计算机网络

图 8.4　一个简化样式表

作为一个简化样式表模块最外层元素的文字结果元素，必须具有 xsl：version 属性，用来指明 XSLT 的版本。这个版本值正常取 2.0。对于版本值小于 2.0，将使用向后兼容处理行为。对版本值大于 2.0 的，将使用向前兼容行为检测。

4. 标准属性

为了说明标准属性，我们来参考 xsl：styleshee 元素的详细格式：

```
<xsl:stylesheet id? = id
    extension-element-prefixes? = tokens
    exclude-result-prefixes? = tokens
    version = number
    xpath-default-namespace? = uri
    default-validation? = "preserve" | "strip"
    default-collation? = uri-list
    input-type-annotations? = "preserve" | "strip" | "unspecified">
  <!-- Content: (xsl:import *, other-declarations) -->
</xsl:stylesheet>
```

其中，属性 extension-element-prefixes、exclude-result-prefixes、version、xpath-default-namespace、default-collation 等，就是标准属性。这些标准属性可能出现在所有的 XSLT 元素中。

version、xpath-default-namespace、default-collation 几种属性的属性值可以被出现在后继元素中的相同属性覆盖。样式表属性的有效值由最内层的祖先元素的同名属性值决定。

exclude-result-prefixes、extension-element-prefixes 几种属性，其属性值是累积的，对这些属性，属性值以空格分隔的名称空间前缀的列表形式给定，一个元素的有效值是出现在该元素中的属性前缀描述的名称空间 URI 和它的祖先元素的组合。

因为这些属性通常只用在 xsl:stylesheet 元素中，它们对整个样式表下的子模块都有效。

1) default-collation 属性

default-collation 属性是标准属性，它可以出现在 XSLT 名称空间的任意元素上，或者字面结果元素上。该属性用来规定默认校对方式，该方式使用出现在此元素属性中，或后继元素的属性中的 XPath 表达式，除非被另外一个内层元素的 default-collation 覆盖。

2) 用户定义的数据元素

除了声明外，假定元素的名称具有一个非空的名称空间 URI，xsl:stylesheet 可以包含非 XSLT 名称空间的任意元素，这类元素称为用户定义的数据元素。在文档中的用户定义的数据类型不能改变 XSLT 元素的行为和功能。

用户定义的数据元素能提供：使用扩展指令或者扩展函数的信息，与最终结果树有关的信息，如何构造源树的信息，关于样式表的 meta 数据，以及样式表的结构化文件等。

5. 向前和向后兼容处理

因为 XSLT 1.0 是 1999 年发布的，这个 1.0 版本存在许多弱点，如求和、求平均值这样的问题，必须借助脚本语言来实现，计算功能很弱，格式化信息不丰富等。在后来的 2.0 版本中采取了废弃一些指令元素的办法，对 1.0 版本做了相当大的修改、完善，根本上改变了原来 1.0 版本的面貌。本书讨论的几乎是一个全新 XSLT 版本。所谓的向前和向后兼容就是针对 XSLT 2.0 以前的版本设置的兼容技术，当一个元素的 version 属性值小于 2.0 时，我们说它具有向后兼容行为；当大于 2.0 时，说它具有向前兼容行为。

向后兼容时处理器自动使用 XSLT 1.0 来处理 XSLT 文档。向前兼容的处理器自动使用 XSLT 2.0 来处理 XSLT 文档。在具体编程时，分别使用 version＝"1.0"或 version＝"2.0"，就可表示该 XSLT 是具有向后还是向前兼容行为。

注意：我们在实践中发现，这种向后的自动兼容性行为往往不是随时有效的，读者可以通过实践进一步检查这种兼容性行为。

6. XSLT 的媒体类型

XSLT 使用的媒体类型 application/xslt＋xml。这个媒体类型应该用在包含标准样式表模块的 XML 文档的顶层，也可以用于简化样式表模块。但不能用于包含嵌入式样式表模块的 XML 文档。如 text/xsl 就是在表单文件中使用的媒体类型。

8.3.2 样式表名称空间

关于名称空间的讨论，2.3 节曾经详细讨论过。在 XSLT 引入名称空间也是出于类似的考虑，因为 XSLT 技术是面向应用的，当出现许多不同应用具有相同元素和属性名称时，需要把它们区别开来，给应用程序提供分辨属于不同名称空间的元素和属性的可能，这在 XSLT 的应用中十分重要。

样式表名称空间用来标识元素、属性，以及定义在 XSLT 2.0 中有特殊含义的其他名称。XSLT 处理器必须使用 XML 名称空间机制在该名称空间中来识别元素和属性。来自 XSLT 名称空间的元素只在样式表中被识别，而不是在 XML 源文档中，它的名称空间与源 XML 的名称空间不能混淆。实现工具也不能扩展具有附加元素和属性的 XSLT 的名称空间。在 XSLT 2.0 中，用"xsl"作前缀来指向 XSLT 名称空间中的元素。

1. 保留名称空间

XSLT 名称空间和其他被 XSLT 处理器识别的某些名称空间，称为保留名称空间，必须只能在 XSLT 中使用。这些保留的名称空间是：

- XSLT 名称空间 http://www.w3.org/1999/XSL/Transform①。
- 标准函数名称空间 http://www.w3.org/2005/xpath-functions 用来定义函数。
- XML 名称空间 http://www.w3.org/XML/1998/namespace，用于 xml:lang、xml:space 和 xml:id 属性。
- 模式名称空间 http://www.w3.org/2001/XMLSchema，用于定义 XML Schema。在样式表中，这个名称空间用来引用内置（built-in）模式数据类型，以及用这些数据类型构造函数。
- 模式实例名称空间 http://www.w3.org/2001/XMLSchema-instance，用于定义 XML Schema。

保留的名称空间可以不受限制地在源文档和结果文档中引用元素名和属性名。就 XSLT 处理器而言，除 XSLT 名称空间外的保留名称空间可以不受限制地在字面结果元素和用户定义数据元素的名称中使用，以及在字面结果元素的属性名称，或 XSLT 元素的属性名称中使用，但是其他的处理器可能强加约束或附加特殊的意义给它们。然而，在样式表所定义对象的名称中，如 variables 和 stylesheet functions，保留名称空间不能被使用。

注意：除了 XML 名称空间外，任何用在样式表中的上述名称空间，必须用名称空间声明来显式地（explicitly）声明该名称空间。虽然习惯上用名称空间前缀用来标识这些名称空间，但在用户样式表中可以使用任意的前缀。

2. 名称空间前缀

名称空间前缀用来定义一个使用的元素与一个名称空间的关联，通常叫做绑定（binding）。如例 8.1 中第 2 行的 xmlns:xsl="http://www.w3.org/1999/XSL/Transform"，就把 XSLT 的名称空间绑定给前缀 xsl。当然 XSLT 可以使用任意字符串作为名称空间前缀，只要它绑定给规定的 XSLT 名称空间即可。这样，在 XSL 样式表内部的所有 XSL 元素都必须使用这个名称空间前缀把该元素绑定给 http://www.w3.org/1999/XSL/Transform。如 ch8-1.xsl 中的第 3 行、第 9 行～第 15 行、第 19 行的 XSL 元素都实施了这种绑定。

8.3.3 样式表模块组合

当一个样式表中需要对若干个 XML 进行转换的 XSL 文件时，或对同一个 XML 需要多种样式表模块来转换时，可以使用包含机制和导入机制。包含机制允许不改变被组合模块的语义来组合样式表模块。导入机制允许样式表彼此覆盖。

在 XSLT 中，包含机制和导入机制用 xsl:include 和 xsl:import 两个元素来声明。

---

① 此 URI 中的 1999 指明 W3C 分配该 URI 的年份，它不是指 XSLT 被使用的版本。

1. 样式表包含

样式表模块可以用 xsl:include 来包含其他的样式表模块。包含一个样式表模块,可以使用 xsl:include 声明,格式为:

<xsl:include href = *uri-reference* />

xsl:include 声明要求具有 href 属性,该属性值是相对 URI,是样式表资源标识符,用来标识样式表文件的 URI。这个元素必须是顶层元素。

2. 样式表导入

样式表模块可以用 xsl:import 来导入其他的样式表模块。导入一个样式表模块,可以使用 xsl:import 声明,格式为:

<xsl:import href = *uri-reference* />

xsl:import 声明与 xsl:include 一样,要求具有 href 属性,它的含义与 xsl:include 一样。这个元素必须是顶层元素。

xsl:import 元素的孩子必须先于 xsl:stylesheet 元素的所有其他元素的孩子,包括任何 xsl:include 元素孩子和任何用户定义数据元素。

例 8.3　使用 xsl:import 导入样式表模块。

```
<xsl:stylesheet version="2.0" xmlns:xsl="http://www.w3.org/1999/XSL/Transform">
    <xsl:import href="ch8-1a.xsl"/>
    <xsl:import href="ch8-1b.xsl"/>
</xsl:stylesheet>
```

组成样式表的样式表层次被当做一个导入树处理。在导入树中,每一个 xsl:import 声明包含的每个样式表层次具有一个孩子。这些孩子的顺序是样式表层次中 xsl:import 声明的顺序。通常情况下,具有较高导入优先级的声明比较低导入优先级的优先出现。

例 8.4　设有样式表模块 A、B、C、D,A 导入 B 和 C,B 导入 D,C 导入 E,画出导入树。

根据上述关系,导入树如图 8.5 所示。

该树的导入优先级从低到高是 D、B、E、C、A。

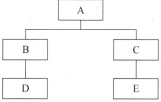

图 8.5　导入树的层次关系

8.4　模板规则

8.4.1　模板

1. 定义模板

一个 xsl:template 声明定义一个模板,它包含创建结点和原子值的序列构造。模板既可以作为模板规则,也可以是命名模板。模板规则用把结点与一个模式匹配的方法来调用,命名模板用名称来调用。有时,一个模板可以同时具有这两种能力。

模板定义的简化规则如下:

```
<xsl:template match?=pattern name?=qname priority?=number>
    <!-- Content: (xsl:param * , sequence-constructor) -->
</xsl:template>
```

说明：

（1）match 属性标识模板是一个模板规则。值为模式（pattern）类型。

（2）name 属性标识模板是一个命名模板。

（3）priority 属性定义属性的优先级。

模板元素必须具有 match 属性，或者 name 属性，或者两者都有。match 属性值确定一个规则，用来决定模板所关联的结点类型。结点可以是一个文本元素、属性，可以是 XML 文档树的一个分支，还可以是整个 XML 文档树。结点的这种划分叫做模式（pattern）。常见的模式请参考 8.4.2 节。把 match 和这些模式联系起来的方法，这叫做模板规则。应用这种规则可以构造各种复杂的结点序列。

例 8.5 设计包含简单元素的模板。

下面是一个简单元素定义：

```
<city>Beijing</city>
```

表示该元素的模板可以设计成：

```
<xsl:template match="city">
  <xsl:apply-templates/>
</xsl:template>
```

当指令 xsl:apply-templates 选择的结点与 xsl:template 的 match 属性确定的模式匹配时，该指令被执行并显示结果；否则，系统将放弃该模板，返回空值。

2. 应用模板

在例 8.5 中使用了应用模板 xsl:apply-templates 来处理 xsl:template 模板指定的元素。xsl:apply-templates 指令输入一个结点序列，这个输入序列由 xsl:template 的 match 属性决定；输出一个项目序列，该序列由 xsl:apply-templates 本身决定。这些项目通常是添加给结果树的结点。

xsl:apply-templates 的语法规则如下：

```
<xsl:apply-templates select? = expression>
    <!-- Content: (xsl:sort | xsl:with-param) * -->
</xsl:apply-templates>
```

说明：

（1）select 属性用来筛选出结点，可以写，也可以不写。

（2）在 xsl:apply-templates 可以使用排序指令 xsl:sort，输入的序列是排过序的。

（3）在 xsl:apply-templates 可以使用 xsl:with-param 解决参数使用问题。

为了说明应用模板的使用，下面给出一个 XML 文档来讨论。

例 8.6 一个家电购买的 XML 文档（文件名：ch8-6.xml）。

```
<?xml version="1.0" encoding="GB2312"?>
<?xml-stylesheet type="text/xsl" href="ch8-11.xsl"?>
```

```
<e_appliance>
  <goods>
   <TV>
    <producer>康佳</producer>
    <size>34"</size>
    <unit>1</unit>
    <price currency="RMB" unit="Yuan">3400.00</price>
   </TV>
   <customer>
    <name>李素薇</name>
    <sex>女</sex>
    <address>
      <province>云南</province>
      <city>昆明</city>
      <street>丹霞路 234 号</street>
      <postcode>650031</postcode>
    </address>
   </customer>
  </goods>
  <goods>
   <microwave_oven>
    <producer>格兰仕</producer>
    <size>25liter</size>
    <unit>1</unit>
    <price currency="RMB" unit="Yuan">340.00</price>
   </microwave_oven>
   <customer>
    <name>张绚</name>
    <sex>女</sex>
    <address>
      <province>云南</province>
      <city>昆明</city>
      <street>人民西路 382 号</street>
      <postcode>650031</postcode>
    </address>
   </customer>
  </goods>
  <goods>
   <refrigerator>
    <producer>海尔</producer>
    <size>300liter</size>
    <unit>1</unit>
    <price currency="RMB" unit="Yuan">2798.00</price>
   </refrigerator>
   <customer>
    <name>刘云</name>
    <sex>男</sex>
    <address>
      <province>云南</province>
      <city>昆明</city>
      <street>翠湖南路 18 号</street>
      <postcode>650032</postcode>
    </address>
   </customer>
  </goods>
</e_appliance>
```

这是一个结构比较复杂的 XML 文档。在这个 XML 文档中，根元素是 e_appliance，在根元素下有三个子元素 goods，每个 goods 下有两个并行的子元素，三个 goods 都有 customer 子元素，但另外一个元素各不相同，第 1 个 goods 的子元素是 TV，第 2 个 goods 的子元素是 microwave_oven，第 3 个 goods 的子元素是 refrigerator。

1）后继元素引用方法

例 8.7　在例 8.6 的 XML 文档中，引用 customer 后继 name 的应用模板设计方法。

① 在 select 中指明后继关系：

```
<xsl:template match="customer">
  <xsl:apply-templates select="customer/name"/>
</xsl:template>
```

从 customer 元素开始匹配，然后在 select="customer/name" 中用"/"指明 name 是 customer 的后继元素。这里使用了 XPath 的路径表达式。

② 在 select 中没有后继关系：

```
<xsl:template match="customer">
  <xsl:apply-templates select="name"/>
</xsl:template>
```

从 customer 元素开始匹配，然后在 select="name" 中没有用"/"指明 name 是 customer 的子元素。但 name 是 customer 子元素的关系已经在 XML 文档中隐含地给出。

①、②两种方法是等效的。

2）改变结果输出顺序

一般情况下，XSL 文档按照 XML 文档的顺序输出转换结果。为了改变这种情况，可以在 xsl:template 中的加入多个 xsl:apply-templates 元素，可以改变结果内容的输出顺序。

例 8.8　对例 8.6 的结果树元素重新排列，让 refrigerator 比 TV 提前显示。

```
<xsl:template match=" e_appliance ">
  <table>
    <xsl:apply-templates select="goods/refrigerator"/>
  </table>
  <table>
    <xsl:apply-templates select="goods/TV"/>
  </table>
</xsl:template>
```

3）递归结构

当存在同名的后代时，可能出现两个以上同时匹配的后代，其中一个又是另一个的后代。如 `<html><table><table></table></table></html>`，这在网页设计中是经常使用的。此时，不做特殊处理，两个后代将分别按照常规处理。模板可以设计如下：

```
<xsl:template match="html">
  <xsl:apply-templates select=".//table"/>
</xsl:template>
```

该模板将处理外层 table 和内层 table 元素。这意味着如果 table 元素的模板处理自己的孩子，则这些孙子将被处理一次以上。解决的办法是在递归的后代中，一次只处理一层，用 select="table" 代替 select=".//table"，然后一次一次地深入。

4）多模板并行

当出现上级元素调用子元素时，可以使用多个模板并行的办法来解决。

例 8.9　对 customer 元素下的 name 子元素使用多模板并行结构。

```
＜xsl:template match="customer"＞
    ＜table＞＜xsl:apply-templates select="name"/＞＜/table＞
＜/xsl:template＞
＜xsl:template match="name"＞
    ＜td＞姓名：＜xsl:apply-templates/＞＜/td＞
＜/xsl:template＞
```

第 1 个 xsl:template 中 match="coustomer"，在 xsl:apply-templates 中用 select="name"筛选出 name 子元素。第 2 个并行的 xsl:template 中 match="name"，所以，直接使用 ＜xsl:apply-templates/＞来显示输出结果。

例 8.10　对 customer 下的后继 province 子元素使用多模板并行结构。

```
＜xsl:template match="customer"＞
    ＜table＞＜xsl:apply-templates select="address"/＞＜/table＞
＜/xsl:template＞
＜xsl:template match="address"＞
    ＜table＞＜xsl:apply-templates select="province"/＞＜/table＞
＜/xsl:template＞
＜xsl:template match="province"＞
    ＜td＞住址：＜/td＞＜td＞＜xsl:apply-templates/＞＜/td＞
＜/xsl:template＞
```

因为 province 不是 customer 的直接孩子，所以使用 3 个并行的 xsl:template 结构。第 1 个通过 xsl:apply-templates 的 select 筛选出 address 子元素，第 2 个通过 xsl:apply-templates 的 select 筛选出 province 子元素，第 3 个直接使用＜xsl:apply-templates/＞来显示输出结果。

例 8.11　例 8.6 的 XSL 转换文档。

综合上述讨论，把例 8.6 XML 文档的 XSL 转换程序设计如下（文件名：ch8-11.xsl）：

```
1  ＜?xml version="1.0" encoding="GB2312"?＞
2  ＜xsl:stylesheet version="2.0" xmlns:xsl="http://www.w3.org/1999/XSL/Transform"＞
3  ＜xsl:template match="/"＞
4  ＜html＞
5  ＜head＞＜title＞家电购买信息＜/title＞＜/head＞
6  ＜center＞
7  ＜p＞＜font size="6" color="teal" face="隶书"＞家电购买信息＜/font＞＜/p＞
8    ＜body＞
9    ＜xsl:apply-templates select="e_appliance/goods/customer"/＞
10   ＜/body＞
11 ＜/center＞
12 ＜/html＞
13 ＜/xsl:template＞
14 ＜xsl:template match="customer"＞
15 ＜table border="1" cellspacing="1" bordercolor="blue"＞
16   ＜caption＞订购人信息(＜xsl:number value="position()" format="I"/＞)＜/caption＞
17   ＜xsl:apply-templates select="name"/＞
18   ＜xsl:apply-templates select="sex"/＞
19   ＜xsl:apply-templates select="address"/＞
20 ＜/table＞
```

```
21 <br/>
22 </xsl:template>
23 <xsl:template match="name">
24     <td>姓名：<xsl:apply-templates/></td>
25 </xsl:template>
26 <xsl:template match="sex">
27     <td><xsl:apply-templates/></td>
28 </xsl:template>
29 <xsl:template match="address">
30 <table border="1" cellspacing="1" bordercolor="blue">
31     <xsl:apply-templates select="province"/>
32     <xsl:apply-templates select="city"/>
33     <xsl:apply-templates select="street"/>
34     <xsl:apply-templates select="postcode"/>
35 </table>
36 </xsl:template>
37 <xsl:template match="province">
38     <td>住址：</td>
39     <td><xsl:apply-templates/></td>
40 </xsl:template>
41 <xsl:template match="city">
42     <td><xsl:apply-templates/></td>
43 </xsl:template>
44 <xsl:template match="street">
45     <td><xsl:apply-templates/></td>
46 </xsl:template>
47 <xsl:template match="postcode">
48     <td><xsl:apply-templates/></td>
49 </xsl:template>
50 </xsl:stylesheet>
```

为了方便说明，在 XSL 文档中加上了行号。

程序说明：

（1）第 1 行是 XML 声明。

（2）第 2 行是名称空间声明，在声明中必须说明 version 属性。

（3）第 3 行~第 13 行是主模板声明。第 9 行声明模板匹配从源文档的 customer 元素开始。

（4）第 14 行~第 22 行声明 customer 元素的三个平级子元素。第 16 行使用了 xsl：number 指令为项目编号。如何使用 xsl：number 指令，请参考 8.5.4 节。

（5）第 23 行~第 25 行的模板处理第 17 行的模板。

（6）第 26 行~第 28 行的模板处理第 18 行的模板。

（7）第 29 行~第 36 行的模板处理第 19 行的模板，分别声明 address 的各个子元素。

（8）第 37 行~第 40 行处理第 31 行，第 41 行~第 43 行处理第 32 行，第 44 行~第 46 行处理第 33 行，第 44 行~第 46 行处理第 33 行，第 47 行~第 49 行处理第 34 行。

此程序的显示结果如图 8.6 所示。

如果要求把家电名称和客户信息都一同显示出来，成为如图 8.6 所示的效果，此时有两种方法来处理：第一种方法是不改变 XML 文档的结构，为 XML 文档中出现的每个元素逐个定义模板，这样设计的 XSL 会比较复杂，要比 ch8-11.xsl 复杂许多；第二种方法是修改 XML 文档，把 goods 下的 TV、microwave_oven、refrigerator 统一改成 product，这使得 XSL 文档设计

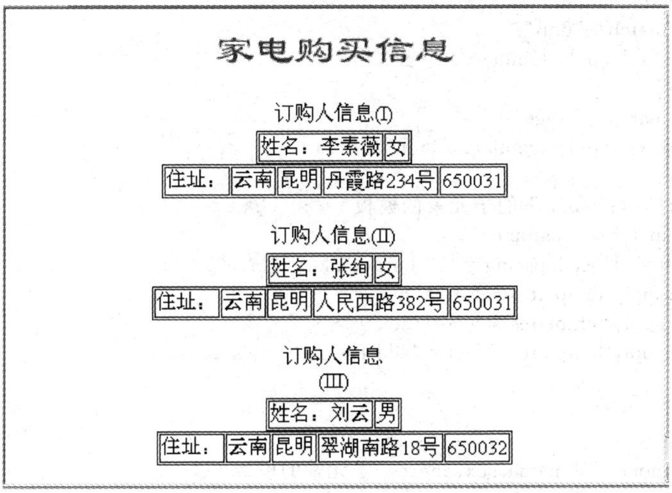

图 8.6　例 8.6 的 XML 文档用 ch8-11.xsl 转换的效果

变得简单。下面是第二种方法设计的 XSL 文档(ch8-11b.xsl)，并在文档中增加了注释。

```xml
<?xml version="1.0" encoding="GB2312"?>
<xsl:stylesheet version="2.0" xmlns:xsl="http://www.w3.org/1999/XSL/Transform">
<!-- 主模板 -->
<xsl:template match="/">
  <html>
  <head><title>家电购买信息</title></head>
  <center>
   <p><font size="6" color="teal" face="隶书">家电购买信息</font></p>
    <body>
       <xsl:apply-templates select="e_appliance/goods"/>
    </body>
   </center>
   </html>
</xsl:template>
<!-- 选择 goods 下两个元素 product 和 customer 的模板 -->
<xsl:template match="goods">
        <xsl:apply-templates select="product"/>
        <xsl:apply-templates select="customer"/>
</xsl:template>
<!-- 选择 product 下四个子元素的模板 -->
<xsl:template match="product">
  <table border="1" cellspacing="1" bordercolor="blue">
        <xsl:apply-templates select="producer"/>
        <xsl:apply-templates select="size"/>
        <xsl:apply-templates select="unit"/>
        <xsl:apply-templates select="price"/>
  </table>
</xsl:template>
<!-- 分别显示 product 下四个子元素的四个模板 -->
<xsl:template match="producer">
        <td>商品：<xsl:apply-templates/></td>
</xsl:template>
<xsl:template match="size">
        <td><xsl:apply-templates/>升</td>
```

```
    </xsl:template>
    <xsl:template match="unit">
            <td><xsl:apply-templates/>台</td>
    </xsl:template>
    <xsl:template match="price">
            <td><xsl:apply-templates/>元</td>
    </xsl:template>
    <!-- 下面是选择 custmoer 下的子元素的模板 -->
    <xsl:template match="customer">
      <table border="1" cellspacing="1" bordercolor="blue">
            <xsl:apply-templates select="name"/>
            <xsl:apply-templates select="sex"/>
            <xsl:apply-templates select="address"/>
      </table>
      <br/>
    </xsl:template>
    <!-- 显示 custmoer 下的 name,sex,address 子元素的模板 -->
    <xsl:template match="name">
            <td>客户：<xsl:apply-templates/></td>
    </xsl:template>
    <xsl:template match="sex">
            <td><xsl:apply-templates/></td>
    </xsl:template>
    <!-- 下面的模板选择 address 下的子元素 -->
    <xsl:template match="address">
        <xsl:apply-templates select="province"/>
        <xsl:apply-templates select="city"/>
        <xsl:apply-templates select="street"/>
        <xsl:apply-templates select="postcode"/>
    </xsl:template>
    <!-- 显示 address 下的四个子元素的四个模板 -->
    <xsl:template match="province">
            <td>住址：</td>
            <td><xsl:apply-templates/></td>
    </xsl:template>
    <xsl:template match="city">
            <td><xsl:apply-templates/></td>
    </xsl:template>
    <xsl:template match="street">
            <td><xsl:apply-templates/></td>
    </xsl:template>
    <xsl:template match="postcode">
            <td><xsl:apply-templates/></td>
    </xsl:template>
</xsl:stylesheet>
```

此程序的转换结果如图 8.7 所示。

注意：XSL 文档是严格意义上的符合 XML 结构良好性的文档，所以其注释的用法与 XML 文档的一样。

这个例子非常细致地讨论了什么是模板，什么是并行模板，如何设计模板，并行模板间如何调用等问题，而且例 8.6 的 XML 文档结构比较复杂，搞清楚这个文档的 XSL 设计，对理解 XSLT 很有帮助，请读者仔细阅读本节内容。

3. 优先等级

当源文档的一个结点可能与几个模板规则匹配时，该怎样解决究竟选择谁的问题？这称

图 8.7　例 8.6 的 XML 文档用 ch8-11b.xsl 转换的效果

为匹配焦点。此时,只有一个模板计算给这个结点。为了解决选择谁匹配谁问题,XSLT 中引入了模板的优先级(priority)。优先级如表 8.1 所示。匹配的步骤为:

(1) 只考虑匹配的模板规则具备最高的输入优先级。忽略较低优先级的模板。

(2) 在剩下的匹配规则中,只有那些具有最高优先级的被考虑,模板的优先级用属性 priority 定义。

如果没有 priority 属性,根据 match 提供的模式的语法计算默认值。

如果模式包含多个选项,每个选项用“|”分隔,每个选项是等价的。一次会选择一个选项。

priority 的值根据不同的形式选择不同的值,取值情况参考表 8.1。取负值的级别较低,级别最高的为 0.25。

表 8.1　priority 等级与规则

格　式	priority	说　明
element()	-0.5	与 * 等价
element(*)	-0.5	与 * 等价
attribute()	-0.5	与 @ * 等价
attribute(*)	-0.5	与 @ * 等价
element(E)	0	与 E 等价
element(* , T)	0	只匹配类型
attribute(A)	0	与 @A 等价
attribute(* , T)	0	只匹配类型
element(E, T)	0.25	匹配名称与类型
schema-element(E)	0.25	匹配替换组和类型
attribute(A, T)	0.25	匹配名称和类型
schema-attribute(A)	0.25	匹配名称和类型

8.4.2　模式

模板规则标识的结点用模式来给出应用规则。模式用来计数、分组等。

模式规定结点上的一组条件。满足这些条件的结点与这个模式匹配,否则不匹配。如果一个结点是从一个等价表达式所推导出的结果被选中,且计算该表达式时考虑到一些可能的上下文，就称这个结点匹配一个模式。

1. 常用模式

在 XSLT 中常用到一些模式，表 8.2 是这些模式的列表。

表 8.2　XSLT 的常用模式

模　式	说　明
name	匹配任何 name 元素
*	匹配任意元素
X | Y	匹配任意的 X 元素和任意的 Y 元素
X/Y	匹配任意的元素 Y，Y 元素的父亲是 X
X//Y	匹配任意的元素 Y，Y 的祖先是 X
schema-element(us:address)	匹配任意元素，该元素注释为用模式(schema)元素声明 us:address 来定义的类型实例，它的名字或是 us:address 或是其替换组的其他元素名
attribute(* ,xs:date)	匹配任意被注释成 xs:date 类型的属性
/	匹配文档结点(根结点)
document-node()	匹配文档结点(根结点)
document-node(schema-element(my:phone))	匹配一个文档的文档结点，该文档元素的名字是 ym:phone，以及匹配由全局元素声明 my: phone 定义的类型
text()	匹配任意的文本结点
node()	匹配任意的结点，但不是属性结点、名称空间结点和文档结点
id("W33")	匹配带有唯一 ID 值 w33 的元素
name[1]	匹配任何 name 元素的第一个孩子元素。还匹配没有父元素的 name 元素
//name	匹配有父元素的任何 name 元素
name[position() mod 2 =0]	匹配任何偶数位置上的 name 元素
div[@form="c1"]//p	匹配任意 p 元素，该元素有 form 属性且值为 c1 的 div 祖先
@abc	匹配任意 abc 属性(不是任意元素都有 abc 属性)
@ *	匹配任意属性结点

2. 模式语法

模式是一组用"|"分隔开来的路径表达式，路径表达式中的每一步约束成只使用孩子和属性轴的轴步(Axis Step)。模式还使用//操作符。在模式中谓词表内的谓词(Predicate)可以用与路径表达式一样的方式包含任何 XPath 表达式。

假如要匹配的值有字面值，或是一个变量或参数的调用，且 key 函数的关键名字是一串文字，则模式能以一个 id 或 key 函数调用开始。这类模式不会匹配根不是文档结点的树结点。

如果一个模式出现在可以使用向后兼容行为的样式表的一部分中，则该模式的语义以等价的 XPath 表达式为基础来定义。

例 8.11 中的几个模式使用。

```
<xsl:template match="/">                              匹配根元素
<xsl:template match="e_appliance/goods/customer">     匹配 customer
<xsl:template match="customer">                       匹配 customer
<xsl:apply-templates select="province"/>              应用模板
```

在例 2.1 中，book 元素附属一个属性结点 isbn，在 XSL 程序中可以用匹配属性的方法来选择结点。在例 8.1 的 XSL 程序的第 14 行前插入<xsl:value-of select="@isbn"/>一行，book 的 isbn 属性就会像元素结点一样显示。属性表达式的讨论请参考 5.2.3 节的第 5 部分的关于 attribute 的讨论。

8.4.3 序列构造器

序列构造器是样式表中零个或多个兄弟结点的序列,在计算样式表的结点组成时,需要序列构造器来计算并返回结果序列。许多 XSLT 元素,还有字面值元素被定义成选取序列构造器作为其内容。在 XSLT 中序列会处理四类结点:文本结点、字面结果元素、XSLT 指令和扩展指令。

文本结点:出现在样式表中,在结果序列中被复制来创建新的无父文本结点。

字面结果元素:字面结果元素被计算来创建无父元素结点,与该字面结果元素一样的扩展 QName,该字面结果元素被添加到结果序列。

XSLT 指令:产生零个、一个或多个数据项的序列作为自己的结果。这些数据项被添加到结果序列。对大多数 XSLT 指令来说,这些数据项是结点,而某些指令可能产生原子值(如 xsl:sequence 和 xsl:copy-of)。有几个指令返回一个新构造的无父结点,如 xsl:element。其他指令传递其自己内嵌的序列构造器产生的数据项,如 xsl:if。xsl:sequence 指令返回原子值,或者现存的结点。

扩展指令:也产生一个数据项序列作为自身的值,该序列中的数据项被添加到结果序列中。

1. 创建文本结点

本节讨论文本结点创建的指令及其用法。它们是 xsl:text 和 xsl:value-of。

一个序列构造可能包含文本结点。在处理完空格后,序列构造中保留下来的每个文本结点将建造一个新的具有相同串值的文本结点,得到的文本结点附加到包含序列构造的结果上。

1) xsl:text

xsl:text 用于建造新的文本结点,语法为:

```
<xsl:text [disable-output-escaping]? = "yes" | "no">
  <!-- Content: #PCDATA -->
</xsl:text>
```

xsl:text 的内容是一个单文本结点,它的值构成新文本结点的串值。一个 xsl:text 可以为空,此时计算这个指令得到的结果是长度为零的文本结点。

2) xsl:value-of

在 XSLT 中,xsl:value-of 是一个常用指令。指令格式为:

```
<xsl:value-of select? = expression separator = expression>
  <!-- Content: sequence-constructor -->
</xsl:value-of>
```

计算 xsl:value-of 来建造一个新的文本结点。该指令的结果产生新建造的文本结点。新文本结点的串值可以用 select 属性定义。separator 属性定义分隔符,缺少该属性时,没有分隔符。

例 8.12 为元素 x 定义 1~5 的取值,用"|"来分隔每个数字。

<x>

```
    <xsl:value-of select="1 to 5" separator="|"/>
</x>
```

此片段的输出为：

```
<x>1|2|3|4|5</x>
```

如果要选择元素，可以在 select 表达式中指定元素名称，下例中元素名为 name：

```
<xsl:value-of select="name"/>
```

如果要选择元素的属性，可以在 select 表达式中使用@来选择，下例中属性名是 name。

```
<xsl:value-of select="@name"/>
```

2. 构建复杂内容

所谓复杂内容，是指内容模型包含子元素、属性、名称空间等的类型。如何通过计算序列构造得到的序列来创建新构造的文档结点的孩子，或是新建立的元素结点的孩子、属性和名称空间？

在 XSLT 中，通过 xsl:copy、xsl:element、xsl:document、xsl:result-document 或字面结果元素产生序列构造器，然后计算该序列构造器来得到数据项序列。主要计算方法如下：

（1）序列中的任何原子值分配给一个串。

（2）在结果序列内部的串的任何连续序列被转换成单个的文本结点，它的串值依原序包含该串的每个内容，并用单个空格符（♯x20）作为分隔符。

（3）在结果序列内部的任何文档结点，按其在文档中的顺序，由包含每个孩子的序列替换。

（4）在结果序列内部的零长度文本结点被遗弃。

（5）在结果序列内部的附加文本结点被连接成单个的文本结点。

（6）如果结果序列包含两个以上同名的名称空间结点并具有相同的串值，则只保留一个，其余的丢弃。

（7）如果属性 A 与后来出现属性 B 具有相同的名称，则在结果序列中丢弃属性 A。

（8）在结果序列中每个结点附加了一个名称空间，属性，或者新构建元素的孩子，或文档结点。概念上这牵涉到该节点的深度复制，实际上，仅在现存结点能够被独立调用时复制结点才是必需的。

（9）如果新建结点是元素结点且名称空间是继承来的，则新建结点的每个名称空间结点被复制给新建元素的每个后继元素，除非这个元素或中间元素已经具有相同名称空间结点，或者此后继元素或中间元素没有名称空间和名称空间结点没有名称。

例 8.13 为 HTML 中的 p 元素设置属性和元素值。

```
<p>
    <xsl:attribute name="align">left</xsl:attribute>
    <xsl:value-of select="@class"/>
</p>
```

这个片段产生了一个字面结果元素 p，含有 xsl:attribute 和 xsl:value-of 两条指令。前者为 p 设置了 align 属性，生成一个无父的属性结点，这就是一个序列构造器。后者用 select 设置了 p 的取值，生成一个无父的文本结点。

例 8.14　设置 x、y 变量,分别取值 1～5。

```
<variables>
  <x><xsl:sequence select="1 to 5"/></x>
  <y>
    <xsl:for-each select="1 to 5">
      <xsl:value-of select="."/>
    </xsl:for-each>
  </y>
</ variables >
```

此片段输出值为:

```
<variables>
  <x>1 2 3 4 5></x>
  <y>12345 </y>
</ variables >
```

在此序列中,x 元素的序列构造器产生 5 个用空格符分隔的原子值。对于 y 元素,内容是不需要空格符分隔的 5 个文本结点的序列。显然,xsl:sequence 和 xsl:value-of 产生了不同的结果。

3. 构建简单内容

一个指令创建的内容不包含子元素,这称为简单内容构建。在 XSLT 中,xsl:attribute、xsl:comment、xsl:processing-instruction、xsl:namespace 和 xsl:value-of 等指令用于简单内容的创建。其中,xsl:attribute 创建属性结点、xsl:comment 创建注释结点、xsl:processing-instruction 创建处理指令结点、xsl:namespace 建立名称空间结点、xsl:value-of 建立文本结点。新结点的串值用该指令的 select 属性来建造,或者用形成该指令内容的序列构造器来建造。select 属性的内容用 XPath 表达式来确定。select 属性和序列构造器被计算后产生结果序列,新结点的串值从这个结果序列中导出。计算规则如下:

(1) 该序列中的零长度的文本结点被遗弃。

(2) 该序列中相邻的文本结点连接成单个文本结点。

(3) 该序列是原子化的。

(4) 原子化序列的每个值分配给一个串。

(5) 结果序列中的多个串用分隔符分隔后连接起来,默认的分隔符是单个空格符,某些情况下,分隔符用 separator 属性来定义,而在另一些情况下则没有分隔符。

(6) 结果串形成新属性、名称空间、注释、处理指令,或文本结点的串值。

例 8.15　为 book 元素设置 x、y 属性,分别取值 1～5。

```
<book>
  <xsl:attribute name="x" select="1 to 5"/>
  <xsl:attribute name="y">
    <xsl:for-each select="1 to 5">
      <xsl:value-of select="."/>
    </xsl:for-each>
  </xsl:attribute>
</book >
```

此程序片段输出结果是:

```
<book x="1 2 3 4 5" y="12345">
```

两个 xsl:attribute 产生了不同的属性。属性 x 的序列构造器产生 5 个用空格符分隔的原子值。属性 y 的内容是 5 个不需要空格符分隔的文本结点连接起来的序列。

8.4.4　条件

在 XSLT 中，有两种条件处理指令：xsl:if 和 xsl:choose。下面分别讨论两者的使用方式。

1. xsl:if

xsl:if 的语法格式为：

```
<xsl:if test = expression>
  <!-- Content: sequence-constructor -->
</xsl:if>
```

说明：xsl:if 元素有一个强制性的 test 属性，它指定一个 expression，内容是一个序列构造器。

xsl:if 的结果依据 test 属性中 expression 的有效逻辑值。如果 expression 有效逻辑值为真，则计算序列构造器，结果的结点顺序与 xsl:if 的结果一样；否则不计算序列构造器，并返回空序列。

例 8.16　控制转换直到最后一个元素，每个元素用","分隔。

```
<xsl:template match="book/name">
  <xsl:apply-templates/>
  <xsl:if test="not(position()=last())">, </xsl:if>
</xsl:template>
```

例 8.17　每隔一行产生一个蓝色背景。

```
<xsl:template match=" book ">
 <tr>
   <xsl:if test="position() mod 2 = 0">
     <xsl:attribute name="bgcolor">blue</xsl:attribute>
   </xsl:if>
   <xsl:apply-templates/>
 </tr>
</xsl:template>
```

xsl:attribute 语句行修改了 tr 的 bgcolor 属性，使其变成 yellow。xsl:if 中的 test="position() mod 2 = 0"表示行(hang)为偶数的那些行才满足条件，即在偶数行把 tr 的背景变成黄色。

xsl:if 类似于 C 语言中的 if 条件语句，可以产生两个分支，对于多值选择就无能为力了，XSLT 中还提供了多项选择指令 xsl:choice。

2. xsl:choose

xsl:choice 可以在多个分支中选择一个分支。它由一系列 xsl:when 跟随任选的 xsl:otherwise 元素组成。这三个元素的语法规则为：

```
<xsl:choose>
  <!-- Content: (xsl:when+, xsl:otherwise?) -->
</xsl:choose>
```

```
<xsl:when test = expression>
  <!-- Content: sequence-constructor -->
</xsl:when>
```

```
<xsl:otherwise>
  <!-- Content: sequence-constructor -->
</xsl:otherwise>
```

说明：xsl:when 和 xsl:otherwise 嵌套在 xsl:choice 内,作为 xsl:choice 的子元素处理。每一个 xsl:when 元素有一个 test 表达式,xsl:when 和 xsl:otherwise 元素的内容是一个序列构造器。处理 xsl:choose 时,每一个 xsl:when 依次被检查,直到满足一个 xsl:when(test 表达式的结果为真)为止,如果没有一个 xsl:when 满足表达式,则处理 xsl:otherwise。

在这个计算中只有第一个满足 xsl:when 的内容才被处理,且作为 xsl:choose 的结果返回。如果没有任何 xsl:when 满足条件,则计算 xsl:otherwise,并作为 xsl:choose 的结果返回。如果 xsl:when 和 xsl:otherwise 都不满足条件,则 xsl:choose 的结果是空序列。只要找到一个满足条件的 xsl:when,后面的 xsl:when 的 test 不再计算。

xsl:choice 指令类似于 Java、C、C++、C# 中的 switch 指令,熟悉 Java、C、C++ 或 C# 的读者对于使用 xsl:choice 不会感到困难。

8.4.5　循环

在 XML 中,有的数据以结构化形式出现,可以转换成相应的表格。要产生表格中重复的行结构,就需要从 XML 文档树中取出所有的结点信息,对于结构相同的多个数据元素组成的记录,使用循环结构来遍历 XML 中的每一个数据元素是十分必要的。如例 2.1 的关于图书的 XML,有若干个 book 元素,每一本书就是一条记录。

在 XSLT 中,使用指令 xsl:for-each 来实现循环。格式为：

```
<xsl:for-each select = expression>
  <!-- Content: (xsl:sort *, sequence-constructor) -->
</xsl:for-each>
```

其中,select 属性是必需的,expression 必须是一个序列,称为输入序列。

该指令处理项目序列中的每一个项目,在 xsl:for-each 内计算序列构造器,一次处理一个项目,然后继续下去,这个工作重复进行,直到所有的数据项都处理完为止。

如果存在 xsl:sort 元素,输入序列被排序后生成一个有序序列。否则有序序列与输入序列相同。

例 8.18　使用 xsl:for-each 转换例 2.1 的 XSL 文档(文件名：ch8-1b.xsl)。

```
<?xml version="1.0" encoding="gb2312"?>
<xsl:stylesheet version="2.0" xmlns:xsl=" http://www.w3.org/1999/XSL/Transform">
```

```
<xsl:template match="/">
  <html>
    <head>
      <title>图书列表</title>
    </head>
    <body>
      <table>
        <tbody>
          <xsl:for-each select="booklist/book">
            <tr>
              <th><xsl:apply-templates select="name"/></th>
              <th><xsl:apply-templates select="author"/></th>
              <th><xsl:apply-templates select="press"/></th>
              <th><xsl:apply-templates select="pubdate"/></th>
              <th><xsl:apply-templates select="price"/></th>
            </tr>
          </xsl:for-each>
        </tbody>
      </table>
    </body>
  </html>
</xsl:template>
</xsl:stylesheet>
```

其显示效果如图 8.8 所示。

数据通信与计算机网络	王震江	高等教育	2000.7	23.9
数据结构	王震江	云南大学	2008.3	30.00
XML基础与实践教程	王震江	清华大学	2011.10	43.00
数据结构（第2版）	王震江	清华大学	2013.10	34.5

图 8.8　例 2.1 的 XML 文档用例 8.18 的 XSL 转换的效果

例 8.19　处理电影的一个 XML 文档（文件名：ch8-19.xml），可以使用 XSL 实现转换。

```
<?xml version="1.0" encoding="gb2312"?>
<?xml-stylesheet type="text/xsl" href="ch8-19.xsl"?>
<movies>
  <movie>
    <title>没完没了</title>
    <actor>葛优</actor>
    <actor>傅彪</actor>
  </movie>
  <movie>
    <title>功夫</title>
    <actor>周星驰</actor>
    <actor>黄圣依</actor>
    <actor>梁小龙</actor>
  </movie>
  <movie>
    <title>十面埋伏</title>
    <actor>刘德华</actor>
    <actor>章子怡</actor>
```

```
      </movie>
   </movies>
```

上面的 XML 文档可以具有如下的 XSL 转换(文件名：ch8-19.xsl)：

```
<?xml version="1.0" encoding="gb2312"?>
<xsl:stylesheet version="2.0" xmlns:xsl="http://www.w3.org/1999/XSL/Transform">
<xsl:template match="/">
<html>
  <head> <title>movies</title></head>
  <body>
   <table>
    <tbody>
     <xsl:for-each select="movies/movie">
      <tr>
       <td><xsl:apply-templates select="title"/></td>
       <xsl:for-each select="actor">
         <td><xsl:apply-templates/></td>
       </xsl:for-each>
      </tr>
     </xsl:for-each>
    </tbody>
   </table>
  </body>
</html>
</xsl:template>
</xsl:stylesheet>
```

因为在 XML 文档的 movie 中有多个 actor 元素，在上述 XSL 中使用了两个 xsl:for-each 指令嵌套实现双重循环，来重复显示多个 actor。其显示效果如图 8.9 所示。

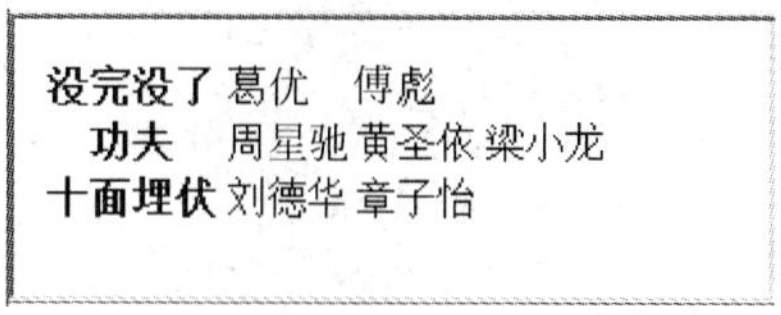

图 8.9　例 8.19 的 XML 文档用 ch8-19.xsl 转换的效果

8.5　样式表设计

通过上面的学习，我们已经学习了较丰富的 XSLT 转换基础知识，本节将系统讲解如何设用这些知识来设计一个实用高效的 XSL 文档。

在 XML 文档中调用 XSLT 文档时，需要在 XML 文档的序言中写上如下的行即可：

```
<?xml-stylesheet type="text/xsl" href=" "?>
```

如例 8.1 的第 2 行语句。

例 8.20　学生某学期的成绩表如表 8.3 所示，根据该表设计 XML 文档和 XSL 转换文档。

表 8.3　学生成绩表

学号	姓名	学期	英语	计算机导论	高等数学	大学物理
201411010112	王星	1	85	78	82	58
201411010201	刘晓丹	1	80	70	76	65
201411010314	张扬	1	67	90	80	75

该表的 XML 文档（文件名：ch8-20. xml）设计如下：

```
<?xml version="1.0" encoding="GB2312"?>
<?xml-stylesheet type="text/xsl" href="ch8-20.xsl"?>
<scores>
  <score term="1">
    <num>201411010112</num>
    <name>王星</name>
    <english>85</english>
    <computer>78</computer>
    <math>82</math>
    <physics>58</physics>
  </score>
  <score term="1">
    <num>201411010201</num>
    <name>刘晓丹</name>
    <english>80</english>
    <computer>70</computer>
    <math>76</math>
    <physics>65</physics>
  </score>
  <score term="1">
    <num>201411010314</num>
    <name>张扬</name>
    <english>67</english>
    <computer>90</computer>
    <math>80</math>
    <physics>75</physics>
  </score>
</scores>
```

它的 XSL 转换程序如下（文件名：ch8-20. xsl）：

```
<?xml version="1.0" encoding="GB2312"?>
<xsl:stylesheet version="2.0" xmlns:xsl="http://www.w3.org/1999/XSL/Transform">
<xsl:template match="/">
<html>
  <head><title>student scores list</title></head>
  <body>
  <center>
  <table border="1" bgcolor="#e0e0e0" bordercolor="teal">
  <caption>学生成绩表</caption>
    <tr>
      <th>学号</th> <th>姓名</th>
      <th>英语</th> <th>计算机基础</th>
      <th>高等数学</th> <th>大学物理技术</th>
    </tr>
    <xsl:for-each select="scores/score">
    <tr>
      <td align="center"><xsl:value-of select="num"/></td>
      <td align="center"><xsl:value-of select="name"/></td>
      <td align="center"><xsl:value-of select="english"/></td>
      <td align="center"><xsl:value-of select="computer"/></td>
      <td align="center"><xsl:value-of select="math"/></td>
      <td align="center"><xsl:value-of select=" physics "/></td>
    </tr>
    </xsl:for-each>
  </table>
```

```
      </center>
    </body>
  </html>
  </xsl:template>
</xsl:stylesheet>
```

显示效果如图 8.10 所示。

学生成绩表

学号	姓名	英语	计算机导论	高等数学	大学物理
201411010112	王星	85	78	82	58
201411010201	刘晓丹	80	70	76	65
201411010314	张扬	67	90	80	75

图 8.10　例 8.20 的 XSL 转换

8.5.1　排序

如果要按照某个元素的值重新排序后输出。此时要用到 xsl:sort。它的语法格式为：

```
<xsl:sort select? = expression ordor?= "descending | ascending>
  <!-- Content: sequence-constructor -->
</xsl:sort7>
```

说明：select 选择被排序的元素名。排序是以什么方式排序，是升序，还是降序，由 order 属性决定，descending 为降序，ascending 为升序。

在例 8.20 中的<xsl:for-each select="scores/score">行后加上：

```
<xsl:sort select="computer" order="descending"/>
```

可以按照"计算机导论"的成绩，从大到小排序。排序部分的代码参考如下：

```
<xsl:for-each select="scores/score">
<xsl:sort select="computer" order="descending"/>
<tr>
  <td align="center"><xsl:value-of select="num"/></td>
              …
</tr>
</xsl:for-each>
```

8.5.2　求和

XSLT 2.0 提供了相当强大的计算功能，这些功能比 XSLT 1.0 提高了许多。可以直接使用这些函数来解决 XML 应用的计算问题。本节讨论两个简单的计算：求和与求平均。

1. 求和

对表 8.3 进行求总分和每门课程求平均，可以将表格修改如下：

学号	姓名	学期	英语	计算机导论	高等数学	大学物理	总分
201411010112	王星	1	85	78	82	58	
201411010201	刘晓丹	1	80	70	76	65	
201411010314	张扬	1	67	90	80	75	
	平均分						

要实现这个统计结果，应该如何设计 XSL 文档？ XML 文档与表 8.3 的一样，要计算总分，可以使用 XPath 中的算术运算进行计算。如果求四门课程 english、computer、math、physics 的总分，可以使用下面的 XPath 表达式：

```
<xsl:value-of select="english＋computer＋math＋physics"/>
```

然后修改 XSL 转换文档如下：

```
<xsl:for-each select="scores/score">
 <tr>
   <td align="center"><xsl:value-of select="num"/></td>
    ...
   <td align="center"><xsl:value-of select=" physics "/></td>
   <td align="center">
        <xsl:value-of select="english＋computer＋math＋ physics "/>
   </td>
 </tr>
</xsl:for-each>
```

这样就可以简单地把几门功课的成绩相加。

2. 求平均

求每门课程的平均成绩，在 XSLT 2.0 中可以使用 XPath 中的数值函数 avg 来实现，这个函数是 XSLT 2.0 中新增的函数。具体方法如下：

```
<xsl:value-of select="avg(//english)"/>
```

如果使用的是 XSLT 1.0，可以使用 XPath 中的数值函数 sum 和 count 来实现：

```
<xsl:value-of select="sum(//english) div count(//english)"/>
```

其中，sum 对所有的 english 元素值求和，count 对所有的 english 元素个数计数，两者相除（div）得到 english 的平均值。同理，可以计算其他课程的成绩。

注意：在其他的程序设计语言中常常使用"/"作为除法运算符，为什么在 XSLT 中要使用 div 作为除法运算符？因为"/"被用作模式符（分隔父/子元素）、元素结束符标志等，所以在 XSLT 中把 div 作为除法运算符使用。

在程序 ch8-20.xsl 中增加一行表格（即<tr>…</tr>）：

```
<tr>
  <td align="center" colspan="3">平均分</td>
  <td><xsl:value-of select="avg(//english)"/></td>
  <td><xsl:value-of select="avg(//computer) "/></td>
  <td ><xsl:value-of select="avg(//math)"/></td>
  <td ><xsl:value-of select="avg(//physics)"/></td>
</tr>
```

或者

```
<tr>
  <td align="center" colspan="3">平均分</td>
  <td><xsl:value-of select="sum(//english) div count(//english)"/></td>
  <td><xsl:value-of select="sum(//computer)div count(//computer)"/></td>
  <td ><xsl:value-of select="sum(//math) div count(//math)"/></td>
  <td ><xsl:value-of select="sum(//physics) div count(//physics)"/></td>
</tr>
```

就可以对指定元素求平均值。

　　注意：如果在读者的浏览器上使用 avg 函数出现错误，出错的原因是当前使用的浏览器还未提供支持 XPath 2.0 版本的技术。可以使用后者实现同样的目的。

　　例 8.21　设计计算平均值的 XSL 转换文档（文件名 ch8-21. xsl）。

```
<?xml version="1.0" encoding="GB2312"?>
<xsl:stylesheet version="2.0" xmlns:xsl="http://www.w3.org/1999/XSL/Transform">
<xsl:template match="/">
<html>
<head><title>student scores list</title></head>
<body>
  <center>
  <table border="1" bgcolor="#e0e0e0" bordercolor="teal">
  <caption>学生成绩表</caption>
    <tr>
     <th>学号</th> <th>姓名</th>
     <th>学期</th> <th>英语</th>
     <th>计算机导论</th> <th>高等数学</th>
     <th>大学物理</th> <th>总分</th>
    </tr>
    <xsl:for-each select="scores/score">
    <tr>
     <td align="center"><xsl:value-of select="num"/></td>
     <td align="center"><xsl:value-of select="name"/></td>
     <td align="center"><xsl:value-of select="@term"/></td>
     <td align="center"><xsl:value-of select="english"/></td>
     <td align="center"><xsl:value-of select="computer"/></td>
     <td align="center"><xsl:value-of select="math"/></td>
     <td align="center"><xsl:value-of select="physics"/></td>
     <td align="center">
        <xsl:value-of select="round(english+computer+math+physics)"/>
     </td>
    </tr>
   </xsl:for-each>
    <tr>
     <td align="center" colspan="3">平均分</td>
     <td><xsl:value-of select="sum(//english) div count(//english)"/></td>
     <td><xsl:value-of select="sum(//computer)div count(//computer)"/></td>
     <td ><xsl:value-of select="sum(//math) div count(//math)"/></td>
     <td ><xsl:value-of select="sum(//physics) div count(//physics)"/></td>
    </tr>
  </table>
  </center>
</body>
</html>
</xsl:template>
</xsl:stylesheet>
```

　　如果用此 XSL 文档对 ch8-20. xml 进行转换，平均分的一栏会出现多位小数位，使得显示效果不理想，此时可以用 XPath 中的 round 函数对求平均分进行四舍五入：select= "round (sum(//english) div count(//english)) "。

图 8.11 是经过上述修改后 XSL 的转换效果。

学生成绩表

学号	姓名	学期	英语	计算机导论	高等数学	大学物理	总分
201411010112	王星	1	85	78	82	58	303
201411010201	刘晓丹	1	80	70	76	65	291
201411010314	张扬	1	67	90	80	75	312
平均分			77	79	79	66	

图 8.11　求和与求平均

8.5.3　彩色效果

如果要使表中每一行的背景有不同颜色，可以使用 xsl:if 来实现。在例 8.20 给出的 XSL 文档中<xsl:for-each select="scores/score">内的<tr>后加上下面的行，可以实现隔行彩色的效果：

```
<xsl:if test="position() mod 2 = 0">
  <xsl:attribute name="bgcolor">yellow</xsl:attribute>
</xsl:if>
```

进一步地，如果想实现每隔一行的色彩都变化，可以使用 xsl:choose 来实现：

```
<xsl:choose>
  <xsl:when test='position() mod 2 = 0'>
    <xsl:attribute name="bgcolor">yellow</xsl:attribute>
  </xsl:when>
  <xsl:otherwise>
    <xsl:attribute name="bgcolor">red</xsl:attribute>
  </xsl:otherwise>
</xsl:choose>
```

上述指令把偶数行变成黄色背景，奇数行变成红色背景。把上述指令放在例 8.20 中的<xsl:for-each select="scores/score">内的<tr>后面即可。这里使用了 XPath 的位置函数 position()，该函数给出当前元素所在的位置。这样修改后的效果显示在图 8.12 中。

学生成绩表

学号	姓名	学期	英语	计算机导论	高等数学	大学物理	总分
201411010112	王星	1	85	78	82	58	303
201411010201	刘晓丹	1	80	70	76	65	291
201411010314	张扬	1	67	90	80	75	312
平均分			77	79	79	66	

图 8.12　隔行背景色不同

如果要实现根据元素的内容来显示背景颜色，不同的成绩有不同的颜色。下面的选择是根据"大学物理"课程的成绩来划分背景：

```
<xsl:attribute name="bgcolor">
 <xsl:choose>
    <xsl:when test="physics &lt; 60">red</xsl:when>
    <xsl:when test="physics &lt; 70">blue</xsl:when>
    <xsl:when test="physics &lt; 80">green</xsl:when>
```

```
    <xsl:when test="physics &lt; 90">yellow</xsl:when>
    <xsl:otherwise>black</xsl:otherwise>
  </xsl:choose>
</xsl:attribute>
```

根据某门课程的不同成绩,分各种颜色来显示每个同学的成绩。小于 60 分的用红色,大于等于 60 分但小于 70 分的用蓝色,大于等于 70 分但小于 80 分的用绿色,大于等于 80 分但小于 90 分的用黄色,90 分以上的用黑色。效果如图 8.13 所示,代码如下:

```
<xsl:attribute name="style">color:
  <xsl:choose>
    <xsl:when test="physics &lt; 60">red</xsl:when>
      <xsl:when test="physics &lt; 70">blue</xsl:when>
      <xsl:when test="physics &lt; 80">green</xsl:when>
      <xsl:when test="physics &lt; 90">yellow</xsl:when>
      <xsl:otherwise>black</xsl:otherwise>
  </xsl:choose>
</xsl:attribute>
```

学生成绩表

学号	姓名	学期	英语	计算机导论	高等数学	大学物理	总分
201411010112	王星	1	85	78	82	58	303
201411010201	刘晓丹	1	80	70	76	65	291
201411010314	张扬	1	67	90	80	75	312
平均分			77	79	79	66	

图 8.13 根据大学物理的成绩选择颜色

如果只用不同颜色显示不及格的那门课程成绩,则要为每个单元格设计如下的语句(以英语科目为例):

```
<td align="center">
  <xsl:attribute name="style">color:
    <xsl:if test="english &lt; 60">red</xsl:if>
  </xsl:attribute>
  <xsl:value-of select="english"/>
</td>
```

或使用 HTML 中<font>来设计颜色,语句如下:

```
<xsl:choose>
  <xsl:when test="physics &lt; 60">
    <td align="center">
      <font color="red">
      <xsl:value-of select="physics"/>
      </font>
    </td>
  </xsl:when>
  <xsl:otherwise>
    <td align="center">
      <xsl:value-of select="physics"/>
    </td>
  </xsl:otherwise>
</xsl:choose>
```

这样,例 8.20 的 for-each 部分可以写成:

```
<xsl:for-each select="scores/score">
<xsl:sort select="computer" order="descending"/>
<tr>
 <td align="center"><xsl:value-of select="num"/></td>
 <td align="center"><xsl:value-of select="name"/></td>
 <td align="center">
   <xsl:attribute name="style">color:
     <xsl:if test="english &lt; 60">red</xsl:if>
   </xsl:attribute>
   <xsl:value-of select="english"/>
 </td>
 <td align="center">
   <xsl:attribute name="style">color:
     <xsl:if test="computer &lt; 60">red</xsl:if>
   </xsl:attribute>
   <xsl:value-of select="computer"/>
 </td>
 <td align="center">
   <xsl:attribute name="style">color:
     <xsl:if test="math &lt; 60">red</xsl:if>
   </xsl:attribute>
   <xsl:value-of select="math"/>
 </td>
 <td align="center">
   <xsl:attribute name="style">color:
     <xsl:if test="physics &lt; 60">red</xsl:if>
   </xsl:attribute>
   <xsl:value-of select="physics"/>
 </td>
</tr>
</xsl:for-each>
```

综合上述讨论,我们把各种因素考虑进去,设计一个综合的 XSL 文档来转换例 8.20 的 XML 文档 ch8-20.xml,并对 ch8-20.xml 增加一些数据,则可以得到如图 8.14 所示的色彩丰富、样式美观的显示效果图,这足以满足 Web 应用的需求。

参考程序(ch8-21e.xsl)如下:

```
<?xml version="1.0" encoding="GB2312"?>
<xsl:stylesheet version="2.0" xmlns:xsl="http://www.w3.org/1999/XSL/Transform">
<xsl:template match="/">
<html>
<head>
  <title>student scores list</title>
  <style>
      tr{font:12pt;}
  </style>
</head>
<body>
  <center>
  <table border="1" bgcolor="#e0e0e0" bordercolor="teal">
  <caption>学生成绩表</caption>
      <tr>
          <th>学号</th>
```

```
      <th>姓名</th>
      <th>学期</th>
      <th>英语</th>
      <th>计算机导论</th>
      <th>数学</th>
      <th>大学物理</th>
      <th>总分</th>
   </tr>
<!-- 循环 -->
<xsl:for-each select="scores/score">
<!-- 对数据排序 -->
<xsl:sort select="english" order="ascending"/>
   <tr>
      <!-- 根据 english 值修改<tr>的背景 -->
      <xsl:attribute name="bgcolor">
         <xsl:choose>
            <xsl:when test="english &lt; 60">green</xsl:when>
            <xsl:when test="english &lt; 70">teal</xsl:when>
            <xsl:when test="english &lt; 80">maroon</xsl:when>
            <xsl:when test="english &lt; 90">olive</xsl:when>
            <xsl:otherwise>red</xsl:otherwise>
         </xsl:choose>
      </xsl:attribute>
      <!-- 根据 physics 值修改<tr>中的字符颜色 -->
      <xsl:attribute name="style">color:
         <xsl:choose>
            <xsl:when test="physics &lt; 60">red</xsl:when>
            <xsl:when test="physics &lt; 70">blue</xsl:when>
            <xsl:when test="physics &lt; 80">green</xsl:when>
            <xsl:when test="physics &lt; 90">yellow</xsl:when>
            <xsl:otherwise>black</xsl:otherwise>
         </xsl:choose>
      </xsl:attribute>
      <!-- 显示各个元素和属性的值 -->
      <td align="center"><xsl:value-of select="num"/></td>
      <td align="center"><xsl:value-of select="name"/></td>
      <td align="center"><xsl:value-of select="@term"/></td>
      <!-- 英语成绩不及格的用红色显示 -->
      <td align="center">
         <xsl:attribute name="style">color:
            <xsl:if test="english &lt; 60">red</xsl:if>
         </xsl:attribute>
         <xsl:value-of select="english"/>
      </td>
      <td align="center"><xsl:value-of select="computer"/></td>
      <td align="center"><xsl:value-of select="math"/></td>
      <td align="center"><xsl:value-of select="physics"/></td>
      <!-- 对各个元素求和 -->
      <td align="center">
         <xsl:value-of select="english+computer+math+physics"/>
      </td>
   </tr>
</xsl:for-each>
   <!-- 求平均分,并四舍五入 -->
   <tr>
```

```
            <td align="center" colspan="3">平均分</td>
            <td align="center">
                <xsl:value-of select="round(sum(//english) div count(//english))"/>
            </td>
            <td align="center">
        <xsl:value-of select="round(sum(//computer) div count(//computer))"/>
            </td>
            <td align="center">
                <xsl:value-of select="round(sum(//math) div count(//math))"/>
            </td>
            <td align="center">
                <xsl:value-of select="round(sum(//physics) div count(//physics))"/>
            </td>
        </tr>
      </table>
    </center>
  </body>
</html>
</xsl:template>
</xsl:stylesheet>
```

学生成绩表

学号	姓名	学期	英语	计算机导论	高等数学	大学物理	总分
201311010316	林丽	1	55	90	80	80	305
201311020104	张兰	1	56	80	90	87	313
201311020211	朱皓	2	60	61	53	70	244
201311010330	王峡	1	65	68	87	43	263
201411010211	潘艳	1	68	90	80	80	318
201311020114	贾丽	2	78	90	80	80	328
201311020119	王天水	2	78	89	70	65	302

图 8.14　XML 文档的 XSL 综合转换示例

8.5.4　自动编号

在一些特定的应用中，对文本进行编号是常见的。此时可以使用 xsl:number 指令。这也是一个常用指令。

```
<xsl:number value? = expression
        select? = expression
        level? = "single" | "multiple" | "any"
        count? = pattern
        format? = { string }
        letter-value? = { "alphabetic" | "traditional" }
        ordinal? = { string }
        grouping-separator? = { char }
        grouping-size? = { number } />
```

说明：xsl:number 用来创建格式化数字，对产生的结果项进行编码。该指令完成两件事，首先确定位置标记符号（可以是 1、2、3、…，a、b、c、…，Ⅰ、Ⅱ、Ⅲ、…等）。然后在结果序列中为文本结点的输出提供格式化符号。

这个指令可以用于给章节、段落、项目等进行编号。例如在例 8.10 中 XSL 文档的第 16

行,就是一个使用 xsl:number 的例子。

注意:这是一个空元素指令。

xsl:number 提供的编号功能可以对简单项目进行编号,如 1、2、A、B 等;也可以对复杂项目进行编号,如 A11、A1.1.1 等。下面是关于编号的详细讨论。

1. 简单编号

例 8.22　下面是一个编号的文本,如何设计 XSL 文档来对该文本编号?

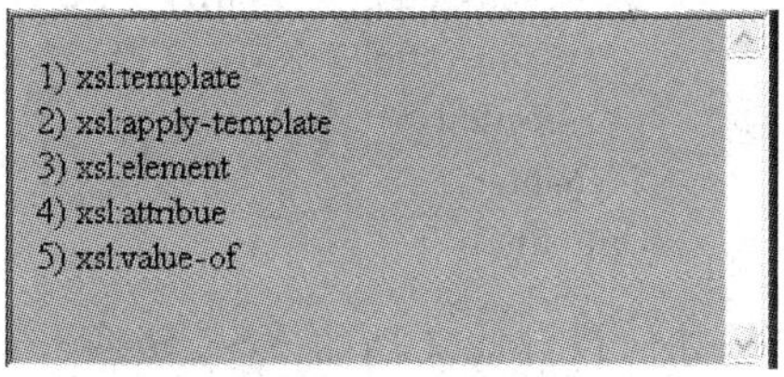

```
1) xsl:template
2) xsl:apply-template
3) xsl:element
4) xsl:attribue
5) xsl:value-of
```

可以把这个文本写成下面的 XML 文档(文件名:ch8-22.xml):

```
<?xml version="1.0" encoding="GB2312"?>
<?xml-stylesheet type="text/xsl" href="ch8-22.xsl"?>
<items>
    <item> xsl:template </item>
    <item> xsl:apply-template </item>
    <item> xsl:eslement </item>
    <item> xsl:attribue </item>
    <item> xsl:value-of </item>
</items>
```

此时,因为只有一级项目列表,使用 xsl:number 中的 value="position()",在 format 中把格式设置成"1)、2)、…"。其 XSL 设计如下(文件名:ch8-22.xsl):

```
<?xml version="1.0" encoding="GB2312"?>
<xsl:stylesheet version="2.0" xmlns:xsl="http://www.w3.org/1999/XSL/Transform">
<xsl:template match="/">
 <html>
  <head><title>item list</title>
   <style>
       body{display:block;
           background:#c0c0c0;
           width:300px;}
   </style>
  </head>
  <body>
    <xsl:for-each select="items/item">
     <xsl:number value="position()" format="1) "/>
     <xsl:apply-templates/>
     <br/>
    </xsl:for-each>
  </body>
 </html>
</xsl:template>
</xsl:stylesheet>
```

此程序的转换结果如图 8.15 所示。

图 8.15　例 8.22 的 XSL 转换效果

此 XSL 程序中使用了 format 属性，该属性可以取如下的值：

- i、ii、iii、iv、v、vi、……
- Ⅰ、Ⅱ、Ⅲ、Ⅳ、Ⅴ、Ⅵ、……
- 01、02、03、04、……
- A、B、C、D、F、G、……
- a、b、c、d、e、f、……
- (1)、(2)、(3)、(4)、……

数字格式还可以根据需要设计多种样式。

2. 复杂编号

图书目录就是一种复杂编号方式。本段我们讨论如何为一本书的目录编号，参考如图 8.16 和图 8.17 所示的目录样式。

第 1 章 XML 概述
1 XML 的历史简介
1 SGML
2 HTML
3 XML
2 XML 与 HTML 的比较
1 HTML 文档
2 XML 文档

图 8.16 图书目录示例 1

第 1 章 XML 概述
1.1 XML 的历史简介
1.1.1 SGML
1.1.2 HTML
1.1.3 XML
1.2 XML 与 HTML 的比较
1.2.1 HTML 文档
1.2.2 XML 文档

图 8.17 图书目录示例 2

在图 8.16 和图 8.17 中分别给出了图书目录编号的样本，后者比前者的编码复杂一些，增加了各子项目的编码。表示两个目录的 XML 文档是一样的。

例 8.23 实现图 8.16 和图 8.17 的 XML 文档（文件名：ch8-23.xml）。

```xml
<?xml version="1.0" encoding="GB2312"?>
<?xml-stylesheet type="text/xsl" href="ch8-23.xsl"?>
<contents>
  <chapter name="XML 概述">
    <section name="XML 的历史简介">
      <subsection>SGML</subsection>
      <subsection>HTML</subsection>
      <subsection>XML</subsection>
    </section>
    <section name="XML 与 HTML 的比较">
      <subsection>HTML 文档</subsection>
      <subsection>XML 文档</subsection>
    </section>
  </chapter>
</contents>
```

如何设计此文档的 XSL 转换？这里要用到 xsl:number 中的 count 属性和 level 属性。count 属性用来指定计数的元素，如 count(*)对所有元素都计数，count(section)只对

section 元素计数。对于例 8.23,元素是 chapter/section/subsection 结构,要对所有级别的元素都计数,该属性应该写成 count="chapter|section|subsection"。在 format 属性中分别规定编号的样式,顶级样式为"1",下级样式为"1.1"等。

对于 level 属性,有三种取值 single、any、multiple。如果取 single,只能分别显示每一单级目录的编号。any 不分级别编号,从第一个项目开始,顺序编号。multiple 可以对多级目录分别编号。对例 8.23,当需要显示多级编号时,取 level="multiple"(如图 8.17),只需显示单个数字的多级目录时,取 level="single"。对于图 8.17,设计 XSL 文档(文件名:ch8-23.xsl)为:

```
<?xml version="1.0" encoding="GB2312"?>
<xsl:stylesheet version="2.0" xmlns:xsl="http://www.w3.org/1999/XSL/Transform">
<xsl:template match="/">
 <html>
   <head><title>book contents items</title>
    <style type="text/css">
        p { text-indent: 2em}
        p.align1 { text-indent: 4em}
        p.align2 { text-indent: 6em}
    </style>
   </head>
   <body>
     <xsl:apply-templates select="contents/chapter"/>
   </body>
 </html>
</xsl:template>
<xsl:template match="chapter">
 <p>第<xsl:number level="multiple" count="chapter|section|subsection" format="1"/>章
     <xsl:value-of select="@name"/>
 </p>
 <xsl:apply-templates select="section"/>
</xsl:template>
<xsl:template match="section">
  <p class="align1"><xsl:number level="multiple" count="chapter|section|subsection" format=
"1.1 "/>
     <xsl:apply-templates select="@name"/>
  </p>
  <xsl:for-each select="subsection">
  <p class="align2"><xsl:number level="multiple" count="chapter|section|subsection" format=
"1.1 " />
     <xsl:apply-templates/>
  </p>
  </xsl:for-each>
 </xsl:template>
</xsl:stylesheet>
```

为了解决分级缩进的问题,在 HTML 的样式<style>中,使用了 CSS 设置 p 的样式,分别设定了三种缩进尺寸:2em、4em、6em。转换效果如图 8.18 所示。

如果需要把多级编号写成 A、A.1、A.1.1 等样式,又该如何做?

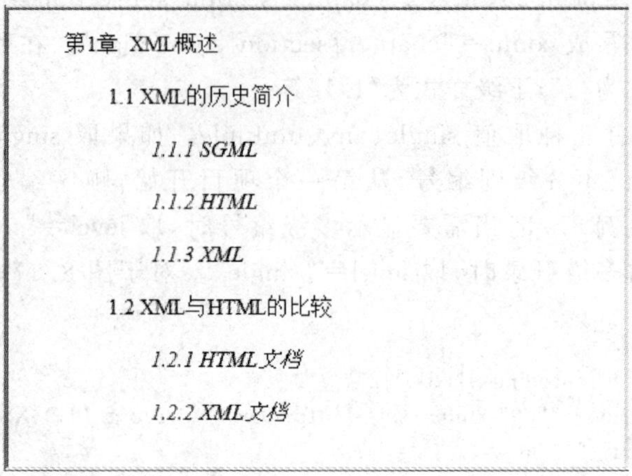

第1章　XML概述

　　1.1 XML的历史简介

　　　　1.1.1 SGML

　　　　1.1.2 HTML

　　　　1.1.3 XML

　　1.2 XML与HTML的比较

　　　　1.2.1 HTML文档

　　　　1.2.2 XML文档

图 8.18　例 8.23 的 XML 文档的 XSL 综合转换示例

例 8.24　分级编号以字母开头（下面的文本段），设计 XSL 文档。

A THE XSLT MEDIA TYPE

　　A. 1 Registration of MIME Media Type application/xslt+xml

　　A. 2 Fragment Identifiers

B CHANGES FROM XSLT 1.0 （NON－NORMATIVE）

　　B. 1 Incompatible Changes

　　　　B. 1.1 Backwards Compatibility Behavior

　　　　B. 1.2 Incompatibility in the Absence of a Schema

　　　　B. 1.3 Compatibility in the Presence of a Schema

　　　　B. 1.4 XPath 2.0 Backwards Compatibility

　　B. 2 New Functionality

　　　　B. 2.1 Pervasive changes

　　　　B. 2.2 Major Features

　　　　B. 2.3 Minor Changes

　　　　B. 2.4 Changes in the February 2005 Draft

应该怎样设计它的 XML 文档和 XSL 转换，请读者自己编写该文档的 XSL 转换程序。

8.5.5　创建元素和属性

有时需要用 XSLT 创建元素和属性。在 XSLT 中创建元素用 xsl：element 指令，创建属性用 xsl：attribute 指令。

1. 创建元素

xsl：element 指令的语法如下：

```
<xsl:element name = { qname }
        namespace? = { uri-reference }
    <!-- Content: sequence-constructor -->
</xsl:element>
```

说明：xsl:element 指令可以用来建造元素结点。元素的 name 属性是必需的。xsl:element 的内容是该元素的孩子、属性和名称空间的序列构造。通过计算这个序列构造器得到的序列用于建造元素的内容。

xsl:element 指令的结果是新建一个元素结点。name 属性理解为属性值模板，其有效值必须是一个 XML 的合格名称。

例如，创建带有名称空间 http://www.w3.org/1999/XSL/Transform 的元素 analog：

```
<xsl:element name="analog" namespace="http://www.w3.org/1999/XSL/Transform">
    98
</xsl:element>
```

这个片段创建了一个 analog 元素，它的值是 98。

2. 创建属性

xsl:attribute 指令的语法格式为：

```
<xsl:attribute name = { qname }
        namespace? = { uri-reference }
        select? = expression
    <!-- Content: sequence-constructor -->
</xsl:attribute>
```

说明：xsl:attribute 用来给结果元素添加属性。其 name 属性表示属性名，是必需的。namespace 是任选的。计算 xsl:attribute 指令的结果是新建属性结点。

新属性结点的串值可以用 select 属性来定义，也可以由 xsl:attribute 结点的内容构成序列构造器产生。两者是互斥的。如果一个也不存在，那么新属性结点的值将是一个零长度串。name 属性理解为属性值模板，其有效值必须是一个合格 XML 名称。

例如，创建列表值的属性 color，颜色值有 red、green、blue：

```
<xsl:attribute name="colors" select="'red', 'green', 'blue'"/>
```

例 8.25　用创建元素和属性的方法，构造例 8.17 的 XML 文档结构相同的元素：

```
<?xml version="1.0" encoding="GB2312"?>
<xsl:stylesheet version="2.0" xmlns:xsl="http://www.w3.org/1999/XSL/Transform">
<xsl:template match="/">
<xsl:element name="scores">
 <xsl:element name="score">
  <xsl:attribute name="term">2</xsl:attribute>
  <xsl:element name="num">20041503</xsl:element>
  <xsl:element name="name">陈燕子</xsl:element>
  <xsl:element name="english">89</xsl:element>
  <xsl:element name="computer">72</xsl:element>
  <xsl:element name="math">83</xsl:element>
  <xsl:element name="physics">67</xsl:element>
 </xsl:element>
 </xsl:element>
</xsl:template>
</xsl:stylesheet>
```

这个操作可以临时添加在格式化输出文档中，但不能在源 XML 文档中添加元素和属性。

8.5.6　变量和参数使用

与任何一个编程语言类似，XSLT 中也使用变量和参数。

xsl：variable 指令声明一个变量，变量可以是全局的，也可以是局部的。xsl：param 声明参数，它可以是样式表参数、模板参数或函数参数。

1. 变量

变量的声明用 xsl：variable 实现，其语法格式为：

```
<xsl:variable name = qname
     select? = expression
    <!-- Content: sequence-constructor -->
</xsl:variable>
```

说明：在 xsl：variable 声明中，必须有 name 属性，用它来标识变量名，变量的值是一个合格的 XML 名称。as 属性是任选项，用它定义变量的类型。用给定的 select 表达式或所包含的序列构造器计算变量值，如果 select 存在，则序列构造器必须为空。如果定义了 as，则变量值类型要转换成 as 规定的类型。如果没有 as 属性，则变量值可以直接使用而无须转换。

变量有一个名称和若干值。变量的值是结点或原子值的任意序列。

变量的值用以下列几种方式确定：

- 如果变量绑定的元素有 select 属性，则该属性值必须是一个表达式，且变量的值就是计算该表达式的结果，此时，该变量绑定的元素内容必须是空的。
- 如果变量绑定的元素内容为空，并且既没有 select 也没有 as 属性，则变量的值是 0 长度字符串。因此，<xsl：variable name＝"x"/>与<xsl：variable name＝"x" select＝"''"/>等价。
- 如果变量绑定元素没有 select 属性且内容不空，也没有 as 属性，则该元素的内容给定了所提供的值。该元素的内容是一个序列构造器。
- 如果变量有 as 属性而没有 select 属性，则所提供的值是计算包含在该元素内的序列构造器产生的序列。

变量的实际值依据于具体情况，下面就是一些变量值的计算问题。

① 下面的变量 myVar 的值是整数 1、2、3 的序列：

<xsl：variable name＝"myVar" as＝"xs：integer * " select＝"1 to 3"/>

② 下面的变量 myVari 值是整数，假设属性@size 存在，且注释为整数或 xdt：untypedAtomic：

<xsl：variable name＝"myVar" as＝"xs：integer" select＝"@size"/>

③ 下面的变量 myVar 值是 0 长度的串：

<xsl：variable name＝"myVar"/>

④ 下面的变量 shirt 值是包含一个空元素 name 的文档结点：

<xsl：variable name＝"shirt"><name/></xsl：variable>

⑤ 下面的变量 a 值是一个整数序列：2，4，6：

```
<xsl:variable name="a" as="xs:integer * ">
 <xsl:for-each select="1 to 3">
  <xsl:sequence select=". * 2"/>
 </xsl:for-each>
</xsl:variable>
```

⑥ 下面的变量值是无父亲属性结点的序列：

```
<xsl:variable name="attset" as="attribute()+">
 <xsl:attribute name="x">2</xsl:attribute>
 <xsl:attribute name="y">3</xsl:attribute>
 <xsl:attribute name="z">4</xsl:attribute>
</xsl:variable>
```

⑦ 下面的变量 x 值是空序列：

```
<xsl:variable name="x" as="empty-sequence()"/>
```

⑧ 从 score 的子元素中获得 myVar 的值，这个值是一串值的序列：

```
<xsl:variable name="myVar" select="score">
```

⑨ 定义一个变量 myVar，值为 mathmatics：

```
<xsl:variable name="myVar">mathmatics</xsl:variable>
```

⑩ 从表达式中获得变量值：

```
<xsl:variable name="myVar" select="count(scores/score) ">
```

等价于：

```
<xsl:variable name="myVar">
  <xsl:value-of select="count(scores/score) ">
</xsl:variable>
```

2. 参数

参数声明用 xsl:param 实现，其语法格式为：

```
<xsl:param name = qname
         select? = expression
         required? = "yes" | "no"
      <!-- Content: sequence-constructor -->
</xsl:param>
```

说明：name 是必需的，用来定义参数名，参数的值是一个 QName。as 定义参数的必要类型。required 用来说明参数是否是强制性的。select 的含义与 xsl:variable 一样。

xsl:param 可以作为 xsl:stylesheet 的孩子，用来定义转换的参数，或者作为 xsl:template 的孩子定义一个模板的参数。当模板的引用中使用了 xsl:call-template、xsl:apply-templates、xsl:apply-imports 或 xsl:next-match 时应该提供参数。或者作为 xsl:function 的孩子定义一个参数给样式表函数，当这个函数被调用时也应提供参数。

required 属性只用于样式表参数和模板参数，不能用于函数参数。当 required="true"

时，该参数是一个强制性参数（意为：不能缺少的参数）；否则，参数可有可无。如果参数是强制性的，则 xsl:param 必须为空，不能包含 select 属性。

参数的取值计算与变量的一样，可以参照前面关于变量的部分。

3. 变量和参数的作用范围

xsl:variable 和 xsl:param 允许作为声明元素，这就是说，它们可以作为 xsl:stylesheet 元素的孩子出现。顶级的变量绑定元素声明一个在程序内部随处可见的全局变量（除非在某些区域被另外的绑定屏蔽①）。顶级的 xsl:param 元素声明一个样式表参数，它是一个具有附加特性的全局变量，在启动 XSL 转换时，该特性是指这个变量的值能够从调用程序那里获得。当调用程序没有值可提供时，样式表参数可以被声明成命令，或者可以指定一个默认值来使用。调用程序为样式表参数提供值的这个机制是定义在实现程序中的，XSLT 处理器必须提供这种机制。

xsl:variable 还可以作为声明元素出现在序列构造器中，这种变量就是局部变量。一个 xsl:param 元素可以作为孩子出现在 xsl:template 元素的非 xsl:param 孩子前面，这种参数叫模板参数。模板参数是具有附加性质的局部变量，当模板被调用时可以设置它的值，调用模板的指令有 xsl:call-template、xsl:apply-templates、xsl:apply-imports 或 xsl:next-match。

对任意的变量绑定元素，样式表中存在一个此绑定元素的可视区域。在 XPath 表达式范围内，绑定变量集包含那些在样式表中表达式出现位置点上是可见的变量绑定元素。

全局变量绑定元素在样式表中随处可见，除非在 xsl:variable 或 xsl:param 自身内部和其他区域有另外的绑定变量屏蔽了该元素。这就是全局变量的作用范围。

局部的变量绑定元素定义在 xsl:stylesheet 下边的其他声明中，其作用范围只在该声明中起作用。在该声明之外，此元素不可见。

4. 命名模板

在参数调用时，还需要通过 xsl:call-template 使用命名模板才能实现参数调用，xsl:call-template 的语法规则为：

```
<xsl:call-template name = qname>
   <!-- Content: xsl:with-param * -->
</xsl:call-template>
```

上面的定义中 name 属性不能缺少，它的作用是使用一个现成的命名模板。一个 xsl:call-template 通过 name 来使用命名模板。命名模板的概念在前面已经提到。通常，一个具有 name 属性的 xsl:template 元素称为一个命名模板。

5. 参数传递

在参数调用时还需要使用 xsl:with-param 才能实现参数传递，xsl:with-param 的语法规则为：

```
<xsl:with-param name = qname
                select? = expression
       <!-- Content: sequence-constructor -->
</xsl:with-param>
```

---

① 如果 A 绑定元素出现在 B 绑定元素可见的地方，并且两者有相同的名称，那么 B 绑定元素屏蔽了 A 绑定元素。

参数的传递必须使用 xsl：with-param，其中 name 属性是必需的。这个命令可以在 xsl：call-template、xsl：apply-templates 中使用。

例 8.26　根据下面的 XML 文档设计参数传递的 XSL 程序，要求按照衬衫价格 200 元以上和以下，分组显示衬衫信息。XML 文档如下（文件名：ch8-26.xml）

```
<?xml version="1.0" encoding="gb2312" standalone="no"?>
<?xml-stylesheet type="text/xsl" href="ch8-26.xsl"?>
<goods>
    <shirt>
            <name>金利来</name>
            <material>纯棉</material>
            <size>172/95A</size>
            <price>420.00</price>
    </shirt>
    <shirt>
            <name>晴曼</name>
            <material>50％棉</material>
            <size>170/92A</size>
            <price>180.00</price>
    </shirt>
    <shirt>
            <name>红豆</name>
            <material>10％棉</material>
            <size>165/88</size>
            <price>115.00</price>
    </shirt>
    <shirt>
            <name>虎豹</name>
            <material>纯棉</material>
            <size>172/96</size>
            <price>342.00</price>
    </shirt>
    <shirt>
            <name>利郎</name>
            <material>纯棉</material>
            <size>170/92A</size>
            <price>240.00</price>
    </shirt>
    <shirt>
            <name>金利来</name>
            <material>纯毛</material>
            <size>170/92A</size>
            <price>620.00</price>
    </shirt>
</goods>
```

根据题意，在 XSL 转换中，要求按照衬衫价格 200 元以上和以下，分组显示衬衫信息。效果如图 8.19 所示。如何设计这样的 XSL 转换程序。参考程序（文件名：ch8-26.xsl）如下：

```
<?xml version="1.0" encoding="GB2312"?>
<xsl:stylesheet version="2.0" xmlns:xsl="http://www.w3.org/1999/XSL/Transform"
xmlns:xs="http://www.w3.org/2005/02/xpath-functions/collation/codepoint">
<xsl:template match="/">
<html>
  <head><title>goods information</title>
    <style>
```

```
        h1 {font-family:隶书;
            color:maroon;}
        tr {font-size:14px;
            color:red;
            text-align:center;}
        th {color:black;}
    </style>
  </head>
  <body>
    <center>
      <h1>衬衫信息表</h1>
      <!-- 第一个表格，显示超过 200 元的衬衫 -->
      <table border="1" bgcolor="#e0e0e0" bordercolor="teal">
        <caption>商品信息表(超过 200 元的衬衫)</caption>
          <tr>
            <th>商品名称</th>
            <th>质地</th>
            <th>尺寸</th>
            <th>价格</th>
          </tr>
          <tbody>
            <!-- 调用命名模板 catalog -->
            <xsl:call-template name="catalog">
              <!-- 参数为 goods/shirt [price >= '200.00'] -->
              <xsl:with-param name="list" select="goods/shirt [price >= '200.00']"/>
            </xsl:call-template>
          </tbody>
      </table>
      <!-- 第二个表格，显示 200 元以下的衬衫 -->
      <table border="1" bgcolor="#e0e0e0" bordercolor="teal">
        <caption>商品信息表(200 元以下的衬衫)</caption>
          <tr>
            <th>商品名称</th>
            <th>质地</th>
            <th>尺寸</th>
            <th>价格</th>
          </tr>
          <tbody>
            <!-- 调用命名模板 catalog -->
            <xsl:call-template name="catalog">
              <!-- 参数为 goods/shirt [price < '200.00'] -->
              <xsl:with-param name="list" select="goods/shirt [price &lt; '200.00']"/>
            </xsl:call-template>
          </tbody>
      </table>
    </center>
  </body>
</html>
</xsl:template>
<!-- 定义命名模板 catalog -->
<xsl:template name="catalog">
  <xsl:param name="list" select="goods/shirt"/>
  <xsl:for-each select="$list">
    <tr>
      <td width="100"><xsl:value-of select="name"/></td>
```

```
        <td width="80"><xsl:value-of select="material"/></td>
        <td width="100"><xsl:value-of select="size"/></td>
        <td width="100"><xsl:value-of select="price"/></td>
      </tr>
    </xsl:for-each>
  </xsl:template>
</xsl:stylesheet>
```

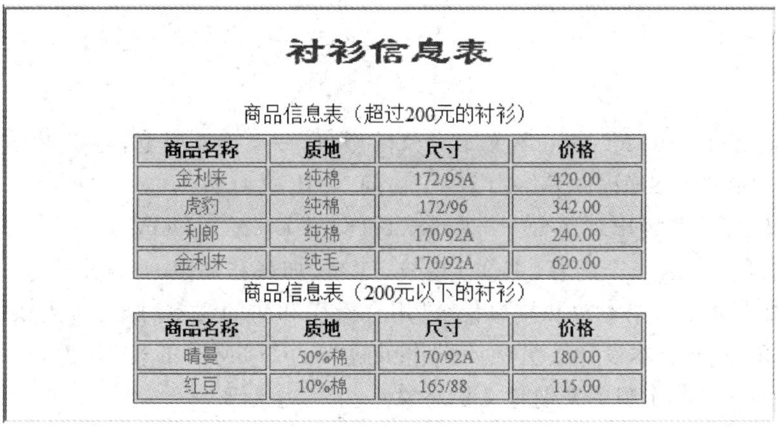

图 8.19　例 8.26 的 XSL 转换

程序说明：

① 文档中有两个 xsl:template。第 1 个用来调用参数，第 2 个用来定义参数。

② 在第 1 个 xsl:template 中有两个 xsl:call-template 指令，来调用第 2 个 xsl:template。在 xsl:call-template 中使用了 xsl:with-param 指令传递参数，其属性 select 用来选择 price 大于或小于 200 元的衬衫。

③ 在第 2 个 xsl:template 中，用 name＝"catalog"定义了一个命名模板，这个模板可以被其他模板调用。此模板下用 xsl:param 定义了一个参数，名称为 list，值为 goods/shirt。

④ 在第 2 个 xsl:template 的另一部分，用 xsl:for-each 和 xsl:value-of 构成显示数据的程序段。

这样就实现了参数的传递。图 8.19 就是这个 XSL 格式化的结果。

习题 8

1. 什么是样式表？它在 XSLT 中扮演什么角色？

2. 模板是样式表中的重要概念，请简述模板的定义和基本概念，举例说明模板的使用规则。

3. 什么叫序列构造？试举例说明。

4. 根据例子为习题 2 的第 11 题设计 XSL 文档。

5. 为例 2.1 设计 XSL 文档。

6. 为例 2.10 设计 XSL 文档。

7. 分别为上述 XSL 设计排序、求和、彩色效果等代码段。

8. 为例 8.24 设计 XSL 文档。

第 9 章　XML DOM 技术

9.1　概述

DOM(Document Object Model,文本对象模型)是一组接口规范,为应用程序提供访问文本对象的方法和属性。XML DOM 专门用于访问 XML 文档数据。

DOM 问世很早,已经出现了 DOM Level 1、DOM Level 2、DOM Level 3。DOM Level 3(下文简称 DOM 3)包含三个内容: DOM 内核、DOM 加载和存储、有效性检验。

DOM 内核定义了一个对象和接口集合,用来操作和访问文本对象,所提供的功能足以满足软件开发商和 Web 脚本设计人员访问操作可解析的 HTML 和 XML 内容。DOM 内核的 API 还允许用 DOM API 调用来创建文档对象。

DOM 加载和存储定义一个接口来加载和存储文档对象,所提供的功能足以满足软件开发商和 Web 脚本设计人员加载及保存 XML 内容。DOM 加载和存储允许只用 DOM API 调用来过滤 XML 内容。访问和操作 XML 文档。

有效性检验描述了任选的 DOM 3 有效性特性,它提供了 API 来指导构建和编辑 XML 文档。并提供了查询方法来帮助用户编辑、创建和检验 XML 文档。

本章我们将主要讨论 DOM 内核[①],有关 DOM 加载和存储、有效性检验请读者参考相关文献。

9.2　一个 DOM 示例

为了便于理解 XML 的 DOM 编程,我们先考查一个简单的 XML 文档,然后设计如何用 XML DOM 访问该文档。

例 9.1　考查例 7.11 的 XML 文档(文件名: ch9-1. xml),设计其 DOM 程序。

```
<?xml version="1.0"?>
<files>
  <file>
      <name>XML Design</name>
      <type>Word Document</type>
      <date>2007-11-25</date>
      <size>73kb</size>
  </file>
  <file>
      <name>ASP Design</name>
```

---

① Arnaud Le Hors,et al. Document Object Model Level 3 Core[EB/OL]. http://www.w3.org/TR/2004/REC-DOM-Level-3-Core-20040407/.

```
            <type>Word Document</type>
            <date>2003-10-15</date>
            <size>680kb</size>
    </file>
    <file>
            <name>2005 Test Scores</name>
            <type>Excel Document</type>
            <date>2006-1-20</date>
            <size>65kb</size>
    </file>
</files>
```

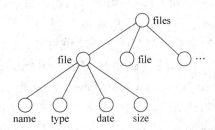

图 9.1　例 9.1 的 XML 文档树型结构图

此文档构成根元素 files 下多个 file 子元素，file 下有四个孩子 name、type、date、size，这是一个简单的 XML 文档，它的结构如图 9.1 所示。

访问 ch9-1.xml 的 DOM 程序(文件名：ch9-1.htm)设计如下：

```
1   <html>
2   <head><title>文件信息</title></head>
3   <body>
4       <script language="JavaScript">
5       var xmlDom=new ActiveXObject("MSXML2.DOMDocument.4.0");
6       xmlDom.async="false";
7       xmlDom.load("ch9-1.xml");
8       var xmlObj=xmlDom.documentElement.childNodes;
9       //显示根结点名称
10       document.write(xmlDom.documentElement.nodeName+"<br/>");
11      //显示所有子结点名称和元素值
12      var xmlObj=xmlDom.documentElement.childNodes;
13      for(var i=0;i<xmlObj.length;i++)
14      {
15      document.write("|   +--"+xmlObj.item(i).nodeName+"<br/>");
16      if(xmlObj.item(i).hasChildNodes)
17          {
18          //到下一层
19          xmlSubNode=xmlObj.item(i).childNodes;
20          for(var j=0;j<xmlSubNode.length;j++)
21          {
22          document.write("|  |    +--");
23          document.write(xmlSubNode.item(j).nodeName+":");
24          document.write(xmlSubNode.item(j).text+"<br/>");
25          }
26          }
27      }
28      </script>
29  </body>
30  </html>
```

程序分析如下：

① 此程序借助 HTML 来显示，使用 JavaScript 语言编程。

② 第 4 行~第 28 行为嵌入脚本。

③ 第 5 行~第 7 行，创建 DOM 对象 xmlDom、用 xmlDom.load 方法加载 XML 文件。

④ 第 8 行，设置变量 xmlObj，用 xmlDom 对象的属性 documentElement 把 XML 文档树

根结点下的所有子结点赋值给 xmlObj。

⑤ 第 10 行，用 document 接口的 write 方法显示文档树的第一个结点名（即根元素名称）。

⑥ 第 13 行～第 27 行，组织双重循环，遍历文档树的所有孩子结点，并显示。

该程序显示的文档结构如图 9.2 所示。

在此段代码中使用的 childNodes、length、item、nodeName、hasChildNodes 等，就是 XML DOM 核心接口的属性和方法，它们的含义将在本章的后续内容中讨论。

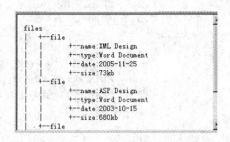

图 9.2　例 9.1 的 DOM 转换

9.3　DOM 基础知识

9.3.1　DOM 的结构模型

DOM 提供非常专门的接口把文档表示成结点对象的分级结构。在文档结构中，某些类型的接口可以具有不同的孩子结点，另外一些则提供没有孩子结点的叶子结点，参考图 9.3。文档结点（Document）是 DOM 树的根结点，根下是根元素（Element）结点，根元素下可以包含子元素（Element）结点，并携带属性（Attribute）结点。子元素还可以包含子元素（Element）结点、文本（Text）结点等，关于元素结点的定义是递归的。属性结点可以是实体（Entity）、实体引用、表示法（Notation）、CDATA 节等结点。DOM 树结构中包含 XML 1.0 规范中定义的结点类型将在 9.3.2 节给出。

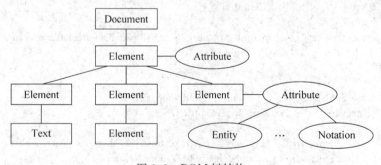

图 9.3　DOM 树结构

在 DOM 3 的核心中有些什么样的结点类型以及孩子结点的类型，由下面的接口给予简单说明：

- Document——Element、ProcessingInstruction、Comment、DocumentType。
- DocumentFragment——Element、ProcessingInstruction、Comment、Text、CDATASection、EntityReference。
- DocumentType——无孩子。
- EntityReference——Element、ProcessingInstruction、Comment、Text、CDATASection、EntityReference。
- Element——Element、Text、Comment、ProcessingInstruction、CDATASection、

EntityReference。

- Attr——Text、EntityReference。
- ProcessingInstruction——无孩子。
- Comment——无孩子。
- Text——无孩子。
- CDATASection——无孩子。
- Entity——Element、 ProcessingInstruction、 Comment、 Text、 CDATASection、 EntityReference。
- Notation——无孩子。

DOM 还定义了 NodeList 接口来处理结点的有序列表,例如一个结点的所有孩子序列。另外,通过引用结点的名称属性(如一个元素的属性),提供了 Element. getElementsBy TagNameNS 方法返回的 element 和 NamedNodeMap 接口来处理结点的无序集合。NodeList 和 NamedNodeMap 对象在 DOM 中富有活力,对于文档结构基础的任何修改都将反映在所有相关的 NodeList 和 NamedNodeMap 对象中。例如,如果一个 DOM 用户得到一个包含孩子元素的 NodeList 对象,那么对该元素的增加、修改或删除孩子等操作会自动反映在 NodeList 对象中,而无须用户方进一步操作。类似地,对一个树中结点的修改会反映在所有引用该结点的 NodeList 和 NamedNodeMap 对象中。

另外,结点 Text、Comment 和 CDATASection 都是继承 CharacterData 接口的。

9.3.2 核心模块基础知识

DOM 的接口分为基本接口和扩展接口。本节讨论基本接口。

基本接口是 DOM 的所有处理程序完全实现的那些接口,包括 HTML DOM 处理程序。

DOM 应用可以用 DOMImplementation. hasFeature(feature, version)方法,分别携带参数"Core"和"3.0"来决定该模块是否由基本接口支持。任何与 DOM 3 一致的处理程序或者模块必须与此核心模块一致。DOM 3 核心模块向后兼容 DOM Level 2 的核心模块。

1. 基本接口

在 DOM 3 核心模块中,有 22 个接口,表 9.1 给出了其简单表示。

表 9.1 DOM 3 核心接口列表

接　　口	说　　明
DOMException	当一个操作无法进行时,会出现意外,该接口返回出现意外时的确定错误代码值 ExceptionCode
DOMStringList	提供 DOMString 值的有序集合的抽象,不需要定义或约束这个集合是如何实现的。该接口中的项可通过从 0 开始的整数索引访问
NameList	提供并行的一对名字和名称空间值的有序集合的抽象,不需要定义或约束这个集合是如何实现的。该接口中的项可通过从 0 开始的整数索引访问
DOMImplementationList	提供 DOM 实现的一个有序集合的抽象
DOMImplementationSource	允许 DOM 实现程序根据要求的特征和版本提供至少一个处理
DOMImplementation	提供几种方法进行与 DOM 的任何特定实例无关的操作
DocumentFragment	该接口是一个极小化的 Document 对象。常见于从文档树抽取部分内容,或创建一个文档的新片段

接　　口	说　　明
Document	表示整个 HTML 或 XML 文档。概念上，它是文档树的根并提供对文档数据的初始访问入口
Node	是整个文档对象模型的基本数据类型，表示文档树中的单个结点
NodeList	提供结点的有序集合的抽象
NamedNodeMap	实现该接口的对象用来表示能够用名字来访问的结点集合
CharacterData	该接口用一组属性和访问 DOM 字符数据的方法来扩展结点
Attr	表示一个 Element 对象的一个属性
Element	表示 HTML 或 XML 文档中的一个元素
Text	它继承了 CharacterData，用来表示元素或属性的文本内容
Comment	表示注释的内容。该属性继承 CharacterData
TypeInfo	表示元素或属性结点的引用类型，由与该文档相关的模式（Schema）确定
UserDataHandler	当使用 Node. setUserData()把对象和结点的键词相联系，当一个与该对象相关的结点被克隆、导入、改名时，应用程序可以提供一个句柄来获得调用
DOMError	是一个描写错误的接口
DOMErrorHandler	这是一个回调接口，当处理 XML 数据或进行其他操作报告出错时，该 DOM 处理程序可以调用
DOMLocator	描述位置（如程序出现错误的位置）
DOMConfiguration	表示文档的配置和维护可识别参数表

表 9.1 的接口都有具体的定义，限于篇幅，在本书里只讨论几个常用的接口定义，其余的接口，读者可以参考文献[1]。

2. 结点类型

在 DOM 中定义了 12 种类型的结点，它们代表不同的结点类型，以及不同的概念和操作。表 9.2 列出了结点类型、参数和常量。

表 9.2　DOM 3 的结点类型定义

结 点 类 型	结点参数	结 点 常 量
Element	1	ELEMENT_NODE
Attribute	2	ATTRIBUTE_NODE
Text	3	TEXT_NODE
CDATA section	4	CDATA_SECTION_NODE
ENTITY reference	5	ENTITY_REFERENCE_NODE
ENTITY node	6	ENTITY_NODE
Processing Instruction	7	PROCESSING_INSTRUCTION_NODE
Comment	8	COMMENT_NODE
Document	9	DOCUMENT_NODE
Document Type	10	DOCUMENT_TYPE_NODE
Document fragment	11	DOCUMENT_FRAGMENT_NODE
Notation	12	NOTATION_NODE

这些类型完全包含 XML 1.0 中定义的结点类型，这是为了方便处理 XML 结点，XML DOM 的设计目的由此可见一斑。表 9.2 中的结点参数与结点常量是等价的，主要是为 DOM 程序提供判断结点类型的类型值，编程时可以选择其中之一表示。

3. 基础类型

为了保证互操作性,DOM 定义了下列基础类型,用于不同的 DOM 模块。

1) DOM 串类型

DOM 串类型用来把 Unicode 字符保存成用 UTF-16 编码的以 2 个字节为单位的序列。这些字符在 XML 1.0 的附录 B 中定义。

选择 UTF-16 编码是因为它在业界广泛使用。对于 HTML 和 XML,文档字符集以 UCS(UCS [ISO/IEC 10646])为基础。在源文档中引用的单个数字字符可能对应于 DOM 字符串的 2 个 16 位二进制数。

2) DOM 时戳类型

DOM 时戳类型用于存储绝对时间和相对时间。对于 Java,DOMTimeStamp 绑定给长整型类型。

3) DOM 用户数据类型

DOM 用户数据类型用于存储应用程序的数据。对于 Java,用户数据类型绑定给对象类型。

4) DOM 对象类型

DOM 对象类型用于表示一个对象。对于 Java,DOM 对象绑定给对象类型。

9.4 DOM 常用接口

表 9.1 中列出了 22 个接口,限于篇幅,本书只选取几个常用的接口来讨论。如果读者需要其他接口的详细资料,请查阅参考文献[10]。

为了说明问题,下面的讨论中,只在 Document 接口中完整使用了 DOM 规范的定义形式,提供给读者作为一种参考。对于其余的接口,将简化描述。

9.4.1 Document 接口

Document 接口表示整个 HTML 或 XML 文档。概念上,它是文档树的根并提供对文档数据的初始访问入口。

因为元素、文本结点、注释、处理指令等不可能存在于文档的上下文之外,Document 接口还包含创建这些对象的整体方法。该接口的接口定义语言描述形式如下:

```
interface Document : Node {
    // Modified in DOM 3:
    readonly attribute DocumentType        doctype;
    readonly attribute DOMImplementation   implementation;
    readonly attribute Element             documentElement;
    Element                createElement(in DOMString tagName)      raises(DOMException);
    DocumentFragment       createDocumentFragment();
    Text                   createTextNode(in DOMString data);
    Comment                createComment(in DOMString data);
    CDATASection           createCDATASection(in DOMString data)    raises(DOMException);
    ProcessingInstruction  createProcessingInstruction(in DOMString target, in DOMString data)
                                                                    raises(DOMException);
    Attr                   createAttribute(in DOMString name)       raises(DOMException);
    EntityReference        createEntityReference(in DOMString name)  raises(DOMException);
```

```
NodeList            getElementsByTagName(in DOMString tagname);
Node               importNode(in Node importedNode, in boolean deep)
                                    raises(DOMException);
Element            createElementNS(in DOMString namespaceURI, in DOMString qualifiedName)
                                    raises(DOMException);
Attr               createAttributeNS(in DOMString namespaceURI, in DOMString qualifiedName)
                                    raises(DOMException);
NodeList            getElementsByTagNameNS(in DOMString namespaceURI,
                                    in DOMString localName);
Element            getElementById(in DOMString elementId);
readonly attribute DOMString          inputEncoding;
readonly attribute DOMString          xmlEncoding;
         attribute boolean            xmlStandalone;        // raises(DOMException) on setting
         attribute DOMString          xmlVersion;           // raises(DOMException) on setting
         attribute boolean            strictErrorChecking;
         attribute DOMString          documentURI;
Node               adoptNode(in Node source) raises(DOMException);
readonly attribute DOMConfiguration domConfig;
void               normalizeDocument();
Node               renameNode(in Node n, in DOMString namespaceURI, in DOMString qualifiedName)
                                    raises(DOMException);
};
```

注意：这是本书唯一的一个完整接口定义，取自 DOM 3，其余的接口定义采用简化形式。

这个定义比较复杂。凡是用 attribute 定义的行都是属性，属性还分只读（readonly）和可读写属性，共定义了 10 种属性。除 attribute 定义的行外，其他的都是方法定义，使用了 10 种类型的接口定义了 17 种方法。下面对该定义进行简单说明（按字典序）。

1. 属性

（1）doctype——DocumentType 类型，只读。定义与文档相关的文档类型声明，对于没有文档类型声明的 XML 文档，返回 null。对于 HTML 文档，无论 HTML 的文档类型声明是否存在，都可以返回 DocumentType 对象。

该结点在文档创建时设置，也可以通过孩子结点操作方法，诸如 Node. inserBefore 或者 Node. replaceChild 来后期修改。

（2）documentElement——Element 类型，只读。这是一个使用方便的属性，允许直接访问文档的 document element 子结点。

（3）documentURI——DOMString 类型。表示文档位置，如果未定义或者文档用 DOMImplementation. createDocument 来建立，该值是 null。设置该属性时，不需要进行词汇检查。

（4）domConfig——DOMConfiguration 类型，只读。使用 Document. normalizeDocument()时用来配置。

（5）implementation——DOMImplementation 类型，只读。是处理该文档的 DOMImplementation 对象，一个 DOM 的应用程序可以从多个处理中使用这个对象。

（6）inputEncoding——DOMString 类型，只读。定义在解析文档时使用的编码。该属性未知时值为 null。

（7）strictErrorChecking——boolean 类型。定义是否强制进行错误检查的属性。设置成 false 时，处理程序不检测每一个在 DOM 操作中可能的错误情况，且不引发任何 DOMException，或者在使用 Document. normalizeDocument()时报告错误。

（8）xmlEncoding——DOMString 类型，只读。作为 XML 声明的一部分定义的属性，表示该 XML 文档的编码所用的语言。不确定或未知时该值为 null，如文档在内存中创建时。

（9）xmlStandalone——boolean 类型。作为 XML 声明的一部分定义的属性，表示该 XML 文档的独立性。未定义时，该值为 false。

（10）xmlVersion——DOMString 类型。作为 XML 声明的一部分定义的属性，表示该 XML 文档的版本。如果没有声明且该文档支持 XML 特征，则该值是 1.0。如果该文档不支持 XML 特征，则该值永远是 null。修改该属性会影响在 XML 名称中检查非法字符的方法。为了检查该文档结点的非法字符，应用程序会引用 Document. normalizeDocument()方法。

2. 方法

1）adoptNode

（1）功能：试图从其他文档接受一个结点到该文档。如果支持该方法，那么它将改变源结点及其孩子和与该结点相关的属性的文档所有者。如果源结点有父元素，那么首先从这个父元素的孩子列表中删除该结点。这实际上允许把一棵子树从一个文档移动到另一个文档。当该操作失败时，应用程序应该用 Document. importNode()作为替代。

（2）操作的结点类型：该方法可以操作的结点类型有 ATTRIBUTE_NODE、DOCUMENT_FRAGMENT_NODE、ELEMENT_NODE、ENTITY_REFERENCE_NODE、NOTATION_NODE、PROCESSING_INSTRUCTION_NODE、TEXT_NODE、CDATA_SECTION_NODE、COMMENT_NODE。该方法不允许使用的结点类型是 DOCUMENT_NODE、DOCUMENT_TYPE_NODE、ENTITY_NODE、NOTATION_NODE。

（3）参数：结点型的参数 source 表示移入该文档的结点。

（4）返回值：返回值是接受的结点类型。如果操作失败，则返回 null。

（5）出错：如果源结点类型是 DOCUMENT，则 DOCUMENT_TYPE 引起 NOT_SUPPORTED_ERR 错误。如果源结点为只读，则引起 NO_MODIFICATION_ALLOWED_ERR 错误。

2）createAttribute

（1）功能：建立给定名称的属性。元素上属性的实例可以用 setAttributeNode 方法来设置。为了建立携带合格名称（qualified name）和名称空间 URI（namespace URI）的属性，使用 createAttributeNS 方法。

（2）参数：参数 name 表示属性的名称。

（3）返回值：具有 nodeName 属性的新 Attr 对象设置为名称，本地名称、前缀和名称空间 URI 设置为 null。该属性值为空字符串。

（4）出错：如果给定的具体名称不是在 Document. xmlVersion 属性中规定的符合 XML 版本的 XML 名称时，则引起 INVALID_CHARACTER_ERR。

例如，为例 9.1 的文档增加一个属性结点 id，作为 file 的访问句柄。

```
var newNode＝xmlDom. createAttribute ("id");
```

3）createAttributeNS

（1）功能：建立给定的合格名称和名称空间 URI 的一个属性。如果希望没有名称空间，则应用程序必须用 null 作为名称空间 URI 的参数值。

（2）参数：建立属性的名称空间 URI。属性的合格名称需要实例化。

（3）返回值：创建的属性有 6 个属性，即 Node. nodeName、Node. namespaceURI、Node. prefix、Node. localName、Attr. name 和 Node. nodeValue。其中 Node. nodeName 的值为合格名称；Node. namespaceURI 的值是名称空间 URI；Node. prefix 是前缀，来自合格名称；Node. localName 是本地名称；Attr. name 是合格名称；Node. nodeValue 的值为空串。

（4）出错：如果给定的合格名称不是在 Document. xmlVersion 属性中规定的 XML 版本的 XML 名称时，引起 INVALID_CHARACTER_ERR。或者合格名称是残缺不全的，或者合格名称有前缀且名称空间 URI 为 null，或者合格名称有前缀 xml 且名称空间 URI 不同于 http://www. w3. org/XML/1998/namespace，等等，都会引起 NAMESPACE_ERR。如果当前文档不支持 XML 特征，则永远出现 NOT_SUPPORTED_ERR 错误。

4）createCDATASection

（1）功能：建立一个 CDATASection 结点，它的值是确定的字符串。

（2）参数：参数 data 表示要建立的 CDATASection 的内容。

（3）返回值：新的 CDATASection 对象。

（4）出错：如果该文档是一个 HTML 文档，引起 NOT_SUPPORTED_ERR 错误。

5）createComment

（1）功能：建立一个确定字符串的 Comment 结点。

（2）参数：参数 data 表示要建立的 Comment 结点的内容。

（3）返回值：新的 Comment 对象。

（4）出错：无。

6）createDocumentFragment

（1）功能：建立一个空的 DocumentFragment 对象。

（2）参数：无。

（3）返回值：新的 DocumentFragment 对象。

（4）出错：无。

7）createElement

（1）功能：建立一个确定类型的元素。注意，返回的实例处理 Element 接口，所以属性可以直接定义给返回的对象。另外，如有携带默认值的已知属性，则表示它们的属性结点自动被建立并附加到该元素上。要建立携带合格名称和名称空间 URI 的元素，请使用 createElementNS 方法。

（2）参数：参数 tagName 表示要实例化的元素类型名称。对于 XML，参数要区分大小写，否则依据所使用的标记语言的字符大小写规则，在此种情况下，由 DOM 处理程序把该名称映射到该标记语言的正则形式。

（3）返回值：有 nodeName 属性的新 Element 对象设置给 tagName，并且本地名称、前缀和名称空间 URI 设置为 null。

（4）出错：如果给定的名称不是在 Document. xmlVersion 属性中规定的符合 XML 版本的 XML 名称，则引起 INVALID_CHARACTER_ERR。

如在 ch9-1. xml 中创建一个名为 file 的元素结点：

```
var newNode＝xmlDom.createElement("file");
```

8）createElementNS

（1）功能：建立一个给定合格名称和名称空间 URI 的元素。如果不需要名称空间，则应用程序必须用 null 值作为名称空间 URI 的参数值。

（2）参数：参数 namespaceURI 表示要建立元素的名称空间 URI。参数 qulifiedName 表示要实例化的元素类型的合格名称。

（3）返回值：新的 Element 对象，携带属性 Node. nodeName、Node. namespaceURI、Node. prefix、Node. localName、Element. tagName，其返回值分别是合格名称、名称空间 URI、前缀、本地名称和合格名称。

（4）出错：出错的情况与 createAttributeNS 一致。

9）createEntityReference

（1）功能：建立一个 EntityReference（实体引用）对象。另外，如果已知引用的实体，则 EntityReference 结点的子结点列表与其相应的 Entity 结点列表一样。

（2）参数：参数 name 表示要引用的实体名称。

（3）返回值：新的 EntityReference 对象。

（4）出错：如果给定的具体名称不是在 Document. xmlVersion 属性中规定的符合 XML 版本的 XML 名称，则引起 INVALID_CHARACTER_ERR。如果文档是 HTML 文档，则引起 NOT_SUPPORTED_ERR 错误。

10）createProcessingInstruction

（1）功能：建立一个给定具体名称和数据串的 ProcessingInstruction（处理指令）对象。

（2）参数：参数 target 表示处理指令的目标部分。参数 data 表示结点的数据。

（3）返回值：新的处理指令对象。

（4）出错：如果给定的目标不是在 Document. xmlVersion 属性中规定的符合 XML 版本的 XML 名称，则引起 INVALID_CHARACTER_ERR。如果文档是 HTML 文档，则引起 NOT_SUPPORTED_ERR 错误。

11）createTextNode

（1）功能：建立一个给定具体串值的 TextNode（文本结点）。

（2）参数：参数 data 表示结点的数据。

（3）返回值：新的 text 对象。

（4）出错：无。

如创建一个结点值为"张明"文本结点：

```
var newText＝xmlDom.createTextNode("张明");
```

12）getElementById

（1）功能：返回具有 ID 属性和给定值的 Element。如果没有此类元素存在，则返回 null。如果多个元素的 ID 属性都具有该给定值，那么返回什么没有定义。期望 DOM 处理程序使用 Atrr. isId 来决定属性是不是一个 ID 类型。

（2）参数：参数 elementId 表示一个元素的唯一的 id 值。

（3）返回值：与方法匹配的元素，如果没有元素则为 null。

（4）出错：无。

13）getElementsByTagName

（1）功能：返回具有给定 tag（标签）名称的并包含在文档内的所有元素的结点列表，列表顺序与文档顺序一致。

（2）参数：参数 tagname 表示要进行匹配的标签名称。特殊值"*"匹配所有的标签。对于 XML，tagname 是区分大小写的，否则将依据所使用的标记语言字符大小写规则。

（3）返回值：包含所有匹配元素的新的结点列表对象。

（4）出错：无。

例如，通过 getElementsByTagName 方法获得指定名称 student 的元素的第一个子项目。

xmlNode. getElementsByTagName("student") . item(1);

14）getElementsByTagNameNS

（1）功能：返回具有给定本地名称和名称空间 URI 的所有元素的结点列表，列表顺序与文档顺序一致。

（2）参数：参数 namespaceURI 表示要进行匹配的标签名称。特殊值"*"匹配所有的名称空间。LocalName 表示要进行匹配的元素的本地名称。特殊值"*"匹配所有本地名称。

（3）返回值：包含所有匹配元素的新的结点列表对象。

（4）出错：无。

15）importNode

（1）功能：从其他文档导入一个结点到该文档，不改变或删除源文档的源结点。该方法建立源结点的一个新的副本。返回的结点没有父元素。对于所有结点，导入一个结点就创建了属于导入所文档拥有的结点对象，该结点的属性值与源结点的结点名和结点类型相同，还要加上与该属性相关的名称空间（前缀、本地名称和名称空间 URI）。

（2）操作的结点类型：导入操作只能导入一部分结点，它们是 ATTRIBUTE_NODE、DOCUMENT_FRAGMENT_NODE、ELEMENT_NODE、ENTITY_NODE、ENTITY_REFERENCE_NODE、NOTATION_NODE、PROCESSING_INSTRUCTION_NODE、TEXT_NODE、CDATA_SECTION_NODE、COMMENT_NODE。

（3）参数：参数 importedNode 表示要导入的结点。参数 deep 表示是否导入结点的子树，是布尔型变量，值为 true 时递归地导入子树，否则只导入结点自己。此参数对没有孩子的结点不起作用，如 Attr、EntityReference 结点。

（4）返回值：属于本文档的导入结点。

（5）出错：如果导入结点类型不被支持，则引起 NOT_SUPPORTED_ERR。如果导入结点的名字不是一个合格的 XML 名称，则引起 INVALID_CHARACTER_ERR 错误。

16）normalizeDocument

（1）功能：如果一个文档正在被保存和调用，则这个方法把该文档置为标准形式。

（2）参数：无。

（3）返回值：无。

（4）出错：无。

17）renameNode

（1）功能：修改现存的 ELEMENT_NODE 类型和 ATTRIBUTE_NODE 类型结点的名

称。在可能的情况下,此方法简单修改给定结点的名称,否则创建一个确定名称的新结点并替换此现存结点。

（2）参数：参数 n 表示要改名的结点。参数 namespaceURI 表示新的名称空间 URI。参数 qualifiedName 表示新的合格名称。

（3）返回值：被改名的结点。

（4）出错：如果确定结点不是 ELEMENT_NODE 和 ATTRIBUTE_NODE,并且操作不支持文档元素的改名,则引起 NOT_SUPPORTED_ERR 错误。如果新的合格名称不是一个 XML 名称,则引起 INVALID_CHARACTER_ERR 错误。如果参数 qualifiedName 是一个不完整的合格名称,则引起 NAMESPACE_ERR 错误。如果确定的结点是从与本文档不同的文档创建的,则引起 WRONG_DOCUMENT_ERR 错误。

9.4.2　Node 接口

Node 接口是整个文档对象模型的基本数据类型。它表示文档树的单个结点。是 DOM 应用中最常用的接口之一。下面的所有讨论都采用简单形式。

1. 属性

node 接口的属性如表 9.3 所示。

表 9.3　DOM 3 核心的 Node 接口属性

属　　性	说　　明
attributes	如果结点是元素,则该属性包含该结点的属性
baseURI	结点的绝对基础 URI
childNodes	该结点所有孩子的结点列表
firstChild	该结点的第一个孩子
lastChild	该结点的最后一个孩子
localName	返回该结点的合格名称的本地部分
namaspaceURI	返回该结点的名称空间 URI
nextSibling	该结点之后的紧邻结点,若无,则返回 null
nodeName	该结点的名称
nodeType	表示结点的类型
nodeValue	根据类型的结点值
ownerDocument	与该结点相关的文档对象
parentNode	该结点的父结点
prefix	该结点的名称空间前缀
previousSibling	该结点前的紧邻结点
textContent	表示该结点及其后继的文本内容

2. 常用方法

（1）appendChild：在该结点的孩子列表的末尾增加一个新子结点。如果新子结点已存在,则事先删除它,然后添加。例如在 xmlDOM 的文档树上增加一个新结点的操作：

```
var xmlroot＝xmlDom.documentElement.appendChild(newNode);
```

（2）cloneNode：返回此结点的复制品,即结点的普通副本。该复制节点没有父亲和用户数据。对于元素结点,将复制其所有的属性和属性值,包括那些 XML 处理器产生的默认属性,但是此方法不能复制其包含的任何孩子,除非是深度复制。对于属性结点直接返回一个特定的属性。

（3）hasChildNodes：返回该结点是否有子结点的逻辑判断,是布尔型,当取 true 时,说明该结点有孩子,否则无孩子。例如,判断结点是否有孩子结点,然后进行操作。

```
if(xmlObj.item(i).hasChildNodes) {…}
```

（4）insertBefore：在参考子结点前插入一个新子结点。例如,在 xmlDOM 对象上创建一个新结点,然后把该结点插入到另外一个结点 xmlNode 的最后一个孩子之前。

```
var newNode=xmlDom.createElement("file");
xmlNode.insertBefore(newNode,xmlNode.lastChild);
```

（5）removeChild：从孩子列表中删除由 oldChild 指示的子结点,并返回它。例如,删除通过 getElementsByTag-Name("file")方法获得的指定结点。

```
xmlNode.removeChild(xmlNode.getElementsByTagName("file").item(1));
```

（6）replaceChild：在孩子结点列表中,用 newChild 替换一个 oldChild,并返回 oldChild 结点。

9.4.3 Element 接口

该接口表示 HTML 或 XML 文档中的元素。元素可以携带相关的属性,因为元素接口继承结点接口,通用的 node 接口的 attribute 属性可以用来获取一个元素的所有属性的集合。

1. 属性

（1）schemaTypeInfo：与该元素相关的信息类型。

（2）tagName：该元素的名称,如果 Node.localName 与 null 不同,则此属性是一个合格的名称。

2. 常用方法

（1）getAttribute：通过名称参数获得属性值。

（2）getAttributeNode：通过名称参数获得属性结点。

（3）getElementsByTagName：以文档顺序返回携带给定标签名的所有后继元素的节点列表。

（4）hasAttribute：是对该元素是否具有属性的逻辑判断,是布尔型,如果该元素具有给定名称的属性或属性具有默认值时返回真,否则返回假。

（5）removeAttribute：用名字来删除属性。如果删掉的属性在 DTD 中定义了默认值,应用时,一个携带该默认值的、还有相应名称空间 URI、其本地名称以及前缀的新属性立即出现。如果没有发现该名称的属性,这个方法不生效。

（6）removeAttributeNode：删除确定的属性(Attr)结点。如果删掉的 Attr 结点在 DTD 中定义了默认值,应用时,一个携带该默认值的、还有相应名称空间 URI、其本地名称以及前缀的新属性立即出现。

（7）setAttribute：添加一个新属性。如果该元素已经存在此名称的属性,则该值修改成参数的值。这个值是一个简单字符串,它的解析不是其设置时的值。所以所有标签都被当作字面值文本处理,且需要在它写出时由处理程序做适当的换码(escaped)操作。为了分配包含实体引用的属性值,用户必须创建 Attr 结点加上任何 Text 和 EntityReference 结点来构建适当的子树,用 setAttributeNode 给它分配一个属性值。

例如,为新建的 file 元素结点设置属性值。

```
var newNode=xmlDom.createElement("file");
var xmlroot=xmlDom.documentElement.appendChild(newNode);
xmlDom.documentElement.lastChild.setAttribute("id","00000100");
```

(8) setAttributeNode:添加一个新属性结点。如果该元素已经存在同名结点,则它会被新的结点代替。用自身来代替属性结点的操作无效。

(9) setIdAttribute:如果参数 isId 为真,则此方法声明一个具体属性作为用户确定的 ID 属性。此方法影响具体 Attr. isId 的值和 Documen. getElementById 的行为,但不改变任何使用中的模式,特别地,这个操作不影响具体 Attr 结点的 Attr. schemaTypeInfo 属性。

(10) setIdAttributeNode:如果参数 isId 为真,则此方法声明一个具体属性作为用户确定的 ID 属性。此方法影响具体 Attr. isId 的值和 Documen. getElementById 的行为,但不改变任何使用中的模式,特别地,这个操作不影响具体 Attr 结点的 Attr. schemaTypeInfo 属性。

9.4.4 Attr 接口

此接口表示元素对象中的属性。

Attr 对象继承 node 接口,但因为它们实际上不是所描述元素的子结点,所以 DOM 不认为它们是文档树的组成成分。因此,对于 Attr 对象,结点类型的 parentNode、previousSibling 和 nextSibling 取 null 值。在 DOM 中,认为属性是元素的特性,而不是元素本身,处理时不能与元素处理的方法一样,记住这一点对编程很有用。

根据在 3.3.2 节中讨论的情况,属性既可以有有效值,也可以没有。在 DOM 中,当 XML 文档元素中明确给出某个属性的值时,如 id="00000100",等号后的值就是属性 id 的有效值。当属性没包含明确的定义值,但在声明中包含了默认值时,DOM 认为这个默认值就是该属性的有效值。如果在模式中没有与该属性相关的默认值,则该属性结点将被丢弃。

在 XML 中,在可以含有实体引用的属性值的地方,Attr 结点的子结点可以是 Text 结点或者是 EntityReference 结点。

即便与文档相关的 DTD 或 Schema 把属性声明成某些特定类型,如 tokenized 类型,DOM 核心也会把所有的属性值表示成简单字符串。

由 DOM 操作进行的属性值标准化的方式,取决于该操作程序对正在使用中的模式知道多少。典型地,Attr 结点的 value 和 nodeValue 属性最初返回解析器给定的标准化值。

(1) isId:无论这个属性是不是已知的 ID 类型,返回其逻辑值。当属性和属性值唯一时,拥有此属性的元素可以用 Document. getElementById 方法获取。该操作可能使用多种方法确定属性结点是否包含一个标识符。

(2) name:表示属性的名称。如果 Node. localName 不是 null,此属性是合格名称。

(3) ownerElement:表示属性附属的那个元素结点,如果此属性没有使用,该值为 null。

(4) schemaTypeInfo:与该属性相关的模式类型信息。

(5) value:在检索时,此属性的值作为字符串返回。字符和普通实体参考用它们的值来替代。

在使用中,name 属性和 value 属性在获取结点的属性信息或显示结点的属性内容时很有用。例如，在 DOM 应用中通过 name 属性和 value 属性来显示结点的属性。

```
var xmlNodes＝xmlDom.documentElement.childNodes
var xmlItem＝xmlNodes.item(0).attributes.item(0)
var xmlAttrName＝xmlItem.name
var xmlAttrValue＝xmlItem.value
```

先得到 xmlDOM 对象的所有孩子，然后得到第一个结点(item(0))的第一个属性结点，最后获得该属性的 name 和 value。

9.4.5 Text 接口

Text 接口继承 CharacterData，是表示 Element 或 Attr 的文本性内容。如果元素内容中没有标记(如"＜")，则文本被包含在处理仅仅是该元素孩子的 Text 接口的单个对象中。如果在元素内容中有标记，则该文本内容被解析成信息项(如元素、注释等)和 Text 结点构成的孩子列表。

当通过 DOM 第一次构造可用的文档时，每个文本块只有一个 Text 结点。用户可以创建表示没有任何插入标记的给定元素内容的相邻 Text 结点，但要注意，在 XML 或 HTML 中没有办法表示这些结点之间的分隔方式，所以在 DOM 编辑期间无法保留这些分隔符。

Text 结点的内容一般不进行词汇检查，用字符参考进行序列化时某些字符必须进行换码操作，例如，"＜&"作为元素或属性的文本性内容的一个部分、字符序列"]]＞"作为元素的一部分、双引号(")，或省略号(')作为属性的一部分时。

1. 属性

(1) isElementContentWhitespace：返回此文本结点是否包含元素内容的空格。

(2) wholeText：返回在逻辑上与该结点相邻的文本结点的所有文本，文本的连接以文档中出现的顺序一致。

2. 常用方法

(1) replaceWholeText：用指定文本替换当前结点和所有逻辑相邻的文本结点的文本。所有的逻辑相邻文本结点和当前结点被删除，除非它是替换文本的容器。

此方法返回接收该替换文本的结点，返回的结点是：当替换文本为空串时返回 null；返回当前结点，除非当前结点是只读结点；返回与当前结点同类型的新 Text 结点，该结点插入在替换位置。

(2) splitText：此方法在具体的偏移量(offset)的地方，把文本结点分裂成两个结点，使分离后的结点为树中的兄弟结点。分裂之后，返回的第一个结点是本结点，内容从开始到 offset 点之间的文本，第二个结点是同类型的新结点，内容是包含 offset 点及其之后的所有文本。如果原始结点有父结点，新结点作为源结点的下一个兄弟插入。当 offset 等于此结点的长度时，新结点没有数据。

9.4.6 Comment 接口

Comment 接口继承 CharacterData 和表示注释的内容，即位于'＜!--'和'--＞'之间的所有字符。这个注释定义是在 XML 中的，其实，也可以用于 HTML。

对于注释的内容不做词汇检查，因而在注释内容中可以出现"--"这样的字符串。但按照规范，这个串是不合法的。在写 XML 文档时，若这个字符串出现，则必定产生严重错误。

9.4.7 DocumentFragment 接口

DocumentFragment 接口是 Document 对象的"轻量型"或"极小化"。从文档树中提取一个部分,或建立文档的新片段是非常普遍的。如在 DOM 树中把一个部分移动到树的其他地方,从而达到修改树结构的目的。在 DOM 操作中,DocumentFragment 就是一个能保留这种部分的对象。它是一个 Document 对象,但比 Document 对象处理的范围和能力要小些。

例如,在插入 A 结点作为 B 结点的孩子时,可以把 A 结点设置成 DocumentFragment,这样就会把 A 结点所有子结点插入到 B 结点的孩子列表中。

当 DocumentFragment 被插入到一个 Document 时,DocumentFragment 的孩子被插入到该 Document 结点中。当用户想建立兄弟结点时,使用 DocumentFragment 很有效。

9.4.8 DOMImplementation 接口

DOMImplementation 接口提供许多方法来进行操作,这些方法与文档对象模型的任何特殊实例无关。此接口提供的方法有:

(1) createDocument——建立确定类型的文档元素的 DOM 文档对象。

(2) createDocumentType——建立一个空的 DocumentType 结点。不能利用实体声明和表示法,也不会出现实体引用扩展和默认属性添加。

(3) getFeature——此方法返回一个专门的对象,它操作具有确定特征和版本的专门的 API。

(4) hasFeature——检测 DOM 处理程序是否操作特定的特征和版本。

9.4.9 NodeList 接口

NodeList 接口提供结点有序集合的抽象,没有定义或约束这个集合是如何实现的。NodeList 对象在 DOM 中极具生命力。

NodeList 中的数据项用整数索引可以访问,索引值从 0 开始。

1. 属性

length:表示列表中结点的数量。有效孩子结点的范围为 $0 \sim length-1$。

2. 方法

item:返回集合中索引指定的数据项。如果索引大于或等于表中的结点数,返回值为 null。

例如:

```
var xmlObj=xmlDom.documentElement.childNodes
for(var i=0;i<xmlObj.length;i++)
    document.write(xmlObj.item(i));
```

第一行得到的 xmlDOM 对象的所有孩子结点,xmlObj 是一个 NodeList 类型的结点;第二行用 xmlObj 对象的 length 属性值作为循环次数,循环体中使用 document.write 方法来显示所有的孩子结点,xmlObj.item(i)表示 xmlObj 对象的第 i 个孩子结点。

9.4.10 NamedNodeMap 接口

操作 NamedNodeMap 接口的对象用来表示可以用名称来访问的结点集合。注意,NamedNodeMap 不继承 NodeList,不保持任何特定的顺序。包含在操作 NamedNodeMap 接口对象中的对象还可以用序数索引来访问。NamedNodeMap 对象在 DOM 中极具生命力。

1. 属性

length 表示此映射中结点的数量。有效孩子结点的索引范围为 0～length－1。

2. 方法

（1）getNamedItem：用名字来检索所定义的结点。

（2）item：返回映射中索引指定的数据项。如果索引大于或等于映射中的结点数，返回值为 null。

（3）removeNamedItem：用名字来删除结点。

（4）setNamedItem：用 nodeNmae 属性添加一个结点。如果映射中同名结点已经存在，会被新的代替。由自身来替代一个结点无效。

9.4.11 CharacterData 接口

CharacterData 接口在访问 DOM 中的字符数据时，用一组属性和方法来扩展结点。虽然，Text 和其他接口确实继承 CharacterData 接口，但在 DOM 中，没有与 CharacterData 直接对应的对象。这个接口中的参数 offset 从 0 开始。

1. 属性

（1）data：表示操作此接口的结点的字符数据。

（2）length：表示以 16 位二进制位为单位的数。可以为 0，此时 CharacterData 结点为空。

2. 方法

（1）appendData：添加一个串到字符数据的尾部。

（2）deleteData：从结点中删除一个以 16 位二进制为单位的特定范围的数。删除的字符数量用参数 count 定义。

（3）insertData：在参数 offfset 处插入一个串。

（4）replaceData：用具体的串替换从 offset 开始的字符串。替换的字符数量用参数 count 定义。

（5）substringData：从结点中提取一个范围的数据，参数 offset 表示开始的位置，参数 count 表示取出的字符数。

9.4.12 NameList 接口

NameList 接口提供名称和名称空间值的一对有序集合的抽象，这个集合如何操作，在规范中没有定义和约束。NameList 中的项目可以通过整数索引来访问，该整数从 0 开始。

1. 属性

length：在（name,namespaceURI）对列表中的数量，范围为 0～length－1。

2. 方法

（1）contains：检测一个名称是否是该 NameList 的成分。

（2）getName：返回集合中第 n 个索引的项目名称。

9.5 XML DOM 程序设计

前面比较详细地讨论了 DOM3 的核心部分常用接口，本节讨论如何使用这些接口来解析和操作 XML 文档。

9.5.1　创建和浏览 DOM 对象

在各种支持 XML 的技术中,微软提供了基于 Windows 平台的 XML DOM 对象支持技术,微软的 Internet Explorer 一直是可供选择的浏览器之一。我们以微软的技术为基础进行讨论。MSXML.dll 是微软支持 XML 技术的组件。MSXML 从 2.0 到 4.0,有多个版本,目前使用 MSXML4.dll,文件模块是 MSXML2.DOMDocument.4.0。

1. 创建 XML DOM 对象

创建 XML DOM 对象的方法为:

```
JavaScript: var xmlDom＝new ActiveXObject("MSXML2.DOMDocument.4.0")
VBScript: Dim xmlDom
          set xmlDom＝CreateObject("MSXML2.DOMDocument.4.0")
JSP:      Dim xmlDom
          set xmlDom＝Server.CreateObject("MSXML2.DOMDocument.4.0")
```

注意:如果在读者的浏览器上上述语句出现错误"aotumation 不能创建对象",则出错的原因是当前使用的浏览器的 MSXML 已经陈旧,不支持所使用的新 MSXML.dll 版本,要解决此问题,可以使用 MSXML 的早期版本来加载创建 XML 对象。如 MSXML.DOMDocument 是最早的 MSXML 版本,一般 IE 浏览器都可以使用该对象。也可以通过安装 MSXML,更新 MSXML.dll 到 4.0 版本(或最新版本)来解决此问题。

下面是使用早期的 MSXML 创建 XML 对象的示例。

```
JavaScript: var xmlDom＝new ActiveXObject ("MSXML.DOMDocument");
```

或者

```
var xmlDom＝new ActiveXObject ("Microsoft.DOMDocument");
```

用 DOMDocument 创建的 XML 对象 xmlDom 具有四个 boolean 类型的属性:

- async——确定 XML 文档的加载和解析是否异步,默认值为 true。
- validateOnParse——确定解析 XML 文档时并进行验证,默认值为 true。
- resolveExternals——确定解析 XML 文档的所有外部实体,默认值为 true。
- preserveWhiteSpace——确定是否保留空格,默认值为 false。

如果不需要解析时验证,或解析所有的外部实体,可以把这些属性重新定义:

```
xmlDom.validateOnParse＝"false";
xmlDom.resolveExternals＝"false";
```

在默认情况下,DOMDocument 对象加载和解析 XML 文档是异步的,即 async＝"true",为了对 XML 文档的进行解析,需要在解析前加载 XML 文档,所以要求同步加载,此时,把 XML DOM 对象的 async 属性表示为 false 即可。如:

```
xmlDom. async＝"false";
```

2. 加载 XML 文件

当创建好 XML 对象后可以使用 load 方法加载 XML 文件。下面的脚本可以实现加载 XML 文档,省略号的部分是处理 XML 文档的内容:

```
＜script language＝"JavaScript"＞
```

```
        var xmlDom＝new ActiveXObject("MSXML2.DOMDocument.4.0");
        xmlDom.async＝"false";
        xmlDom.load(XMLfile);
        //处理 XML 文档的部分
        …
</script>
```

这个脚本前三行语句的含义为：首先创建 XML DOM 对象 xmlDom，然后设置同步加载 XML 文档（async＝"false"），并允许解析时验证（validateOnParse 取默认值），解析所有的外部实体（resolveExternals 取默认值），并不保留空格（preserveWhiteSpace 取默认值）。作为编程者，一定要熟悉这些细节。

3. 遍历 DOM 树

当加载了 XML 文档后，上面的 xmlDom 对象中已经保留加载的 XML 文档树，它们是以图 9.4 的形式存储在 xmlDom 对象中的。为了说明具体用法，以例 9.2 的 XML 文档为例，此文档的树型结构如图 9.4 所示。

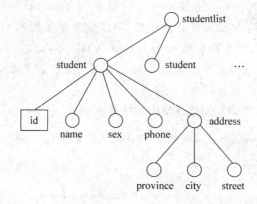

图 9.4　ch9-2.xml 的树型结构

例 9.2　用 XML DOM 显示下面 XML 文档（文件名：ch9-2.xml）的内容。脚本语言使用 VBScript（文件名：ch9-2.htm）。

```
<?xml version="1.0" encoding="GB2312"?>
<studentlist>
  <student id="2003110101">
    <name>刘艳</name>
    <sex>女</sex>
    <phone>0871-63350356</phone>
    <address>
      <province>云南</province>
      <city>昆明</city>
      <street>人民中路 258 号</street>
    </address>
  </student>
  <student id="2004150223">
    <name>陈其</name>
    <sex>男</sex>
    <phone>0872-5121055</phone>
    <address>
      <province>云南</province>
      <city>大理</city>
```

```
            <street>下关中路 58 号</street>
         </address>
   </student>
</studentlist>
```

1）获取根结点

使用 document 接口的 documentElement 属性可以获取 xmlDom 对象，即 XML 文档树的根结点，方法为：

var root＝xmlDom.documentElement；

此时，root 中存储的是图 9.4 的文档树的根结点 studentlist。

2）获取第一级子结点

使用 node 接口的 childNodes 属性取出根结点下的所有结点，然后就可以访问这些结点的其他元素。方法为：

var xmlNodes＝root.childNodes；

此时，变量 xmlNodes 中存储了所有的根结点的下一级子结点（student）以及后继的所有内容。

注意：下面讨论的所有的 xmlNodes 对象都是使用本段程序建立的，该对象拥有根结点下的所有一级子结点、二级子结点、……、多级子结点，即所有结点。

3）获取第一级子结点下的内容

使用 item（）取得 childNodes 的索引项，索引号从 0 到结点数 length－1，length 是结点数。例如，

取出第一个 student 元素：

var xmlItem＝xmlNodes.item(0)；

取出第一个 student 元素的名称 student：

var xmlItemName＝xmlNodes.item(0).nodeName；

取出第一个 student 元素（刘艳）的文本内容：

var xmlItemText＝xmlNodes.item(0).text；

取出第 n 个 student 元素：

var xmlItem＝xmlNodes.item(n)；

4）遍历结点

在 VBScript 和 JavaScript 中可以使用循环语句来遍历所有的结点。

在 VBScript 中，可以用如下的语句：

```
for each item in xmlNodes
       …
   next
```

或者是：

```
for j＝0 to xmlNodes.length－1
```

```
    ...
  next
```

在 JavaScript 中，可以用如下的语句：

```
for(var i=0;i<xmlNodes.length;i++)
  { ... }
```

5）访问属性

使用 node 接口的 attributes 属性，该属性的子项目用 item()来取得，如果某个元素有多个属性项，则可以使用索引号来访问该元素的所有属性值，item 下用 name 和 value 来取得属性的名称和属性值。例如，

取出根元素的所有子结点：

```
var xmlNodes=xmlDom.documentElement.childNodes;
```

取出第一个 student 元素的第一个属性结点：

```
var xmlItem1=xmlNodes.item(0).attributes.item(0);
```

取出第一个 student 元素的第一个属性结点的名称：

```
var xmlAttrName=xmlItem1.name;
```

取出第一个 student 元素的第一个属性结点的值：

```
var xmlAttrValue=xmlItem1.value;
```

XML DOM 程序如下：

```
1   <html>
2   <head><title>学生信息</title></head>
3   <body>
4     <h3>使用 DOM 显示 XML 文档</h3>
5     <table border="1">
6     <tr>
7       <th>结点名</th>    <th>元素内容</th>
8     </tr>
9     <script language="VBScript">
10      set xmlDom=CreateObject("MSXML2.DOMDocument.4.0")
11      xmlDom.async="false"
12      xmlDom.load("ch9-2.xml")
13      set xmlObj=xmlDom.documentElement.childNodes
14      for each i in xmlObj
15        document.write("<tr>")
16        document.write("<td>" & i.nodeName & "</td>")
17        document.write("<td>" & i.text & "</td>")
18        document.write("</tr>")
19      next
20    </script>
21    </table>
22  </body>
23  </html>
```

程序说明：

① 第 1 行～第 23 行，借助 HTML 来实现 XML DOM 的显示；

② 第 10 行～第 12 行，创建和加载 XML DOM 对象；

③ 第 13 行，创建 xmlObj 对象，加载根元素下的所有子元素；

④ 第 14 行～第 19 行，循环显示，其中调用了 document.write 来显示 HTML 的制表元素，并通过构造字符串"<td>" & i.nodeName & "</td>"，把 XML 的元素显示在表格中。

注意：程序只是停留在 student 这一级，没有进入到 student 的下级。

此例的显示结果如图 9.5 所示。

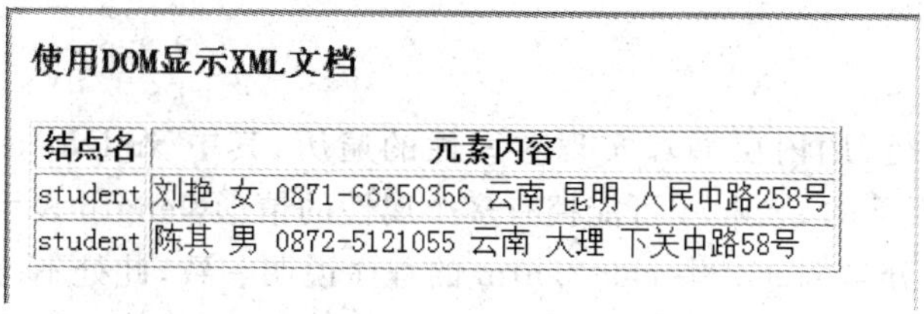

图 9.5 例 9.2 的 DOM 显示结果

注意：上面加载 XML DOM 的程序是用 HTML 技术来实现的，所以学习第 6 章对于理解 XML DOM 的实现很重要。

例 9.3 用 XML DOM 显示 XML 文档的内容。XML 文档使用 ch9-2.xml。脚本语言使用 JavaScript 来编写此程序（文件名：ch9-3.htm），脚本部分可以改写成：

```
<script language="JavaScript">
    var xmlDom=new ActiveXObject("MSXML2.DOMDocument.4.0");
    xmlDom.async="false";
    xmlDom.load("ch9-2.xml");
    var xmlObj=xmlDom.documentElement.childNodes;
    for(var i=0;i<xmlObj.length;i++)
       { document.write("<tr>");
        document.write("<td>" + xmlObj.item(i).nodeName + "</td>");
        document.write("<td>" + xmlObj.item(i).text + "</td>");
        document.write("</tr>");
       }
</script>
```

此程序与 ch9-2.htm 的差别仅仅是使用了不同的脚本语言。其他的完全一样。

例 9.4 用 XML DOM 显示 XML 元素的属性。XML 文档使用 ch9-2.xml。程序如下。

```
1   <html>
2   <head><title>学生信息</title></head>
3   <body>
4     <h3>使用 DOM 显示 XML 文档</h3>
5     <table border="1">
6      <tr>
7       <th>属性结点</th>   <th>属性值</th>
8      </tr>
9     <script language="JavaScript">
10     var xmlDom=new ActiveXObject("MSXML2.DOMDocument.4.0");
11      xmlDom.async="false";
12      xmlDom.load("ch9-2.xml");
```

```
13      var xmlNodes=xmlDom.documentElement.childNodes;
14      for(var i=0;i<xmlNodes.length;i++)
15       { document.write("<tr>");
16      for(var j=0;j<xmlNodes.item(i).attributes.length;j++)
17      {document.write("<td>" + xmlNodes.item(i).attributes.item(j).name + "</td>");
18      document.write("<td>" + xmlNodes.item(i).attributes.item(j).value + "</td>"); }
19      document.write("</tr>");
20       }
21    </script>
22    </table>
23  </body>
24  </html>
```

程序说明：

第 16 行～第 20 行，用内层循环实现对属性的遍历，其中 xmlNodes. item(i). attributes . length 是表示根元素下的 student 可能拥有多个属性的情形，length 表示属性的数量。

此程序的其他部分与例 9.2 中 ch9-2. htm 的程序说明一致，此处不再赘述。

此例的显示结果如图 9.6 所示。

对于熟悉 VBScript 的读者，可以用类似于例 9.2 的代码来编写此程序。

4. 加载 XML 字符串

通过在脚本中创建 XML 文本串，可以用 XML DOM 来浏览。下面是通过 loadXML 方法来加载 XML 本文串的示例。

使用DOM显示XML文档	
属性结点	**属性值**
id	201311020101
id	201411010223

图 9.6 用 DOM 访问属性结点

例 9.5 用 XML DOM 显示 XML 字符串的内容。

```
<html>
 <head><title>图书列表</title></head>
 <body>
   <h3>使用 DOM 显示 XML 字符串</h3>
   <table border="1">
    <tr>
       <th>元素名</th><th>元素内容</th>
    </tr>
    <script language="JavaScript">
    //建立 XML 字符串 xmlStr
    var xmlStr="<book>"
    xmlStr=xmlStr+"<name>数据结构(第 2 版)</name>"
    xmlStr=xmlStr+"<author>王震江</author>"
    xmlStr=xmlStr+"<press>清华大学出版社</press>"
    xmlStr=xmlStr+"<pubdate>2013.10</pubdate>"
    xmlStr=xmlStr+"<price>34.5</price>"
     xmlStr=xmlStr+"</book>"
     //加载 xmlStr 字符串
    var xmlDom=new ActiveXObject("MSXML2.DOMDocument.4.0");
    xmlDom.async="false";
    xmlDom.loadXML(xmlStr);
    var xmlobj=xmlDom.documentElement.childNodes;
    for(var i=0;i<xmlobj.length;i++)
     { document.write("<tr>");
         document.write("<td>" + xmlobj.item(i).nodeName + "</td>");
```

```
          document.write("<td>" + xmlobj.item(i).text + "</td>");
        document.write("</tr>"); }
    </script>
    </table>
  </body>
  </html>
```

程序中 xmlStr 中存储了一个＜book＞元素的字符串。"xmlDom.loadXML(xmlStr);"语句加载此字符串。

此例的显示结果如图 9.7 所示。

9.5.2　修改 DOM 树结构

在 DOM 3 核心的 document、node 接口中,定义了创建各种结点、为结点增加子元素、增加属性的多种方法,我们可以用这些方法修改 DOM 树的结构。

图 9.7　用 DOM 加载元素结点

1. 增加结点

使用 node 接口的 appendChild 方法可以为 DOM 树增加结点,但事先要先创建元素结点,建立元素结点的方法是 document 接口的 createElement 方法,然后分别使用 node 接口的 appendChild 方法和 element 接口的 setAttribute 方法,增加子结点和设置属性和属性值。下面是在已经创建的 DOM 对象 xmlDom 的结构中增加元素和属性结点的方法。

加载文档:

xmlDom.load("ch9-2.xml");

新建结点:

var newNode＝xmlDom.createElement("student");

在文档结点(根结点)下添加元素:

xmlDom.documentElement.appendChild(newNode);

为结点添加元素值:

var newText＝ xmlDom.createTextNode(" *** ");
xmlNode.item(2).lastChild.appendChild(newText);

为结点建立属性和属性值:

xmlDom.documentElement.lastChild.setAttribute("id","2004150212");

下面是在加载 ch9-2.xml 的 XML 文档后增加结点的程序。

例 9.6　为 DOM 树增加结点。

```
1  <html>
2  <head><title>学生列表</title></head>
3  <body>
4    <h3>使用 DOM 添加元素并显示结果</h3>
5    <table border="1">
```

```
6      <tr>
7         <th>元素名</th><th>元素内容</th>
8      </tr>
9      <script language="JavaScript">
10       var xmlDom＝new ActiveXObject("MSXML2.DOMDocument.4.0");
11       xmlDom.async="false";
12       xmlDom.load("ch9-2.xml");
13       //添加根下的直接元素结点 student 和它的属性 id＝"201411010212"
14       var newNode＝xmlDom.createElement("student");
15       xmlDom.documentElement.appendChild(newNode);
16       xmlDom.documentElement.lastChild.setAttribute("id","201411010212");
17       //为后续程序创建 xmlNode 对象,装载根元素下的所有子元素,
18       var xmlNode＝xmlDom.documentElement.childNodes;
19       //添加 student 的子元素 name,新添加的 student 元素是 item(2)
20       var newSubNode＝xmlDom.createElement("name");
21       xmlNode.item(2).appendChild(newSubNode);
22       var newText＝ xmlDom.createTextNode("杨林");
23       xmlNode.item(2).lastChild.appendChild(newText);
24       //添加 student 的子元素 sex
25       var newSubNode＝xmlDom.createElement("sex");
26       xmlNode.item(2).appendChild(newSubNode);
27       var newText＝ xmlDom.createTextNode("男");
28       xmlNode.item(2).lastChild.appendChild(newText);
29       //添加 student 的子元素 phone
30       var newSubNode＝xmlDom.createElement("phone");
31       xmlNode.item(2).appendChild(newSubNode);
32       var newText＝ xmlDom.createTextNode("0874-5125255");
33       xmlNode.item(2).lastChild.appendChild(newText);
34       //为后续程序创建 addrNew 对象装载 student 的子元素 address
35       var newSubNode＝xmlDom.createElement("address");
36       var addrNew＝xmlNode.item(2).appendChild(newSubNode);
37       //用 addrNew 添加 address 的子元素 province
38       var newSubNode＝xmlDom.createElement("province");
39       addrNew.appendChild(newSubNode);
40       var newText＝ xmlDom.createTextNode("云南");
41       addrNew.lastChild.appendChild(newText);
42       //用 addrNew 添加 address 的子元素 city
43       var newSubNode＝xmlDom.createElement("city");
44       addrNew.appendChild(newSubNode);
45       var newText＝ xmlDom.createTextNode("曲靖");
46       addrNew.lastChild.appendChild(newText);
47       //用 addrNew 添加 address 的子元素 street
48       var newSubNode＝xmlDom.createElement("street");
49       addrNew.appendChild(newSubNode);
50       var newText＝ xmlDom.createTextNode("麒麟街 45 号");
51       addrNew.lastChild.appendChild(newText);
52       //遍历 DOM 树
53       var xmlObjNode＝xmlDom.documentElement.childNodes;
54       for(var i＝0;i<xmlObjNode.length;i＋＋)
55         { document.write("<tr>");
56           document.write("<td>" + xmlObjNode.item(i).nodeName + "</td>");
57           document.write("<td>" + xmlObjNode.item(i).text + "</td>");
58           document.write("</tr>");
59         }
60     </script>
```

61 `</table>`
62 `</body>`
63 `</html>`

程序说明：

① 第 14 行～第 16 行，创建、增加 student 元素，此时的 student 是 documentElement 的 lastChild，通过 lastChild 设置属性 setAttribute，属性名为 id，属性值为 2004150212。

② 第 18 行，创建 xmlNode 对象，该对象一经创建就可一直使用，在一个 XML DOM 程序中只需要创建一次。

③ 第 20 行～第 23 行，创建 name 元素，在 xmlNode 对象的 item(2)（新增的 student 位于为 ch9-2. xml 建立的 DOM 树的第 3 个位置，索引号为 2）下增加 name 元素，创建一个文本结点 newText，此时 name 元素是 item(2) 的 lastChild，通过 appendChild 为此 lastChild 添加元素值"杨林"。

④ 第 25 行～第 28 行，创建 sex 元素，过程与第 20 行～第 23 行一致。

⑤ 第 30 行～第 33 行，创建 phone 元素，过程与第 20 行～第 23 行一致。

⑥ 第 35 行～第 36 行，创建 address 元素，同时把该元素赋值给 addrNew 对象，这个对象下的子元素就要通过它来添加，所以这个对象很重要。

⑦ 第 38 行～第 51 行，为 address 元素分别添加 province、city、street 子元素，是在 addrNew 对象中添加的。过程与第 20 行～第 23 行一致。

⑧ 第 53 行～第 59 行，循环 DOM 树中的子元素。

此程序的其他部分与例 9.2 中 ch9-2. htm 的程序说明一致。

此程序的显示结果如图 9.8 所示。

元素名	元素内容
student	刘艳 女 0871-63350356 云南 昆明 人民中路258号
student	陈其 男 0872-5121055 云南 大理 下关中路58号
student	杨林 男 0874-5125255 云南 曲靖 麒麟街45号

使用DOM添加元素并显示结果

图 9.8 在 ch9-2. xml 的 DOM 树中增加结点

2. 插入结点

例 9.6 讲述的增加结点，是在文档的尾部增加结点，下面讨论在文档的指定位置增加结点。在指定部分增加结点用 node 接口的 insertBefore 方法进行。此方法形式为 insertBefore (newNode, spcNode)，第一个参数是需要插入的新结点，第二个参数是指定插入的结点。该方法把结点插入在指定结点之前。

在根结点 studentlist 下的最后一个结点(lastChild)之前插入新的 student 结点：

例 9.7 在最后一个结点前插入新结点。

```
var xmlNode= xmlDom. documentElement;
var newNode= xmlDom. createElement("student");
xmlNode. insertBefore(newNode, xmlNode. lastChild);
```

在新建立的 student 下插入子元素 name，因为，此时该结点位于根的第二个子元素的位置，所以使用 item(1)来定位。下面的代码以例 9.7 的代码为基础。

例 9.8 在指定结点前插入新结点。

```
var insNode＝xmlDom.documentElement.childNodes;
var newNode＝xmlDom.createElement("name");
var addNew＝insNode.item(1).appendChild(newNode);
var newText＝xmlDom.createTextNode("杨林");
insNode.item(1).lastChild.appendChild(newText);
```

在 XML 文档中插入一个新元素的程序类似于例 9.6，需要把例 9.6 中的所有 item(2)改成 item(1)，就可实现插入元素。效果如图 9.9 所示。

图 9.9 在 ch9-2.xml 的 DOM 树中插入结点

读者可以自己设计该程序。

3. 删除结点

使用 node 接口的 removeChild 方法可以删除 DOM 树的结点。如果想删除根下的结点，方法如下：

例 9.9 删除结点的操作。

删除指定结点，删除索引号为 1 的 student 元素，即第 2 个 student 元素。操作如下：

```
var xmlNode＝xmlDom.documentElement;
xmlNode.removeChild(xmlNode.getElementsByTagName("student").item(1));
```

如果想删除下一级子结点，如第一个 student 下的第一个元素 name(索引号为 0)。操作如下：

```
var xmlNode＝xmlDom.documentElement.childNodes.item(0);
xmlNode.removeChild(xmlNode.childNodes.item(0));
```

如果想删除第一个 student 的第四个子元素 address(索引号为 3)下的第一个子元素 province(索引号为 0)。操作如下：

```
var xmlNode＝xmlDom.documentElement.childNodes.item(0);
var xmlSubNode＝xmlNode.childNodes.item(3);
xmlSubNode.removeChild(xmlSubNode.childNodes.item(0));
```

删除结点的程序没有例 9.6 中的复杂。图 9.10 是删除第 2 个元素后 XML DOM 树的显示结果。

删除下一级或更下一级子元素的操作要复杂一些，但是，根据 XML DOM 树一级一级往下寻找，可以删除更深层次的子元素。

XML DOM 树中的结点被删除后，只要不回存该树到 XML 文档，就不会改变 XML 文档

图 9.10　在 ch9-2.xml 的 DOM 树中删除结点

原有的结构和元素。

4. 修改结点值

修改 DOM 树中的某个文本结点的值，有时是必需的，可以使用直接赋值的方法来实现。下面是这种方法的介绍。

例 9.10　把 DOM 树根的第一个 student 结点的名称 name 修改成"李天力"，脚本如下。

```
var xmlNode＝xmlDom.documentElement.childNodes.item(0);
var modNode＝xmlNode.childNodes.item(0);
modNode.text＝"李天力";
```

在实现程序中，首先要找到 XML DOM 树的需要修改的元素，然后进行修改。

例 9.11　把名为"刘艳"的学生家庭住址修改为"云南　昆明　滇池路 385 号"。其核心程序为：

```
var xmlNode＝xmlDom.documentElement.childNodes.item(0);
var xmlSubNode＝xmlNode.childNodes.item(3);
xmlSubNode.childNodes.item(2).text＝"滇池路 385 号";
```

结果如图 9.11 所示，读者可以自行设计此程序。

图 9.11　在 ch9-2.xml 的 DOM 树中修改结点

通过对 XML DOM 树的结点的添加、插入、删除和修改，可以实现对 XML 文档的修改，因此可以在 Web 上动态地实现 XML 文档的添加、插入、删除和修改，从而非常方便地操作 XML 文档。

9.5.3　实现 XSLT 转换

使用 XML DOM 实现 XSL 对 XML 文档的转换，对于 DOM 来说，也是十分方便的。下面来讨论使用 DOM 来转换 XML 文档。

例 9.12　ch9-2.xml 的 XSL 转换文件 ch9-2.xsl。

```
＜?xml version＝"1.0" encoding＝"GB2312"?＞
＜xsl:stylesheet version＝"2.0" xmlns:xsl＝"http://www.w3.org/1999/XSL/Transform"＞
＜xsl:template match＝"/"＞
```

```
<html>
  <head> <title>student list</title></head>
  <body>
    <center>
    <table border="1" bgcolor="#e0e0e0" bordercolor="teal">
    <caption>学生联系表</caption>
        <tr><th>姓名</th>
            <th>性别</th>
            <th>电话</th>
            <th>住址</th>
        </tr>
        <xsl:for-each select="studentlist/student">
        <tr>
          <td align="center"><xsl:value-of select="name"/></td>
          <td align="center"><xsl:value-of select="sex"/></td>
          <td align="center"><xsl:value-of select="phone"/></td>
          <td align="center"><xsl:value-of select="address"/></td>
        </tr>
        </xsl:for-each>
    </table>
    </center>
  </body>
</html>
</xsl:template>
</xsl:stylesheet>
```

例 9.13 用 DOM 实现 XSLT 转换（文件名：ch9-13.htm）。

使用 XML DOM 直接转换 XML 文档使用了 DOM 方法 transformNode。

```
1   <html>
2   <head><title>学生信息</title></head>
3     <script language="JavaScript" for="window" event="onload">
4       var xmlDom=new ActiveXObject("MSXML2.DOMDocument.4.0");
5       xmlDom.async="false";
6       xmlDom.load("ch9-2.xml");
7       var xslDom=new ActiveXObject("MSXML2.DOMDocument.4.0");
8       xslDom.async="false";
9       xslDom.load("ch9-2.xsl");
10      xsltoxml.innerHTML=xmlDom.transformNode(xslDom);
11    </script>
12   <body>
13   <h3>使用 DOM 显示 XSL 转换 XML 文档</h3>
14   <div id="xsltoxml"/>
15  </body>
16  </html>
```

程序说明：

① 第 4 行～第 6 行，创建了 XML DOM 对象 xmlDom，加载 XML 文档；

② 第 7 行～第 9 行，创建另一个 XML DOM 对象 xslDom，加载 XSL 文档；

③ 第 10 行，通过 transformNode 方法把 xmlDom 用 xslDom 来转换。

④ 第 14 行，转换的结果通过<div>的 id 属性来显示。

转换结果如图 9.12 所示。

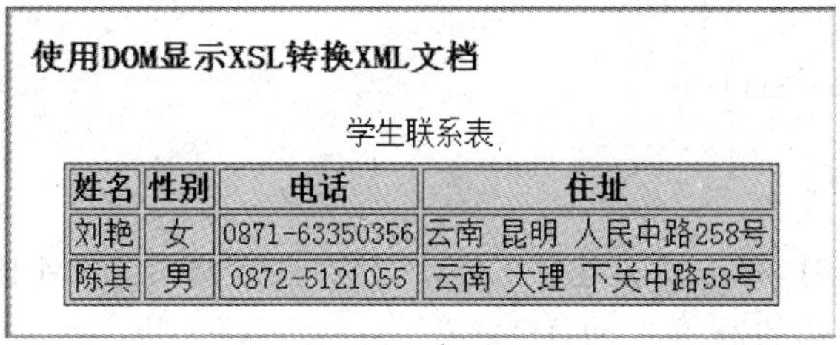
使用DOM显示XSL转换XML文档

学生联系表

姓名	性别	电话	住址
刘艳	女	0871-63350356	云南 昆明 人民中路258号
陈其	男	0872-5121055	云南 大理 下关中路58号

图 9.12　使用 DOM 调用 XML 和 XSL

9.5.4　出错判断

在 XML DOM 中提供了判断加载 XML 文档时是否出错的对象，它是 parseError。可以在加载 XML 文档时，使用这个对象来判断加载是否成功。使用形式为：

JavaScript 脚本：

```
if(xmlDom.parseError!=0)
    //显示错误信息
    document.write(xmlDom.parseError..reason);
else
    //显示成功信息
    display=getNodes(xmlDom);
```

VBScript 脚本：

```
if(xmlDom.parseError!=0) then
      '显示错误信息
      document.write(xmlDom.parseError.reason)
  else
      '显示成功信息
      display=getNodes(xmlDom)
  end if
```

其中的 display 语句是执行成功加载后的工作。

ParseError 的属性可以帮助理解该对象的使用，如表 9.4 所示。

表 9.4　parseError 的属性

属　　性	说　　明
errorCode	最后一个解析错误的错误代码
filepos	出错发生的绝对文件位置
line	产生错误的行位置
linepos	产生错误行的字符位置
reason	错误原因的文字说明
srcText	包含错误行的全部文本
url	最后一个加载文件出错的 URL

除了上面的书写形式外，还可以如下使用 parseError 对象。

```
if(!xmlDom.load(ch9-1.xml))
    //显示错误信息
    document.write(xmlDom.parseError.reason);
```

```
else
    //显示成功信息
    display=getNodes(xmlDom);
```

9.5.5　浏览 DOM 树

在浏览 XML 文档时，可以通过建立 DOM 对象，然后遍历 DOM 树的各个分支和结点，同样可以实现对 XML 文档的遍历。

如果 XML 文档的结构不是深层嵌套，可以使用多重循环来建立 DOM 树。如果是超过 3 层以上的结构，采用多层循环不能解决问题。这时可以使用递归调用来遍历 DOM 树。

1. 循环遍历

对于例 7.1 和例 8.26 的 XML 文档，因为只有简单的两层结构，可以使用多重循环来遍历。

例 9.14　多重循环实现遍历文档（文件名：ch9-14. htm）。

```
1   <html>
2   <head><title>学生信息</title></head>
3   <body>
4     <script language="JavaScript">
5     var xmlDom=new ActiveXObject("MSXML2.DOMDocument.4.0");
6     xmlDom.async="false";
7     xmlDom.load("ch7-1.xml");
8     var xmlObj=xmlDom.documentElement.childNodes;
9     //显示根结点名称
10     document.write(xmlDom.documentElement.nodeName+"<br/>");
11    //显示所有子结点名称和元素值
12    var xmlObj=xmlDom.documentElement.childNodes;
13    for(var i=0;i<xmlObj.length;i++){
14      document.write("|   +――"+xmlObj.item(i).nodeName+"<br/>");
15      if(xmlObj.item(i).hasChildNodes)
16        {//到下一层
17            xmlSubNode=xmlObj.item(i).childNodes;
18            for(var j=0;j<xmlSubNode.length;j++){
19              document.write("|   |     +――");
20              document.write(xmlSubNode.item(j).nodeName+":");
21              document.write(xmlSubNode.item(j).text+"<br/>");}
22        }
23    }
24    </script>
25  </body>
26  </html>
```

程序说明：

此程序与例 9.2 的程序类似，但采用了两重循环。因为从根到最末一级子元素的只有两级，只需要使用二重循环。

① 第 14 行，串"| +――"是用竖线、空格、加号、破折号构造树型图。

② 第 15 行，hasChildNodes 属性用来判断结点下是否还有孩子，取 true、false 两个值，如果该属性为真，则表明存在孩子，执行 if 条件句中第 16 行～第 20 行的语句；否则为假，跳过 if 语句不执行。

③ 第 17 行～第 21 行，当 if 条件为真时，取出下一级元素，然后循环遍历下一级子元素，

直到结束。其中也使用空格、加号、破折号构造树型图。

其显示效果如图 9.13 所示。

2. 递归遍历

对于多重嵌套结构,可以使用递归调用来实现遍历。这样实现起来容易得多,参考下面的程序。

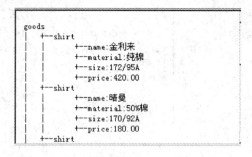

图 9.13 循环遍历 DOM 树

例 9.15 递归遍历 DOM 树。

```
1   <html>
2   <head><title>递归调用结点</title></head>
3   <body>
4   <xml id="call_sub" src="ch9-2.xml"></xml>
5   <script language="JavaScript">
6       var xmlDom=call_sub;
7       var display;
8       if(xmlDom.parseError!=0)
9           document.write(xmlDom.parseError.reason);
10       else
11           display=getNodes(xmlDom);
12   //递归函数
13   function getNodes(Node)
14   { var childs=Node.childNodes;
15   for(var i=0;i<=childs.length-1;i++)
16   {if(childs.item(i).nodeType==1 && childs.item(i).hasChildNodes==true)
17   {document.write("|  +--" + childs.item(i).nodeName+ ":" +"<br/>");
18   if(childs.item(i).nodeType==1)
19   {document.write("|  |    +--");
20   document.write(childs.item(i).text +"<br/>");
21   //递归调用自己
22   getNodes(childs.item(i));}}}}
23   </script>
24   </body>
25 </html>
```

程序说明:

① 第 4 行,采用<xml>元素把 XML 源文件 ch9-2.xml 绑定给 id 属性。这种技术叫数据岛技术。

② 第 6 行,创建 XML DOM 结点。这与前面程序加载 XML DOM 的方法不同。

③ 第 8 行~第 11 行,进行加载文档的出错判断。

④ 第 13 行~第 22 行,定义函数 getNodes,参数是 XML DOM 树的结点类型。其中的第 14 行~第 20 行,含义与前面的程序相同。第 21 行调用 getNodes 自身,从而实现递归调用。

注意:使用数据岛技术和 XML DOMDocument 加载 XML 文档的方法不一样,但目的是一样的,关于数据岛技术参考 11.2.2 节。

此文档的显示效果如图 9.14 所示。

根据 XML 文档的实际情况,可能出现所有的 XML 类型的结点,如元素、属性、实体、CDATA 节、处理指令等内容。要遍历这些类型的结点,可以使用结点类型常量来实现。下面是这种根据类型生成 XML 文档的操作举例。

```
|  +--studentlist:
|  |  +--刘艳 女 0871-3350356 云南 昆明 人民中路258号 陈其 男 0872-5121055 云南 大理 下关中路58号
|  +--student:
|  |  +--刘艳 女 0871-3350356 云南 昆明 人民中路258号
|  +--name:
|  |  +--刘艳
|  +--sex:
|  |  +--女
|  +--phone:
|  |  +--0871-3350356
|  +--address:
|  |  +--云南 昆明 人民中路258号
```

图 9.14　递归遍历 DOM 树

例 9.16　递归遍历 DOM 树，遍历过程中根据各种类型的值对结点实现转换操作。

```
1   <html>
2    <head><title>递归调用结点</title></head>
3    <body>
4    <script language="JavaScript">
5      var str="";                          /*全局变量,存放调用函数时生成的 XML 串*/
6      var cr="\n";                         /*回车*/
7      var qo='"';                          /*双引号*/
8      var xmlDom=new ActiveXObject("MSXML2.DOMDocument.4.0");
9      xmlDom.async="false";
10     xmlDom.load("ch9-2.xml");
11     if(xmlDom.parseError!=0)
12        document.write(xmlDom.parseError.reason);
13     else
14        var display=getAllNodes(xmlDom);
15     document.write("<xmp>"+display+"</xmp>");
16     //递归函数
17     function getAllNodes(Node)
18     { if (Node.hasChildNodes)
19      { var subNodes=Node.childNodes;
20       for(var i=0;i<=subNodes.length-1;i++)
21       //处理 element 结点
22       if (subNodes.item(i).nodeType==1)
23        {str=str+"<"+subNodes.item(i).nodeName;
24          //处理 attribute 结点
25          if (subNodes.item(i).attributes.length>0)
26          {for(var j=0;j<=subNodes.item(i).attributes.length-1;j++)
27            {str=str+" "+subNodes.item(i).attributes.item(j).nodeName+"="+qo;
28             str=str+subNodes.item(i).attributes.item(j).nodeValue+qo;} }
29         str=str+">"+cr;
30          //递归调用自己
31         getAllNodes(subNodes.item(i));
32         str=str+"</"+subNodes.item(i).nodeName+">"+cr;
33         }
34       //处理 text 结点
35       else if (subNodes.item(i).nodeType==3)
36         str=str+subNodes.item(i).nodeValue+cr;
37       //处理 PI 结点
38       else if (subNodes.item(i).nodeType==7)
39        str=str+"<?" + subNodes.item(i).nodeName + " " + subNodes.item(i).nodeValue
          + "?>" + cr;
40       //处理 comment 结点
```

```
41              else if (subNodes.item(i).nodeType==8)
42                  str=str+"<!--"+subNodes.item(i).node.nodeValue+"-->"+cr;
43              //处理 doctype 结点
44              else if (subNodes.item(i).nodeType==10)
45                  str=str+"<!DOCTYPE"+" "+subNodes.item(i).nodeName+" SYSTEM 'ch9-2.dtd'>"
                    +cr;
46          }
47          return str;
48      }
49      </script>
50      </body>
51  </html>
```

程序说明：

① 第 15 行,为了显示通过递归调用产生的 DOM 文档,使用了: document.write("<xmp>" + display + "</xmp>");,这个语句可以把产生的 XML 文档的结构显示出来。为了比较,读者还可以使用"document.write(display);"来显示递归调用的结果,看看两个用法的差别。

② 第 17 行~第 48 行,定义 getAllNode 函数。

③ 第 19 行,定义 subNodes 对象,加载所有的从根开始的结点。

④ 第 20 行~第 45 行,循环处理各种类型的 XML 元素。

⑤ 第 22 行~第 33 行,根据 XML 1.0 中定义的元素类型的参数值 1,进行元素构造,形成符合 XML 要求的用"<"和">"定界的<name></name>元素表示。

- 第 23 行,书写元素的开始符号"<",后面跟随元素名称。
- 第 25 行,判断该元素是否有属性? 如果有,则构造"属性-值"对的属性表示,即 attributeName="value",且多个属性用空格分隔(第 27 行),并在属性值的两边加上双引号；否则跳过第 25 行~第 28 行。
- 第 29 行,写元素开始标记的闭合符号">",从而完成元素开始标记的书写。如<name>、<student id="20081101201">等
- 第 31 行,递归调用 getAllNodes 自身,参数是 subNodes 的下级结点。
- 第 32 行,书写元素的结束标记,如</name>、</student >等。

⑥ 第 35 行~第 36 行,处理元素值。

⑦ 第 38 行~第 39 行,如果是书写处理指令,按<? …? >格式书写处理指令。

⑧ 第 41 行~第 42 行,如果是注释语句,按照<! --……-->的格式书写注释。

⑨ 第 44 行~第 45 行,如果是 DOCTYPE 类型,按照<! DOCTYPE… SYSTEM …>的格式书写外部 DTD 文档调用。

⑩ 第 47 行,返回 getAllNodes 的结果。

这是一个比较有用的程序,虽然复杂,但值得仔细分析,特别是根据不同类型分别处理 XML 文档中不同成分的方法值得学习。

习题 9

1. XML DOM Level 3 包含三个模块,简述它们的基本功能。

2. DOM 的结构模型包含哪些基本内容?

3. 简述 DOM 中的结点类型。这些类型在应用中将起到什么作用？

4. 如何建立 XML DOM 对象、加载文档、遍历 DOM 树？

5. 调用例 2.1 的 XML 文档，遍历该 XML 文档。

6. 调用例 2.10 的 XML 文档，遍历该 XML 文档。

7. 调用例 8.20 的 XML 文档，遍历该 XML 文档。用 DOM 来修改该文档。

第 10 章 XML 数据库技术

10.1 概述

XML 的数据交换技术,除了 XSLT 外,还有数据岛技术和数据源技术。数据岛和数据源技术是以 HTML 作为载体显示 XML 数据文件的另外一种技术。把 XML 数据文件嵌入 HTML 文本中的,作为提供数据的模块,借助 HTML 可以方便地在浏览器上浏览这个 XML 数据文件。

把 XML 转换成传统数据库,或把传统数据库的表转换成 XML 数据,需要用到 ASP(Active Server Pages)技术和 ADO(ActiveX Data Object)技术。

在 XML 技术出现之后,各种传统关系型数据库相继推出了自己的支持 XML 的解决方案来实现传统关系型数据库与 XML 之间的转换。作为数据存储载体,XML 文档也可以作为数据文件使用,同样可以完成传统关系型数据库存储数据的任务和功能。因而提出了 XML 数据库的概念。

本章将详细讨论上述问题。

10.2 数据岛

10.2.1 基本概念

在 HTML 中通过在元素＜xml＞＜/xml＞内包含 XML 文档。XML 文档可以是内嵌式文档,也可以是外部文档。使得 XML 文档像一个用 HTML 承载的小船一样,因而叫做数据岛。要在 HTML 文档中加载 XML 文档,使用＜xml＞来实现。＜xml＞元素的语法格式为:

```
<xml id="" src=""></xml>
```

当＜xml＞元素中只定义了 id 属性值时,称 XML 文档为内嵌式文档。当＜xml＞元素中只定义了 id 属性值和 src 属性值,称 XML 文档为外部文档,此时 src 的值一定是外部 XML 文档的 URL。

10.2.2 简单 XML 文档的处理

根元素下只有二层元素结构,与简单表格对应的 XML 文档称为简单 XML 文档。例如下面的文档(ch10-1. xml)中根元素 files 下有若干个 file,file 下有四个子元素,子元素没有下级子元素:

```
<?xml version="1.0"?>
<files>
```

```
<file>
  <name>XML Design</name>
  <type>Word Document</type>
  <date>2007-11-25</date>
  <size>73kb</size>
</file>
<file>
  <name>ASP Design</name>
  <type>Word Document</type>
  <date>2003-10-15</date>
  <size>680kb</size>
</file>
<file>
  <name>2005 Test Scores</name>
  <type>Excel Document</type>
  <date>2006-1-20</date>
  <size>65kb</size>
</file>
</files>
```

此时，使用内嵌式数据岛的形式如下：

```
<html>
  ...
  <body>
    <xml id="files">
      <?xml version="1.0"?>
      <files>
          ...
      </files>
    </xml>
    ...
  </body>
</html>
```

这种形式使 HTML 文档显得十分臃肿，可读性下降。最好采用调用外部文档的数据岛形式来加载 XML 文档。

```
<html>
  ...
  <body>
    <xml id="files" src="ch10-1.xml"></xml>
    ...
  </body>
</html>
```

其中 src 的值是一个 XML 文档 URI。这种形式的<xml>叫做外部文档的数据岛。

为了把数据岛的 XML 文档显示在浏览器上，需要在 HTML 文档中设计数据显示的模块。此时可以使用表格（table）元素来显示数据。

```
<table border="1" datasrc="#files">
  <tr>
    <td><div datafld="name"></td>
    <td><div datafld="type"></td>
    <td><div datafld="date"></td>
```

```
        <td><div datafld="size"></td>
    </tr>
</table>
```

引用数据岛时,使用了 table 元素的 datasrc 属性绑定数据源,该属性通过<xml>元素中的 id 属性值来加载数据岛中的数据,如 datasrc="♯files";然后使用 div 或 span 元素的 datafld 属性用于绑定数据源中的元素,datafld 的值是需要显示的元素名称,如 datafld="type"。

例 10.1　用数据岛形式加载前面的 XML 文档,并显示。

完善上述讨论,增加显示数据的表格,并为美化数据显示效果设计了简单的 CSS,其完整的程序(ch10-1. htm)如下:

```
<html>
<head>
    <title>数据岛</title>
    <style>
       h2 {color:teal;
           font-family:隶书;}
       td {color:purple;
           font-family:方正舒体;}
       font {font-size:12pt;}
    </style>
</head>
<body>
<xml id="files">
<?xml version="1.0"?>
<files>
  <file>
    <name>XML Design</name>
    <type>Word Document</type>
    <date>2007-11-25</date>
    <size>73kb</size>
  </file>
  <file>
    <name>ASP Design</name>
    <type>Word Document</type>
    <date>2003-10-15</date>
    <size>680kb</size>
  </file>
  <file>
    <name>2005 Test Scores</name>
    <type>Excel Document</type>
    <date>2006-1-20</date>
    <size>65kb</size>
  </file>
</files>
</xml>
<center>
<h2>文档信息</h2>
<table border="1" datasrc="♯files">
    <thead>
```

```
        <tr>
          <th>文件名称</th>
          <th>类型</th>
          <th>日期</th>
          <th>大小</th>
        </tr>
      </thead>
      <tr>
        <td><div datafld="name"></td>
        <td><div datafld="type"></td>
        <td><div datafld="date"></td>
        <td><div datafld="size"></td>
      </tr>
    </table>
  </center>
 </body>
</html>
```

该程序的显示效果如图 10.1 所示。

文档信息			
文件名称	类型	日期	大小
XML Design	Word Document	2007-11-25	73kb
ASP Design	Word Document	2003-10-15	680kb
2005 Test Scores	Excel Document	2006-1-20	65kb

图 10.1　HTML 加载 XML 数据岛的显示结果

10.2.3　多级 XML 文档的处理

当元素多级嵌套时，如何显示数据？ 如例 1.2 的 XML 文档(ch10-2.xml)，在 student 的子元素 score 下还有一级子元素，此时的文档树结构如图 10.2 所示。

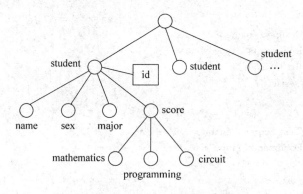

图 10.2　例 1.2 的 XML 文档树型结构图

```
<?xml version="1.0" encoding="GB2312"?>
<studentlist>
  <student id="201411010201">
    <name>于丹</name>
```

```
        <sex>女</sex>
        <major>软件工程</major>
        <score>
            <mathematics>89</mathematics>
            <programming>73</programming>
            <circuit>92</circuit>
        </score>
    </student>
    <student id="201311010122">
        <name>王晓霞</name>
        <sex>女</sex>
        <major>网络工程</major>
        <score>
            <mathematics>80</mathematics>
            <programming>78</programming>
            <circuit>90</circuit>
        </score>
    </student>
    <student id="20081101233">
        <name>余龙</name>
        <sex>男</sex>
        <major>软件工程</major>
        <score>
            <mathematics>90</mathematics>
            <programming>90</programming>
            <circuit>88</circuit>
        </score>
    </student>
    <student id="20081101112">
        <name>杨亮</name>
        <sex>男</sex>
        <major>计算机科学与技术</major>
        <score>
            <mathematics>79</mathematics>
            <programming>75</programming>
            <circuit>88</circuit>
        </score>
    </student>
</studentlist>
```

因为 score 下嵌套子元素，所以在表示 student 的子元素 score 时，需要在表示 score 单元格中嵌套一个表格 table 来实现，并在 table 中使用 datafld="score" 引用 score 元素，方法如下：

```
<table border="1" datasrc="#students" datafld="score">
    <tr>
        <td width="70"><div datafld="mathematics"></tr>
        <td width="70"><div datafld="programming"></tr>
        <td width="70"><div datafld="circuit"></tr>
    </tr>
</table>
```

然后把此表格嵌套在表示 score 元素的单元格<td></td>中。

例 10.2 用数据岛形式加载例 1.2 的 XML 文档。

这是一个根元素下面有三级子元素的多级结构的 XML 文档,使用上面的讨论,可以实现嵌套元素的显示。程序(ch10-2. htm)如下:

```
<html>
<head>
    <title>数据岛</title>
    <style>
        ...
    </style>
</head>
<body>
<xml id="students" src="ch10-2.xml"></xml>
<center>
<h2>学生信息</h2>
<table border="1" datasrc="#students">
    <thead>
     <tr>
        <th rowspan="2">姓名</th>
        <th rowspan="2">性别</th>
        <th rowspan="2">专业</th>
        <th colspan="3">成绩</th>
     </tr>
     <tr>
        <th>高等数学</th>
        <th>编程基础</th>
        <th>电路基础</th>
     </tr>
    </thead>
    <tr>
        <td><div datafld="name"></td>
        <td><div datafld="sex"></td>
        <td><div datafld="major"></td>
        <td class="inner" colspan="3">
          <table border="1" datasrc="#students" datafld="score">
            <tr>
              <td width="70"><div datafld="mathematics"></tr>
              <td width="70"><div datafld="programming"></tr>
              <td width="70"><div datafld="circuit"></tr>
            </tr>
          </table>
        </td>
    </tr>
</table>
</center>
</body>
</html>
```

程序中<style>…</style>是 HMTL 元素的 CSS 再定义,目的是美化显示结果,读者可以按自己的想法设计此 CSS(具体内容参考第 7 章)。此程序的结果如图 10.3 所示。显然,此图比没有 CSS 再定义的 HTML 文档增色许多。

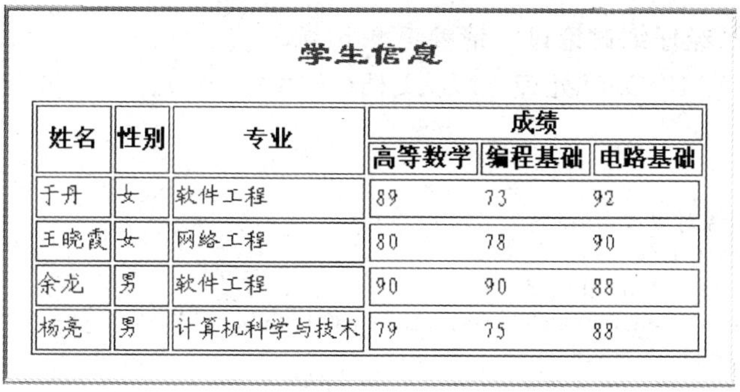

图 10.3　HTML 加载嵌套 XML 数据岛的显示结果

10.3　XML 数据源对象

10.3.1　基本概念

数据源对象(Data Source Object,DSO)是在 HTML 文件中加载结构化数据的一种对象，在客户端可以像数据库那样运行。数据源对象必须创建实例才能使用。常用的数据源对象有表格式数据控制(Tabular Data Control)，远程数据服务和 XML 数据源。不同类型的数据格式，有不同类型的 DSO，不同类型的 DSO 有不同的数据处理方式。此处，我们讨论用 XML DSO 来处理 XML 数据的问题。

10.3.2　处理数据源对象

建立数据源对象的方法使用 HTML 的元素＜object＞，＜object＞的形式如下：

```
＜object data＝URL classid＝URI id＝identification …＞
＜/object＞
```

下面是通过＜object＞元素创建的 XML DSO 实例：

```
＜object width＝"0" height＝"0"
    classid＝"clsid:550dda30-0541-11d2-9ca9-0060b0ec3d39"
    id＝"xmldso"＞
＜/object＞
```

其中，classid 值不能写错，id 值是需要建立实例的 DSO 对象。这个＜object＞元素创建的 XML DSO 可以用下列脚本来处理：

```
＜script for＝"window" event＝"onload"＞
    var xmlDoc＝xmldso.XMLDocument;
    xmlDoc.async＝"false";
    xmlDoc.load("……");
    if(xmlDoc.parseError !＝0)
        //显示错误信息
        document.write(xmlDom.parseError.reason);
    else
        {                              //显示成功信息
            处理语句
        }
```

通过 XML DSO 对象 xmldso 的方法 XMLDocument 来创建 XML DOM 对象 xmlDoc，之

后的过程在第 9 章已经仔细讨论过。请参考 9.5 节。

例 10.3 使用 XML DSO 处理 XML 文档(ch10-3. htm)。

```
<html>
  <head>
    <title>数据源对象</title>
    <!-- 建立 XML DSO 对象 -->
    <object width="0" height="0"
          classid="clsid:550dda30-0541-11d2-9ca9-0060b0ec3d39"
          id="xmldso">
    </object>
  </head>
  <body>
  <!-- 处理 XML DSO 对象 -->
  <script for="window" event="onload">
   var xmlDoc=xmldso.XMLDocument;
   xmlDoc.async="false";
   xmlDoc.load("ch10-1.xml");
   if(xmlDoc.parseError !=0)
      document.write(xmlDom.parseError.reason);
   else
     {
     var xmlObj=xmlDoc.documentElement.childNodes;
     document.write("<table border='1'>");
     document.write("<caption>XML 数据源对象处理</caption>");
     document.write("<tr>");
     document.write("<th>文件名</th>");
     document.write("<th>类型</th>");
     document.write("<th>日期</th>");
     document.write("<th>大小</th>");
     document.write("</tr>");
     for(var i=0; i<xmlObj.length; i++){
         document.write("<tr>");
         xmlSubNodes=xmlObj.item(i).childNodes;
         for(var j=0; j<xmlSubNodes.length; j++){
           document.write("<td>" + xmlSubNodes.item(j).text + "</td>");
         }
         document.write("</tr>");
     }
     document.write("</table>")
   }
  </script>
  </body>
</html>
```

此程序(ch10-3. htm)的脚本部分使用了 XML DOM 的处理方法,并用 document. write 方法构造了一个显示 XML 数据的表格,结果如图 10.4 所示。

XML 数据源对象处理			
文件名	**类型**	**日期**	**大小**
XML Design	Word Document	2007-11-25	73kb
ASP Design	Word Document	2003-10-15	680kb
2005 Test Scores	Excel Document	2006-1-20	65kb

图 10.4 XML DSO 的显示结果

10.4　数据集操作

10.4.1　数据集的概念与操作

　　XML 文档以一个文件形式保存在计算机系统中,当使用 DSO 来操作它们时,类似于操作传统关系数据库。在一个关系数据库实例中,数据的组织使用若干个表格来管理数据。每个表格可以看成是一个二维表,表的每一列叫做数据项或字段,表格的一个行称为一条记录,一个表格包含若干字段和若干行。若干行的集合称为记录集(recordset)。

　　结构化 XML 数据可以与一张表格对应,相应地,每一列是一个元素,每一行被认为是一条记录,包含若干个元素。如表 1.1 所示,其中的行对应一条记录,一列对应一个元素。这样,处理 XML 数据的方法可以使用结构化数据操纵方式处理。

　　在操作 XML 文档数据时,DSO 允许从一行数据移动到下一行数据,添加、删除、修改数据记录等,这些操作使用 recordste 来实现。表 10.1 是 recordset 对象的属性和方法。

表 10.1　recordset 对象的属性和方法

属　　性	操　　作
AddNew	在文件尾部加入一条新记录
bof()	记录集的逻辑顶,当指针指向记录集的逻辑顶时,该属性为真,否则为假
delete	删除当前记录
eof()	记录集的逻辑底,当指针指向记录集的逻辑底时,该属性为真,否则为假
Move(n)	把记录指针移动到第 n 条记录
MoveFirst	记录指针指向第一条记录
MoveLast	记录指针指向最后一条记录
MovePrevious	记录指针指向前一条记录
MoveNext	记录指针指向下一条记录
Field()	表示字段的属性

　　为了讨论方便,假定 XML 数据源的名称是 mydatas,下面讨论对该对象的操作。

1. 移动指针

移动记录指针到第 18 条记录：mydatas. recordset. move(18)。

移动记录指针到第一条记录：mydatas. recordset. moveFirst。

移动记录指针到最后一条记录：mydatas. recordset. moveLast。

移动记录指针到前一条记录：mydatas. recordset. movePrevious。

移动记录指针到下一条记录：mydatas. recordset. moveNext。

2. 添加记录

在记录集中增加一条记录：mydatas. recordset. AddNew。

3. 删除记录

删除第 18 条记录：

```
mydatas. recordset. move(18)
mydatas. recordset. delete
```

4. 修改记录

在记录集中修改数据,要使用 field()属性指定某个字段。使用下面的语法可以修改一个字段：

```
mydatas.recordset.field("num")="201405010209"
```

5. 循环操作

当需要操作整个记录集时，必须让记录指针遍历所有的记录，此时使用循环控制，可以方便地解决问题。使用 VBScript 和 JavaScript 的语法如下：

```
do while not mydatas.recordset.eof
    ...
    mydatas.recordset.moveNext
loop
```

使用 JavaScript 的语法如下：

```
while(!mydatas.recordset.eof)
{   ...
    mydatas.recordset.moveNext;
}
```

注意：在编写记录集操作代码时，可以使用 VBScript 和 JavaScript 两种脚本语言进行编程。

综上所述，用记录集来操作 XML 数据岛中的数据。

例 10.4 以例 8.26 的 XML 文档为例讨论，使用数据源转换 XML 文档。下面是用于转换的的 HTML 文件(ch10-4.htm)。

```
<html>
  <head><title>Shirt Message</title>
    <style>
        h2{color:teal;
            font-family:楷体_gb2312;}
        input{font-size:12px;}
        font{font-size:14px;}
    </style>
  </head>
  <body>
    <xml id="shirt" src="ch8-26.xml"></xml>
    <h2>衬衫销售信息</h2>
    <form>
      <font>
        品名:<input type="text" DATASRC="#shirt" DATAFLD="name"><br/>
        材质:<input type="text" DATASRC="#shirt" DATAFLD="material"><br/>
        尺寸:<input type="text" DATASRC="#shirt" DATAFLD="size"><br/>
        价格:<input type="text" DATASRC="#shirt" DATAFLD="price"><br/>
      </font>
    </form>
  </body>
</html>
```

这个 HMTL 文件通过在<xml></xml>中定义数据源，然后在 form 的 input 元素中引用该数据源，参考图 10.5。

上面这个程序虽然可以实现 XML 的显示，但只能显示第一条 XML 数据，如果要浏览 XML 文档中的每一条数据，则必须把 XML 文档数据与数据集（recordset）联系起来，通过操作记录集指针来实现。

图 10.5　例 10.4 的显示效果

10.4.2　移动指针

设置四个按钮，分别是"第一条"、"最后一条"、"上一条"、"下一条"，并把属性 onclick 设置成相应的移动操作：

```
<input type="button" value="第一条" onclick="shirt.recordset.movefirst">
<input type="button" value="最后一条" onclick=" shirt.recordset.movelast">
<input type="button" value="上一条" onclick=" shirt.recordset.moveprevious">
<input type="button" value="下一条" onclick=" shirt.recordset.movenext">
```

例 10.5　在例 10.4 的基础上增加按钮（文件名：ch10-5.htm）。

```
<html>
  <head><title>Shirt Message</title>
    <style>
        h2{color:teal;
            font-family:楷体_gb2312;}
        input{font-size:12px;}
        font{font-size:14px;}
    </style>
  </head>
  <body>
    <xml id="shirt" src="ch8-26.xml"></xml>
    <center>
    <h2>衬衫销售信息</h2>
    <form>
      <font>
        品名:<input type="text" DATASRC="#shirt" DATAFLD="name"><br/>
        材质:<input type="text" DATASRC="#shirt" DATAFLD="material"><br/>
        尺寸:<input type="text" DATASRC="#shirt" DATAFLD="size"><br/>
        价格:<input type="text" DATASRC="#shirt" DATAFLD="price"><br/>
      </font>
      <p>
        <input type="button" value="第一条" onclick="shirt.recordset.movefirst">
        <input type="button" value="最后一条" onclick="shirt.recordset.movelast">
        <input type="button" value="上一条" onclick="shirt.recordset.moveprevious">
        <input type="button" value="下一条" onclick="shirt.recordset.movenext">
      </p>
    </form>
    </center>
  </body>
</html>
```

其效果如图 10.6 所示。

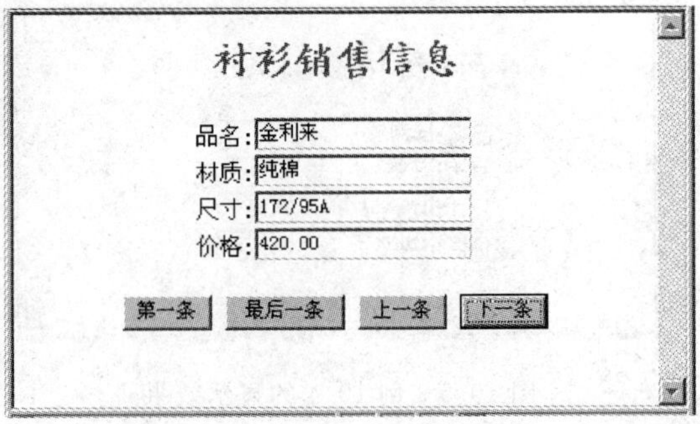

图 10.6 例 10.5 的显示效果

在例 10.5 的文件中，可以在记录中移动指针。但是当指针到达末尾时，再单击"下一条"按钮会出现空白。这是因为指针到达尾部时，已经没有记录了，所以会出现空白记录。另外，当指针位于第一行时，单击"上一条"按钮也会出现空白，是因为第一条记录之前没有记录。使用数据集的 eof 和 bof，可以解决这个问题。

为了把事件与操作联系起来，在例 10.5 的 input 中加入 name 属性定义按钮名称：

```
<input … name="first" value="第一条…>
<input … name="last" value="最后一条" …>
<input … name="pre" value="上一条" …>
<input … name="next" value="下一条" …>
```

然后在事件 onclick 中引用这些按钮，并进行简单编程：

```
<script language="VBScript">
  sub pre_onclick()
    if shirt.recordset.bof then
      shirt.recordset.moveLast
    end if
  end sub
  sub next_onclick()
    if shirt.recordset.eof then
      shirt.recordset.moveFirst
    end if
  end sub
</script>
```

修改后的 HTML 文件如下：

```
<html>
  <head><title>Shirt Message</title>
    <style>
      h2{color:teal;
         font-family:楷体_gb2312;}
      input{font-size:12px;}
      font{font-size:14px;}
    </style>
    <script language="VBScript">
      sub pre_onclick()
```

```
        if shirt.recordset.bof then
            shirt.recordset.moveLast
        end if
    end sub
    sub next_onclick()
        if shirt.recordset.eof then
            shirt.recordset.moveFirst
        end if
    end sub
    </script>
  </head>
  <body>
    <xml id="shirt" src="ch8-26.xml"></xml>
    <center>
    <h2>衬衫销售信息</h2>
    <form>
      <font>
      品名:<input type="text" DATASRC="#shirt" DATAFLD="name"><br/>
      材质:<input type="text" DATASRC="#shirt" DATAFLD="material"><br/>
      尺寸:<input type="text" DATASRC="#shirt" DATAFLD="size"><br/>
      价格:<input type="text" DATASRC="#shirt" DATAFLD="price"><br/>
      </font>
      <p>
      <input type="button" name="first" value="第一条" onclick="shirt.recordset.movefirst">
      <input type="button" name="last" value="最后一条" onclick="shirt.recordset.
movelast">
      <input type="button" name="pre" value="上一条" onclick="shirt.recordset.moveprevious">
      <input type="button" name="next" value="下一条" onclick="shirt.recordset.movenext">
      </p>
    </form>
    </center>
  </body>
</html>
```

这样就可以解决从尾部到头部或从头部到尾部直接移动记录指针的问题。

注意：例 10.1、例 10.2、例 10.4、例 10.5 在 IE 9.0 无法实现。

10.4.3　ASP 对象

1. 简介

ASP(Active Server Pages)是一套微软开发的服务器端脚本编写环境,包含在基于 Windows NT(早期是 Windows NT 4.0/5.0/6.0,后期是 Windows Server 各个版本)的 IIS (Internet Information Server)内。通过 ASP 可以结合 HTML 页、脚本语言源程序、ActiveX 控件建立动态的、交互的、高效的 Web 服务器应用程序。

ASP 应用程序以 .asp 作为文件的扩展名。浏览器从服务器上请求 .asp 文件时,ASP 脚本开始运行。然后 Web 服务器调用 ASP,ASP 读取请求的文件,执行脚本命令,由脚本解释器(即脚本引擎)进行翻译并将其转换成服务器能够执行的命令,然后将执行的结果以标准的 HTML 形式传送给浏览器。

ASP 具有如下特点:

(1) 使用脚本语言编程。常用的脚本语言有 VBScript、JavaScript、Perl 等等。

（2）当使用 Windows NT 作为服务器并在其上运行 IIS 时，就自动拥有了 ASP 的运行环境。对于不具备 Windows NT 环境的一般单机用户，可以在 Windows 98 下安装 PWS（PersonalWeb Server），在 PWS 下运行 ASP。也可以在自己的 Windows XP 环境中加载 IIS 模块。

（3）使用内置 ADO(ActiveX Data Object)组件，与 SQL Server、Microsoft Access 等数据库进行连接。这为 ASP 的数据库应用提供了方便，使得 ASP 成为 Internet 上开发数据库应用的较理想的工具之一。

（4）ASP 使用内置对象组件，处理来自客户浏览器的 Form 提供的数据。这些对象组件是：Request、Response、Application、Session、Server、FileSystemObject、TextStream。

ASP 技术是一个完整的动态网站设计与管理技术，简单易用，收到业界的欢迎。2003 年微软推出 .NET 技术后，ASP 逐步淡出市场。根据需要，这里只简单讨论其中几个对象。

2. ASP 对象

1）Request 对象

Request 对象用于支持 ASP 收集 Internet 客户的请求信息。Request 对象用来接收来自 HTML 页面提交的数据，这些数据以表单形式（form）向服务器发送，服务器端程序通过该对象来获取这些数据。

注意：本段的程序必须在 Web 环境下实现。Web 环境可以用 IIS 建立。

下面的 HTML 就是这样的表单。在 form 中使用了 Method＝"post"来发送表单内容到 "login. asp"。

```
<form Method="post" Action="login.asp">
    <p>输入姓名：<input name="username" type="text"></p>
    <p>所在公司：<input name="usercompany" type="text"></p>
    <p><input type="submit" value=" 确认注册 "></p>
</form>
```

例 10.6 给出了用于接收此表单信息的 ASP 代码(login. asp)。

例 10.6 接收注册信息的 ASP 文档，使用了 request 对象（文件名：ch10-6. asp）。

```
<html>
    <head><title>login_thanks</title></head>
    <body>
        <br> Welcome <%=Request.form("username")%> come here!
        <br> How about <%=Request.form("usercompany ")%>?
    </body>
</html>
```

这段 ASP 代码使用 Request 对象的属性 form 来接收来自客户端 HTML 的表单信息，信息的接收通过变量 username 和 usercompany 来传递。

2）Response 对象

在 ASP 中如何将服务器端对用户提交的查询，要求提供的服务返回给用户？Response 对象可以解决这一问题。Response 将服务器端的数据以 HTML 文本的格式发送到客户的浏览器，客户浏览器可以直接将从服务器端返回的数据以网页的形式显示出来。这样，就使得客户和服务器之间的动态数据交互成为可能，使动态网页的设计成为可能。

Response 与 Request 共同构成了 ASP 中 Client/Server(客户/服务器)模式的基础，使得

在 Internet 环境中进行动态数据交互的设计变得轻松愉快。

例 **10.7**　用 Response 对象重写上面的 login. asp。

```
<html>
    <head><title>login_thanks</title></head>
    <body>
        <% Response. write "Welcome" &Request. form("username")& "come here!"
            Response. write " How about " &Request. form("usercompany ")& "?" %>
    </body>
</html>
```

Response 对象的 write 方法可以实现把服务器接收到然后通过处理的信息反馈给客户端浏览器。

3）Server 对象

Server 是 ASP 中提供服务器端服务功能的内置对象。用来设置 HTML 代码,映射文件,建立对象。Server 对象的常用方法是 CreateObject 方法。

CreateObject 方法用于创建已注册到服务器上的 ActiveX 的对象。这是一个非常重要的方法,因为通过使用 ActiveX 组件能够扩展 ActiveX 的能力。

在 ASP 文件中,用如下的方法把创建的对象赋给一个变量 conn:

```
<% set conn=Server. CreateObject("ADODB. connection") %>
```

4）FileSystemObject

FileSystemObject 对象允许对服务器的文件系统和任何附属于网络的服务器的文件系统进行访问。创建该对象的方法如下:

```
Set FileVar=Server. CreateObject("scripting. FileSystemObject")
```

这个对象可以在服务器端对文件和文件夹进行创建、打开、复制、移动、删除等操作。具体如下:

CreateTextFile()——创建文件。

OpenTextFile()——打开文件。

DeleteFile()——删除文件。

CopyFile()——复制文件。

MoveFile()——移动文件。

FileExists()——返回一个布尔值。

其中,OpenTextFile()的格式如下:

```
OpenTextFile(filename, mode, create, format)
```

其中,filename 是需要打开的文件名称。mode 取值分别是 1、2、8,1 代表只读,2 表示改写,8 表示追加。create 是一个逻辑参数,它为真时,如果文件不存在,就会创建一个新的文件。format 指定使用的格式化信息:0 表示以 ASCII 码打开文件;-1 表示以 unicode 格式打开文件,-2 以默认格式打开文件。

5）TextStream

TextStream 对象是 FileSystemObject 对象的对象属性,当使用 CreateTextFile 或者 openTextFile()方法时,将返回该类型的变量值。例如:

```
Dim FileObject
Dim TxtStream
Set FileObject= server. createObject("scripting. FileSystemObject")
Set TxtStream= FileObject. openTextFile("ch8-20. xml")
```

TxtStream 是一个 TextStream 对象的变量，把 openTextFile(ch8-20. xml)获得的内容赋值给它。

TextStream 对象有如下的方法进行操作：

ReadAll——把文件内容全部作为一个字符串读入。

WriteLine——在文件末尾追加以参数传入的一行字符串，然后加上回车符。

Write——在文件末尾写入参数传入的字符串。

Close——关闭文件。

3. 操作文本文件

使用 FileSystemObject 对象和 TextStream 对象，可以实现对文档的操作。

下面是一个关于软磁盘的文本文件，文件名为 disk. txt，内容如下：

```
3M, diskette, 3.5inch, 5.00
Maxell, diskette, 3.5inch, 6.00
Philips, diskette, 3.5inch, 5.50
Konica, diskette, 3.5inch, 5.00
Sony, diskette, 3.5inch, 5.00
```

通过 FileSystemObject 对象和 TextStream 对象来访问该文本文件。

首先建立一个 FileSystemObject 对象：

```
set FSO=Server. CreateObject(Scripting. FileSystemObject)
```

用 OpenTextFile()方法打开 disk. txt 文件，以只读方式：

```
set txtObj=FSO. OpenTextFile("d:\xml\disk.txt",1)
```

以写方式打开：

```
set txtObj=FSO. OpenTextFile("d:\xml\disk.txt",2)
```

以读写方式：

```
set txtObj=FSO. OpenTextFile("d:\xml\disk.txt",8)
```

读出该文件流到变量 txtvar：

```
set txtvar=txtObj. Readall
```

对文件写：

```
txtvar. write("…")
```

1）读文件

例 10.8　用 FileSystemObject 对象以只读方式打开文本文件 disk. txt，然后显示内容（文件名：ch10-8. asp）。

```
<html>
  <head><title>diskette list</title></head>
```

```
<body>
  <% response.write("磁盘信息列表<br/>")
    dim xFSO,txtObj,txtvar
    set xFSO=server.CreateObject("Scripting.FileSystemObject")
    set txtObj=xFSO.OpenTextFile("d:\xml\disk.txt",1)
    txtvar=txtObj.readAll
    response.write(txtvar)
    txtObj.close
    set txtObj=nothing %>
  </body>
</html>
```

2）写文件

写文件有两种方式，当 OpenTextFile 的 mode 参数为 2 时，会以 write 方法的内容覆盖原来的文件内容。当参数为 8 时，将把 write 方法的内容追加到原文件的尾部。

例 10.9 以追加方式打开文件，然后追加"TDK,DISKETTE,3.5INCH,5.5YUAN"（文件名：ch10-9.asp）

```
<html>
  <head><title>diskette list</title></head>
  <body>
    <% response.write("磁盘信息列表<br/>")
      dim xFSO,txtObj,txtvar
      set xFSO=server.CreateObject("Scripting.FileSystemObject")
      set txtObj=xFSO.OpenTextFile("d:\xml\disk.txt",8)
      txtObj.write("TDK,DISKETTE,3.5INCH,5.5YUAN")
      txtObj.close
      set txtObj=nothing %>
    </body>
</html>
```

4. 操作 XML 文件

使用与上述类似的方法，可以操作 XML 文档。

例 10.10 在例 1.2 的 XML 文档（ch10-2.xml）的根元素前插入一行注释"<!-- 这是有关学生信息的 XML 文档-->"（文件名：ch10-10.asp）。

```
<html>
  <head><title>diskette list</title></head>
  <body>
    <% dim xFSO,txtObj,txtvar
      set xFSO=server.CreateObject("Scripting.FileSystemObject")
      set txtObj=xFSO.OpenTextFile("D:\xml\ch10-2.xml",1)
      txtvar=txtObj.readAll
      '构造新的字符串,插入注释
      strStart=instr(txtvar,"<studentlist>")
      strLeft=left(txtvar,strStart-1)
      strRight=mid(txtvar,strStart)
      newString=strLeft & "<!--这是有关学生信息的 XML-->" & strRight
      response.write(newString)
      txtObj.close
      set txtObj=nothing
      set txtObj=xFSO.OpenTextFile("D:\xml\ch10-2.xml",2)
      txtObj.write(newString)
```

```
            txtObj.close
            set txtObj＝nothing %＞
        ＜/body＞
    ＜/html＞
```

程序说明：首先，创建 FileSystemObject 对象，以只读方式打开 ch10-2.xml 文件。然后用函数 instr 取出根元素＜studentlist＞在 txtvar 中的位置，然后以该位置为基点，把原串分为左边串(strLeft)和右边串(strRight)两部分，左边串包含＜studentlist＞前的所有字符串，右边串包含＜studentlist＞在内的后续字符串，然后用字符串连接构造新串(newString)。程序的后半段以写方式打开 ch10-2.xml 文件，把新构造的串写入文件，从而实现文本串的插入。

注意：本节的.asp 必须在 Web 环境下才能显示，读者在浏览这些程序时，请在 Windows 的 IIS 环境中来调试，否则将无法实现。

10.4.4 ADO

1. 简介

ActiveX Data Object(ADO)提供了一种简单、有效而又功能强大的数据库编程模式，运用 ADO，应用程序能够方便地进行数据库访问。通过 ADO，可以在脚本中对数据库进行灵活的控制，可以进行复杂的数据库操作，生成的页面具有很强的交互性，可以方便地控制和管理数据。

ADO 是一个运行于服务器端的 ActiveX 组件，它所提供的功能是进行数据库访问。运用 ADO，可以编写简洁、可扩展性强的脚本，脚本既可以与 ODBC 数据源互连，又可以与 OLE DB 数据源互连。

使用 ADO，我们可以对数据提供者所提供的各种数据进行读取和写入操作，其中包括 Microsoft Access、Microsoft SQL Server 和 Oracle 等数据库。除了这些传统数据库之外，使用 ADO，我们还可以操纵其他数据资源，其中包括普通文本文件、Microsoft Excel、Microsoft Exchange 和 Microsoft Index Server 等数据资源。

2. ADO 操作

ADO 的内容十分丰富，已超出本书的范围，具体细节可以参考相关文献和书籍。这里只对如何具体实现进行简单的讨论。

1) ADO 组件

在 ADO 组件中，最主要的是三个对象——Connection、Command 和 Recordset。通过这三个对象，在 ASP 脚本中可以与数据库连接，查询数据库中的数据，以及插入、删除和修改数据库中表格的数据。

Connection 对象：Connection 对象用于建立应用程序和数据库之间的连接，Command 对象和 Recordset 对象是在 Connection 对象的基础上完成查询和更新数据库操作的。由于在和数据库交互的过程中可能包含了一个或者多个从数据库返回的错误，所以在 Connection 对象中还包括了 Errors 集合。

Command 对象：Command 对象用于定义数据库的操作，通常情况下数据库操作都是以 SQL 指令的形式表现出来，现在绝大多数数据库都支持 SQL 语言。除了 SQL 指令之外，Command 对象还允许使用特定数据库自身的指令，例如，当访问 SQL Server 数据库时，可以使用 SQL Server 中存储过程这样特殊的指令。

Recordset 对象：Recordset 对象也许是 ADO 对象中最复杂的一个对象，但它的功能十分强大，在 Recordset 对象中包含了从数据库中查询的结果集合。使用 Recordset 对象，我们可以每次取出结果集合中的一条记录，独立地访问记录中的每一个字段。通过服务器端的脚本环境，还可以对结果集合中的记录进行分析和统计。

ADO 对数据库和数据源的访问可以使用 ODBC 和 OLEDB，其模型如图 10.7 所示。

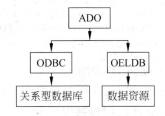

图 10.7　使用 ADO 访问数据

2）建立 ADODB 对象

ADODB 是（ADO for database）的缩写，称为数据库的 ActiveX 数据对象。创建 ADO 对象时，使用下面的语法（VBScript）：

```
Dim DBconn, DBcmd, DBrs
Set DBconn= server.createObject("ADODB.connection")
Set DBcmd= server.createObject("ADODB.command")
Set DBrs= server.createObject("ADODB.recordset")
```

限于篇幅，本书重点讨论 recordset 在 XML 数据转换中的使用方法。至于 command 对象，不在讨论之列。

10.4.5　连接数据库

连接数据库可以使用早期的 ODBC，也可以使用 OLE DB。下面分别讨论这两种方法。

1. 使用 ODBC

使用 ODBC 连接数据库，需要建立数据源名称 DSN（Data Source Name），通过打开 DSN，建立与数据库的连接。

1）建立数据源

假定要使用 SQL Server 作为数据库打开，建立数据源的方法为：

（1）单击"控制面板"→"管理工具"→"数据源（ODBC）"选项，出现"ODBC 数据源管理器"界面。

（2）在该界面中选择"系统 DSN"标签。在此界面中单击"添加"按钮。

（3）在"创建新数据源"对话框中，选择 SQL Server 选项，单击"完成"按钮。

（4）在"建立新的数据源到 SQL Server"对话框中输入"数据源名称"，选择连接的 SQL Server 数据库。

（5）根据后面的提示，输入用户名、用户密码等，然后完成后续工作，即可建立数据源。

2）打开数据源

建立好数据源之后，可以通过此数据源建立 ADO 与数据库的连接工作。

假设数据源名称是 Stuado，用户名是 stu，用户密码是 stu123，要打开的表为 nature，则打开数据源的 ASP 代码为：

```
'建立 Connection 对象
Set DataCon=Server.CreateObject("ADODB.Connection")
'建立 Recordset 对象
Set DataRs=Server.CreateObject("ADODB.Recordset")
'打开 Connection 对象
```

```
DataCon.Open "dsn＝Stuado","Stu","stu123"
'把打开的数据源赋给 Recordse 对象
DataRs.ActiveConnection＝DataCon
'用 SQL 语句打开表 nature,获得数据集
DataRs.Open "select ＊ from nature"
```

2. 使用 OLEDB

使用 OLEDB 建立数据库连接,不需要事先建立数据源,只需要直接使用语句即可。

假设使用的数据库是 SQL Server 中的 employee,数据库服务器名 wzj,用户名是 stu,用户密码是 stu123,要打开的表为 employee,则打开数据源的 ASP 代码为:

```
'建立 Connection 对象
Set adoConn＝Server.CreateObject("ADODB.Connection")
'建立 Connection 对象的连接字符串
adoConn.Connectionstring＝"PROVIDER＝SQLOLEDB;DATA SOURCE＝wzj;UID＝stu;
PWD＝stu123;DATABASE＝employee"
'打开 Connection 连接
adoConn.open
'建立 Recordset 对象
Set adoRs＝Server.CreateObject("ADODB.Recordset")
'把 Connection 连接赋给 Recordset 对象
adoRs.ActiveConnection＝adoConn
'用 SQL 打开表 employee,获得数据集
adoRs.Open "select ＊ from employee"
```

如果数据库是 Access,则使用下面的连接字符串代替上面的连接字符串即可。

```
adoConn.Connectionstring＝＝"Driver＝{Microsoft Access Driver（＊.mdb)};DBQ＝D:\asp\student.mdb"
```

注意: connection 和 recordset 两个对象的 open 方法用法不同,使用时应该注意区别。

10.4.6 通过 ADO

通过前面的讨论,我们已经可以建立 ADO 对象、建立 ADO 与数据库的连接、打开连接等工作。现在来讨论使用 ASP、ADO 把数据库的表转换成 XML 文档的问题。

在我们的实际应用中有一个用 Access 建立的学生 student 数据库,表格名称为 nature,表结构如图 10.8 所示,其部分数据如图 10.9 所示。

我们根据此表设计 XML 文档的转换程序。

(1) 建立连接字符串。

字段名称	数据类型
Stu_ID	文本
Name	文本
Sex	文本
National	文本
Birthdate	日期/时间
Politic	文本
NativeTown	文本
Address	文本
Telephone	文本
Major	文本

图 10.8 student 数据库下的 nature 表的结构

因为打开的是 Access 数据库,所以可以使用下面的连接字符串:

```
ConStr="Driver＝{Microsoft Access Driver（＊.mdb)};DBQ＝D:\asp\student.mdb"
```

(2) 建立 ADO 对象。

```
set adoCon＝server.createObject("ADODB.Connection")
set adoRs＝server.createObject("ADODB.Recordset")
adoCon.Open ConStr
adoRs.Open "Student",ConStr
```

Stu_ID	Name	Sex	National	Birthdate	Politic	NativeTown	Address	Tel
99061122	刘堂翠	女	汉	1980-1-22	团员	云南寻甸	云南寻甸	0874-3
99061109	蔡兴亮	女	汉	1978-1-20	民主党派	云南祥云	云南祥云	0872-3
99061109	马艳春	女	汉	1979-1-20	共青团员	昆明	昆明	0871-5
99061113	张宝双	男	汉	1981-1-21	共青团员	云南路南	云南路南	0781-7
99062107	勾维英	女	汉	1900-1-19	共青团员	云南华坪	云南华坪	0888-6
99062113	白志国	男	回族	1900-1-22	共青团员	云南寻甸	云南寻甸	0871-2
99061122	杜有才	男	汉族	1900-1-22	共产党员	云南寻甸	云南寻甸	0871-2
99061127	潘明	男	汉族	1900-1-21	共青团员	云南文山	云南文山	0876-3
99061104	丙冬梅	女	汉	1900-1-21	共青团员	云南永胜	云南永胜	0888-5
99071103	马良	男	汉族	1977-1-18	共产党员	江苏省南京市	云南省昆明市	0871-3

图 10.9　student 数据库下的 nature 表数据

（3）建立 FileSystemObject 对象，产生字符流。

因为数据库表的数据取出后，要使用把表的字段转换为 XML 的文本字符流，所以建立该对象，并使用该对象产生的 TextStream 对象属性来书写文本文件。

set oFSO＝server.CreateObject("Scripting.FileSystemObject")

（4）创建 XML 文档，在 D 盘上 XML 文件夹下建 student.xml 文件。

set oXMLfile＝oFSO.CreateTextFile("d:\xml\student.xml")

（5）把字符串写入文件。

使用 FileSystemObjec 产生的对象 oXMLfile 的 writeline 方法开始写 XML 文件。

oXMLfile.writeline "＜?xml version＝'1.0' encoding＝'gb2312'?＞"

（6）转换数据到 XML 元素。

把 National 字段及其内容转换成元素 National，可以如下实现：

"＜National＞"＆adoRs("National")＆"＜/National＞"

例 10.11　综合起来，把转换文件（文件名：ch10-11.asp）写成：

```
＜html＞
  ＜head＞＜title＞用 ASP 连接数据库建立 XML＜/title＞＜/head＞
  ＜body＞
  ＜h3 align＝"center"＞用 ASP 连接数据库建立 XML ＜/h3＞
  ＜%dim ConStr,adoCon,adoRs,FSO,XMLfile,str
    ConStr＝"Driver＝{Microsoft Access Driver (＊.mdb)};DBQ＝D:\asp\student.mdb"
    '建立 ADO 连接
    set adoCon＝server.createObject("ADODB.Connection")
    set adoRs＝server.createObject("ADODB.Recordset")
    adoCon.Open ConStr
    adoRs.Open "nature",ConStr
    '建立 FileSystemObject 对象
    set FSO＝server.CreateObject("Scripting.FileSystemObject")
    set XMLfile＝FSO.CreateTextFile("d:\xml\student.xml",2)
    '创建 XML 文档
    XMLfile.writeline "＜?xml version＝'1.0' encoding＝'gb2312'?＞"
    XMLfile.writeline "＜studentlist＞"
    while not adoRs.eof
      if not adoRs.eof then
        str＝"＜student＞"
        str＝str＆"＜stuID＞"＆adoRs("Stu_ID")＆"＜/stuID＞"
        str＝str＆"＜Name＞"＆adoRs("Name")＆"＜/Name＞"
```

```
            str=str&"<Sex>"&adoRs("Sex")&"</Sex>"
            str=str&"<National>"&adoRs("National")&"</National>"
            str=str&"<Birthdate>"&adoRs("Birthdate")&"</Birthdate>"
            str=str&"<Politic>"&adoRs("Politic")&"</Politic>"
            str=str&"<NativeTown>"&adoRs("NativeTown")&"</NativeTown>"
            str=str&"<Address>"&adoRs("Address")&"</Address>"
            str=str&"<Telephone>"&adoRs("Telephone")&"</Telephone>"
            str=str&"<Major>"&adoRs("Major")&"</Major>"
            str=str&"</student>"
            XMLfile.writeline str
        end if
        adoRs.Movenext
    wend
    XMLfile.writeline "</studentlist>"
    '关闭连接,释放连接占用的资源
    adoRs.close
    set adoRs=nothing
    adoCon.close
    set adoCon=nothing
    XMLfile.close
    set XMLfile=nothing %>
    </body>
</html>
```

程序说明：首先建立 connection 和 recordset 对象,打开 student.mdb 中的表 nature。之后创建 FileSystemObject 对象。第三步构造 XML 文档字符串,从构造<? xml…? >开始,到构造</studentlist>结束,其中使用 while 循环构造所有的 student 元素。

该程序产生的 XML 文档参考图 10.10。

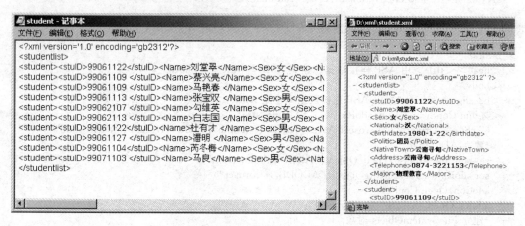

图 10.10　nature 表数据产生的 XML 文档(左图是文档,右图是浏览图)

10.5　XML 数据库

上面的讨论一直没有离开传统数据库,如果直接用 XML 文档作为数据库系统来使用,情况会怎样? 这就引发了关于 XML 数据库的研究工作。目前,XML 数据库的研究正在成为 XML 应用的重要领域。

10.5.1　XML 数据库概念

基于 XML 的数据库系统分为 NXD(Native XML Database)和 XEDB(XML Enable Database)两类。NXD 是以 XML 文档为基础的数据库管理系统,目前是 XML 数据库研究的重要课题。XEDB 则是在传统的 RDBMS 中增加了支持 XML 技术的功能,使得传统数据库系统能够访问 XML。

XML 文档是一种简单的文本文件,把 XML 文档作为一种数据存储方式,可以使 XML 文档具有传统数据库存储数据的基本功能,而访问 XML 文档数据要比访问传统数据库更简单、更方便。这就是 NDX 数据库系统。在这个系统中,XML 文档是数据库的数据区,DTD 和 XML Schema 是数据库的数据定义模型,XSLT、DOM、SAX 是数据库数据处理技术,XPath、XLink、XPointer 是数据库数据的查询链接工具。

1. XML 文档及其数据类型和有效性定义

作为数据库系统,数据类型定义和数据有效性检验都是必需的。在 XML 技术规范中,通过 DTD 和 XML Schema 来定义数据类型。DTD 是 XML 有效性检验的标准,但是其可以使用的数据类型十分有限。XML Schema 在 2001 年 5 月成了 W3C 的建议规范。在设计中,可以采用了 XML Schema 2.0 对 XML 数据类型和格式的进行定义。

2. XML 文档有效性定义验证

如何检验 XML 文档是否符合 XML Schema 的定义,最近出现了 XML Schma 进行验证的技术 SOM(Schema Object Model),可以对 XML Schema 文档进行加载、分析和检验,以确定 XML 元素定义的有效性。

10.5.2　访问 XML 数据库

把 XML 文档作为数据库使用,需要数据转换、数据查询、链接等访问技术。

1. XSLT

可以采用 XSLT 技术、实现 XML 文档数据的查询、读写操作。请参考第 8 章。

2. DOM

可以采用 DOM 接口集合操纵 XML 文档。请参考第 9 章。

3. SAX

可以使用 SAX 处理 XML 文档。它与 DOM 差异类似于磁带和磁盘,SAX 只能向前顺序读取 XML 数据,把 XML 文档作为一个可读取的字符流,这与磁带的读写类似。而 DOM 可以完整浏览和更新 XML 文档数据,这与磁盘的读写类似。

SAX 是一组程序设计接口。在加载 XML 文档时可以部分调入内存,使得内存使用效率比较高,这样可以提高读取速度,提高处理效率。在顺序读取 XML 文档的场合,SAX 可以大大提高 XML 文档的处理效率。但是,SAX 不能随机访问 XML,不能对 XML 数据进行修改。

4. XML 的查询、链接、检索

目前 XPath、XLink、XPointer 是 W3C 推荐的用于 XML 文档的查询链接和检索的规范。这部分内容请参考第 5 章。

5. 安全性

作为数据库的 XML,其安全性十分重要。除了网络安全技术外,从 XML 技术入手的专用 XML 安全技术规范已经出台。在标准的 XML 成分中,增加一些专用属性,可以提供检验

XML 文档安全的手段和工具。XML 安全技术包括 XML 加密、XML 签名、XML 密钥管理规范和 XML 的访问控制语言等内容。

习题 10

1. XML 数据源是 XML 数据处理的另外一个技术，通过它可以实现对 XML 文档数据的显示。请用数据源处理例 2.1 的文档。

2. ASP 的 FileSystemObject 对象可以实现对文档的阅读和修改，请用它来修改例 2.1 的文档数据，增加一条记录。记录数据自行拟订。

3. 把数据库中表的数据转换成 XML 文档，使用了什么技术，用代码段来描述。

4. 要连接数据库需要什么技术？

5. XML 文档数据转换成数据库，重要的步骤是什么？

6. 如何在 ASP 环境下创建数据库、表格和添加数据？

7. 简述 XML 数据库的概念。

第 11 章　JavaScript 基础

11.1　概述

Ajax(Asynchronous JavaScript and XML——异步 JavaScript 与 XML)是处理 XML 文档的技术,已经使用多年。

通过第 1 章我们已经知道,Ajax 的关键组件之一就是 JavaScript 语言。在 Ajax 出现之前,JavaScript 一直被程序员看作是"玩具语言",它能做的事情就是:让你的鼠标周围围绕了很多的小星星,标题栏里面出现跑马灯效果,点击某个对象的时候出现爆炸效果,等等。因为当时 JavaScript 仅仅使用在浏览器端,而浏览器端不能仅仅通过 JavaScript 就与服务器端通信,于是 JavaScript 一直默默无闻地做"丑小鸭"。但是,当 Google 使用 JavaScript 使客户端与服务器端异步通信获得了成功后,这只"丑小鸭"才越来越多地获得了人们的关注和赞誉。这一切还是必须归功于 IE5 带来的 XMLHttpRequest。

首先,JavaScript 不是 Java! 虽然它们的名字听起来有些像,但它们之间完全没什么联系。JavaScript 是由网景公司开发人员 Brendan Eich 开发的,最初名称是 Mocha,后来更名为 LiveScript,最后确定名称为 JavaScript。1995 年网景公司第一次在浏览器(Netscape 2.0)中引入这个语言以来,这个名称一直与 Java 混淆在一起。后来,微软也推出了自己的 JavaScript,叫做 Jscript,最初 Jscript 只能运行在 IE 上,到目前为止,这两者之间几乎没有区别了。当然,我们在书写的时候,尽量避免使用"Jscript"名称,因为很多浏览器并不知道这个名字。

本章简要介绍 JavaScript 语言基础。

11.2　JavaScript 基础

11.2.1　构建 JavaScript 编程环境

JavaScript 程序是一个文本文件,可以用任意文本编辑器(如记事本)直接编辑,到本书出版时,市面上仍没有一个可以像在 Visual Studio 中编辑 C♯那样方便的编辑器来编辑 JavaScript。但是仍然有不少的好工具可供使用,"工欲善其事,必先利其器",优秀的 IDE 可以大大减少程序员的工作量,这里推荐使用免费的 Aptana(http://www.Aptana.com)。

另外诸如 Intellij、NetBeans、Eclipse、EditPlus 等均可使用。

在确定了编辑工具后,还要创建调试环境,IE 和 Firefox 下都有 JavaScript 调试器,这里推荐使用 IE8 和 Firefox+FireBug。IE8 下自带了开发人员工具,可以通过"工具"中"开发人员工具"(F12)命令找到。FireBug 是 Firefox 下的一个插件工具,可以到 Mozilla 网站上免费下载,安装完成后,可通过"查看"→FireBug(F12)命令找到。两个工具均可设置断点后逐行调试，并且可查看变量值的变化、DOM 信息、JavaScript 错误等信息。建议在 IE8"工具"中"Internet 选项"的"高级"栏中将"禁用脚本调试"取消选中。

由于 IE 系列和 Firefox 类浏览器在 JavaScript 使用中，有很多地方是不一样的，所以建议开发者两者都进行安装。推荐安装 IE8（具有兼容 IE7 的功能）和 Firefox，另外安装一个绿色版的 IE6 进行调试。建议编写的所有程序尽量在多种版本浏览器下进行测试。

11.2.2　入门示例

下面先来看一个简单的示例，这个示例构建了一个 HTML 页，其中有一个按钮，文字是"弹出提示信息"，当用户单击该按钮时，弹出一个消息框。

例 11.1　alertMsg. htm。

```html
<html>
    <head>
        <meta http-equiv="Content-Type" content="text/html; charset=gb2312">
        <title>例 11.1 弹出提示信息</title>
        <script type="text/javascript">
            //在这里创建了一个 alertMsg 函数
            function alertMsg(){
            //调用 alert 方法弹出提示信息
            alert("按钮被点击了");          //注意";"不能省略
            }
        </script>
    </head>
    <body>
    <input type="button" value="弹出提示信息" onclick="alertMsg()"/>
</body>
</html>
```

将上述代码保存后，用浏览器直接打开时，默认安全设置会组织 JavaScript 在本地执行，浏览器工具栏下方会出现提示栏（见图 11.1），提示"为了有利于保护安全性，Internet Explorer 已限制此网页运行……"信息，可以使用鼠标左键点击后，允许阻止内容（见图 11.2）。

图 11.1　IE 阻止 JavaScript 执行　　　　　　图 11.2　允许阻止的内容

在 IE 或 Firefox 中单击按钮后，均会弹出提示信息"按钮被点击了"，如图 11.3 和图 11.4 所示。在后面的叙述中，若浏览器返回结果都一致，不再将二者都列出。

图 11.3　在 IE 中显示　　　　　　图 11.4　在 Firefox 中显示

　　从上面的例子可以看出，JavaScript 是以代码块的方式内嵌在 HTML 代码中的，在浏览器中被执行并得到最终结果。在上面这段代码中，<script></script>块是放在 HTML 代码的<head>和</head>之间的，这表示在整个代码载入的时候，JavaScript 也被同时载入到浏览器了，如上面的例子，<script>标记可以省略 language＝:"javascript"属性，浏览器默认识别为 JavaScript。

```
function alertMsg(){
    //调用 alert 方法弹出提示信息
    alert("按钮被点击了");                    //注意";"不能省略
}
```

　　上面的代码块定义了一个名称为 alertMsg、参数为空的函数，这个函数只有一个功能，就是弹出一个消息框，内容为"按钮被点击了"。

　　函数使用大括号"{"和"}"将所有该函数代码包围。在<script></script>块中，可定义多个 function 来实现复杂应用，同时也可以将实现特定的功能模块的 JavaScript 封装为.js 文件，更加方便地进行调用，后面会详细讲到。

　　<input type＝"button" value＝"弹出提示信息" onclick＝"alertMsg()"/>

　　这里的<input>标记创建了一个按钮，第三个属性为 onclick＝"alertMsg()"表示该按钮被单击后，调用一个名称为 alertMsg 的函数，这个函数已经在<head>和</head>标记间载入了。

　　可以看到，处在标记<head>和</head>间的函数必须通过一个触发才能执行，不在标记<head>和</head>间的 JavaScript 是按照载入顺序执行的。

　　例 11.2　scriptLoad.htm。

```
<html>
  <head>
    <meta http-equiv="Content-Type" content="text/html; charset=gb2312">
    <title>例 11.2 脚本加载</title>
  </head>
  <body>
    <h1>正在加载页面</h1>
    <script type="text/javascript">
      alert("脚本在页面加载过程中被执行");
    </script>
    <h1>当消息框被关闭后才能继续加载其他脚本后的内容</h1>
  </body>
</html>
```

　　在 IE 中运行，将产生如图 11.5 所示的结果。

　　如图 11.5 所示，页面在加载过程中，遇到了<script></script>块，并执行了，同时也由此中断了页面流，页面一直停顿在消息框显示状态，而第二个<h1>标签一直处于等待载入状态，并未显示出来。通过这样的方式，可以将 JavaScript 代码块放到其他标签或页面代码中，确保在页面处理的时候正确的执行它。当用户单击了"确定"按钮后，<h2>标签内容就会出现在页面中（见图 11.6）。

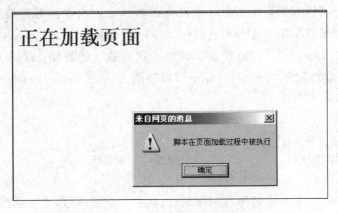

图 11.5 页面加载中执行脚本

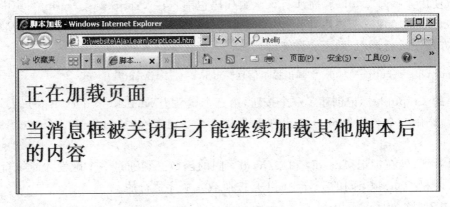

图 11.6 页面完成载入

11.2.3 JavaScript 的交互方法

在 JavaScript 中，人机交互有四种方法：警告对话框、确认对话框、提示对话框和 window
.write()。

警告对话框给用户一个提示内容和一个确认按钮，用 alert()方法实现，如图 11.3 所示。

确认对话框与警告对话框相比，增加了一个取消按钮。确认对话框使得用户可以对目前
的操作进行确认，是继续操作，还是取消操作。用 confirm()方法实现。

提示对话框在确认对话框的基础上，再增加一个用于信息输入的文本框，用 prompt()方
法实现。

另外在网页上显示信息的方法还有 document.write()方法。下面就讨论这些方法。

1. alert 方法

JavaScript 使用 alert()方法编写警告对话框。其标准格式为：

```
window.alert("content");
```

在编程中，习惯用简写格式：

```
alert("content");
```

alert()的参数是一个作为警告用的字符串。例11.1 和例11.2 中给出了 alert()的简单用法，仅仅使用该方法来编写警告对话框。在其他情况下，可以在 alert()中使用转义字符来控制警告对话框的信息显示格式。例如：

```
alert("x1=" + x1 +"\tx2="+x2 +"\n\nx1 / x2 ="+x1 / x2 + "\nx1 % x2="+x1 % x2);
```

其中，"\t"表示制表符 Tab，"\n"表示换行。通过格式控制，上面语句的显示参考图11.10。

2. confirm()方法

在 JavaScript 中，用 confirm()方法编写确认对话框。该方法的简化格式为：

```
confirm("content");
```

例 11.3　confirm()方法示例。

```
<html>
  <head>
    <meta http-equiv="Content-Type" content="text/html; charset=gb2312">
    <title>confirm()方法示例</title>
  </head>
  <body>
    <h3>confirm()方法示例</h3>
    <p><a href="http://www.w3.org" onClick="javascript:confirm('确定进入 W3C 网站吗?')">
W3C</a></p>
    <p><a href="http://www.google.com" onClick="javascript:confirm('确定进入 Google 网站
吗?')">Google</a></p>
    <p><a href="http://www.baidu.org" onClick="javascript:confirm('确定进入百度网站吗?')">百
度</a></p>
  </body>
</html>
```

程序使用超链接元素＜a＞，在该元素中设置属性 onClick 来调用 confirm()方法。程序运行结果如图 11.7 所示。

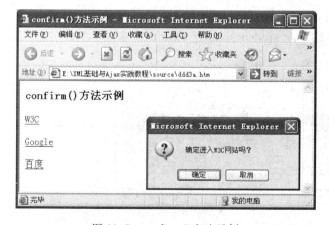

图 11.7　confirm()方法示例

如果单击"确定"按钮，则链接到相应的网站，否则取消链接。

3. prompt()方法

在 JavaScript 中，用 prompt()方法编写提示对话框。格式如下：

```
var input＝prompt("prompt content", "default content");
```

其中，第一个参数是提示文本，第二个参数是文本框中的默认值。一般情况下，默认值用空字符串""代替，如果省略默认值，则会在文本框中出现 undefined 字样的默认值。通过该方法输入的数据被赋给变量 input。

例 11.4 prompt 使用示例。

```
<html>
  <head>
    <meta http-equiv="Content-Type" content="text/html; charset=gb2312">
    <title>prompt()方法示例</title>
    <script type="text/javascript" language="javascript">
        var studentName＝prompt("输入学生姓名:","");
    </script>
  </head>
  <body>
    <h3>prompt()方法示例</h3>
  </body>
</html>
```

在脚本<script>中使用了 prompt()，运行结果如图 11.8 所示。

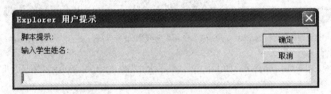

图 11.8　prompt()方法示例

4. document.write()方法

在 JavaScript 中，除了使用上述方法外，还可以使用 document.write()方法来显示信息。与它们不同的是，该方法显示的信息将作为网页的内容出现在网页中。

在例 11.4 程序的"var studentName＝prompt("输入学生姓名:","");"后面增加一行：

document.write("你好: " ＋ studentName ＋ "同学!");

程序的显示结果如图 11.9 所示。

图 11.9　document.write()方法示例

11.2.4　变量、数据类型和表达式

1. 数据类型

在 JavaScript 中，包含数值型、字符串型和布尔型三种基本数据类型。

1）数值型

在 JavaScript 中,包含整型和浮点型两种数据类型的数值。

整型数是不含小数点的数,可以用十进制、八进制或十六进制表示,但习惯上使用十进制数据表示。使用八进制数时,需要在数据值前冠以"0",如八进制数 235 应该写成 0235。使用十六进制数是,需要在数据值前冠以"0x",如 12ff 表示成 0x12ff。

浮点数是带小数点的数,取值范围为:$1.7976 \times 10^{318} \sim -1.7976 \times 10^{318}$,最小的取值为 5×10^{-324}。浮点数可以用符号"e"或"E"来表示 10 的幂,如 1.7976×10^{318} 可以表示成 1.7976e+318,或 1.7976E+318。

下面是合法的数值型数据:

1234

1234.5678

1.234567E+3

如果一个数大于 1.7976×10^{318},或小于 5×10^{-324} 时,将使用 NaN(Not a Number)来表示。

2）字符串型

在 JavaScript 中,字符串是用单、双引号作为定界符括起来的一个字符序列。如"123"、"We are students"、"我在学习、思考、工作"等等,都是 JavaScript 中的有效字符串。

注意:单双引号均采用英文符号。

如果字符串中需要包含单引号或双引号时,需要用双引号嵌套单引号来定界,或用单引号嵌套双引号来定界。如:"他说:'我要去昆明'"表示了字符串:'我要去昆明',两边的单引号是串的内容。又如,'他说:"我要去昆明"'则表示了字符串:"我要去昆明",两边的双引号是串的内容。

3）布尔型

在 JavaScript 中,布尔型数据只有两种取值:一个是 true(真),一个是 false(假),用于判断一个逻辑表达式的"真"或者"假"。

2. 变量

1）变量定义

在 JavaScript 中,定义变量非常简单,各种类型的变量都可以用 var 关键词进行定义。在定义变量时,变量的类型是根据初始化时数据值的类型来确定的。如:

var Name,Sex,Age

在给变量赋初值之前,Name,Sex,Age 三个变量的类型是不确定的,是 undefined 类型。只有对变量赋给初值后,变量的类型才确定下来。如:

Name = "张三";
Sex="男";
Age=20;

此时,Name 和 Sex 是字符串型,而 Age 是整型。给变量赋初值的操作叫变量的初始化。

有时需要在定义变量时就给变量进行初始化,如:

//定义变量并赋值
var student1 = "张三";

```
var student2 = "李四";
```

2）变量作用域

被定义在函数内的变量只能够被当前函数范围内被访问,在函数外声明的变量被认为是全局变量,能够被当前网页内部的任意 JavaScript 函数访问。

3）表达式和运算符

表达式是用运算符把常量、变量连接起来,形成具有某种含义的计算语句。在 JavaScript 中,有算术表达式、逻辑表达式和条件表达式。

（1）算术表达式。

使用算术运算符连接的变量和常量的计算语句叫算术表达式。在 JavaScript 中,常用的算术运算符为＋(加)、－(减)、＊(乘)、/(除)、％(取余数)、＋＋(自加)、－－(自减)。

例 11.5 算术运算示例。

```
<html>
<head>
  <meta http-equiv="Content-Type" content="text/html; charset=gb2312">
  <title>算术运算</title>
  <script type="text/javascript" language="javascript">
    function arithmeticOperation(){
    var x1=15;
    var x2=10;
    alert("x1=" + x1 +"\tx2="+x2 +"\n\nx1 / x2="+x1 / x2 + "\nx1 % x2="+x1 % x2);
    }
  </script>
</head>
<body>
  <h3>算术运算示例</h3>
  <input type="button" value="单击此处" onclick="arithmeticOperation()"/>
</body>
</html>
```

程序说明：在 arithmeticOperation()函数中声明变量 x1,x2,然后进行除法和取余数的运算,结果用 alert()函数来显示。在 alert()函数中使用了转义字符"\n"(换行)、"\t"(制表符)来控制输出格式。程序结果显示在图 11.10 中。

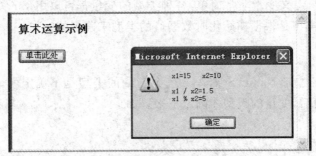

图 11.10　算术运算示例

当使用"＋"连接的是字符串时,表达式的结果是把两个字符串首尾相连,如：

```
var students = student1 + student2;
```

此时,students 的内容为"张三李四"。

自加(＋＋)和自减(－－)运算符的语法与 C 语言的一致。例如:

```
var x＝0;
var sum＝0;
x++;
sum＝sum＋x;
```

结果为 b＝1,sum＝1。

(2) 逻辑表达式。

在 JavaScript 中,逻辑表达式有两类:一类是比较表达式;另一类是逻辑表达式。

比较表达式使用比较运算符连接,因为其运算结果是逻辑值"真"或"假",所以把它归为逻辑表达式。常用的比较运算符为:＝＝(等于)、!＝(不等于)、>＝(大于等于)、<＝(小于等于)、>(大于)、<(小于)。如:

```
var x＝5,y＝6,z＝－1
```

x<y * z 的结果为假,而 x>＝y＋z 的结果为真。

逻辑表达式使用逻辑运算符连接。常用的逻辑运算符为!(非)、&&(与)、‖(或)。

```
function compareOperation(){
    var x1＝15;
    var x2＝10;
    alert(x1>x2);
}
```

把例 11.5 的函数 arithmeticOperation()改为上述函数 compareOperation(),则例 11.5 的显示结果如图 11.11 所示。

(3) 位运算表达式。

在 JavaScript 中,位运算是把变量值按照该值的二进制数进行操作的运算,主要用于根据位运算的结果进行程序流程控制。JavaScript 先把数值转换为 32 位的二进制数,然后进行运算。常见的位运算符有<<(左移)、>>(右移)、&(按位与)、|(按位或)。

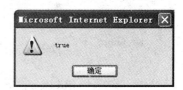

图 11.11　逻辑运算示例

例如,用 d 表示十进制数(decimal),b 表示二进制数(binary),则:

15<<2＝60,因为 15d＝00001111b,左移 2 位后成为 00111100b＝60d

15>>2＝3,00001111b 右移 2 位后成为 00000011b＝3d

15 & 2＝2,00001111b 和 00000010b 按位与,结果为 00000010b＝2d

15 | 2＝15,00001111b 和 00000010b 按位或,结果为 00001111b＝15d

(4) 其他表达式。

在 JavaScript 中,除了上述运算外,常用的还有条件表达式、逗号表达式。

条件表达式使用符号"?"表示,设 a、b、c 为表达式,条件表达式的形式为:

```
a?b:c
```

含义为如果表达式 a 成立,则取表达式 b 的值,否则取 c 的值。例如:state＝(age>60)?"retired":"working",表示如果年龄大于 60,状态为"退休",否则为"工作"。

逗号表达式使用多个逗号把多个语句捆绑在一起,表达式的值是最后一个语句的值。例如:

```
var x,y,z
var xyz=(x=1,y=2,z=3);
alert(xyz)
```

运行结果为 xyz＝3。

11.3 控制语句

11.3.1 条件控制

在 JavaScript 中常用的条件控制语句有 if、if…else…、switch。

1. if 语句

1) if 语句

没有 else 的 if 语句用来执行较为简单的操作,没有分支。格式为:

```
if (expression) statement;
```

当 expression 的值为真时,执行 statement 语句,否则程序将跳过此 if 语句。如果 statement 为单条语句时,statement 前后不需要块操作符"{}"。否则,多条语句必须用{}把多个表达式括起来。例如,根据两个变量 a、b 的当前值判断是否交换 a、b 两个变量值:

```
var a=1,b=2;
if (a>b){
    var temp=a;
    a=b;
    b=temp;
}
```

2) if… else… 语句

含有 else 的 if 语句形成双分支结构,当紧跟在 if 后的条件表达式为真时,执行 else 前的语句,否则执行 else 后的语句。该语句的格式为:

```
if (expression)
        statement1;
else
        statement2;
```

例如:

```
var a = 1, b = 2;
  if (a<b)
      a++;
  else
      b++;
```

上面的语句可以用条件表达式来简写成:

```
var a = 1, var b = 2;
(a<b) ? a++:b++;
```

图 11.12　if 条件语句示例

用上述语句修改例 11.6 的程序,结果显示在图 11.12 中。

2. switch 语句

当需要对多个变量进行判断时,会采用 if 语句的多重嵌套,这时会形成非常复杂的逻辑结构,对于初学者来讲,这是困难的。在 JavaScript 中,使用 switch 语句可以方便地代替多个 if 语句的并排使用。使代码更易阅读,执行效率更高。switch 语句的格式为:

```
switch (expression)
{
    case condition 1:statement 1;
        break;
    case condition 2:statement 2;
        break;
    ...
    case condition n-1:statement n−1;
        break;
    default:statement n;
}
```

JavaScript 将根据 expression 的值选择 n−1 个操作的一个来执行,如果没有条件符合,则执行 default 后的语句。

例如,下面的语句将根据用户的权限来选择该充当哪个角色。

```
var privilege = 1;
switch (userPriv = privilege){
    case 1:
        alert("超级管理员");
        break;
    case 2:
        alert("一般用户");
        break;
    default:
        alert("无此权限");
}
```

在上面程序中,每一个分支中(除 default 分支外)都有 break 语句做跳出分支作用,在所有分支都不符合条件时,则执行 default 分支。上面程序,若 privilege=6,则提示信息为"无此权限"。

11.3.2　循环

JavaScript 中可以使用 while、do…while、for 三种方法完成循环或迭代的处理。

1. while 循环

```
//while 循环
var a = 1;
var b = 2;
while(a==b){
```

```
    a++;
}
```

结果为 a＝1。

2. do…while 循环

```
//do…while 循环
var a = 1;
var b = 1;
do{
    a++;
}while(a==b);
```

结果为 a＝2。

与 while 循环不同的是，while 循环先判断，后执行，do…while 循环是先执行，后判断。

3. for 循环

```
//for 循环
var a = 1, b = 50;
for (var i=0;i<b;i++){
  a = a + 3;
}
```

结果为 a＝151。

11.4　函数与对象

11.4.1　函数定义

在 JavaScript 中，函数的本质是一个对象。用户可以根据自己的需要来设计函数，然后调用。函数的定义格式为：

```
function functionName(parameter1,parameter2, … , parameterN)
{
    statements;
}
```

其中，function 是定义函数的关键词，functionName 为函数名，为其他程序调用该函数提供依据，parameter1,…,parameterN 为形式参数。如果函数没有参数，则称函数为无参函数，调用该函数时，不需要使用参数。如果函数含有参数，则在调用该函数时必须给定参数值，这时的参数叫实参。

函数的功能可以是一个结构非常复杂的算法，也可以是一个简单的输入或输出语句。下面是只有简单输入输出语句的函数：

```
function output()
{
    var name=prompt("请输入姓名：");
    alert("欢迎你!" + name);
}
```

函数直接把结果输出出来，没有必要定义参数。

11.4.2 函数调用和参数传递

对于含有参数的函数，调用时需要为参数定义实际值，这时，在函数中需要返回计算结果。JavaScript 中函数计算结果的返回用 return 语句来实现。下面用一个逻辑结构稍微复杂的函数定义和带参数的函数调用的例子来说明函数的参数传递。

例 11.6 根据学生的成绩来划分学生成绩的等级，分数≥90 为"优秀"，89>分数≥80 为"良好"，79>分数≥70 为"中等"，69>分数≥60 为"及格"，分数<60 为"不及格"。

使用 if 嵌套来定义分类函数 classify()。

```
function classify(score)
  { var grade;
  if (score>=90)
     grade="优秀";
  else if (score>=80)
     grade="良好";
  else if (score>=70)
     grade="中等";
  else if (score>=60)
     grade="及格";
  else grade="不及格";
  return grade;
  }
```

classify(score)函数中的 score 是形式参数，在函数 classify(score)中定义了变量 grade 来存放分类结果，函数的最后一行用 return grade;语句返回该变量的值，这个值也是函数的返回值。

调用函数 classify(score)的函数 inOut()定义如下：

```
function inOut()
{
  var studentScore=prompt("输入学生成绩：","");
  alert("该生的成绩为：" + classify(studentScore));
}
```

classify(score)函数的形式参数 score 在函数调用时用实参 studentScore 来传递参数值，该值通过 prompt()来输入。这样就可以实现带参数的函数调用。把这两个函数放到例 11.6 的<script></script>中代替原函数 arithmeticOperation()，修改后的程序如下：

```
<html>
<head>
  <meta http-equiv="Content-Type" content="text/html; charset=gb2312">
  <title>函数调用</title>
  <script type="text/javascript" language="javascript">
    function classify(score)
    { var grade;
    if (score>=90)
       grade="优秀";
    else if (score>=80)
       grade="良好";
    else if (score>=70)
       grade="中等";
```

```
        else if (score>=60)
            grade="及格";
        else grade="不及格";
        return grade;
        }
        function inOut()
        {
            var studentScore=prompt("输入学生成绩:","");
            alert("该生的成绩为: " + classify(studentScore));
        }
    </script>
</head>
<body>
    <h3>函数调用示例</h3>
    <input type="button" value="单击此处" onclick="inOut()"/>
</body>
</html>
```

该程序的运行结果如图 11.13 和图 11.14 所示。

图 11.13　函数调用示例之数据输入

图 11.14　函数调用示例之分类结果

例 11.7　函数调用示例 2。

```
<html>
    <head>
        <meta http-equiv="Content-Type" content="text/html; charset=gb2312">
        <title>函数调用</title>
        <script type="text/javascript" language="javascript">
        function alertMsg(userName){
            var welcomeMsg = welcome(userName);
            alert("欢迎您," + welcomeMsg);
            }
            function welcome(reqName){
            return "欢迎您," + reqName;
            }
        </script>
    </head>
    <body>
        <input type="button" value="cilck me" onclick="alertMsg('张三')"/>
    </body>
</html>
```

函数中的参数可以自己定义,在本例中,传递的参数本质都是一样的,是从 button 中获得的"张三",在函数 alertMsg 中,参数名称被定义成了 userName,而在 welcome 函数中,参数名称为 reqName。对于参数名称定义,一般按照个人的习惯,并无强制规定,需要注意的是,参数必须区分大小写。

我们将该程序运行并单击按钮,得到如图 11.15 所示的结果。

在函数中,可以使用 return 语句返回函数结果,如本例中的语句。这个语句将返回由字符串"欢迎您,"和 alertMsg 函数中传递过来的 userName 值组合而成最终结果。

```
return "欢迎您," + reqName;
```

通过本例可以看出,如果需要一些固定功能的模块,可以将之封装到一个独立的函数中,使用更加方便。可以用面向对象的方法来构造程序。

图 11.15　函数调用示例 2

注意:在本书中,为了叙述更加明了,JavaScript 一般仍然写在页面文件中,保证程序的完整性和一致性。

11.4.3　对象

对象的概念来自面向对象(Object-oriented)编程。面向对象编程需要学习和掌握类、对象、属性、方法、继承、封装等概念。关于这些概念的讨论需要较多的篇幅,本书省略关于这些概念的讨论,感兴趣的读者可以参考面向对象方法学和面向对象编程方面的专业书籍。

为了更好地理解 JavaScript 中对象的定义和实例化概念,先分析一个实例。

例 11.8　用构造器来构造对象,然后对对象进行实例化操作。

```
<html>
  <head>
    <meta http-equiv="Content-Type" content="text/html; charset=gb2312">
    <title>构建对象</title>
    <script type="text/javascript">
        //使用构造器 function 来构造对象
        function shirt(name, price){
          //在构造器中声明属性
          this.name = name;
          this.price = price;
        }
        //实例化对象
        var lacoste = new shirt("鳄鱼","320.00");
        var pualFrank = new shirt("大嘴猴","430.00");
        //弹出提示信息
        alert(lacoste.name + ":" + lacoste.price);
        alert(pualFrank.name + ":" + pualFrank.price);
        //动态添加属性
      lacoste.size = "XXL";
      alert(lacoste.size);
    </script>
  </head>
  <body>
  </body>
</html>
```

运行该程序,得到如图 11.16 所示的效果。

使用 function 这样定义函数的方式构造一个对象,这个函数就称为构造函数。构造函数名称即为对象名,构造函数的参数,是对象的属性值(或其他变量),构造器函数内,使用

图 11.16　创建对象

"this.［属性名称］"的方式创建对象属性。在本例中，对象名称为 shirt，对象属性在构造器函数内使用 this.name 和 this.price 来创建，两个属性名称分别为 name 和 price，在创建属性完成后，紧接着将传入构造器的参数对应属性进行赋值，this.name＝name（第一个 name 是属性名称，第二个 name 是属性值）和 this.price＝price。

```
function shirt(name,price){
  //在构造器中声明属性
  this.name = name;
  this.price = price;
}
```

紧接着，程序实例化了对象，在实例化对象的时候，仍然选择使用了 var 定义的方式，在赋值符号（＝）后，使用"new"关键字定义新实例来自某个对象，本例中为 shirt。实例化对象的属性值在对象名后用逗号（,)分隔。

```
var lacoste = new shirt("鳄鱼","320.00");
```

而对实例属性，可以写为［实例名称］.［属性］的方式。下面的代码使用消息框显示了实例 lacoste 的 name 属性值和 price 属性值。

```
alert(lacoste.name + ":" + lacoste.price);
```

JavaScript 还允许对实例动态的添加属性。在本例中，我们动态的为实例 lacoste 添加了 size 属性，并且赋值为 XXL；

```
lacoste.size = "XXL";
```

除了以上介绍的对象知识外，JavaScript 还可以在构造器中声明函数。可以将上面代码修改为：

```
function shirt(name,price){
  //在构造器中声明属性
  this.name = name;
  this.price = price;
  this.alertMsg = function(){alert("品牌: " + this.name + "价格: " + this.price);};
}
//实例化对象
var lacoste = new shirt("鳄鱼","320.00");
var pualFrank = new shirt("大嘴猴","430.00");
//调用函数
lacoste.alertMsg();
pualFrank.alertMsg();
```

程序保存并运行后，得到如图 11.17 所示的结果。

需要注意的是，未被定义的函数是不能调用的，如代码中的 alertMsg 改为 alertmsg。

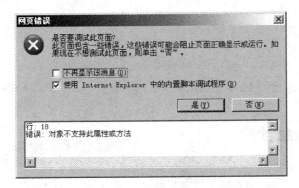

图 11.17 构造器内声明函数

lacoste. alertmsg();

在 IE 浏览器中运行将会得到如图 11.18 所示的错误。

图 11.18 调用未被定义的函数

在 JavaScript 中定义了一些内置的常用对象，如 Math、Date、Number 和 Object 等对象。程序员可以充分使用这些对象来实现一些专门的应用。关于这些对象的用法，读者可以参考 JavaScript 的专业手册。

11.5 其他

11.5.1 其他错误捕获和处理

JavaScript 使用的错误捕获与很多高级语言类似，通过 try/catch/finally 程序块构建错误捕获和处理机制。程序仍然是尝试执行 try 块内代码，如果出现错误，捕获它并执行 catch 块内代码，最终无论怎样都执行 finally 块内代码。下面对例 11.6 的错误进行捕获。

例 11.9 catchErr. htm。

```html
<html>
  <head>
    <meta http-equiv="Content-Type" content="text/html; charset=utf-8">
    <title>例 11.10 错误捕获</title>
    <script type="text/javascript">
    function shirt(name, price){
      //在构造器中声明属性
    this. name = name;
    this. price = price;
    this. alertMsg = function(){alert("品牌: " + this. name + " 价格: " + this. price);};
    }
    //实例化对象
```

```
        var lacoste = new shirt("鳄鱼","320.00");
        var pualFrank = new shirt("大嘴猴","430.00");
        //调用函数
        try{
            lacoste.alertmsg();
        }catch(e){
            alert(e);
        }
        finally{
            alert("finally 块内的内容最终都会执行");
        }
    </script>
    </head>
    <body>
    </body>
</html>
```

将代码保存后运行，能看到首先弹出错误信息，其次执行 finally 块中的内容，如图 11.19 所示。

图 11.19　错误捕获和处理

这里简要讲述一下使用 IE8 进行调试的方法，FireBug 的操作方法也类似。

（1）使用 IE8 打开例 11.7 文件 catchErr.htm，浏览器会自动执行脚本，并弹出相应对话框；

（2）单击浏览器中的"工具"→"开发人员工具"命令（或按 F12 键），可打开"开发人员工具"窗口，如图 11.20 所示；

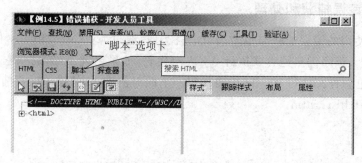

图 11.20　IE8 的开发人员工具

（3）单击"脚本"选项卡后，能在下方代码查看窗口中看到页面代码和 JavaScript 脚本代码；

（4）单击右侧的"局部变量"按钮，这时可以观察脚本局部变量的值和其他各种状态，如图 11.21 所示；

（5）可单击代码查看窗口行标左侧，设置断点，设置成功后状态如图 11.22 所示；

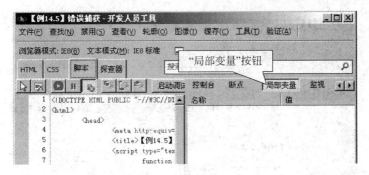

图 11.21 "局部变量"按钮

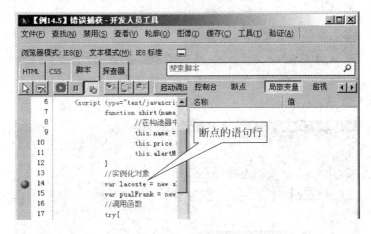

图 11.22 设置断点

(6) 单击代码浏览器上方的"启动调试"按钮(或按 F5 键),如图 11.23 所示;

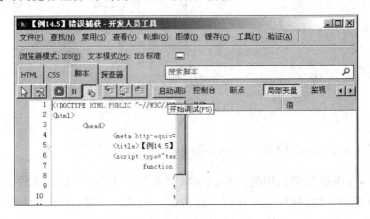

图 11.23 启动调试

(7) 回到浏览器,刷新页面,当页面运行到断点处,自动跳转到管理员工具,并提示当前要运行的代码行,右侧的局部变量列表中同时显示出运行至当前行后各变量的状态,如图 11.24 所示;

(8) 单击"逐过程"按钮(或按 F10 键)或"逐行"按钮(或按 F11 键)进行调试,逐过程在函数内不中断,逐行调试函数内也按行中断。调试后,能在局部变量列表中查看到诸如 shirt 对象、lacoste 实例、pualFrank 实例、e 错误的值等信息,如图 11.25 所示。

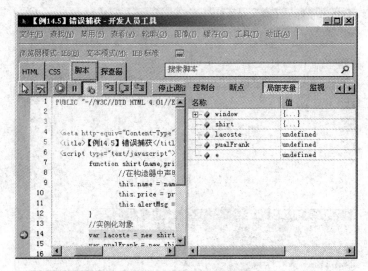

图 11.24　断点提示

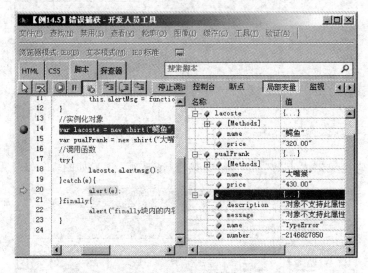

图 11.25　调试结果

11.5.2　内部 JavaScript 和外部 JavaScript

通常情况下，程序员会把通用的过程或函数封装为一个独立的 .js 文件，这个文件和上面叙述的代码没有任何区别，仅仅在于存在于服务器的形式不一样，类似于前面讲过的内部 CSS 和外部 CSS 形式。要在页面中引用这个文件，可以在页面的＜head＞和＜/head＞之间写入引用代码来完成。

＜script type="text/javascript" src="JS/loadXML"＞＜/script＞

在本书中，为了保持程序的一致性和易读性，除了标准通用函数外，其他 JavaScript 均采用内部 JavaScript 方式来完成。在实际软件项目中，程序员应该根据实际情况来确定使用哪种方式。

11.5.3　注释

（1）使用"//"前导对一行代码进行注释，如：

//循环取出根节点中内容

（2）使用/ * 和 * /注释代码块，如：

```
/ **
 * @author woods
 * 封装 XPath
 * @param xmldoc 执行查找的节点
 * @param sXpath XPath 表达式
 * /
```

注释可根据个人习惯来进行，编者通常使用第(1)种方法对具体代码做注释，使用第(2)种方法对函数或过程做总说明。

习题 11

1. 使用 JavaScript 判断当前是星期几。
2. 使用 JavaScript 判断用户输入的年份是否为闰年。
3. 使用 JavaScript 语言，编写一个排序算法。
4. 练习在 IE8 中使用"开发人员工具"和 Firefox 中的 FireBug 进行 JavaScript 程序调试。

第 12 章　XML HttpRequest

12.1　概述

XML 的一个基本应用就是 Web 应用,学习了这么多的知识,如何把这些知识联系起来,建立一个 Web 应用,这是我们学习 XML 技术的主要任务和目的。

XML 与 Web 的数据交换使用 HttpRequest 对象进行连接,在建立连接的基础上可以通过 ASP 访问 XML,也可以通过 XML DOM 来访问 XML,这就是 Ajax 的核心内容。

注意:读者在阅读本章内容并想要验证某个例子时,必须在 Web 环境下调试,Web 环境的建立可以用微软的 IIS,然后通过 Web 方式来实现。

12.2　XML HttpRequest 对象

MSXML 除了支持 XML DOM 访问 XML 文档,还提供了 HttpRequest 对象,通过从客户端的脚本程序发送 XML 数据到服务器端,或通过 HTTP 得到服务器端的响应。这个对象在基于 XML 的 Web 程序设计中起到重要作用。它是 Ajax 编程的重要基础,其工作原理如图 12.1 所示。

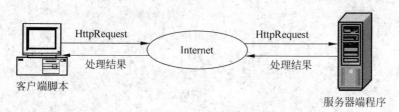

图 12.1　HttpRequest 的工作流程

客户端的脚本可以用 VBScript 或 JavaScript 来书写,此脚本程序建立 HttpRequest 对象(其属性见表 12.1),发送给服务器端的应用程序(在 IIS 环境下,该应用程序可以是 ASP)。服务器端的应用程序经过 ASP 组件的处理,然后以 HTML 形式返回给客户端浏览器,以网页的形式显示出来。

在各种支持 XML 的技术中,微软提供了基于 Windows 平台的 MSXML. dll(MSXML. dll 是微软支持 XML 技术的组件),该程序支持 HttpRequest 对象。微软的 Internet Explorer 一直是可供选择的浏览器之一。我们以微软的技术为基础进行讨论。MSXML. dll 从 2.0 到 4.0,支持 HttpRquest 对象的文件模块从 XMLHTTP 到 XMLHTTP.4.0。

一台客户端的计算机可以使用 XMLHTTP 对象(MSXML2. XMLHTTP.4.0)发送一个请求、接收一个响应,并通过 XMLDOM 对该响应进行解析。HttpRequest 对象的方法见表 12.2。

表 12.1　HttpRequest 对象属性

属　性	说　明
onReadyStateChange	当 readyState 属性变化时,用来描述事件句柄。可读/可写
readyState	描述请求的状态。只读属性
responseBody	将响应实体的主体表示为一个无符号型整数组。只读属性
responseStream	将响应实体主体表示为一个 Istream 流。只读属性
responseText	将响应实体主体表示为一个字符串。只读属性
responseXML	将响应实体表示为 MSXML 解析的 XML 实体。只读属性
status	表示一个请求返回的 HTTP 状态代码。只读属性
statusText	表示 HTTP 响应状态的字符串。只读属性

表 12.2　HttpRequest 对象的方法

方　法	说　明
abort	取消现行的 HTTP 请求
getAllResponseHeaders	取回所有的 HTTP 头信息
getResponseHeaders	从响应实体中取回一个 HTTP 头信息
open()	打开 HTTP 请求
send()	发送一个 HTTP 请求给服务器并接收一个响应
setRequestHeaders	设置用户自定义的 HTTP 头的名称和值

12.2.1　操作 HttpRequest 对象

1. 创建 HttpRquest 对象

与 XMLDOM 对象的创建十分类似,创建 XMLHttpRequest 对象的方法如下。

考虑到浏览器的种类很多,对于 IE 5.0 之后的浏览器开始支持 XMLHttpRequest 对象,而对于早期的浏览器,可以使用 XMLHttp。

```
var xmlHttpObj;
if (window.XMLHttpRequest) {
    xmlHttpObj = new XMLHttpRequest();}
else if (window.ActiveXObject){
    xmlHttpObj = new ActiveXObject("MSXML2.XMLHTTP.4.0"); }
```

先判断 window 是否支持 XMLHttpRequest,若是,则用 XMLHttpRequest( )创建 xmlHttpObj,否则用 ActiveXObject 创建 xmlHttpObj。对于早期的 IE 浏览器,用 Microsoft .XMLHTTP;对于较新的 IE,可以用 MSXML2.XMLHTTP、MSXML2.XML HTTP.3.0、MSXML2.XML HTTP.4.0、甚至更新的 MSXML2.XMLHTTP.5.0 来创建 XMLHttpRequest 对象。

除了使用上面的方法创建 XMLHttpRequest 对象,还可以使用 JavaScript 中 try/catch 方法来创建。

```
var xmlHttpObj;
//较新的 IE 版本创建 XMLHttpRequest 对象
try{
    xmlHttpObj = new ActiveXObject("MSXML2.XMLHTTP.4.0");
 }catch(_e){
```

```
        //用早期的 IE 创建 XMLHttpRequest 对象
        try{
            xmlHttpObj = new ActiveXObject("Microsoft.XMLHTTP");
            }catch(_E){
                xmlHttpObj = false;
            }
        }
    if(!xmlHttpObj && window.XMLHttpRequest) {
        xmlHttpObj = new XMLHttpRequest();}
}
```

其中，try/catch 部分用 IE 创建 XMLHttpRequest 对象。然后，用 if 语句判断 IE 浏览器是否创建 XMLHttpRequest 对象，如果不成功，则用 Mozilla/Firefox 方式创建 XMLHttpRequest 对象。

2. 打开与发送 XMLHttpRequest 对象

与 XMLDOM 对象的创建十分类似，创建 HttpRequest 对象的方法如下：

```
JavaScript:      var xmlHttp=new ActiveXObject("MSXML2.XMLHTTP.4.0")
VBScript:         Dim xmlHttp
                  set xmlHttp=CreateObject("MSXML2.XMLHTTP.4.0")
```

建立了 HttpRequest 对象，可以使用它的属性和方法来操作和使用该对象。

3. 打开与发送 HttpRequest 对象

建立好 HttpRequest 对象后，可以用该对象的 open 和 send 方法来打开和发送建立好的对象。Open 方法的格式为：

```
open(method, url, async, userid, pwd)
```

其中，method 表示方法，有两个取值 GET 和 POST，GET 用于接收服务器的响应，POST 用于发送请求到服务器。url 表示发送对象的物理地址或网络地址，对于本地对象，可以使用实际的对象所在的地址，对于远程对象则使用通用的 URL。async 表示操作是否是同步执行还是异步执行，如果该值是 true，为同步执行；是 false 则异步执行。userid 表示用户名称，pwd 为用户密码。

打开 HttpRequest 对象后，可以用 send()方法来发送请求：

```
xmlHttp.send()
```

4. 请求 XML 文档

向服务器请求 XML 时，需要把 open 的第一个参数设置为 GET，第二个参数是服务器端的 XML 数据文件。

下面的代码完成打开和请求工作：

```
var xmlHttpObj =false;
if (window.XMLHttpRequest) {
    xmlHttpObj = new XMLHttpRequest();}
else if (window.ActiveXObject){
    xmlHttpObj = new ActiveXObject("MSXML2.XMLHTTP.4.0"); }
if(xmlHttpObj){
    xmlHttpObj.open("GET", "ch9-1.xml", "false");
    xmlHttpObj.send();
}
```

当完成上述工作后，可以用 HttpRequest 对象的 responseText 属性获取服务器端的 XML 文档。

例 12.1　通过 HttpRequest 对象的 responseText 属性获得例 9.1 的 XML 文档(ch9-1. xml) 的示例。

```
<html>
<head>
    <title>获取 xml 内容</title>
    <META http-equiv="Content-Type" content="text/html;charset=GB2312">
</head>
<body>
<script language="JavaScript">
            //创建 XMLHttpRequest 对象
            var xmlHttpObj =false;
            if (window.XMLHttpRequest) {
                xmlHttpObj = new XMLHttpRequest();}
            else if (window.ActiveXObject){
                xmlHttpObj = new ActiveXObject("MSXML2.XMLHTTP.4.0");
            }
            //若 XMLHttpRequest 对象创建成功,打开 XML 文档并显示
            if(xmlHttpObj){
                xmlHttpObj.open("GET", "ch9-1.xml", "false");
                xmlHttpObj.send();
                var xmlObj = xmlHttpObj.responseText;
                document.write("<xmp>" + xmlObj + "</xmp>");
            }
            else
                alert(xmlHttpObj.parseError.reason);
</script>
</body>
</html>
```

程序说明：脚本<script>中的第 1～3 行，创建 HttpRequest，然后用 GET 方式打开 ch9-1. xml，最后发送给本地机；第 4 行获得 responseText；第 5 行显示 XML 文档的内容。

显示结果如图 12.2 所示。

```
<?xml version="1.0"?>
<files>
  <file>
    <name>XML Design</name>
    <type>Word Document</type>
    <date>2007-11-25</date>
    <size>73kb</size>
  </file>
  <file>
    <name>ASP Design</name>
    <type>Word Document</type>
    <date>2003-10-15</date>
```

图 12.2　用 HttpRequest 的 responseText 实现 XML 操作

用同样的办法，可以获得 XML 文档，把 responseText 改成 responseXML 可以实现这一目的。如：

xmlObj = HttpObj.responseXML

例 12.2 通过 HttpRequest 对象的 responseXML 获得例 9.2 的 XML 文档(ch9-2.xml)。

```html
<html>
  <head>
    <title>获取 xml 的 dom 树</title>
  </head>
  <body>
    <table border=1>
      <script language="JavaScript">
      var xmlHttpObj =false;
      if (window.XMLHttpRequest) {
          xmlHttpObj = new XMLHttpRequest();}
      else if (window.ActiveXObject){
          xmlHttpObj = new ActiveXObject("MSXML2.XMLHTTP.4.0"); }
      if(xmlHttpObj){
          xmlHttpObj.open("GET", "ch9-2.xml", "false");
          xmlHttpObj.send();
          // 获取 XML DOM
          var DomObj = xmlHttpObj.responseXML;
          var xmlNode = DomObj.documentElement.childNodes;
          // 显示所有的 XML 节点
          for (i=0; i< xmlNode.length; i++){
            document.write("<tr><td>" + xmlNode.item(i).nodeName + "</td>");
            document.write("<td>" + xmlNode.item(i).text + "</td></tr>");
          }
      }
      else
            alert(xmlHttpObj.parseError.reason);
      </script>
    </table>
  </body>
</html>
```

此程序的现实结果如图 12.3 所示。

| student | 刘艳 女 0871-63350356 云南 昆明 人民中路258号 |
| student | 陈其 男 0872-5121055 云南 大理 下关中路58号 |

图 12.3　用 httpRequest 实现 DOM 转换

注意：微软的 IE 7.0 能够支持 ActiveX 对象和 XMLHttpRequest 对象,假定读者是在 IE 7.0 以上浏览器进行程序调试,在后续的讨论中为了减少篇幅,不再对是否成功创建 XMLHttpRequest 对象进行判断。

5. 向服务器发送 XML

向服务器发送 XML 时,需要把 open 的第一个参数设置为 POST,第二个参数是服务器端处理客户端发送的 XML 数据的 ASP 程序。

下面的代码完成打开和发送工作：

```javascript
var HttpObj = new ActiveXObject("MSXML2.XMLHTTP.4.0");
HttpObj.open("GET", "ch9-1.xml", "false");
HttpObj.send(XMLdom);
```

其中,XMLdom 是事先建立的 XMLDOM 对象,已经加载了 XML 文档。

　　向服务器发送 XML 分为发送 XML 文档和发送 XML 字符串两种形式。前者可以通过在客户端建立 DOM 对象,然后通过 DOM 对象发送 XML 文档。后者可以把程序中建立的 XML 串发送给服务器。

　　1) 发送 XML 文档

　　通过加载 XMLDOM 对象,然后通过 HttpRequest 对象发送该 DOM 对象到服务器端的程序。

　　例 12.3　发送例 8.20 的 XML 文档(ch8-20.xml)到服务器,然后用 ASP 处理并返回处理结果。

```
1    <html>
2    <head><title>学生信息</title></head>
3    <body>
4      <center>
5       <script language="JavaScript" >
6         //建立 DOM 对象
7         var DomObj=new ActiveXObject("MSXML2.DOMDocument.4.0");
8         DomObj.async="false";
9         DomObj.load("ch8-20.xml");
10        if(DomObj.load("ch8-20.xml"))
11         {
12            //建立 XMLHTTP 对象
13            var HttpObj=new ActiveXObject("MSXML2.XMLHTTP.4.0");
14            HttpObj.open("POST", "ch11-3.ASP", "false");
15            HttpObj.send(DomObj);
16            xmlDom=HttpObj.responseXML;
17            //构造显示表格
18            document.write("<table border='1'>");
19            document.write("<caption>学生成绩表</caption>");
20            document.write("<thead>");
21            document.write("<tr>");
22            document.write("<th>学号</th>");
23            document.write("<th>姓名</th>");
24            document.write("<th>英语</th>");
25            document.write("<th>计算机导论</th>");
26            document.write("<th>高等数学</th>");
27            document.write("<th>大学物理</th>");
28            document.write("</tr>");
29            document.write("</thead>");
30            //显示数据
31            xmlNodes=xmlDom.documentElement.childNodes;
32            for (var i=0; i<xmlNodes.length; i++)
33            { document.write("<tr>");
34               xmlSubNodes=xmlNodes.item(i).childNodes
35               for(var j=0; j<xmlSubNodes.length; j++)
36                  document.write("<td>" + xmlSubNodes.item(j).text + "</td>");
37               document.write("</tr>");
38            }
39            document.write("</table>");
40         }
41       else
42         { alert(DomObj.parseError.reason);}
43      </script>
44    </center>
```

```
45  </body>
46  </html>
```

程序说明：

① 第 7 行～第 9 行，创建 XML DOM 对象，加载 ch8-20. xml。

② 第 11 行～第 40 行，如果加载成功，则处理创建 XML DOM 对象，加载 ch8-20. xml。

第 13 行～第 16 行，创建 HttpRequest 对象；把该对象发送至 ch12-3. asp 程序处理；处理的资源是 XML DOM 所携带的 XML 文档；然后把 ASP 的处理的 XML 结果送入 xmlDom 对象。

第 18 行～第 29 行，创建表格、表头。

第 31 行～第 39 行，把 ASP 处理后的 XML 数据用 DOM 技术显示在表格中。

③ 第 42 行，如果加载不成功，则显示出错原因。

其中的 ch12-3. asp 代码如下：

```
1   <%
2      Response. ContentType = "text/xml"
3      Dim xmlStu, strStu, strNode
4      strStu=""
5      set xmlStu=Server. CreateObject("MSXML2. DOMDocument. 4. 0")
6      xmlStu. async="false"
7      xmlStu. load(Request)
8      for each strNode in xmlStu. documentElement. childNodes
9          strStu = strStu & "<"
10         strStu = strStu & strNode. nodeName
11         strStu = strStu & ">"
12         for each subNode in strNode. childNodes
13             strStu = strStu & "<"
14             strStu = strStu & subNode. nodeName
15             strStu = strStu & ">"
16             strStu = strStu & subNode. text
17             strStu = strStu & "</"
18             strStu = strStu & subNode. nodeName
19             strStu = strStu & ">"
20         next
21         strStu = strStu & "</"
22         strStu = strStu & strNode. nodeName
23         strStu = strStu & ">"
24     next
25     Response. Write("<?xml version='1.0' encoding='GB2312'?>")
26     Response. Write("<scores>" & strStu & "</scores>")
27     Set xmlStu = Nothing
28  %>
```

在该程序中，使用了 xmlStu. load(Request)方法获得由客户端发送的 XMLDOM 对象，此时，xmlStu 对象中已经保存了 XML 文档的全部信息，可以从这个对象中完全构造出原来的 XML 文档。

程序说明：

① 第 7 行，xmlStu 获得从客户端网页文件发送的 Request(XML 文档)。

② 第 8 行～第 24 行，用 DOM 的 nodeName 和 text 构造 XML 元素，变量 strStu 中存储所构造的前 n 个 XML 元素累加串的结果。

③ 第 25 行,向客户端返回 XML 文档的定义。

④ 第 26 行,把构造所得的元素串 strStu 放入根元素＜scores＞中,然后返回客户端。

此程序的结果显示在图 12.4 中。

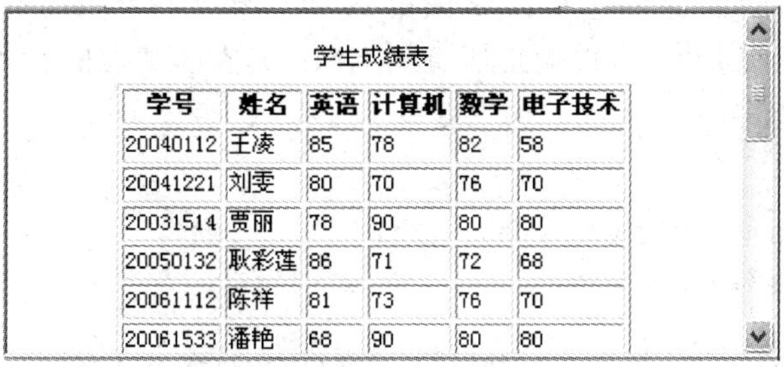

图 12.4　用 HttpRequest 和 ASP 实现 XML 文档转换

2) 发送 XML 串

下面通过 XML 串,建立加载串的 XMLDOM 对象,再用 HttpRequest 对象来实现发送 XML 文本的目的。

例 12.4　发送 XML 串(文件名:ch12-4.htm)。

```
1   <html>
2   <head><title>图书列表</title></head>
3   <body>
4    <h3>使用 HttpRequest 和 ASP 显示 XML 字符串</h3>
5    <script language="JavaScript">
6    var xmlStr="<book>";
7    xmlStr=xmlStr + "<name>数据结构</name>";
8    xmlStr=xmlStr + "<author>严蔚敏</author>";
9    xmlStr=xmlStr + "<press>清华大学</press>";
10   xmlStr=xmlStr + "<pubdate>1997.4.6</pubdate>";
11   xmlStr=xmlStr + "<price>22.00</price>";
12   xmlStr=xmlStr + "</book>";
13   //加载 DOM 对象
14   var domObj=new ActiveXObject("MSXML2.DOMDocument.4.0");
15   domObj.async="false";
16   domObj.loadXML(xmlStr);
17    if(domObj.loadXML(xmlStr))
18     {
19        //建立 XMLHTTP 对象
20        var HttpObj=new ActiveXObject("MSXML2.XMLHTTP.4.0");
21        HttpObj.open("POST","ch11-4.ASP","false");
22        HttpObj.send(domObj);
23        xmlDom=HttpObj.responseXML;
24        document.write(xmlDom.documentElement.text);
25     }
26    else
27     { alert(DomObj.parseError.reason);}
28    </script>
29   </body>
30   </html>
```

程序说明：

① 第 6 行～第 12 行，定义了 XML 文本串 <book>…</book>。

② 第 16 行，在第 14 行创建的 DOM 对象中加载 XML 串。

③ 第 20 行～第 23 行，含义与例 12.2 的第 13 行～第 16 行一样。

④ 第 24 行，用简化的方式直接输出所有的 XML 元素的文本值。

第 21 行中 ASP 程序 ch12-4.asp 如下：

```
<%
    Response.ContentType = "text/xml"
    Dim xmlBook, strBook, bookNode
    strBook=""
      set xmlBook=Server.CreateObject("MSXML2.DOMDocument.4.0")
    xmlBook.async="false"
    xmlBook.load(Request)
    for each bookNode in xmlBook.documentElement.childNodes
        strBook = strBook & bookNode.text & " "
    next
    Response.Write("<?xml version='1.0' encoding='GB2312'?>")
    Response.Write("<Booklist>" & strBook & "</Booklist>")
    Set xmlBook = Nothing
%>
```

此 ASP 文件没有像 ch12-3.asp 那样刻意去构造 XML 各级子元素，而是直接把元素的 text 值累加在变量 strBook 中。此 XML 字符串显示如图 12.5 所示。

使用 HttpRequest 和 ASP 显示 XML 字符串

数据结构 严蔚敏 清华大学 1997.4.6 22.00

图 12.5　用 HttpRequest 和 ASP 实现 XML 串操作

12.2.2　HttpRequest 请求检测

上面使用了 HttpRequest 对象的部分属性，如 responseText 和 responseXML。

灵活使用 HttpRequest 对象的属性，可以获得一些重要的网络和服务器信息，当发送 HttpRequest 请求失败时，可以让设计者有效地处理出现的问题，找到解决问题的办法。下面讨论其他属性的使用方法。

1. 检测请求状态

当向服务器发送了 HttpRequest 请求后，可以使用 readyState 属性来判断服务器是否正确地响应了该请求。ReadyState 属性取值如表 12.3 所示。

表 12.3　readyState 属性值列表

取值	状　态	说　明
0	UNINNITIALIZED	对象已经创建，但还没有使用 OPEN 方法初始化
1	LOADING	对象已经创建并已经初始化，正在调用 SEND 方法发送
2	LOADED	已经调用了 SEND 方法且状态和标题都可用了，但响应还不可用
3	INTERACTIVE	表示部分数据已经收到，用户可以调用 RESPONSEBODY 和 RESPONSETEXT 或 RESPONSEXML 来获得目前的部分结果。此状态表示正在解析数据
4	COMPLAETED	所有数据接受完毕，可以从 RESPONSEBODY 和 RESPONSETEXT 或 RESPONSEXML 来获得数据

下面是使用这个属性的一个语句：

```
document.write( "连接状态： " ＋ HttpObj.readyState＋ "＜br/＞");
```

可以把它分别加在下面三个语句之后，来观察显示结果。

```
var HttpObj＝new ActiveXObject("MSXML2.XMLHTTP.4.0");
HttpObj.open("POST", "Ch12-3.asp", "false");
HttpObj.send(DomObj);
```

代码段如下：

```
var HttpObj＝new ActiveXObject("MSXML2.XMLHTTP.4.0");
document.write( "连接状态： " ＋ HttpObj.readyState＋ "＜br/＞");
HttpObj.open("POST", "Ch12-3.asp", "false");
document.write( "连接状态： " ＋ HttpObj.readyState＋ "＜br/＞");
HttpObj.send(DomObj);
document.write( "连接状态： " ＋ HttpObj.readyState＋ "＜br/＞");
```

把它们放到 ch12-3.htm 或 ch12-4.htm 程序中，可以在浏览器上显示请求状态值。具体请读者自己完成。

2. 检测服务器状态

当向服务器发送了 HttpRequest 请求后，可以使用 status 和 statusText 分别表示服务器响应状态代码和状态说明文本。

下面是使用这两个属性的一个语句：

```
document.write( "服务器状态： " ＋ HttpObj.status＋ HttpObj.statusText ＋"＜br/＞");
```

与前面的讨论相似，可以把它插入到 ch12-3.htm 或 ch12-4.htm 程序中来观察服务器响应 HttpRequest 请求后的状态。在 ch12-3.htm 中写入该语句的代码片段为：

```
…
{ //建立 XMLHTTP 对象
  var HttpObj＝new ActiveXObject("MSXML2.XMLHTTP.4.0");
  HttpObj.open("POST", "Ch12-3.asp", "false");
  HttpObj.send(DomObj);
  document.write( "服务器状态： " ＋ HttpObj.status ＋ HttpObj.statusText ＋"＜br/＞");
  xmlDom＝HttpObj.responseXML;
  …
}
```

在例 12.3 的程序 ch12-3.htm 中加入前面讨论的请求状态和服务器状态两方面的代码后，执行该程序后，浏览器显示如图 12.6 所示的信息。

3. onReadyStateChange 属性

该属性指定一个当 readyState 属性变化时的事件处理程序。此属性是专门为脚本语言环境设置的。

该属性可以不通过 DOMDocument 直接设置该属性的其他方法进行设定，也可以用＜XML＞标记的 onReadyStateChange 属性进行设定。

下面的脚本指定了一个 HttpRequest 对象的 readyState 属性变化时调用 stateChange 的函数。

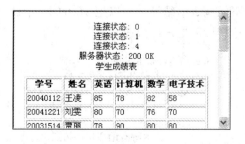

图 12.6　请求连接和服务器状态检测

```
<script language="JavaScript">
    var httpObj=null;
    function post(xmlObj)
    {var httpObj=new CreateXObject("Msxml2.XMLHTTP.4.0");
      httpObj.open("POST","ch11-4.asp","false");
      httpObj.onReadyStateChange=stateChange;
      httpObj.send(xmlObj);
    }
    function stateChange()
    { if(httpObj.readyState==4)
      {alert("xmlDoc="+httpObj.responseXML.xml);}
    }
</script>
```

把此代码段写入操作 HttpRequest 对象的程序中，来实现 onReadyStateChange 的使用。

例 12.5 用 onReadyStateChange 调用 XML 文档。

```
<html>
<head><title>onReadyStateChange 属性</title></head>
<body>
<script>
    // 建立 XML DOM 对象
    var xmlObj = new ActiveXObject("MSXML2.DOMDocument.4.0");
    xmlObj.async =false;
    // 加载 XML 文件的字符串
    xmlObj.load("ch9-1.xml");
    if (!xmlObj.parseError.errorCode)
        { // 建立 XML HTTP 对象
            var httpObj=new ActiveXObject("MSXML2.XMLHTTP.4.0");
            httpObj.open("POST","ch11-5.asp","false");
            httpObj.send(xmlObj);
            httpObj.onReadyStateChange=stateChange();
        }
    else
        {document.write(xmlObj.parseError.reason + "<br>");}
    //子函数
    function stateChange()
    { if(httpObj.readyState==4)
        { alert("xmlDoc="+httpObj.responseXML);}
    }
</script>
</body>
</html>
```

在浏览器上显示时，由于 httpObj.responseXML 没有转换成可视化的 HTML 语言，因而不能显示出结果。可以把 stateChange() 写成比较具体的 HTML 语句，让浏览器显示结果。这样可以把该函数改写成：

```
function stateChange()
{ if(httpObj.readyState==4)
    { xmlDoc = httpObj.responseXML;
        var objNode = xmlDoc.documentElement.childNodes;
        string = "<table border='1'>";
        // 显示所有的 XML 结点
        for (i=0; i< objNode.length; i++)
```

```
{string = string + "<td>" + objNode.item(i).text + "</td></tr>";}
string = string + "</table>";
document.write(string);}}
```

相应地,此程序的 ch11-5.asp 与前面的 ch11-3.asp 类似。此时,根据 ASP 文件的不同,显示结果不同,图 12.7 是可能的一种显示结果。

图 12.7　onReadyStateChange 的使用示例

12.3　通过 ASP 访问 XML

在网站建设和网络应用中,要把 XML 作为数据载体、数据表示、数据传输和应用的对象,如何把现有的 Web 技术与 XML 相结合,是基于 XML 的 Web 应用的基础问题,要解决这个问题,就可以用 XML 作为 Web 应用的基本技术,这也是 W3C 最初的愿望。

ASP 是微软开发 Web 应用开发环境,通过在 Windows NT 的 IIS 建立 Web 环境。在今天的 Web 应用中,微软的 Web 技术系列占据了大半个江山。在 XML 技术的应用方面,基于 Windows 环境的技术支持也是最为丰富和完善的,所以讨论 ASP 与 XML 的结合具有实际的应用价值。本节讨论 ASP 访问 XML 文档的问题。

在 ASP 中创建 XML DOM 对象使用 Server 组件的 CreateObject 方法实现,具体如下:

```
Dim xmlHttp
set xmlHttp = Server.CreateObject("MSXML2.DOMDocument.4.0")
```

对象建好后,可以使用 Server 组件的 MapPath 方法加载 XML 文档。方法如下:

```
xmlHttp.load(Server.MapPath("XMLFile"))
```

此时可以用 ASP 来实现对 DOM 的访问,从而实现对 XML 文档操作。

1. 访问元素结点

例 12.6　用 ASP 建立 DOM 对象,然后访问 XML 文档元素。

```
<%@ language="JavaScript"%>
<html>
  <head><title>ASP 显示 XML 元素</title></head>
  <body>
    <h3> ASP 显示 XML 元素</h3>
    <%
    var aspObj = Server.CreateObject("MSXML2.DOMDocument.4.0")
    aspObj.async = "false";
    aspObj.load(Server.MapPath("ch9-2.xml"));
    if (aspObj.parseError.errorCode != 0)
        Response.write(xmlDom.parseError.reason);
```

```
else
  {
    Response.write ("<table border='1'>")
    var xmlNode = aspObj.documentElement.childNodes;
    for (i = 0 ; i <= xmlNode.length-1; i++)
      {
        Response.write ("<tr><td>" + xmlNode.item(i).nodeName + "</td>");
        Response.write ("<td>" + xmlNode.item(i).text + "</td></tr>");
      }
    Response.write ("</table>")
  }
%>
</body>
</html>
```

此程序与例 12.2 的显示结果类似，如图 12.8
所示。

图 12.8　ASP 显示 XML 元素

2. 访问属性结点

例 12.7　用 ASP 建立 DOM 对象，然后访问 XML 元素属性。

```
<%@ language="JavaScript"%>
<html>
  <head><title>ASP 显示 XML 元素</title></head>
  <body>
    <h3> ASP 显示 XML 元素的属性</h3>
    <%
    var aspObj = Server.CreateObject("MSXML2.DOMDocument.4.0")
    aspObj.async ="false";
    aspObj.load(Server.MapPath("ch9-2.xml"));
    if (aspObj.parseError.errorCode != 0)
      Response.Write(aspObj.parseError.reason);
    else
      {Response.Write("<table border='1'>")
      var xmlNode = aspObj.documentElement.childNodes;
      for (i = 0 ; i < xmlNode.length; i++)
        { Response.Write("<tr>");
        for(var j=0;j<xmlNode.item(i).attributes.length;j++)
         {
         Response.Write("<td>" + xmlNode.item(i).attributes.item(j).name + "</td>");
         Response.Write("<td>" + xmlNode.item(i).attributes.item(j).value + "</td>");
         }
        Response.Write("</tr>");}
      }
    Response.Write ("</table>")
%>
</body>
</html>
```

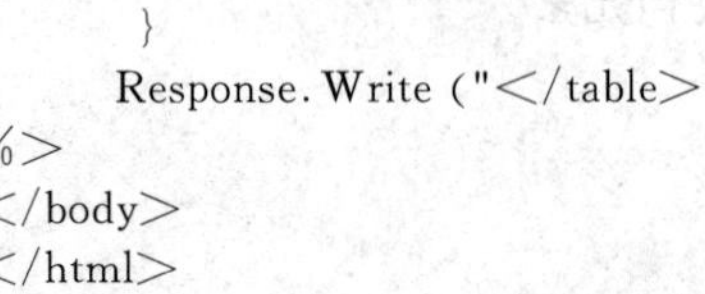

图 12.9　用 ASP 访问 XML 元素的属性

此程序在浏览器运行结果如图 12.9 所示。

3. 转换 XSL

与 DOM 中应用类似，可以用 ASP 实现 XSL 对
XML 的转换。

例 12.8 用 ASP 实现 XSL 对 XML 文档的转换。

```
<%@ LANGUAGE="JavaScript"%>
<html>
 <head>
   <title>学生信息</title>
   <META http-equiv="Content-Type" content="text/html;charset=GB2312">
 </head>
 <body>
   <h3>ASP 实现 XSL 对 XML 转换</h3>
   <hr/>
   <%
     var aspXML = Server.CreateObject("MSXML2.DOMDocument.4.0")
     aspXML.async = "false"
     aspXML.load(Server.MapPath("ch9-2.xml"))
     var aspXSL = Server.CreateObject("MSXML2.DOMDocument.4.0")
     aspXSL.async = "false"
     aspXSL.load(Server.MapPath("ch9-2.xsl"))
     Response.Write(aspXML.transformNode(aspXSL));
   %>
 </body>
</html>
```

结果如图 12.10 所示。

图 12.10 用 ASP 访问 XML 和 XSL 实现转换

4. 通过 HttpRequest 处理 XML

在 10.1 节讨论 HttpRequest 对象时,只简单地讨论了使用 POST 方法时,如何使用 ASP 程序处理获得的 XML 数据,但没有详细讨论构造 XML 文档的细节。本节对此问题进行较深入的讨论。

在进行 HttpRequest 对象请求时,已经把 DOM 的内容通过 HttpRequest 对象传递给服务器端的 ASP 程序,在 ASP 程序中可以构造完整的 XML 文档结构,然后再发送给用户的浏览器,这种技术有时是必需的。

文件 ch11-3.asp 就是一个把 ASP 发送的串还原为 XML 文档的处理程序。以文件 ch11-3.asp 为基础,可以继续构造元素的属性。设计如下:

```
<%Response.ContentType = "text/xml"
  Response.Expires = 0
  Dim xmlStu, strStu, strNode, strChild
  strStu=""
  '加载 XML 文件
  set xmlStu=Server.CreateObject("MSXML2.DOMDocument.4.0")
  xmlStu.async="false"
```

```
    xmlStu.load(Request)
    '获取结点
    for each strNode in xmlStu.documentElement.childNodes
        for each strChild in strNode.childNodes
            if strChild.nodeType=1 then
            strStu=strStu & "<"
            strStu=strStu & strChild.nodeName
            '在元素中插入属性
            if strChild.attributes.length>0 then
             for i=0 to str.attributes.length-1
              strStu=strStu & " "
              strStu=strStu & strChild.attributes.item(i).nodeName &"="
              strStu=strStu & "'"
              strStu=strStu & strChild.attributes.item(i).nodeValue
              strStu=strStu & "' "
             next
            end if
            strStu=strStu & ">"
            strStu=strStu & strChild.text
            strStu=strStu & "</"
            strStu=strStu & strChild.nodeName
            strStu=strStu & ">"
            end if
        Next
    Next
    Response.Write("<?xml version='1.0' encoding='GB2312'?>")
    Response.Write( "<studentlist>" & strStu & "</studentlist>")
    Set xmlStu = Nothing
%>
```

对于其他类型的结点，与此程序类似，可以参考 9.5.5 节第 2 部分的内容，进行相应的设计。

习题 12

1. XML HttpRequest 对象可以实现 XML 与 Web 的通信。用 XML HttpRequest 来处理例 2.1 的文档。

2. XML HttpRequest 对象的属性可以用来获取连接状态，请问：如何获取 HTTP 的头部信息？

3. 使用 ASP 实现对 XML 的访问，分别访问它们的其他类型文档结点。

第 13 章　Ajax 实例

13.1　概述

本章将通过实例,建立一个学生信息管理系统。在本系统中,可以实现一般中小学学生信息、教师信息、年级班级信息的管理。具备添加、查找、更新、删除的基本功能。由于本书知识结构需要在本实例中体现,于是系统不以实际软件工程方式构建,而采用更能反映本书技术知识的方法来解决。

本章内容在需求分析、设计等环节都做了简化处理,有兴趣读者可参考相关文献。

13.1.1　简要需求

昆明某中学有 3 个初中年级,每年级有 4~8 个班级,每班级有 50~70 个学生,现需要将学生信息进行电子化管理,使校长或各班主任可以快速地查找到各学生的具体信息,以及班级、年级、班主任等相关信息。

年级班级、教师、学生可随时进行增删改,可快速通过学生学号、姓名、年级班级、班主任查找到学生,同时也可快速按班级查找学生、按年级查找学生、查找对应负责教师等相关信息。系统内部数据可以方便导出为 Excel 文件,方便打印或存档。

各种操作时,尽量简化处理,避免重复劳动或操作歧义。系统不要求具备权限分级,也就是说,不需要进行分级登录就可以操作系统。

13.1.2　功能分析

经过分析,本系统分为三个主要模块:

(1) 年级班级管理。本模块主要功能是对年级、班级信息进行电子化管理。

(2) 教师信息管理。本模块主要对教师各基本信息进行电子化管理。

(3) 学生信息管理。本模块对学生基本信息,所属班级进行电子化管理。

由于是管理信息系统,将会有很多增、删、改的操作,避免用户操作烦琐或操作歧义,系统应该尽量在可能的情况下,使用 XML 作为中间数据交换,这样可以以标准的方式进行数据交换和数据共享,同时可使用 XML 很方便地将数据导出为 Excel 或 Word 文档,更可进一步扩展为 XML Web Service。使用 XML 作为查询数据还可以降低数据库服务器负担(但 XML 的半结构化特点也会给应用程序编程方面造成较大的麻烦)。

在学生学号判定、教师姓名判定、年级名称判定等地方,系统可以使用 Ajax 技术将数据进行异步传输,提高输入效率,同时避免错误。

系统基本结构如图 13.1 所示。

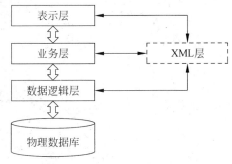

图 13.1　系统基本结构

13.1.3 技术分析

系统将主要分为 4 个层次，自下而上分别为无理数据存储层、数据逻辑层、公共类处理层、表示层。

1. 服务器端

Window XP 或 Windows 2003 Server，SQL Server 2005 Express 版本及以上，IIS6.0 及以上，. NET Framework 2.0。

2. 客户端

IE6 以上（建议使用 IE8），兼容 Firefox 类浏览器。

3. 开发工具

Visual Studio 2005 中文版，PowerDesigner12，Ajax Extension（http://www. microsoft. com/downloads/details. aspx? FamilyID = ca9d90fa-e8c9-42e3-aa19-08e2c027f5d6&displaylang = en），Ajax Control Toolkit（http://www. asp. net/ajaxlibrary/download. ashx）。

13.2 建立数据库及项目

系统使用四个数据表完成数据存储，分别为学生信息表（tb_Student）存储学生基本信息及所属班级、教师信息表（tb_Teacher）存储教师基本信息、年级信息表（tb_Grade）存储年级及年级组长信息、班级信息表（tb_Class）存储班级及班主任信息。

13.2.1 数据建模

数据建模一般需要通过 E-R 图，数据流图等过程，由于本书主题关系，将数据建模过程进行省略，直接进入数据库实体建立过程。本书选择 PowerDesigner12 来进行数据建模。

1. 创建数据库

打开 PowerDesigner12，单击 File→New 命令后，弹出对话框，选择 New Model（新模型），然后在左侧的 Model Type 处选择 Physical Data Model（物理数据模型），将右侧的 Model Name 设置为 XMLCase，DBMS 为 Microsoft SQL Server 2005，选中 Share the DBMS Definition，First Diagram 设置为 Physical Diagram，如图 13.2 所示。

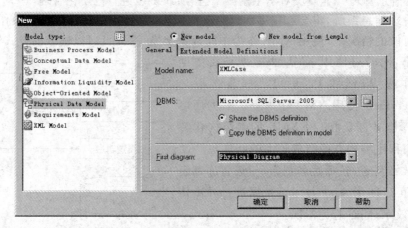

图 13.2　设置创建 SQL Server 2005 数据库

2. 创建数据表

单击"确定"按钮后,在 Palette 工具箱中,选择 Table 工具,在设计器中通过单击,创建四个数据表,如图 13.3 所示。

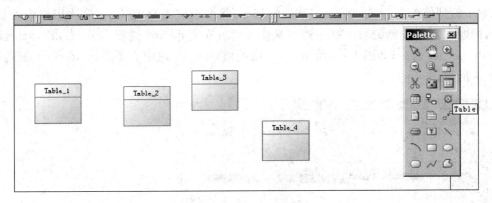

图 13.3　创建数据表

3. 设置数据表

在教师信息表中,有教师编号、教师姓名、教师性别、教师照片字段,分别对应为 teacherId、teacherName、teacherGender、teacherPic。选择 Pointer 工具后,双击 Table_1 图标,弹出对话框,输入对应的数据表名称及列名和数据类型等信息。在 General 选项卡中,如图 13.4 所示,主要设置的是表的名称。在该选项卡内,Name 内容为模型表名,Code 为最终生成数据表表名。PowerDesigner12 会自动将 Code 设置为与 Name 一致情况,推荐使用 Name 和 Code 一致的方法建立。在 Columns 选项卡中,如图 13.5 所示,主要设置该表各字段信息。对应各列,从左到右分别为 Code(字段名称)、Data Type(数据类型)、Length(长度)和 Precision(精确

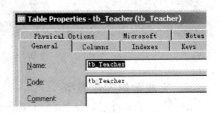

图 13.4　设置表名

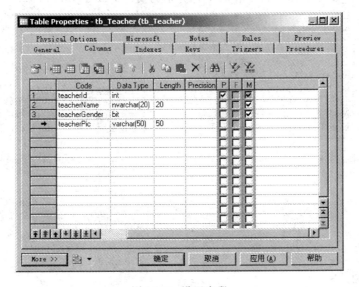

图 13.5　设置字段

度）。其后的 P 选项为主键选项，这里对 teacherId 字段设置为主键，后面的 M 选线为是否必填，除了 teacherPic 字段，其他字段均必填。

4. 设置自增长

对于教师信息表，主键 teacherId（教师编号）需要设置为自增长，可简化用户输入和程序设计，同时保证了教师编号的唯一性。操作方法可在 Columns 选项卡中，右击 teacherId 列，选择 Properties 命令，如图 13.6 所示，在弹出的对话框中，选中右下角的 Identity 复选框，如图 13.7 所示。

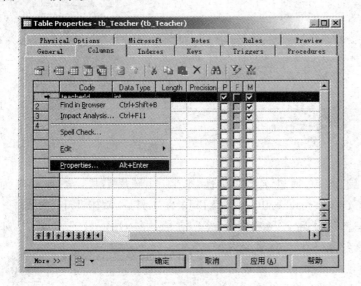

图 13.6　设置字段属性　　　　　　　　　　图 13.7　设置自增长主键

5. 完成数据实体模型

按照以上方法，分别设置完成数据表，数据表分别为 tb_Student、tb_Teacher、tb_Grade、tb_Class，如图 13.8～图 13.11 所示。其中 tb_Student 表中的 studentId 不设置为自增长，其他 tb_Teacher、tb_Grade、tb_Class 表的主键分别为 teacherId、gradeId、classId，均为自增长。

tb_Student		
studentId	int	<pk>
studentName	nvarchar(10)	
studentGender	bit	
studentBirth	datetime	
studentTel	nvarchar(20)	
studentPic	varchar(50)	
studentClassId	int	

图 13.8　tb_Student

tb_Teacher		
teacherId	int	<pk>
teacherName	nvarchar(20)	
teacherGender	bit	
teacherPic	varchar(50)	

图 13.9　tb_Teacher

tb_Grade		
gradeId	int	<pk>
gradeName	nvarchar(20)	
gradeTeacherId	int	

图 13.10　tb_Grade

tb_Class		
classId	int	<pk>
className	nvarchar(20)	
classTeacherId	int	
classGradeId	int	

图 13.11　tb_Class

6．设置数据表关系

设置完成数据表基本结构后,还应该设置数据表间的关系。在 Palette 工具箱中,选中 Reference 工具,然后左键拖动鼠标,使四个工作表关联起来,关系如图 13.12 所示。关系字段若名称相同,则会自动关联对应字段,若没有相同的字段名称,则 PowerDesigner12 会在外键表中自动加上一个与主键表主键名称一致的字段。如在本例中,数据表 tb_Class 和数据表 tb_Student 中的主、外键名称不同,分别为 classId 和 studentClassId,二者之间的关系需要手工设置,通过双击两表之间的连线,弹出关系设置对话框,在该对话框中,找到 Joins 选项卡,将 Child Table Column 设置为 studentClassId,其他各表间也按照相同的方法设置完成数据关系,如图 13.13 所示。完成后单击"确定"按钮,关闭对话框。

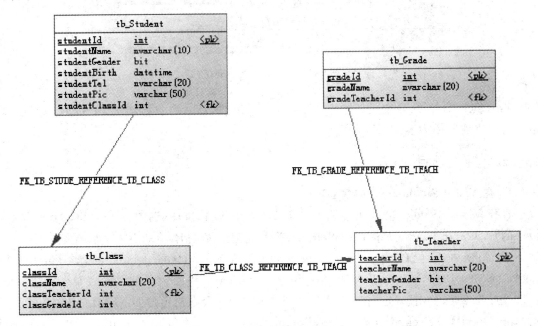

图 13.12   数据表关系

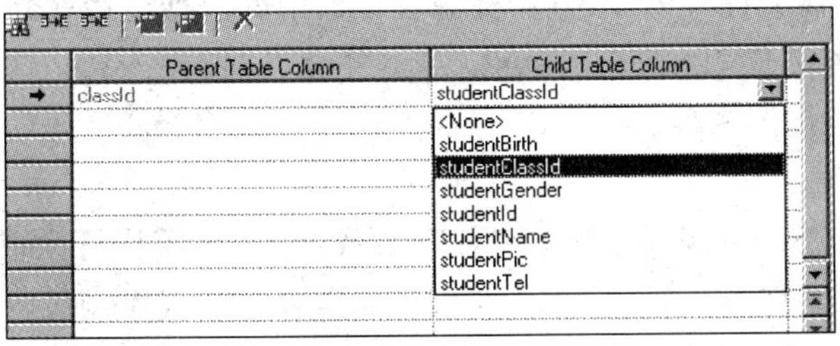

图 13.13   设置数据表关系

7．生成.sql 文件

选择 Database→Generate Database 命令可生成 SQL 语句或文件。在本例中,选择生成 SQL 语句,并将.sql 文件保存在 D:\下,主要设置如图 13.14 所示。

8．查看.sql 文件

单击"确定"按钮后,PowerDesigner12 会自动在指定的 D:\路径下生成 crebas.sql 文件。在 PowerDesigner12 中,还有一个有用的功能,就是生成测试数据功能,可以通过 Database→

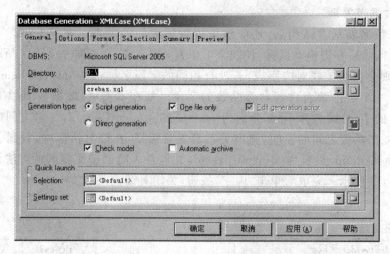

图 13.14　设置导出.sql 文件

Generate Test Data 命令生成新增测试数据的.sql 文件，读者可自行测试。crebas.sql 可用记事本打开查看其中内容。

13.2.2　建立项目

1. 在 Visual Studio 2005 中建立项目

打开 Visual Studio 2005，在欢迎页中找到"创建网站"按钮，选中 Visual Studio 已安装模板中的"ASP.NET Ajax-Enabled Web Site"，若在建立网站时，无此选项，那么需要到微软网站下载 Ajax 扩展包（http://www.microsoft.com/downloads/details.aspx? FamilyID = ca9d90fa-e8c9-42e3-aa19-08e2c027f5d6&displaylang=en）。将网站目录设置为 D:\XMLCase\，语言设置为 C#，单击"确定"按钮。Visual Studio 2005 会在指定的 D:\XMLCase\目录下，创建 App_Data 目录、Default.aspx 文件、Default.aspx.vb 文件和 web.config 文件。App_Data 目录中是为了存储如网站管理、登录用户等信息的数据库，这个数据库也可以由用户自定义，只要用户数据库放在该文件夹内，服务器资源管理器中的数据连接就会自动找到对应数据库，Default.aspx 是页面文件，Default.aspx.cs 文件是 Default.aspx 文件的后台文件，Web.config 文件时网站的配置文件。

2. 创建数据库（1）

现在需要在 SQL Server 2005 中建立对应的数据库，然后执行生成的 crebas.sql 文件即可将数据表及关系建立完成。Visual Studio 2005 集成了数据库浏览器，SQL Server 2005 可以通过其 GUI 简单管理。使用快捷键 Ctrl＋Alt＋S 可打开服务资源管理器窗口，在窗口中右击数据连接选项，在弹出的菜单中选择"创建 SQL Server 数据库"命令，如图 13.15 所示。

3. 创建数据库（2）

在弹出的对话框中，服务器名选择输入服务器名和数据库服务名，如编者服务器名称为mahong，数据库服务名为 sqlexpress，使用 SQL Server 的身份验证（为了调试更加方便，暂时使用 sa 用户，但是这样会造成安全问题，应该建立独立的用户来进行操作。更多信息请参考 SQL Server 相关书籍），输入密码，并且设置保存密码，新数据库名称为 XMLCase，如图 13.16 所示。

图 13.15 创建 SQL Server 数据库   图 13.16 创建数据库

4. 创建数据库（3）

创建好数据库后，使用 SQL Server Management Studio 打开 crebas. sql 文件，输入用户名、密码登录，如图 13.17 所示，注意需要选择数据库 XMLCase（或在 SQL 语句中使用 USE 关键字），按 F5 键执行文件，在消息框中看到"命令成功完成"提示，如图 13.18 所示。数据表将自动创建成功。回到 Visual Studio 2005，在服务资源管理器中，右击"表"选项刷新后就能看到生成的数据表了（也可直接在 Visual Studio 2005 中完成）。

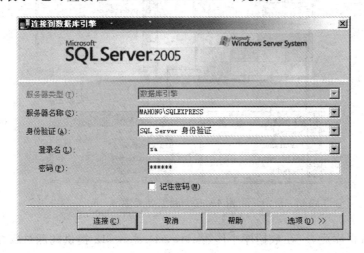

图 13.17 登录 SQL Server Management Studio

5. 查看数据关系图

在服务器资源管理器中的数据库关系图选项上，右击，在弹出的快捷菜单中单击"添加关系图"命令，将所有数据表都选中，确定后，能看到建立的物理数据表间的关系和建模时关系是一致的。可以发现，tb_Class 和 tb_Grade 之间应该存在关系，而该关系在一开始建模时并没有建立。在 Visual Studio 2005 中，可以在数据库关系图中，直接通过拖动字段至另外一个字段的方法建立该关系。本例中，将表 tb_Class 中字段 classGradeID 拖动到表 tb_Grade 中字段 gradeId 上，关系将会创建成功，如图 13.19 所示。随后将关系图进行保存，在保存过程中，Visual Studio 2005 会提示是否保存关系和相关的表，选择保存。

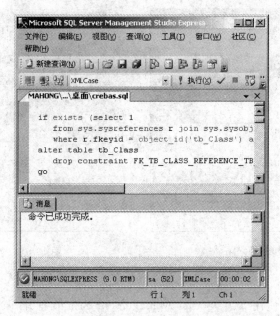

图 13.18 执行.sql 文件

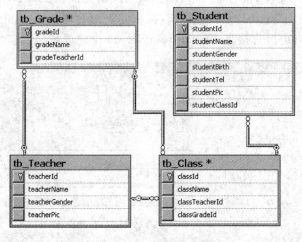

图 13.19 数据关系图

建立完成数据库后，应在数据库中使用 PowerDesigner12 提供的测试数据进行填充，由于数据量较小，也可使用手工输入的方式插入部分测试数据。

至此，本例通过 PowerDesigner12 建模后，成功建立物理数据库，也将开发项目建立并设置完成，后面将解决存储过程、处理类、页面文件等问题。

13.3 年级班级管理功能模块

13.3.1 数据访问层

本例中，数据访问层（Data Access Layer,DAL）将以存储过程的形式放置于数据逻辑层。数据访问层的主要作用是从数据库中将数据以结构化的方法进行传输，通常情况下，只做数据处理,不做业务处理。一般情况下,对于较小的系统,在仅完成一般的增删改情况下,中间业务层将会非常"薄",业务基本都可以由数据访问层完全解决,这个时候系统会将主要负担附加到数据库服务器端,而应用程序服务器甚至可以省略,这样做的好处是系统维护或迁移较为方便,同时提供更多的应用支持。但是对于较大型的系统来说,仅仅使用Transact-SQL 语句在数据访问层进行,业务处理比较难。于是将出现一个相对独立的业务逻辑层(Business Logical Layer,BLL)来专门处理业务逻辑,但会造成程序复杂度高、迁移比较困难等问题。

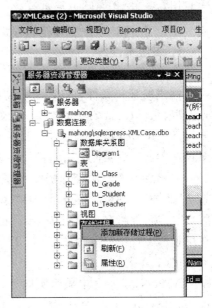

图 13.20　建立存储过程

本例中数据访问层,由几个较为简单的存储过程来完成,分别是对年级班级信息进行 SELECT、INSERT、UPDATE、DELETE 操作。

在 Visual Studio 2005 的服务资源管理器中,打开XMLCase 的数据连接,在子菜单中右击"存储过程"选项,选择"添加新存储过程"命令,如图 13.20 所示。在存储过程编辑器中即可输入存储过程代码,完成后直接保存即可。修改存储过程的时候请注意将第一行关键字CREATE 改为 ALTER。

(1) 查找年级信息(源代码见本书配套资源 ch13.1.sql)

(2) 更新年级信息(源代码见本书配套资源 ch13.2.sql)

(3) 删除年级信息(源代码见本书配套资源 ch13.3.sql)

在删除年级信息时,若年级下还有班级信息,那么应该先将属于该年级的班级删除后,再删除年级信息,为了保证数据一致性,可采用触发器的方法或直接通过存储过程来删除。本例中使用存储过程一同删除的方法进行删除,由于父表与子表存在关系,所以应先删除子表 tb_Class 中数据,再删除父表 tb_Grade 表中数据。

(4) 新增年级信息(源代码见本书配套资源 ch13.4.sql)

(5) 查找班级信息(源代码见本书配套资源 ch13.5.sql)

根据年级 id 进行对应班级查找。

(6) 更新班级信息(源代码见本书配套资源 ch13.6.sql)

(7) 删除班级信息(源代码见本书配套资源 ch13.7.sql)

删除班级信息时,存在删除年级信息时类似的问题,班级下的学生也应该为保证数据完整性而全部删除。

(8) 新增班级信息(源代码见本书配套资源 ch13.8.sql)

(9) 查找教师姓名信息(源代码见本书配套资源 ch13.9.sql)

(10) 检测年级信息是否重复(源代码见本书配套资源 ch13.10.sql)

13.3.2　显示层及页面后台代码

注意:本书不着重解决美观问题,于是不在页面布局等问题上做过多介绍(在软件开发越来越快捷的趋势下,显示层的用户体验(User Experience)好坏更明显地体现了软件价值,有兴趣读者可参考由 Steve Krug 著的 *Don't Make Me Think*！）

显示层位于整个最顶层，是用户和数据的接口，物理数据通过业务处理后，最终将在显示层与用户交互，用户的操作也必须通过显示层与底层数据进行传送。为了较好的提高系统使用效率，系统应该以更加方便的方式提供操作，如使用 Ajax 技术进行异步传输。

1. 母版页设计

ASP.NET 2.0 为开发者提供了母版页功能。为了保证网站风格或模板一致性，可以采用添加母版的方法来控制整个站点。母版是以.master 为扩展名的文件，在.aspx 页面文件中需要使用母版时，可以在 $<\%$ @ Page/$>$ 标签中使用 MasterPageFile 属性引用模板文件名。

在解决方案资源管理器中的项目名称上右击，选择"添加新项"命令，如图 13.21 所示。在"添加新项"对话框中，选择"母版页"选项，并将名称设置为 case.master，并且选中"将代码放在单独的文件中"选项，如图 13.22 所示。对 case.master 文件添加代码。

图 13.21　添加新项

ASP.NET 页面中需要实现 Ajax 方法，必须在页面中包含 ScriptManager 控件，ScriptManager 是放置在 Web 窗体上的服务器端控件，在 ASP.NET Ajax 中发挥核心作用。其主要任务是调解 Web 窗体上的所有其他 ASP.NET Ajax 控件，并将适当的脚本库添加到 Web 浏览器中，从而使 ASP.NET Ajax 的客户端部分能够正常工作。contentplaceholder 控件则为母版页中的内容定义相对区域。也就是说，如果有其他页面引用模板页，那么其他页面的代码内容将会替代 contentplaceholder 控件位置。在一个.master 文件中，可以指定多个 contentplaceholder，之间以 id 属性进行区别，在实际使用中，可能存在有页面顶部的 contentplaceholder、页面主要内容的 contentplaceholder 或其他更多应用，这样就能避免每次设计新页面的时候，重复做内容、排版等类似的工作。在模板应用页面，可以使用

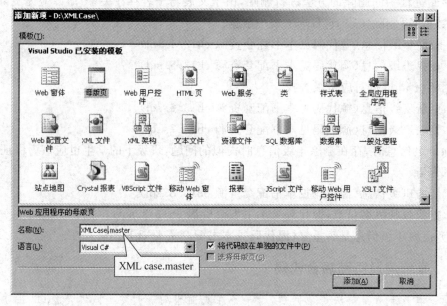

图 13.22　添加年级班级管理页

<asp:Content>和</asp:Content>标签来指定符合哪个 contentplaceholder,在稍后的例子中,将再次讲述。请将包含两个控件及基本页面代码以母版的形式保存下来。

再次选择添加新项,项目为"样式表",命名为 main.css,将这个文件中的所有代码删除,暂留为空。格式代码在后面将逐步添加。

2. 创建窗体

(1)用类似的方法,添加新项 Web 窗体,文件名设置为 GradeClassMng.aspx(参考资源中的 GradeClass_Mng.aspx)。GradeClassMng.aspx 页面的是进行年级班级管理的页面,在创建该页面文件后,Visual Studio 2005 将自动创建页面后台代码文件 GradeClassMng.aspx.cs。在页面文件中,输入页面源文件。一般代码不是很长情况下,为了阅读方便,代码的一个标签应在一行完成。

在 GradeClassMng.aspx 代码第一行中,手工增加了 MasterPageFile = "~/XMLCase.master"属性,代码如下:

```
<%@ Page Language="C#" MasterPageFile="~/XMLCase.master" AutoEventWireup="true"
CodeFile="GradeClassMng.aspx.cs" Inherits="GradeClassMng" Title="年级班级管理" %>
```

表明页面需要应用的母版页,在 ASP.NET 中,使用"~"表示根目录,另外还有一个 Title="年级班级管理"属性,这个属性将填充最终生成的 HTML 页面中的<title>与</title>。<asp:Content>与</asp:Content>标签内的内容将会在母版页中替代 contentplaceholder 控件占据部分,其中的 ContentPlaceHolderID="ContentPlaceHolder1"属性表示的是符合母版页中的 id 为 ContentPlaceHolder1 位置的 contentplaceholder。

(2)完成以上工作后,在解决方案资源管理器中,右击 GradeClassMng.aspx,在弹出的快捷菜单中选择"在浏览器中查看"命令,Visual Studio 2005 会自动启动一个 Web 服务器,并且同时打开默认浏览器,将页面呈现出来,如图 13.23 所示。

3. 增加 UpdatePanel 控件

为了实现在页面中允许以 ASP.net Ajax 方式传输数据,在之前建立母版页面的过程中,已经增加了 ScriptManager 控件,但是在页面中若要实现无刷新方式进行增删改,则还需要在页面中增加一个 UpdatePanel 控件。放置在该控件中的其他控件,将会以异步传输的方式进行数据传输,而不会导致刷新页面。如需要在页面中进行数据更新操作而不想刷新页面,只需中断用户行为。

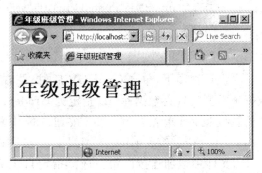

图 13.23　浏览 GradeClassMng.aspx 页面

UpdatePanel 控件有几个比较重要的属性:

RenderMode=[block/inline]——block 将会在客户端生成<div>与</div>标签,inline 生成和标签。简单说,值 block 生成的标签若不用 CSS 控制,则默认为区块形式表现,与页面其他部分做换行处理,而值 inline 生成则只在一行内出现。

UpdateMode=[Always/Conditional]——该 UpdatePanel 是所有操作都进行更新,还是由某一个具体条件触发才更新。一般情况下,该属性应该尽量避免使用 Always 值。

另外,使用<Triggers></Triggers>子项,可指定刷新数据的控件 id,这个控制

UpdatePanel 刷新的控件可不在＜UpdatePanel＞和＜/UpdatePanel＞之间。

设置 UpdatePanel 控件的 UpdateMode 属性为 Conditional。

4. 界面设计

在 GradeClassMng. aspx 页面增加控件，切换到设计视图，增加一个 GridView 控件（ID＝GradeGV），再分别将一个 TextBox 控件（ID＝"GradeName_TxtBox"）、一个 DropdownList 控件（ID＝"TeacherName_DrpList"）和一个 Button 控件（Text＝"新增年级"）控件加入到页面中，所有控件都在 UpdatePanel 中。如图 13.24 所示。Visual Studio 2005 将自动生成代码。

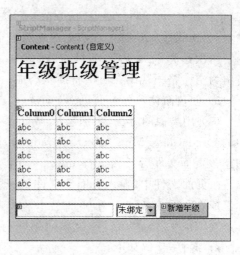

图 13.24　年级管理基本页面布局

GradeClassMng. aspx 部分代码：

```
＜asp:Content ID="Content1" ContentPlaceHolderID="ContentPlaceHolder1" Runat="Server"＞
＜asp:UpdatePanel ID="UpdatePanel1" runat="server"＞
    ＜ContentTemplate＞
＜h1＞年级班级管理＜/h1＞
＜hr /＞
    ＜asp:GridView ID="GradeGV" runat="server"＞
    ＜/asp:GridView＞
    ＜br /＞
    ＜asp:TextBox ID="GradeName_TxtBox" runat="server"＞＜/asp:TextBox＞
    ＜asp:DropDownList ID="TeacherName_DrpList" runat="server"＞
    ＜/asp:DropDownList＞
    ＜asp:Button ID="Button1" runat="server" Text="新增年级" /＞
    ＜/ContentTemplate＞
＜/asp:UpdatePanel＞
＜/asp:Content＞
```

在设计视图下，单击 GradeGV 后，控件右上角会出现智能标记，打开后选择新建数据源。数据源类型设置为数据库，ID 指定为 GradeSrc。在配置数据源对话框中，下拉选择对应的服务器及数据库，单击"下一步"按钮。选中将连接保存到应用程序配置文件中，名称为 XMLCaseConnectionString，单击"下一步"按钮，这时 Visual Studio 2005 将自动在 web. config 文件中增加连接语句。选择指定自定义 SQL 语句或存储过程选项，单击"下一步"按钮。分别在 SELECT、UPDATE、DELETE 选项卡中，设置存储过程为 usp_SelectGrade、usp_UpdateGrade、usp_DeleteGrade，单击"下一步"按钮，完成。

完成后，web. config 文件类似：

```
…
＜/configSections＞
＜connectionStrings＞
    ＜add name="XMLCaseConnectionString" connectionString="Data Source=mahong\sqlexpress;
Initial Catalog=XMLCase; Persist Security Info=True; User ID=sa; Password=123456; Pooling=
False"
    providerName="System. Data. SqlClient" /＞
    ＜/connectionStrings＞
```

```
<system.web>
...
```

5. 绑定数据到 GridView 控件

（1）在 GridView 控件 GradeGv 的智能标记中，启用编辑，并且打开编辑列选项。在选定字段中，将 gradeTeacherId 删除，对其他字段的 HeaderText 分别设置为年级编号、名称、班主任，如图 13.25 所示。

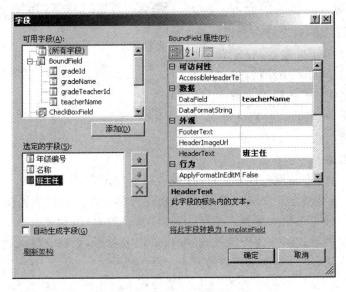

图 13.25　设置 GradeGV 字段

（2）选中班主任字段，单击"将此字段转换为 TemplateField"链接，转换为模板，并单击"确定"按钮，关闭对话框。重新单击 GradeGV 智能标记，选择编辑模板，在编辑模板设计视图中，显示班主任字段的 EditItemTemplate，如图 13.26 所示。

图 13.26　进入模板编辑

（3）将 EditItemTemplate 中原有的 Label 控件删除，新增加一个 DropDownList 控件，选择新建一个数据源，类型为数据库，名称设置为 TeacherSrc，数据连接设置为刚才自动生成的 XMLCaseConnectionString，在 SELECT 选项卡中选择 usp_SelectTeacher 存储过程。在 DropDownlist 中显示的数据字段设置为 teacherName，值为 gradeTeacherId，单击"确定"按钮。对刚加入的 DropDownlist 控件智能标记中选择编辑 DataBidings，将 SelectedValue 绑定到 gradeTeacherId，注意双向数据绑定要选中。

（4）使用 GradeGV 智能标记中的自动套用格式，将 GradeGV 的格式设置为彩色型。保存文件，在数据库中手动增加两三条测试数据后，在浏览器中浏览 GradeClassMng. aspx 页面。结果如图 13.27 所示。

在页面中通过简单的操作已经实现了对数据库的查询、更新、删除。这个页面和原来的 ASP. NET 有何不同呢？在非 Ajax 页面中，每一次的更新或删除都会引起页面的刷新，也就是需要与服务器端进行数据同步，而对现在这样的 Ajax. net 页面，仅仅需要增加 ScriptManager 和 UpdatePanel 控件，这些操作便都会以不刷新的方式进行异步数据交换了。在 ASP. NET 中实现 Ajax 是非常方便的。

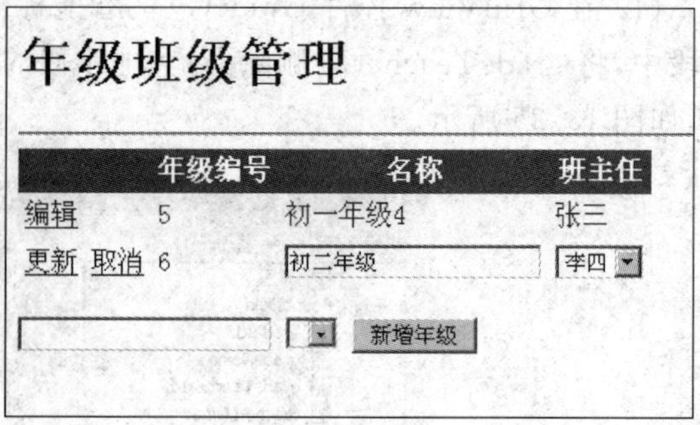

图 13.27　页面浏览

6. 新增年级功能

插入操作可以非常容易地完成，但系统在插入操作完成前，需要解决一个问题，插入相同的年级名称信息应该被禁止。在服务器端，可以使用存储过程的形式来解决，但是若每次都使用同步的方式，将会使用户做大量无用的操作，特别是在表单长、数据多的情况下。在这个系统中，应该使用异步的方式解决这个问题，在输入年级名称后，系统将输入信息异步传入服务器，服务器经过判断后，也以异步形式传递是否重复的提示。

在前面的数据访问层，我们已经有一个存储过程 usp_CheckGradeName 来进行检验，现在还需要在服务器端有一个应用程序来进行数据处理，本例中选择使用一个新页面进行处理的方式来进行。

在 GradeClassMng. aspx 页面 GradeGV 下方，增加一个＜div＞＜/div＞标记，这个标记最终作为提示信息显示的区域。代码如下：

```
<div id="returnMsg"></div>
```

7. 创建后台处理页面

添加新项 checkGradeName. aspx 作为服务器端处理数据的文件。打开对应的 checkGradeName. aspx. cs 文件，输入代码（完整源代码参考资源中 checkGradeName. aspx. cs）。

注意：对于连接数据库部分，可独立建立一个 . cs 文件进行统一管理并实现较好的代码重用，在本书中，为了叙述更明了，将数据连接代码放置到页面后台代码操作。

checkGradeName. aspx. cs 部分代码：

```
public partial class checkGradeName : System. Web. UI. Page
{
    protected void Page_Load(object sender, EventArgs e)
    {
        //页面载入
        //获取通过 URL 方式传递的参数
        string reqGradeName = Request. QueryString["gradeName"]. Trim();
        //获取 web. config 文件中的数据库连接字符串
        string connStr = System. Configuration. ConfigurationManager. ConnectionStrings
["XMLCaseConnectionString"]. ConnectionString. ToString();
        //定义数据连接
```

```
SqlConnection connection = new SqlConnection(connStr);
//定义数据库执行命令,可为 SQL 语句或存储过程
SqlCommand command = new SqlCommand("usp_CheckGradeName", connection);
//设置命令类型为存储过程
command.CommandType = CommandType.StoredProcedure;
//设置存储过程传入参数@GradeName
command.Parameters.Add(new SqlParameter("@GradeName", SqlDbType.NVarChar,20));
//参数赋值
command.Parameters["@GradeName"].Value = reqGradeName;
//输出参数@CheckResult
command.Parameters.Add(new SqlParameter("@CheckResult", SqlDbType.NVarChar,20));
//设置参数为输出
command.Parameters["@CheckResult"].Direction = ParameterDirection.Output;
//在页面中打印来自 URL 的参数值,并以中括号包围
Response.Write("[" + reqGradeName + "]");
try {
    //打开数据连接
    connection.Open();
    //以无任何返回值方式执行命令
    command.ExecuteNonQuery();
    //在页面中打印输出参数值
    Response.Write(command.Parameters["@CheckResult"].Value.ToString());
}
    //未作错误捕获和处理,读者可自行解决
//catch e{ }
    //关闭数据连接
finally { connection.Close(); }
    }
}
```

8. 在前台代码中创建 XMLHttpRequest

将<asp:TextBox ID="GradeName_TxtBox" runat="server"></asp:TextBox>修改为:
<asp:TextBox ID="GradeName_TxtBox" runat="server" onkeyup="checkName()"></asp:TextBox>,使文本框在每次用户按键后触发一个事件 checkName()。

仍在本页面中,紧跟<asp:Content …>标签输入代码:

```
<script type="text/javascript">
    var xmlHttp;
    function createXMLHttpRequest()
    {
        if (window.XMLHttpRequest){
            //IE7 以上或 Firefox 类浏览器
            xmlHttp=new XMLHttpRequest();
        }else if (window.ActiveXObject){
            //IE6 浏览器
            //微软浏览器支持创建 XMLHttpRequest 对象的 ActiveX 控件版本很多,但选择这
            //两个就足够好了
            var ActiveXVer = ["Microsoft.XMLHTTP","MSXML2.XMLHTTP"];
            //循环查找合适版本 ActiveX
            for (i=0;i<ActiveXVer.length;i++){
                try{
                    xmlHttp = new ActiveXObject(ActiveXVer[i]);
                    break;
                }catch(e){
```

```
                    }
                }
            }
            //错误捕获并提示
            if (xmlHttp==undefined ‖ xmlHttp==null){
                alert("创建 XMLHttpRequest 对象失败.");
                return;
            }
        }
    function checkName(){
        createXMLHttpRequest();
        var gradeName = document.getElementById("<%=GradeName_TxtBox.ClientID%>").value;
        var url="checkGradeName.aspx?gradeName="+gradeName;
        xmlHttp.open("GET", url, true);
        xmlHttp.onreadystatechange=showResult;
        xmlHttp.send(null);
    }
    function showResult(){
        if(xmlHttp.readyState==4)
        {
            if(xmlHttp.status==200)
            {
                var rtnMsg = document.getElementById("returnMsg");
                rtnMsg.innerHTML = xmlHttp.responseText;
            }
        }
    }
</script>
```

这段代码是用 JavaScript 写成的，主要作用是创建 XMLHttpRequest 对象，并使用该对象与服务器进行异步传输。下面对以上代码做详细说明。

(1) createXMLHttpRequest()函数的主要目的是建立 XMLHttpRequest 对象。

由于 IE 系列浏览器（由于微软在 IE7 以上版本已经兼容 Firefox 类浏览器创建 XMLHttpRequest 的方法，故下述 IE7 以下浏览器均使用 IE6 作为说明）使用 ActiveX 方式创建 XMLHttpRequest，Firefox 类则支持直接创建 XMLHttpRequest，为了实现 Ajax 的在不同浏览器中的兼容性，创建 XMLHttpRequest 第一步需要判断客户端浏览器类型。

若是 Firefox 类（或 IE7 以上版本）浏览器，则 window.XMLHttpRequest 返回值为 True，将直接以 xmlHttp=new XMLHttpRequest();方式创建 XMLHttpRequest 对象为 xmlHttp。若 window.ActiveXObject 返回值为 True，则可以判断浏览器为支持 ActiveX 对象的浏览器，也就是 IE6 浏览器，则可以使用 ActiveX 方式创建对象。

在微软公布过的 ActiveX 对象中，有较多的 ActiveX 版本或方式可创建 XMLHttpRequest 对象。对于 Microsoft.XMLHTTP、Microsoft.XMLHTTP.1、Microsoft.XMLHTTP.1.0、MSXML2.XMLHTTP、MSXML2.XMLHTTP.2.6、MSXML2.XMLHTTP.3.0、MSXML2.XMLHTTP.4.0、MSXML2.XMLHTTP.5.0、MSXML2.XMLHTTP.6.0、MSXML2.XMLHTTP.7.0 和 MSXML2.XMLHTTP.8.0，这些不同版本的 ActiveX 均可在 IE 系列浏览器中创建 XMLHttpRequest。但是在 IE6 中，若客户端字符集设置为 GB2312 时，使用 Ajax 会出现乱码的情况，可以使用 utf-8 的方式，或选择 MSXML2.XMLHTTP 或 Microsoft.XMLHTTP 两者即可解决，于是程序中不必将所有 ActiveX 对象均列出来判断。在 IE6 中，

可以使用类似以下语句来创建：

```
xmlHttp = new ActiveXObject(MSXML2.XMLHTTP);
```

在判断为 IE6 浏览器后,使用

```
var ActiveXVer = ["Microsoft.XMLHTTP","MSXML2.XMLHTTP"];
```

语句建立一个名称为 ActivXVer 的数组,数组中有两个元素,分别是上述的 MSXML2. XMLHTTP 和 Microsoft. XMLHTTP 对象,紧跟使用 for 循环依次判断浏览器支持创建 XMLHttpRequest 的 ActiveX 控件。

```
for (i=0;i<ActiveXVer.length;i++){
                try{
                    xmlHttp = new ActiveXObject(ActiveXVer[i]);
                    break;
                }catch(e){
                }
}
```

ActiveXVer. length 表示数组长度,使用 try-catch 方式尝试创建对象,只要对象创建成功,即使用 break 方式跳出。在本程序中,未对 IE6 创建不成功错误做处理,而是将错误处理放在 createXMLHttpRequest()函数最后。

```
if (xmlHttp==undefined ‖ xmlHttp==null){
                alert("创建 XMLHttpRequest 对象失败.");
                return;
                }
```

判断 xmlHttp 若为未定义或为空,则在客户端浏览器弹出消息"创建 XMLHttpRequest 对象失败"。

在一些早期的 Ajax 书籍中,判断浏览器版本时通常是先判断是否为 IE6,再判断是否为 Firefox。由于最近浏览器的版本不断升级,目前使用 IE6 的用户已经很少,于是在本例中首先判断是否为 Firefox 类(包括 IE7 以上版本),再判断是否为 IE6,这样的顺序能提高程序执行效率。

关于 createXMLHttpRequest()函数是放入用户行为触发,还是放在页面载入时触发,需要根据实际程序情况来解决,一种方式代码类似于本例代码,在 checkName()函数内调用 createXMLHttpRequest()函数;另一种方式则将 createXMLHttpRequest()函数放在触发函数外;就会导致页面载入时即创建 XMLHttpRequest 对象,这样的创建方法在用户未做任何动作时,若浏览器创建对象不成功,则可能弹出错误信息。一般情况下,建议读者使用本例方法来创建 XMLHttpRequest。

(2) checkName()函数时客户端触发入口函数。

当用户按键后,客户端将会触发 checkName()函数,首先调用 createXMLHttpRequest() 函数创建 XMLHttpRequest 对象,然后在页面中通过 getElementById 方法获得页面控件。

```
var gradeName = document.getElementById("<%=GradeName_TxtBox.ClientID%>").value;
```

在这里值得注意的是,ASP. NET 控件在客户端名称不一定会和程序编写时一致,如本例中的 TextBox 的 id 属性为 GradeName_TxtBox,在客户端浏览时,id 属性值将可能成为类似

ctl00_ContentPlaceHolder1_GradeName_TxtBox 这样的形式，于是，在程序中需要使用 ASP
. NET 中的 ClientID 方法来获得客户端控件正确的 id 值。

程序在后续申明了一个名称为 url 的变量，变量主要存储传递页面的地址和传输的参数，字符串链接用"＋"完成。

xmlHttp 使用 open 方法打开对象，open 方法有五个参数可选，即 method、url、async、username 和 password，其中 method 参数是用于请求的 HTTP 方法。值包括 GET、POST 和 HEAD。GET 方法通常以 url 方式传输，POST 方法通常以 Parameters 方式传输，HEAD 将返回对象 HTTP 头。url 参数是请求的主体。大多数浏览器实施了一个同源安全策略，并且要求这个 URL 与包含脚本的文本具有相同的主机名和端口。async 参数指示请求使用应该异步地执行。如果这个参数是 false，请求是同步的，则后续对 send() 的调用将阻塞，直到响应完全接收。如果这个参数是 true 或省略，请求是异步的，则通常需要一个 onreadystatechange 事件句柄。username 和 password 参数是可选的，为 url 所需的授权提供认证资格。如果指定了，它们会覆盖 url 自己指定的任何资格。

程序"xmlHttp. onreadystatechange＝showResult;"将 xmlHttp 对象的 onreadystatechange 事件指明一个回传函数，注意回传函数只能使用名称，后面不能加小括号"()"，若加小括号，程序将解释为将回传函数值赋值给 xmlHttp. onreadystatechange，会产生错误。

最后设置 xmlHttp 发送空数据。

（3）showResult() 函数为回传显示函数。

XMLHttpRequest 对象的 readyState 返回值有五种情况，分别表示 XMLHttpRequest 五种状态。参考表 12.3。

XMLHttpRequest 对象的生命周期包含如下过程：创建－初始化请求－发送请求－接收数据－解析数据－完成。

我们所关心的就是值为 4 的状态，只有当 xmlHttp 对象取得数据后，才进行下一个步骤，判断 xmlHttp 的 status 状态。xmlHttp 的 status 状态表明服务器端状态，如 404 表示未找到页面。当此值为 200 时，表示服务器状态为 OK。可进行数据回传显示。

```
var rtnMsg = document.getElementById("returnMsg");
rtnMsg.innerHTML = xmlHttp.responseText;
```

在以上代码中，由于＜div＞＜/div＞标签不会像 ASP. NET 控件那样改变 id 值，所以我们可以直接使用 getElementById 方法获得控件，然后使用 innerHTML 方法将 xmlHttp 返回的 Text 值填入对应 id 的页面控件中。

9. 年级管理结果测试

完成以上操作后，在 Firefox 中运行程序，得到结果如图 13.28 所示。但在 IE8 中却出现了错误，如图 13.29 所示。

这是由于两种浏览器的兼容程度不同造成的。对于这个问题比较容易解决，可以将 checkGradeName. aspx 页

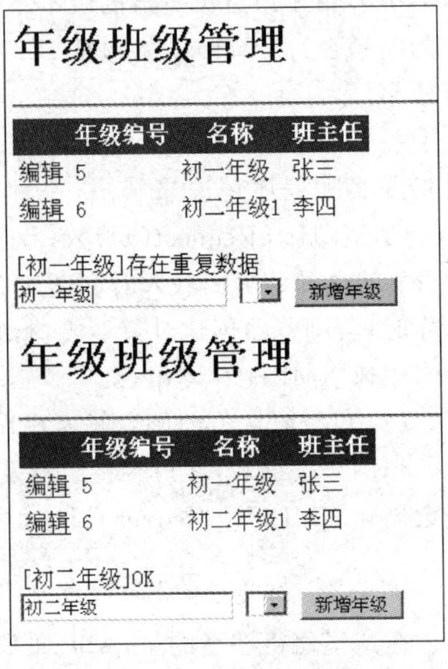

图 13.28　Firefox 两种情况显示

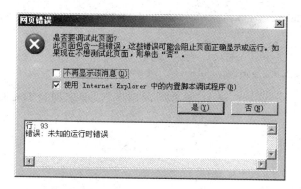

图 13.29　IE8 下运行出错

面中除了第一行的其他代码全部删除。再运行查看，错误不再存在了。原因在于：IE 不能"容忍"浏览器中的标签被破坏，由于 checkGradeName.aspx 页面仍然有 HTML 代码，故 HTML 代码通过 innerHTML 方法载入到＜div＞＜/div＞中后，破坏了整个页面的代码规则，于是提示出错。而 Firefox 则不会出现这种情况。

但新的问题又出现了，在 IE8 中，在页面文本框中输入的内容后，可以发现中文字符都是乱码，并且判断不了数据是否冲突，如图 13.30 所示。而 Firefox 则不会，如图 13.31 所示。

图 13.30　中文乱码

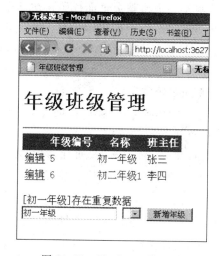

图 13.31　Firefox 正常显示

要解决乱码问题，需要从 url 传递参数方面来解决，对于乱码问题，主要有两方面：第一是 url 传递参数时的编码问题，第二是服务器返回数据显示的乱码问题。

若直接通过类似以下地址来访问 checkGradeName.aspx 页面，能看到类似的乱码想象出现。

http://localhost:3627/XMLCase/checkGradeName.aspx?gradeName＝初一年级

于是，对于 url 需要在传出时进行编码，获取时进行解码，这是通过修改 GradeClassMng .aspx 和 checkGradeName.aspx 页面代码完成的。

在 GradeClassMng.aspx 页面中，在传出参数时应该使用 url 编码形式进行传输，通过对 gradeName 参数进行两次编码完成，将

```
var url="checkGradeName.aspx?gradeName="+gradeName;
```

修改为

```
var url="checkGradeName.aspx?gradeName="+encodeURI(encodeURI(gradeName));
```

在 checkGradeName.aspx 页面中，需要一次解码（服务器通过 Request.QueryString 会自动解码一次）。将

```
string reqGradeName = Request.QueryString["gradeName"];
```

修改为

```
string reqGradeName = Server.UrlDecode(Request.QueryString["gradeName"]);
```

再次测试，程序正常，中文乱码问题解决。在开发时，对数据库、页面代码均采用 utf-8 字符集，也能有效避免乱码问题。

在上面的示例中，Ajax 起到了非常明显的作用，用户并没有单击按钮将数据提交，然后等待数据回传。用户仅仅是输入了年级名称后，XMLHttpRequest 将数据传送给应用程序，应用程序再将数据通过数据访问层获得结果，然后再次通过 XMLHttpRequest 返回给客户端。

在这个例子中，我们看到了 Ajax 的优势。一般提交数据后，整个页面都要经过刷新，刷新的过程其实是一个将整个页面代码再次从服务器端获得并载入的过程，而用户真正需要的仅仅是<div></div>中的提示信息。而使用了 Ajax 方法后，页面没有被刷新，页面中的大量代码不必重新获得，如 HTML 标记、GridView 控件等，传送数据和返回数据都是很小的数据块。

10. 添加年级信息

在 GradeClassMng.aspx 页面中，按照前面第 5 项的（3）点方法，对 TeacherName_DrpList 控件进行数据绑定。

在 GradeClassMng.aspx 页面，将视图切换为设计视图，双击"新增年级"按钮打开页面对应后台代码文件（完整源代码见配套资源中的 checkClassMng.aspx.cs），并自动增加 Click 事件。

GradeClassMng.aspx.cs 鼠标事件部分代码：

```
protected void Button1_Click(object sender, EventArgs e)
{
    string reqGradeName = this.GradeName_TxtBox.Text.Trim();
    int reqTeacherId = Convert.ToInt32(this.TeacherName_DrpList.SelectedValue);
    //获取 web.config 文件中的数据库连接字符串
    string connStr = System.Configuration.ConfigurationManager.ConnectionStrings
["XMLCaseConnectionString"].ConnectionString.ToString();
    //定义数据连接
    SqlConnection connection = new SqlConnection(connStr);
    //定义数据库执行命令，可为 SQL 语句或存储过程
    SqlCommand command = new SqlCommand("usp_InsertGrade", connection);
    //设置命令类型为存储过程
    command.CommandType = CommandType.StoredProcedure;
    command.Parameters.Add(new SqlParameter("@GradeName", SqlDbType.NVarChar, 20));
    command.Parameters["@GradeName"].Value = reqGradeName;
```

```
command. Parameters. Add(new SqlParameter("@GradeTeacherId", SqlDbType. Int));
command. Parameters["@GradeTeacherId"]. Value = reqTeacherId;

try {
    connection. Open();
    command. ExecuteNonQuery();
}
finally {
    connection. Close();
    }
}
```

通过上述的页面后台文件，是否可以将文本框和下拉框中的数据插入到数据库中？在页面中没有任何显示，这也是因为 Ajax 不刷新页面造成的，这时，需要在 Button 单击后重新绑定 GradeGV。

11. UpdateProgress 控件

在很多网站上经常使用到一种称为"黄褪"（Yellow Fade Technique）的技术，当用户进行某操作后，会在网站醒目位置有提示信息，稍后，信息消失（可在 Gmail 中删除邮件时发现，如图 13.32 所示）。

图 13.32　黄褪技术在 Gmail 的使用

在本例中还需要在插入完成后，增加一个"黄褪"来提示信息已经插入。

在 GradeClassMng. aspx 页面中插入 UpdateProgress 控件实现黄褪，代码如下：

```
...
<hr />
    <asp:UpdateProgress ID = "UpdateProgress1" runat = "server" AssociatedUpdatePanelID =
"UpdatePanel1">
        <ProgressTemplate>
            <div style="background:♯FF6600; width:200px;">
                年级信息已经插入</div>
        </ProgressTemplate>
    </asp:UpdateProgress>
<asp:UpdatePanel ID="UpdatePanel1" runat="server">
...
```

在 GradeClassMng. aspx. cs 文件中，在 Button_Click 事件最后，追加如下两行代码：

```
//设置 UpdateProgress 控件停留时间为 5000ms
System. Threading. Thread. Sleep(5000);
//重新绑定 GradeGV 的数据
this. GradeGV. DataBind();
```

现在浏览页面可以看到结果，如图 13.33 所示。

12. TabContainer 控件使用

在 GradeClassMng. aspx 页面中还要实现对班级的管理。在对班级进行管理时，可以使用弹出层或使用 Tab 标签的形式，都可以提供较好的用户体验。本例使用后者，弹出层形式将会在后面用到。

从工具箱中 Ajax Controls 中，拖动一个 TabContainer 到 GradeClassMng. aspx 页面中。

单击 TabContainer 的智能标记的 Add Tab Panel,如图 13.34 所示,增加两个 Tab 标签,分别设置名称为"年级管理"和"班级管理"。

将 UpdateProgress1、UpdatePanel1 均拖入到"年级管理"标签内,如图 13.35 所示。现在浏览页面可看到 TabContainer 的作用是在页面中形成 Windows 选项卡的作用,在这样的情况下,用户操作是在不同选项卡中进行切换,而并不是打开新的页面,形成整个页面刷新。

13. 创建显示班级列表的 GridView

切换到"班级管理"Tab 标签,使用类似增加年级管理标签内容的方法,分别加入 UpdateProgress（ID＝" UpdateProgress2"）、UpdatePanel（ID＝"UpdatePanel2"）控件,在 UpdatePanel2 控件中加入 DropDownList（ID＝" SelectGrade_DrpList"）、

图 13.33　UpdateProgress 控件

GridView（ID＝" ClassGV"）、TextBox（ID＝"ClassName_TxtBox"）、DropDownList（ID＝" ClassTeacherName_DrpList"）、Button（Text＝"新增班级"）。UpdateProgress2 内容设置为"班级信息正在更新"。

将 SelectGrade_DrpList 增加一个新数据源 ClassGradeSrc,然后在"SELECT 语句"列表框中,选择存储过程 usp_SelectGrade,完成后,将数据进行绑定,设置其属性 DataTextField 为 gradeName,DataValueField 为 gradeId。

将 ClassGV 用类似年级管理部分的方式进行操作。指定数据源为 ClassSrc,设置数据源 SELECT、UPDATE、DELETE 分别对应存储过程 usp_SelectClass、usp_UpdateClass、usp_DeleteClass。设置 SELECT 参数源为 Control,ControlID 为 SelectGrade_DrpList,如图 13.36 所示。

图 13.34　增加 Tab 标签　　　　　　　图 13.35　将内容移动至标签

14. 绑定数据

（1）单击 ClassGV 智能标记,启用编辑,启用删除。单击智能标记打开编辑列对话框,删除不必要的列,重新对列顺序进行排序,并且设置各列的 HeadText?。将"所属年级"和"班主任"列转换为模板列（选中字段后,单击"将此字段转换为 TemplateField"链接）,如图 13.37 所示。

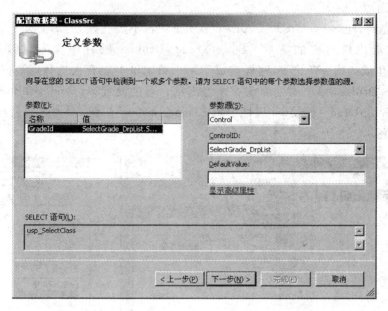

图 13.36　设置参数源

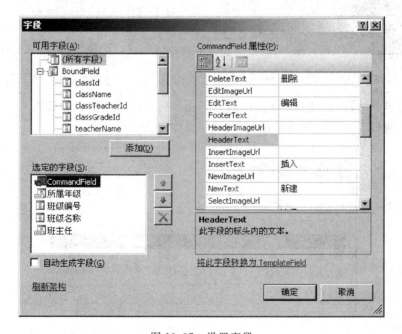

图 13.37　设置字段

（2）选择 ClassGV 智能标记，单击编辑模板命令，在模板中，将"所属年级"的
EditItemTemplate 中的 Label 删除，插入一个 DropDownList，设置数据源为 ClassGradeSrc，
设置属性 DataTextField 为 gradeName，DataValueField 为 gradeId。在 DropDownList 的智
能标记下，选择编辑 DataBindings 命令，将其 SelectedValue 设置为 classGradeId，选中双向数
据绑定。

在"班主任"列中，以之前介绍方法将班主任列在编辑状态下设置为 DropDownList 形式。

完成后浏览页面。

（3）在浏览时，在 SelectGrade_DrpList 第一个项目不能直接选择，必须选择其他项目后再重新单击才能出现对应的数据。SelectGrade_DrpList 所有项均来自数据库，默认为 SELECT 语句生成的第一条记录，这样造成了第一条记录不能直接选择，解决这个问题可以在 SelectGrade_DrpList 第一项处绑定一个静态项。通过设置 AppendDataBoundItems 选项为 true，单击 SelectGrade_DrpList 属性中的 Items 后的"…"按钮，增加一个新项，如图 13.38 所示。结果如图 13.39 所示。

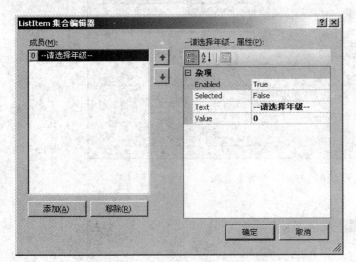

图 13.38　插入静态项　　　　　　　　图 13.39　插入一个静态项后

完成以上步骤后，能看到如图 13.40 所示的结果。若将某一班级转移到另一年级，则该班级在原年级下的班级列表中不再存在，而在新年级中可查看到。

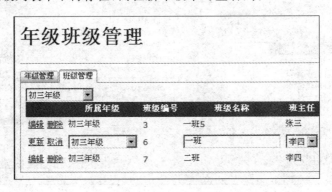

图 13.40　班级管理

15. 新增班级功能

在本例中，新增班级功能与新增年级功能类似，在此不再赘述，完成后页面如图 13.41 所示。

GradeClassMng. aspx（源代码见本书配套资源中的 GradeClassMng_1. aspx）和 GradeClassMng. aspx.cs（源代码见本书配套资源中的 GradeClassMng_1. aspx. cs）代码请参考本书配套资源，注意调试时请更名。

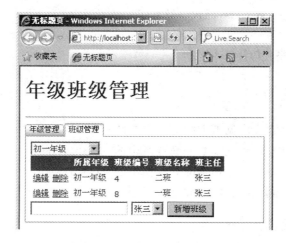

图 13.41　年级班级管理功能

13.4　教师信息管理功能模块

13.4.1　数据访问层

按照 13.3.1 节讲述的方法类方式,分别建立以下存储过程。

(1) 查找教师信息(源代码见本书配套资源中的 ch13.11.sql)。

查找教师信息以无关键字查找和有关键字查找两种形式,根据关键字是否为空来判断。

(2) 更新教师信息(源代码见本书配套资源中的 ch13.12.sql)。

(3) 删除教师信息(源代码见本书配套资源中的 ch13.13.sql)。

tb_Grade 和 tb_Class 表中都存在于 tb_Teacher 的关系,于是在删除教师信息的时候应该同步更新其他两表的信息。我们这里采用选择 tb_Teacher 表中 teacherId 最小值进行更新,若 tb_Teacher 表中数据为空,则自动增加一个教师姓名为"未安排"的信息来填充数据库,保证数据完整性要求。

(4) 新增教师信息(源代码见本书配套资源中的 ch13.14.sql)

13.4.2　显示层及页面后台代码

首先完成基本的增、删、改方法和年级班级管理部分类似。

1. 完成基本功能

1) 在解决方案资源管理器中的项目名称上右击,选择"新建文件夹"命令,建立两个文件夹分别为 TeacherPic 和 StudentPic。

2) 创建 TeacherMng.aspx(源代码见本书配套资源中的 TeacherMng.aspx)页面,实现基本功能。操作方法请参考前面章节,不再赘述。

3) 修改 TeacherMng.aspx.cs(源代码见本书配套资源中的 TeacherMng.aspx.cs)。

2. 搜索存储过程(源代码见本书配套资源中的 **ch13.15.sql**)

数据库查找结果数据需要在数据访问层来解决。创建一个存储过程来进行数据返回。

3. 后台处理页面

创建一个后台处理页面,负责将数据访问层获得的数据进行显示 getTeacherName.aspx 及后台文件 getTeacherName.aspx.cs(源代码见本书配套资源中的 getTeacherName.aspx.cs)。

13.5 学生信息管理功能模块

13.5.1 数据访问层

(1) 查询学生信息(源代码见本书配套资源中的 ch13.16.sql)。

(2) 更新学生信息(源代码见本书配套资源中的 ch13.17.sql)。

(3) 删除学生信息(源代码见本书配套资源中的 ch13.18.sql)。

(4) 新增学生信息(源代码见本书配套资源中的 ch13.19.sql)。

15.5.2 显示层及页面后台代码

显示层代码与其他部分类似，在此不再赘述(源代码见本书配套资源中的 StudentMng.aspx)。

13.6 其他

完成本章内容后，就构建完成了一个简单的 Web 小系统，其数据源可以直接使用数据库，或选择 XML 方式。以下是 Ajax 在使用过程中容易遇到的问题的解决方法。

13.6.1 一些常见问题

1. 回调函数书写错误

```
xmlHttp.onreadystatechange = callback;
//错误的写法是 callback(),这样是把回调函数的值赋给了 onreadystatechange
//而应该是把回调函数的名称赋给
```

2. 使用 POST 方法

```
var username = document.getElementById("UserName").value;
xmlHttp.open("GET","Ajax?name=" + userName, true);
xmlHttp.send(null);
//若使用 POST 方法
//可以 POST 到一个类或一个普通处理程序
//xmlHttp.open("POST","Ajax",true);
//要注意 request 的 HEADER 部分需要进行 url 编码
//xmlHttp.seRequestHeader("Content-Type","application/x-www-form-urlencoded")
//xmlHttp.send("name="+userName);
```

3. 回调函数使用 Text 或 XML

```
function callback(){
    if (xmlHttp.readyState == 4) {
        if (xmlHttp.status == 200 {
            var message = xmlHttp.responseText;
            //若服务器端设置为 content-type 为 text/xml,则可使用
            //var message = XHR.responseXML;
            //返回 XML 数据
```

```
        }
    }
}
```

4．XmlHttpRequest. abort()方法

XmlHttpRequest. abort()方法将停止当前请求,恢复 XmlHttpRequest 到未初始化状态。这个方法经常用在 Ajax 异步请求时的"取消"按钮操作上。

5．浏览器缓存问题

浏览器在浏览页面后,会将数据缓存到本地,使下次用户访问不必从服务器请求数据,从而加快了浏览速度,但也造成了缓存不更新的问题。

当用户访问 Web 页面的时候,浏览器会检测页面 url 地址是否存在缓存中,若请求的 url 与缓存中的一致,而应用程序又没有强制清除缓存,那么浏览的页面将会是由浏览器将会是本地存储的缓存页面,而服务器端新的数据不能同步到浏览器中,这样会导致页面刷新不能获得新数据,同时 Ajax 的请求也不会得到新返回值。这个问题可以使用 url 时间戳的方法来解决。

```
//每次浏览器访问地址不同,则浏览器会重新载入新页面
//通过增加一个时间参数的方法进行 url 定义
//这样每次的 url 都会根据时间不同而不同
//indexOf 表示字符串中是否存在对应的字符(串)
if (url.indexOf("?")>=0) {
//分别判断 url 中是否已经有其他参数,若有则加"&"
    url=url+"&t="+(new Date()).valueOf();
}else{
//若没有其他参数则直接加"?"
    url=url+"?t="+(new Date()).valueOf();
}
```

6．Ajax 乱码问题

在 IE6 中,服务器端和客户端都设置为 GB2312 字符集时,会出现乱码。解决办法有两种：第一种,设置页面代码和服务器均为 utf-8 编码；第二种,创建 XMLHttpRequest 的时候,使用 MSXML2. XMLHTTP 或 Microsoft. XMLHTTP 两者中的任意一个来创建。所以建议在创建 XMLHttpRequest 的时候,仅仅使用以上二者,并不需要使用微软提供的很多种版本。另外,在发送页面时,使用嵌套 JavaScript 的 encodeURI() 方法解决,如 userName = encodeURI(encodeURI(username)),不推荐使用 escape 函数。

7．跨域访问问题

IE7 以上及 Firefox 类浏览器默认只允许访问属于同一域的 XML 文件。在进行跨域访问 XML 文件时,IE6 会弹出警告,IE7 以上及 Firefox 类浏览器则直接阻止访问。可以在服务器端设置代理来解决。可以使用类似以下的代码：

```
if (url.indexOf("?")>=0) {
//分别判断 url 中是否已经有其他参数,若有则加"&"
    url=url+"&t="+(new Date()).valueOf();
}else{
//若没有其他参数则直接加"?"
    url=url+"?t="+(new Date()).valueOf();
}
if (url.indexOf("http://")===0){
```

```
//需要替换掉原来 url 中的"?"，一个 url 不允许有两个或以上的"?"
    url.replace("?","&");
//Proxy 是本地服务器代理
    url="Proxy?url="+url;
}
```

8. UpdatePanel 触发问题

ASP. NET Ajax 中 UpdatePanel 的 Triggers 可以通过其他控件来触发。如以下代码，在 UpdatePanel 中，使用了 Triggers 标签，指定了 Button2 也能触发更新 Panel 中的内容。若 ＜Triggers＞＜/ Triggers＞中为 PostBackTrigger，那么将触发一个传统的 PostBack，刷新整个页面。需要注意的是，要使触发控件可触发指定的 UpdatePanel，那么该 UpdatePanel 控件的 UpdateMode 属性只能为 Conditional。

```
< asp: UpdatePanel  ID = " UpdatePanel1"  runat = " server"  RenderMode = " Block"  UpdateMode =
"Conditional" >
            <ContentTemplate>
                <asp:Label ID="Label1" runat="server" Text="Label"></asp:Label>
                <asp:TextBox ID="TextBox1" runat="server"></asp:TextBox>
                <asp:Button ID = "Button1" runat = "server" OnClick = "Button1_Click" Text =
"Button" />
                <%=DateTime. Now%>
            </ContentTemplate>
            <Triggers>
                <asp:AsyncPostBackTrigger ControlID="Button2" />
            </Triggers>
        </asp:UpdatePanel>
        <asp:Button ID="Button2" runat="server" Text="Button" />
```

9. 封装载入 XML 函数

对于 IE 系列浏览器与 Firefox 类浏览器，对 XML 的载入采用了不同的方式，因此一般情况下，可以通过封装一个函数来完成。以下是该类的代码示例。

```
// 在 IE 和 Firefox 中装载同域的 XML 文件或 XML 字符串，返回根元素结点
//@param flag true 表示装载 XML 文件，false 表示装载 XML 字符串
//@param xmldoc flag 为 true 是表示 XML 文件的路径，flag 为 false 是表示 XML 字符串
function loadXML(flag, xmldoc){
    //var xmlObj;
    if (window. ActiveXObject){
        //IE 浏览器
        //对应不同版本浏览器不同的 DOM
        var activeXVer = ["MSXML2.DOMDocument","Microsoft. XmlDom"];
        //定义一个 xml 对象
        var xmlObj;
        //使用循环遍历 activeXVer 数组中的各种版本 DOM
        for (i=0; i<activeXVer. length; i++){
            try{
                //创建 xmlObj 后跳出循环
                xmlObj = new ActiveXObject(activeXVer[i]);
                break;
            }catch(e){

            }
        }
```

```
            //如果 xmlBoj 创建成功
        if (xmlObj){
                //设置装载 XML 文档为同步方式
            xmlObj.async=false;
            if (flag){
                    //装载 XML 文件
                xmlObj.load(xmldoc);
            }else{
                    //装载 XML 字符串
                xmlObj.loadXML(xmldoc);
            }
                //返回 XML 对应的根结点
                //return xmlObj;
                //返回 XML 对应的根元素结点
            return xmlObj.documentElement;
        }else{
                alert("装载 XML 文件对象失败.");
                return null;
        }
    }else if (document.implementation.createDocument){
        //Firefox 类浏览器
        var xmlObj;
        if (flag) {
                //装载 XML 文件
            xmlObj = document.implementation.createDocument("","",null);
            if (xmlObj) {
                    //如果 xmlObj 创建成功,装载 XML 文件
                xmlObj.async=false;
                xmlObj.load(xmldoc);
                    //返回 XML 对应的根元素结点
                    //返回对应根结点方法和 IE 类似
                return xmlObj.documentElement;
            }else{
                    alert("装载 XML 文件对象失败.");
                    return null;
            }
        }else{
                //装载 XML 字符串
            xmlObj = new DOMParser();
            var docRoot = xmlObj.parseFromString(xmldoc);
            return docRoot.documentElement;
        }
    }
    alert("装载 XML 文件对象失败.");
    return null;
}
```

10. 过滤 XML 空字符

在载入 XML 的时候,IE 系列会自动除去 XML 中的空字符,如空格、回车换行等,但是 Firefox 类浏览器将会将空字符仍然作为字符进行处理,所以通常情况下需要将空字符进行过滤后才可使用。过滤方法代码如下:

```
/*
* 封装去除元素中的空白
* 空白指元素间的空格或换行符号
```

```
 *  @param doc 要移除空白的对象
 */
function removeBlank(doc){
    if (doc.childNodes.length>1){
        for (var loopIndex=0;loopIndex<doc.childNodes.length;loopIndex++){
            var currentNode=doc.childNodes[loopIndex];
            if (currentNode.nodeType==1){
                removeBlank(currentNode);
            }
            //.test 表示测试两边文本是否匹配,若匹配,则返回 true
            if (currentNode.nodeType==3&&(/^\s+$/.test(currentNode.nodeValue))){
                doc.removeChild(doc.childNodes[loopIndex--]);
            }
        }
    }
}
```

11. 封装 XPath

封装 XPath 后,对 DOM 的选择成为一个独立的方法,更加方便地解析 XML 和在 XML 中进行查找。

```
/ **
 * 封装 XPath
 * @param xmldoc 执行查找的结点
 * @param sXpath XPath 表达式
 */

/ *
 * 选择符合条件的第一个结点
 */
function selectSingleNode(xmldoc,sXPath){
    if (window.ActiveXObject){
        //IE 浏览器
        return xmldoc.selectSingleNode(sXPath);
    }else if (window.XPathEvaluator){
        //Firefox 类浏览器
        var xpathObj = new XPathEvaluator();
        if (xpathObj){
            var result = xpathObj.evaluate(sXPath,xmldoc,null,XPathResult.FIRST_ORDERED_
NODE_TYPE,null);
            return result.singleNodeValue;
        }else{
            return null;
        }
    }else{
        return null;
    }
}
/ *
 * 选择符合条件的所有结点
 */
function selectNodes(xmldoc,sXPath){
    if (window.ActiveXObject){
        //IE 浏览器
        return xmldoc.selectNodes(sXPath);
```

```
        }else if (window.XPathEvaluator){
            //Firefox 类浏览器
            var xpathObj = new XPathEvaluator();
            if (xpathObj){
                //返回的是个迭代,需要返回为与 IE 一致的数组
                var result = xpathObj.evaluate(sXPath, xmldoc, null, XPathResult.ORDERED_NODE_
ITERATOR_TYPE, null);
                //定义 nodes 为一个数组
                var nodes = new Array();
                //定义一个结点变量
                var node;
                while ((node=result.iterateNext())!=null){
                    nodes.push(node);
                }
                return nodes;
            }else{
                return null;
            }
        }else{
            return null;
        }
}
```

12. 将 DOM 序列化为字符串

在载入 XML 或其他类型数据时,若使用 DOM,那么在显示或处理的时候,一般需要将对象进行序列化处理。以下是封装的序列化代码:

```
/*
* 封装将 DOM 序列化为 XML 字符串
*/
function serializeDom(xmldoc){
    if (xmldoc.xml){
        //IE 浏览器
        return xmldoc.xml;
    }else if(window.XMLSerializer){
        //Firefox 类浏览器
        var serialObj = new XMLSerializer();
        return serialObj.serializeToString(xmldoc);
    }
    return null;
}
```

13. ASP. NET Ajax 使用一般处理程序示例

最后给出一个在 ASP. NET 中使用一般处理程序进行 Ajax 的程序代码,功能非常简单:从客户端获取两个数字,在服务器端进行运算,完成后返回值。请注意,这并不是使用 JavaScript 的方法在客户端完成的。

usrAshx. aspx 页面代码:

```
<%@ Page Language="C#" AutoEventWireup="true" CodeFile="usrAshx.aspx.cs" Inherits=
"loadXML" %>
<!DOCTYPE html PUBLIC "-//W3C//DTD XHTML 1.0 Transitional//EN" "http://www.w3.org/
TR/xhtml1/DTD/xhtml1-transitional.dtd">
<html xmlns="http://www.w3.org/1999/xhtml" >
<head runat="server">
```

```
<title>无标题页</title>
<script type="text/javascript" src="/JS/loadXML.js"></script>
<script type="text/javascript">
    var xmlHttp;
    function createXMLHttpRequest()
    {
        if (window.XMLHttpRequest){
            xmlHttp=new XMLHttpRequest();
        }else if (window.ActiveXObject){
            var ActiveXVer = ["Microsoft.XMLHTTP","MSXML2.XMLHTTP"];
            for (i=0;i<ActiveXVer.length;i++){
                try{
                    xmlHttp = new ActiveXObject(ActiveXVer[i]);
                    break;
                }catch(e){
                }
            }
        }
        if (xmlHttp==undefined || xmlHttp==null){
            alert("创建 XMLHttpRequest 对象失败.");
            return;
        }
    }
    function addNum(){
        createXMLHttpRequest();
        var url = "numAdd.ashx"
        //GET 方法
        //var url = "numAdd.ashx?Num1="+document.getElementById("add1").value+
"&Num2="+document.getElementById("add2").value;
        xmlHttp.open("POST",url,true);
        //GET 方法可不需要下面一行 xmlHttp.setRequestHeader("Content-Type","application/
x-www-form-urlencoded");
xmlHttp.onreadystatechange = showResult;
xmlHttp.send("Num1="+document.getElementById("add1").value+"&Num2="+document.
getElementById("add2").value);
    }
    function showResult(){
        if (xmlHttp.readyState==4){
            if (xmlHttp.status==200){
                var rstNum = xmlHttp.responseText;
                var rstTxtBox = document.getElementById("rst");
                rstTxtBox.value = rstNum;
            }
        }
    }
</script>
</head>
<body>
    <form id="form1" runat="server">
    <div>
        <asp:TextBox ID="add1" runat="server" value="0" onkeyup="addNum();">
        </asp:TextBox>+
        <asp:TextBox ID="add2" runat="server" value="0" onkeyup="addNum();">
        </asp:TextBox>=
        <asp:TextBox ID="rst" runat="server"></asp:TextBox>
```

```
        </div>
      </form>
  </body>
</html>
```

numAdd.ashx 代码：

```
<%@ WebHandler Language="C#" Class="numAdd" %>
using System;
using System.Web;
public class numAdd : IHttpHandler {
    public void ProcessRequest (HttpContext context) {
        context.Response.ContentType = "text/plain";
        int result = Convert.ToInt32(context.Request.QueryString["Num1"]) + Convert.ToInt32
(context.Request.QueryString["Num2"]);
        context.Response.Write(result);
    }
    public bool IsReusable {
        get {
            return false;
        }
    }
}
```

13.6.2　JSON 简介

在实际 Ajax 应用中，Google 或 Yahoo 并没有选择以直接的数据库或 XML 作为数据源，其原因是直接使用数据库将带来很大的服务器负担，而 XML 本身具有很强大的功能，是一个较为复杂的数据集。

JSON 是一种悄然新起的技术，它具有与 XML 类似的数据描述功能，同时它比 XML 更轻量级，Yahoo 的 Web 服务就提供 JSON 输出以作为 XML 数据检索的替代。现在看一个 XML：

```
<students classId="001">
    <student>
        <Name>张三</Name>
        <Gender>男</Gender>
        <Age>18</Age>
    </student>
    <student>
        <Name>李四</Name>
        <Gender>女</Gender>
        <Age>16</Age>
    </student>
</students>
```

如果将该 XML 转换为 JSON，则应该是这样的：

```
{"student":{
    "classId":"001",
    "student":[
        {
            "Name":"张三",
            "Gender":"男",
```

```
                "Age":"18"
            },
            {
                "Name":"李四",
                "Gender":"女",
                "Age":"16"
            }
        ]
        }
    }
```

这样的 JSON 反映了基本数据，同时比 XML 更加轻量级，更重要的是，JavaScript 对它解释起来更方便。

在前面章节做过说明，JavaScript 是可以创建对象的，而对象代码格式类似于：

```
var student = {
    "Name":"张三",
    "Gender":"男",
    "Age":"18"
    }
```

若直接使用 JSON，那么 XMLHttpRequest 的返回值将可直接用以下代码获得：

```
eval("var myStudent" + = xmlHttp.responseText);
```

eval()函数的作用是将内部数据在 JavaScript 以文本形式处理，于是正好就实现了对象的创建。

但是请注意，eval()函数并不能对跨域进行控制，于是可能差生跨域攻击的可能，在网络中有第三方的解析程序来对 JSON 进行解析，组织这种安全威胁，具体内容可参看 http://www.json.org。

参 考 文 献

[1]　Tim Bray，et al. Extensible Markup Language（XML）1.0（Fifth Edition）[EB/OL]. http://www. w3. org/TR/2008/REC-xml-20081126/.

[2]　Bert Bos，et al. Cascading Style Sheets，level 2 Specification [EB/OL]. http://www. w3. org/TR/1998/REC-CSS2-19980512.

[3]　Henry S. Thompson，et al. XML Schema Part 1：Structures Second Edition [EB/OL]. http://www. w3. org/TR/2004/REC-xmlschema-1，20041028/.

[4]　Paul V. Biron，et al. XML Schema Part 2：Datatypes Second Edition[EB/OL]. http://www. w3. org/TR/2001/REC-xmlschema -2，20041028/.

[5]　Michael Kay，Saxonica. XSL Transformations（XSLT）Version 2.0[EB/OL]. http://www. w3. org/TR/2007/REC-xslt20-20070123/.

[6]　Jonathan Robie，et al . XML Path Language（XPath）3.0[EB/OL]. http://www. w3. org/TR/2014/REC-xpath- 30-20140408/.

[7]　Jonathan Robie，et al . XML Path Language（XPath）3.0[EB/OL]. http://www. w3. org/TR/2014/REC-xpath- 30-20140408/.

[8]　Michael Kay，Saxonica. XPath and XQuery Functions and Operators 3.0[EB/OL]. http://www. w3. org/TR/2014/REC-xpath-functions-30-20140408/.

[9]　Norman Walsh，et al. XQuery and XPath Data Model 3.0[EB/OL]. http://www. w3. org/TR/2014/REC-xpath-datamodel-30-20140408/.

[10]　Johnny Stenback，et al. Document Object Model Level 3 Load and Save [EB/OL]. http://www. w3. org/TR/2004/REC-DOM-Level-3-LS，2004-04-07/2005-4-14.

[11]　Ben Chang，et al. Document Object Model Level 3 Validation [EB/OL]. http://www. w3. org/TR/2004/REC-DOM-Level-3-Val，2004-01-27/2005-4-14.

[12]　Michael Morrson，et al. XML 揭秘——入门应用精通[M]. 北京：清华大学出版社，2001.

[13]　Fabio Arciniegas. XML 开发指南[M]. 北京：清华大学出版社，2003.

[14]　微软公司，东方人华. XML3.0 技术内幕[M]. 北京：清华大学出版社，2001.

[15]　Chelsea Valentine，et al. XMLSchema 数据库编程指南[M]. 北京：电子工业出版社，2002.

[16]　[美]Elliotte Rusty Harold. XML 宝典[M]. 马云等译. 北京：电子工业出版社，2002.

[17]　刘怀亮. JavaScript 程序设计[M]. 北京：冶金工业出版社，2006.

[18]　黄斯伟，王玮. HTML 4.0 动态网页制作——HTML 4.0 使用详解[M]. 北京：人民邮电出版社，1999.

教 学 资 源 支 持

敬爱的教师：

感谢您一直以来对清华版计算机教材的支持和爱护。为了配合本课程的教学需要，本教材配有配套的电子教案（素材），有需求的教师请到清华大学出版社主页（http://www.tup.com.cn）上查询和下载，也可以拨打电话或发送电子邮件咨询。

如果您在使用本教材的过程中遇到了什么问题，或者有相关教材出版计划，也请您发邮件告诉我们，以便我们更好地为您服务。

我们的联系方式：

地　　址：北京海淀区双清路学研大厦 A 座 707

邮　　编：100084

电　　话：010－62770175－4604

课件下载：http://www.tup.com.cn

电子邮件：weijj@tup.tsinghua.edu.cn

教师交流 QQ 群：136490705

教师服务微信：itbook8

教师服务 QQ：883604

（申请加入时，请写明您的学校名称和姓名）

用微信扫一扫右边的二维码，即可关注计算机教材公众号。

扫一扫
课件下载、样书申请
教材推荐、技术交流